重庆大学教材建设基金资助

矩阵理论及其应用

李　新　何传江　主编

U0240263

重庆大学出版社

内 容 提 要

本书主要内容分成两部分，第一部分包括第 1 章、第 2 章、第 3 章内容，这部分作为《线性代数》的衔接与补充，主要讲了线性空间、内积空间、线性变换。第二部分包括第 4 章到第 9 章，这一部分是考虑到当前各工科学科研究生的实际需要而选择的内容，主要包括：范数理论及其应用；矩阵分析及其应用；矩阵分解；广义逆矩阵及其应用；特征值的估计及广义特征值；矩阵的 kronecker 积等。

图书在版编目(CIP)数据

矩阵理论及其应用/李新，何传江主编. —重庆：重庆大学出版社，2005.8(2023.3 重印)

ISBN 978-7-5624-3411-5

Ⅰ.矩…　Ⅱ.①李…②何…　Ⅲ.矩阵—理论—高等学校—教材　Ⅳ.0151.21

中国版本图书馆 CIP 数据核字(2005)第 064077 号

矩阵理论及其应用

李　新　何传江　主　编

责任编辑：周　立　　版式设计：周　立

责任校对：任卓惠　　责任印制：张　策

*

重庆大学出版社出版发行

出版人：饶帮华

社址：重庆市沙坪坝区大学城西路 21 号

邮编：401331

电话：(023) 88617190　88617185(中小学)

传真：(023) 88617186　88617166

网址：http://www.cqup.com.cn

邮箱：fxk@cqup.com.cn (营销中心)

全国新华书店经销

POD：重庆新生代彩印技术有限公司

*

开本：787mm×1092mm　1/16　印张：14.5　字数：362千

2005年 8 月第 1 版　2023 年 3 月第 6 次印刷

ISBN 978-7-5624-3411-5　定价：43.00元

前 言

用矩阵的理论与方法来处理现代工程技术中的各种问题已越来越普遍。在工程技术中引进矩阵理论不仅使理论的表达极为简捷,而且对理论的实质刻画也更为深刻,这一点是不容置疑的,更由于计算机和计算方法的普及发展,不仅为矩阵理论的应用开辟了广阔的前景,也使工程技术的研究发生新的变化,开拓了崭新的研究途径,例如系统工程,优化方法,稳定性理论等,无不与矩阵理论发生紧密结合。因此矩阵的理论与方法已成为研究现代工程技术的数学基础。本书是为了提高工科研究生的理论分析能力和科学实践能力以适应研究工作需要而编写的。

考虑到研究生已具备的数学基础,本书起点放在已学习40学时工程数学《线性代数》的基础上,结合各学科研究生教学和科研工作的需要,选编了此书,作为工科研究生数学选修课的参考教材之一。此书在出版之前曾编成讲义,在重庆大学硕士研究生数学选修课中试讲过9年。感谢重庆大学教材建设基金的资助,此书才得以顺利出版。

本书内容分为两部分。第一部分包括第1章、第2章、第3章内容,这一部分作为《线性代数》的衔接与补充,为学习第二部分内容打下必要的基础。它们有线性空间,内积空间、线性变换等内容,考虑到教学效果,在介绍约当标准型时采用的是λ—矩阵方法,而约当标准型是后面矩阵函数的重要基础。第二部分包括第4章至第9章,这一部分是考虑到当前各工科学科研究生的实际需要而选择的内容。学时数在50~60学时的除讲授第1篇以外,第2篇可参考讲授第4章,第5章,第6章的第三节:矩阵的最大秩分解,第7章,第8章的第一、二、三节,其中“*”号内容可不讲。

各章后面都配有一定量的习题,全书最后也配有习题答案或提示。

本书在编写过程中,得到重庆大学研究生院及重庆大学数理学院领导的大力支持,特别承蒙重庆大学李平渊教授、张心明老师的审核,提出了许多宝贵意见。本书由李新与何传江主编。

由于编者水平有限,经验不足,对于书中谬误和不当之处,如蒙赐教,不胜感激。

编　者

2005年8月

符号说明

$A,B,C,V,R,K,\cdots$	集合
$a,b,c,\lambda,\mu,k,\cdots$	元素或数
$\boldsymbol{A},\boldsymbol{B},\boldsymbol{C},\boldsymbol{X},\cdots$	矩阵
$\boldsymbol{\alpha},\boldsymbol{\beta},\boldsymbol{\gamma},\boldsymbol{\xi},\boldsymbol{\chi},\boldsymbol{\sigma},\boldsymbol{\omega},\cdots$	向量
$\mathscr{A},\mathscr{B},\mathscr{E},\mathscr{T},\cdots$	线性变换
K	一般数域(集)
$\mathbf{C}$	复数域(集)
$\mathbf{R}$	实数域(集)
$\mathbf{Q}$	有理数域(集)
$\mathbf{Z}$	整数集
$\mathbf{N}$	自然数集
$\sigma:X\to Y$	σ 是集合 X 到集合 Y 的映射
$x\to y$	给定 x,有惟一的 y 与之对应
R^n	n 维实向量空间
$R^{m\times n}$	$m\times n$ 阶实矩阵空间
$\mathrm{Re}\,\lambda$	复数 λ 的实部
$\mathrm{Im}\,\lambda$	复数 λ 的虚部
$\boldsymbol{A}^{\mathrm{T}}$	矩阵 $\boldsymbol{A}$ 的转置
$\boldsymbol{A}^{\mathrm{H}}$	矩阵 $\boldsymbol{A}$ 的转置共轭
$\boldsymbol{A}^{*}$	矩阵 $\boldsymbol{A}$ 的伴随矩阵
$R(\boldsymbol{A})$	矩阵 $\boldsymbol{A}$ 的值域(列空间)
$N(\boldsymbol{A})$	矩阵 $\boldsymbol{A}$ 的核(零空间)
$r(\boldsymbol{A})$	矩阵 $\boldsymbol{A}$ 的秩(或注 $\mathrm{rank}\boldsymbol{A}$)
$(\boldsymbol{A})_{ij}$	矩阵 $\boldsymbol{A}$ 的 i 行 j 列的元素(或记 a_{ij})
$\rho(\boldsymbol{A})$	矩阵 $\boldsymbol{A}$ 的谱半径
$\det\boldsymbol{A}$	方阵 $\boldsymbol{A}$ 的行列式(或记 $\lvert A\rvert$)
$\mathrm{tr}\boldsymbol{A}$	方阵 $\boldsymbol{A}$ 的迹,即 $\boldsymbol{A}$ 的主对角元素之和
$\lVert\boldsymbol{A}\rVert$	矩阵 $\boldsymbol{A}$ 的范数
$\lVert\boldsymbol{A}\rVert=\max\limits_{\lVert\boldsymbol{\chi}\rVert=1}\lVert\boldsymbol{A\chi}\rVert$	所有向量 $\boldsymbol{\chi}$ 范数为 1 的使向量 $\boldsymbol{A\chi}$ 范数最大者
$\boldsymbol{A}^{+}$	矩阵 $\boldsymbol{A}$ 的 Moore-Penrose 广义逆
$\boldsymbol{A}_L^{-1}$	矩阵 $\boldsymbol{A}$ 的左逆
$\boldsymbol{A}_R^{-1}$	矩阵 $\boldsymbol{A}$ 的右逆
$\mathscr{A}:V\to V$	$\mathscr{A}$ 是线性空间 V 到 V 的线性变换
$\mathrm{Hom}(V,V)$	线性空间 V 到 V 的线性变换全体
$R(\mathscr{A})$	线性变换 $\mathscr{A}$ 的值域
$N(\mathscr{A})$	线性变换 $\mathscr{A}$ 的核
$\boldsymbol{A}\otimes\boldsymbol{B}$	矩阵 $\boldsymbol{A}$ 与 $\boldsymbol{B}$ 的 Kronecker 积
$\boldsymbol{A}\oplus_k\boldsymbol{B}$	矩阵 $\boldsymbol{A}$ 与 $\boldsymbol{B}$ 的 Kronecker 和

目录

第1篇　线性空间与线性变换

第 2 篇　矩阵理论及其应用

第1篇 线性空间与线性变换

线性空间与线性变换是学习《矩阵论》经常用到的两个极其重要的概念。本篇先简要论述这两个概念及其理论，然后再讨论两个特殊的线性空间，这就是 Euclid 空间和酉空间。所有论述是在假定读者已经具备了 n 维向量空间的理论，矩阵的初步运算，线性方程组的理论和二次型的有关知识基础上进行的。

第 1 章 线性空间

1.1 集合与映射

1.1.1 集 合

集合是数学中最基本的概念之一。所谓集合，是指作为整体看的一堆东西。例如由一些数(有限个或无限个)组成的集合，叫做数集合或数集；一个线性方程组解的全体组成一个集合，叫做解集合；一个已知半径和圆心的开圆内的所有点组成一个集合，叫做点集合或点集等等。组成集合的事物叫做这个集合的元素。一般用英文大写字母 $A,B,\cdots$ 表示集合，小写字母 $a,b,c,\cdots$ 表示元素，常用记号

$$a \in A$$

表示 a 是集合 A 的元素，读作 a 属于 A；用记号

$$a \notin A$$

表示 a 不是集合 A 的元素，读作 a 不属于 A。

集合有多种定义法，常见的有枚举法、隐式法、递归法。

枚举法是列出集合的全体元素。但当集合的元素有一定规律时，可只列出一部分。例如，由桌子，椅子，教室，电灯组成的集合 A，可记为

$$A = \{桌子,椅子,教室,电灯\}$$

自然数集合 $\mathbf{N}$，可记

$$\mathbf{N} = \{0,1,2,3,\cdots\}$$

隐式法是用描述集合的元素所具有的特征性质的方法定义集合。例如，适合方程 $\frac{x^2}{a^2}+\frac{y^2}{b^2}=1$ 的全部点组成的集合 B，可记为

$$B = \{(x\ y) \mid \frac{x^2}{a^2}+\frac{y^2}{b^2} = 1\}$$

递归定义一个集合分三步完成。如定义偶数集 $\mathbf{E}$，

1)2 属于集合 $\mathbf{E}$。

2)若 x,y 属于集合 $\mathbf{E}$，则 $x+y,x-y$ 都属于 $\mathbf{E}$。

3)满足 1 和 2 的元素都属于集合 $\mathbf{E}$。

不包含任何元素的集合称为空集，记为 ϕ。例如，一个无解的线性方程组的解的集合就是一个空集。空集合在集合运算中所起的作用，类似于数零在数的运算中所起的作用。

如果集合 B 的所有元素全是集合 A 的元素，即由 $a\in B$ 可以推出 $a\in A$，那么就称 B 为 A 的子集合，记为

$$B\subseteq A \quad 或 \quad A\supseteq B$$

例如，全体偶数集 $\mathbf{E}$ 就是全体整数集 $\mathbf{Z}$ 的子集合。我们规定空集合 ϕ 是任意一个集合的子集合，按定义，每个集合都是它自身的子集合，于是把集合的这两个子集合称为平凡子集合，而把它的其他子集合称为真子集。

如果集合 A 的元素与集合 B 的元素完全相同，即 $a\in A$，当且仅当 $a\in B$，那么称它们相等，记为

$$A=B$$

显然两个集合 A 与 B 如果同时满足 $A\subseteq B$ 与 $B\subseteq A$，那么 $A=B$。

我们把既属于集合 A，又属于集合 B 的全体元素所组成的集合叫做 A 与 B 的交，记为

$$A\cap B=\{x\mid x\in A 且 x\in B\}$$

例如，$A=\{1,2,3,4\}$，$B=\{6,3,2,1\}$，$A\cap B=\{1,2,3\}$，两个集合的交集显然具有下面性质

$$A\cap B\subseteq A \quad A\cap B\subseteq B$$

属于集合 A 或属于集合 B 的元素全体组成的集合，称为 A 与 B 的并，记为

$$A\cup B=\{x\mid x\in A 或 x\in B\}$$

A 与 B 的并显然满足关系

$$A\subseteq B\cup A \quad B\subseteq B\cup A$$

集合 A 与集合 B 的和集是指如下的集合

$$\{a+b\mid a\in A,b\in B\}$$

常用记号 $A+B$ 来表示，于是有

$$A+B=\{a+b\mid a\in A,b\in B\}$$

应该指出，两个集合的和集概念不同于它们并集的概念，例如

$$\{1,2,3\}\cup\{2,3,4\}=\{1,2,3,4\}$$

$$\{1,2,3\}+\{2,3,4\}=\{3,4,5,6,7\}$$

某些数集(含 0,1)，如果其中任意两个数的和、差、积、商(除数不为 0)仍在该数集中(即数集关于四则运算封闭)，那么称该数集为数域。例如，实数集关于四则运算封闭，因此它形成一个数域，称其为实数域，记为 $\mathbf{R}$；同样，复数集也形成一个数域，称其为复数域，记为 $\mathbf{C}$；读者可以自行验证有理数集形成一个有理数域，记为 $\mathbf{Q}$。但奇数集不能成为数域，偶数集也不能成为数域。

1.1.2 映 射

设 X 与 Y 是两个集合。所谓集合 X 到集合 Y 的一个映射(或映照)是指一个法则(规则)

σ,σ 使 X 中每一个元素 x 都有 Y 中惟一确定的元素 y 与之对应,记为

$$\sigma: X \to Y \quad \sigma(x) = y \quad \text{或} \quad x \to y(=\sigma(x))$$

y 称为 x 在映射 σ 下的像,而 x 称为 y 在映射 σ 下的源像(像源)。

X 到 X 自身的映射,有时也称为 X 到自身的一个变换。这种特殊的映射,在矩阵论中,也是经常出现的,读者应予以注意。

例如,$\mathbf{A}$ 是数域 K[①] 上全体 n 阶方阵的集合,定义

$$\sigma_1(X) = \det X, X \in \mathbf{A}$$

则有 $\sigma_1:\mathbf{A}\to K$,即 σ_1 是 $\mathbf{A}$ 到 K 的一个映射;如果定义

$$\sigma_2(k) = k\boldsymbol{E}, k \in K$$

这里 $\boldsymbol{E}$ 是 n 阶单位矩阵,则有 $\sigma_2:K\to\mathbf{A}$。

令 P_n 表示所有次数不超过 n 的实系数多项式集合,定义

$$\sigma(f(t)) = f'(t) \qquad f(t) \in P_n$$

σ 是 P_n 到 P_n 的一个映射(实为求导运算)。

设 σ 是 X 到 Y 的一个映射,若对 Y 中每个元 y,都有 X 中的元 x 与之对应,即 $\sigma(x)=y$,称 σ 是满映射。例如 σ_1,对任意的 K 中一个 k,显然选

$$X = \begin{bmatrix} k & & & \\ & 1 & & \\ & & \ddots & \\ & & & 1 \end{bmatrix}, \text{则 } \det X = k$$

故 σ_1 是 $\mathbf{A}$ 到 K 的一个满映射。

设 σ 是 X 到 Y 的一个映射,若对任意的 $x_1,x_2\in X$,当 $x_1\neq x_2$ 时,有 $\sigma(x_1)\neq\sigma(x_2)$,称 σ 是单映射。例如 σ_2,当 $k_1\neq k_2$ 时,$k_1,k_2\in K$,这时 $\sigma_2(k_1)=k_1E\neq k_2E=\sigma_2(k_2)$,故称 σ_2 是 K 到 $\mathbf{A}$ 的一个单映射。

若 σ 是既单又满的映射,称 σ 是一一映射。例如定义 $\sigma:\mathbf{R}\to\mathbf{R}$,对任意 $a\in\mathbf{R}$,$\sigma(a)=2a+1$,这时若 $a_1\neq a_2$,当然 $\sigma(a_1)=2a_1+1\neq 2a_2+1=\sigma(a_2)$,并且对任意 $k\in\mathbf{R}$,存在 $a=\frac{k-1}{2}\in\mathbf{R}$,使 $\sigma(a)=k$。所以 σ 是一一映射。

设 σ_1 和 σ_2 都是集合 X 到 Y 的映射,如果对于每个元素 $x\in X$,都有 $\sigma_1(x)=\sigma_2(x)$,则称映射 σ_1 与 σ_2 相等,记为 $\sigma_1=\sigma_2$。

设 σ 是 X 到 Y 的映射,τ 是 Y 到 Z 的映射,映射的乘积 $\tau\sigma$ 定义如下

$$(\tau\sigma)(x) = \tau[\sigma(x)], x \in X$$

此即相继施行映射 σ 和 τ 的结果,$\tau\sigma$ 是 X 到 Z 的映射。

设 $\sigma:X\to Y$, $\tau:Y\to Z$, $\mu:Z\to W$,则可以证明映射的乘积满足结合律,但不满足交换律,即分别有

$$(\mu\tau)\sigma = \mu(\tau\sigma)$$

$$\tau\sigma \neq \sigma\tau$$

① 数域 K 表示一般的数域。

1.2 线性空间定义及其性质

线性空间是线性代数最基本的概念之一，也是学习矩阵论的重要基础。

定义 1.1 设 K 是一个数域，V 是一个非空集合，如果 V 满足以下条件：

1）在 V 中定义了一个加法运算，即给定一个法则，对任意的 $\boldsymbol{\alpha}\in V,\boldsymbol{\beta}\in V$，通过此法则，都有惟一确定的 V 中元素 $\boldsymbol{\gamma}$ 与 $\boldsymbol{\alpha}$ 和 $\boldsymbol{\beta}$ 对应，元素 $\boldsymbol{\gamma}$ 叫做 $\boldsymbol{\alpha}$ 与 $\boldsymbol{\beta}$ 的和，记为 $\boldsymbol{\gamma}=\boldsymbol{\alpha}\oplus\boldsymbol{\beta}$（即 $\sigma:V\times V\to V$ 是映射）。

$$V\times V=\{(\boldsymbol{\alpha\beta})\mid\boldsymbol{\alpha},\boldsymbol{\beta}\in V\})$$

$(\boldsymbol{\alpha\beta})\to\sigma(\boldsymbol{\alpha\beta})=\boldsymbol{\gamma}$

2）在 V 中定义了一个数乘运算，即给定一个法则，对任意的 $k\in K$，任意的 $\boldsymbol{\alpha}\in V$，通过此法则，都有惟一确定的 V 中元素 δ 与 k 和 $\boldsymbol{\alpha}$ 对应，元素 δ 叫做 k 与 $\boldsymbol{\alpha}$ 的数乘，记为 $\delta=k\odot\boldsymbol{\alpha}$（即 $\boldsymbol{\tau}$：$K\times V\to V$ 是映射）。

$$(k\boldsymbol{\alpha})\to\boldsymbol{\tau}(k\boldsymbol{\alpha})=\delta=k\odot\boldsymbol{\alpha}$$

3）加法和数乘满足以下 8 条性质

1° 交换律 $\boldsymbol{\alpha}\oplus\boldsymbol{\beta}=\boldsymbol{\beta}\oplus\boldsymbol{\alpha}$；

2° 结合律 $(\boldsymbol{\alpha}\oplus\boldsymbol{\beta})\oplus\boldsymbol{\gamma}=\boldsymbol{\alpha}\oplus(\boldsymbol{\beta}\oplus\boldsymbol{\gamma})$；

3° 存在零元素 0 使 $\boldsymbol{\alpha}\oplus 0=\boldsymbol{\alpha}$；

4° 存在负元素，即对任一元素 $\boldsymbol{\alpha}$ 存在元素 $\boldsymbol{\beta}$ 使 $\boldsymbol{\alpha}\oplus\boldsymbol{\beta}=0$，$\boldsymbol{\beta}$ 叫 $\boldsymbol{\alpha}$ 的负元；

5° 分配律 $k\odot(\boldsymbol{\alpha}\oplus\boldsymbol{\beta})=k\odot\boldsymbol{\alpha}\oplus k\odot\boldsymbol{\beta}$

6° 分配律 $(k+l)\odot\boldsymbol{\alpha}=k\odot\boldsymbol{\alpha}\oplus l\odot\boldsymbol{\alpha}$

7° $k\odot(l\odot\boldsymbol{\alpha})=(kl)\odot\boldsymbol{\alpha}$

8° $1\odot\boldsymbol{\alpha}=\boldsymbol{\alpha}$

其中 $\boldsymbol{\alpha},\boldsymbol{\beta},\boldsymbol{\gamma}\in V,k,l\in K$，称 V 为数域 K 上的线性空间，也叫向量空间，$\boldsymbol{\alpha},\boldsymbol{\beta},\boldsymbol{\gamma}$ 称为向量。

V 中定义的加法及数乘运算统称为 V 的线性运算。

例 1 $K^{1\times n}=\{(a_1,a_2,\cdots,a_n)\mid a_i\in K\}$ 关于向量的加法与数乘作成数域 K 上的线性空间。

例 2 $K^{m\times n}=\{\boldsymbol{A}=\begin{bmatrix}a_{11}\cdots a_{1n}\\ \vdots \quad \vdots\\ a_{m1}\cdots a_{mn}\end{bmatrix}\mid a_{ij}\in K\}$

关于矩阵的加法及数乘做成数域 K 上的线性空间。

例 3 $K[x]_n=\{$数域 K 上次数不超过 n 的多项式全体，零多项式$\}$ 关于多项式的加法及数乘做成数域 K 上的线性空间。

例 4 设 $\mathbf{R}_+$ 表示所有正实数集合，其加法和数乘各定义为

$$\boldsymbol{\alpha}\oplus\boldsymbol{\beta}=\boldsymbol{\alpha\beta},\quad k\odot\boldsymbol{\alpha}=\boldsymbol{\alpha}^k$$

证明 $\mathbf{R}_+$ 是 $\mathbf{R}$ 上的线性空间。

证明 设 $\boldsymbol{\alpha},\boldsymbol{\beta}\in\mathbf{R}_+,k\in\mathbf{R}$，则有

$$\boldsymbol{\alpha}\oplus\boldsymbol{\beta}=\boldsymbol{\beta\alpha}\in\mathbf{R}_+,\quad k\odot\boldsymbol{\alpha}=\boldsymbol{\alpha}^k\in\mathbf{R}_+$$

即 $\mathbf{R}_+$ 对定义的加法“$\oplus$”与数乘运算“$\odot$”是封闭的，且有

1° $\boldsymbol{\alpha}\oplus\boldsymbol{\beta}=\boldsymbol{\alpha\beta}=\boldsymbol{\beta\alpha}=\boldsymbol{\beta}\oplus\boldsymbol{\alpha}$

2° $(\boldsymbol{\alpha}\oplus\boldsymbol{\beta})\oplus\boldsymbol{\gamma}=(\boldsymbol{\alpha\beta})\oplus\boldsymbol{\gamma}=(\boldsymbol{\alpha\beta})\boldsymbol{\gamma}=\boldsymbol{\alpha}\oplus(\boldsymbol{\beta}\oplus\boldsymbol{\gamma})$

3° 1 是零元素 $\mathbf{0}$，因为 $\boldsymbol{\alpha}\oplus 1=\boldsymbol{\alpha}1=\boldsymbol{\alpha}$

4° $\boldsymbol{\alpha}$ 的负元素是$\frac{1}{\boldsymbol{\alpha}}$，因为 $\boldsymbol{\alpha}\oplus\frac{1}{\boldsymbol{\alpha}}=\boldsymbol{\alpha}\frac{1}{\boldsymbol{\alpha}}=1$

5° $k\odot(\boldsymbol{\alpha}\oplus\boldsymbol{\beta})=k\odot(\boldsymbol{\alpha\beta})=(\boldsymbol{\alpha\beta})^k=\boldsymbol{\alpha}^k\boldsymbol{\beta}^k=k\odot\boldsymbol{\alpha}\oplus k\odot\boldsymbol{\beta}$

6° $(k+l)\odot\boldsymbol{\alpha}=\boldsymbol{\alpha}^{k+l}=\boldsymbol{\alpha}^k\boldsymbol{\alpha}^l=k\odot\boldsymbol{\alpha}\oplus l\odot\boldsymbol{\alpha}$

7° $k\odot(l\odot\boldsymbol{\alpha})=k\odot\boldsymbol{\alpha}^l=(\boldsymbol{\alpha}^l)^k=\boldsymbol{\alpha}^{kl}=(kl)\odot\boldsymbol{\alpha}$

8° $1\odot\boldsymbol{\alpha}=\boldsymbol{\alpha}^1=\boldsymbol{\alpha}$

成立，故 $\mathbf{R}_+$ 在上述定义的运算下成为 $\mathbf{R}$ 上的线性空间。

从以上例子看到，线性空间的概念是很抽象的，正因为抽象，它才代表广泛的含意，这源于集合元素具有广泛的含意，而加法、数乘也仅仅是称呼而已，与原来对数的加法，数乘的理解完全不同。

线性空间的概念是从现实世界中得到的，它以极度抽象的形式出现，在表面上掩盖了它们源于外部世界的实质。它是描述自然现象中某些量的关系的数学概念，只是由于在数学形式上与描述平常几何空间有很大类似，因此也叫它作"空间"，实际上"空间"已经推广了我们平常用语的含义了。

定理 1.2.1 线性空间 V 中的零元素 $\mathbf{0}$ 惟一，记为 $\mathbf{0}$；任一元素 $\boldsymbol{\alpha}$ 的负元素惟一，记为 $-\boldsymbol{\alpha}$。

证明 若 $\mathbf{0}_1,\mathbf{0}_2$ 为线性空间 V 的零元素，考虑和

$$\mathbf{0}_1=\mathbf{0}_1\oplus\mathbf{0}_2=\mathbf{0}_2$$

这就证明了零元素的惟一性。

设 $\boldsymbol{\beta}_1,\boldsymbol{\beta}_2$ 都是 $\boldsymbol{\alpha}$ 的负元，所以 $\boldsymbol{\alpha}\oplus\boldsymbol{\beta}_1=\mathbf{0}=\boldsymbol{\alpha}\oplus\boldsymbol{\beta}_2$，从而有

$$\boldsymbol{\beta}_1=\boldsymbol{\beta}_1\oplus\mathbf{0}=\boldsymbol{\beta}_1\oplus(\boldsymbol{\alpha}\oplus\boldsymbol{\beta}_2)=(\boldsymbol{\beta}_1\oplus\boldsymbol{\alpha})\oplus\boldsymbol{\beta}_2=\mathbf{0}\oplus\boldsymbol{\beta}_2=\boldsymbol{\beta}_2$$

这就证明了负元素的惟一性。

利用负元素，定义 V 中的减法如下

$$\boldsymbol{\alpha}\ominus\boldsymbol{\beta}=\boldsymbol{\alpha}\oplus(-\boldsymbol{\beta})$$

命题 1 $k\odot\mathbf{0}=\mathbf{0}, 0\odot\boldsymbol{\alpha}=\mathbf{0}, (-1)\odot\boldsymbol{\alpha}=-\boldsymbol{\alpha}$

证明 因为 $k\odot\boldsymbol{\beta}\oplus k\odot\mathbf{0}=k\odot(\boldsymbol{\beta}\oplus\mathbf{0})=k\odot\boldsymbol{\beta}$

由于零元的惟一性，所以 $k\odot\mathbf{0}=\mathbf{0}$。

因为 $k\odot\boldsymbol{\alpha}\oplus\mathbf{0}\odot\boldsymbol{\alpha}=(k+0)\odot\boldsymbol{\alpha}=k\odot\boldsymbol{\alpha}$

由于零元的惟一性，所以 $0\odot\boldsymbol{\alpha}=\mathbf{0}$。

因为 $\boldsymbol{\alpha}\oplus(-1)\odot\boldsymbol{\alpha}=1\odot\boldsymbol{\alpha}\oplus(-1)\odot\boldsymbol{\alpha}=(1-1)\odot\boldsymbol{\alpha}=0\odot\boldsymbol{\alpha}=\mathbf{0}$

由于负元的惟一性，所以 $(-1)\odot\boldsymbol{\alpha}=-\boldsymbol{\alpha}$

命题 2 若 $k\odot\boldsymbol{\alpha}=\mathbf{0}$，则必有 $k=0$ 或 $\boldsymbol{\alpha}=\mathbf{0}$。

证明 若 $k\odot\boldsymbol{\alpha}=\mathbf{0}$，且 $k=0$，则结论已经成立；若 $k\neq 0$，则 $\frac{1}{k}\odot(k\odot\boldsymbol{\alpha})=\frac{1}{k}\odot\mathbf{0}=\mathbf{0}$，也即 $\frac{1}{k}\odot(k\odot\boldsymbol{\alpha})=(\frac{1}{k}k)\odot\boldsymbol{\alpha}=\boldsymbol{\alpha}=\mathbf{0}$

于是，由上述，可得符号法则

$$-(-\boldsymbol{\alpha}) = \boldsymbol{\alpha},\ -(\boldsymbol{\alpha} \oplus \boldsymbol{\beta}) = (-\boldsymbol{\alpha}) \oplus (-\boldsymbol{\beta})$$
$$(-k) \odot \boldsymbol{\alpha} = -k \odot \boldsymbol{\alpha},\ (-k) \odot (-\boldsymbol{\alpha}) = k \odot \boldsymbol{\alpha}$$

1.3 线性空间的基与坐标

在不至引起混淆的前提下，$\boldsymbol{\alpha} \oplus \boldsymbol{\beta}$ 简记为 $\boldsymbol{\alpha}+\boldsymbol{\beta}$，$k \odot \boldsymbol{\alpha} = k\boldsymbol{\alpha}$。

定义 1.2 设 V 是数域 K 上的线性空间，$\boldsymbol{\alpha}_1,\boldsymbol{\alpha}_2,\cdots,\boldsymbol{\alpha}_r \in V$，若存在不全为0的数 $k_1,k_2,\cdots,k_r$，使

$$k_1\boldsymbol{\alpha}_1 + k_2\boldsymbol{\alpha}_2 + \cdots + k_r\boldsymbol{\alpha}_r = \mathbf{0}$$

成立，称 $\boldsymbol{\alpha}_1,\boldsymbol{\alpha}_2,\cdots,\boldsymbol{\alpha}_r$ 线性相关，否则称 $\boldsymbol{\alpha}_1,\boldsymbol{\alpha}_2,\cdots,\boldsymbol{\alpha}_r$ 线性无关。

例如，$\boldsymbol{\alpha} = (a_1 \quad a_2 \quad a_3)$ 与 $\boldsymbol{\beta} = (2a_1 \quad 2a_2 \quad 2a_3)$ 就是 $K^{1\times 3}$ 上的两个线性相关的向量；$\begin{bmatrix}1 & 1\\ 2 & 2\end{bmatrix}$ 与 $\begin{bmatrix}4 & 4\\ 8 & 8\end{bmatrix}$ 也是 $K^{2\times 2}$ 上的线性相关的两个向量；$1,x,x^2$ 是 $K[x]_2$ 中三个线性无关的向量，因为若 $k_1 1 + k_2x + k_3x^2 = 0$，只有 $k_1 = k_2 = k_3 = 0$ 才成立。

定义 1.3 设 V 是数域 K 上的线性空间，$\boldsymbol{\alpha}_1,\cdots,\boldsymbol{\alpha}_n (n \geqslant 1)$ 是 V 中任意 n 个向量，如果它满足

①$\boldsymbol{\alpha}_1,\boldsymbol{\alpha}_2,\cdots,\boldsymbol{\alpha}_n$ 线性无关；

②V 中任一向量 $\boldsymbol{\alpha}$ 都可以由 $\boldsymbol{\alpha}_1,\boldsymbol{\alpha}_2,\cdots,\boldsymbol{\alpha}_n$ 线性表示。

则 $\boldsymbol{\alpha}_1,\boldsymbol{\alpha}_2,\cdots,\boldsymbol{\alpha}_n$ 为 V 的一个基（或基底），并称 $\boldsymbol{\alpha}_1,\boldsymbol{\alpha}_2,\cdots,\boldsymbol{\alpha}_n$ 为基向量，且称 V 是 n 维向量空间（线性空间）。

由定义可见，基不过是线性空间 V 中的极大线性无关组而已；而线性空间的维数就是其基中所含向量的个数罢了！

例 1 K^n 中的元素 $\boldsymbol{\varepsilon}_1 = (1 \quad 0 \quad \cdots \quad 0)^{\mathrm{T}},\cdots,\boldsymbol{\varepsilon}_n = (0 \quad \cdots \quad 0 \quad 1)^T$ 就是基，K^n 是 n 维。

例 2 $K^{m\times n}$ 中的元素 $\boldsymbol{E}_{ij}$（i 行 j 列处元素为1，其余全是零的矩阵）$i = 1,2,\cdots,m, j = 1,2,\cdots,n$，是一基，$K^{m\times n}$ 是 mn 维。

例 3 $K[x]$ 是无穷维空间，因为对任何正整数 n，$1,x,x^2,\cdots,x^n$ 都是线性无关的。

例 4 $K[x]_n$ 中的 $1,x,x^2,\cdots,x^n$ 是一个基，维数为 $n+1$。

例 5 1.2 节例5中的线性空间 $\mathbf{R}_+$，任意选 $\boldsymbol{\alpha} \in \mathbf{R}_+$，$\boldsymbol{\alpha} \neq 1$，则 $\boldsymbol{\alpha}$ 是线性无关的。另选 $\boldsymbol{\beta}$，$\boldsymbol{\beta} \neq \boldsymbol{\alpha}$，$\boldsymbol{\beta} \neq 1$，设

$$k_1 \cdot \boldsymbol{\alpha} + k_2 \cdot \boldsymbol{\beta} = \mathbf{0}$$

即

$$\boldsymbol{\alpha}^{k_1}\boldsymbol{\beta}^{k_2} = 1$$

两边取对数
$$k_1 = \frac{\ln\boldsymbol{\beta}}{\ln\boldsymbol{\alpha}}k_2$$

所以 $\boldsymbol{\alpha},\boldsymbol{\beta}$ 是线性相关的，故可选2作 $\mathbf{R}_+$ 的基，对任意 $\boldsymbol{\alpha} \in \mathbf{R}_+$

$$\boldsymbol{\alpha} = \log_2\boldsymbol{\alpha} \cdot 2$$

因此 $\mathbf{R}_+$ 是1维的。

需要指出，一个线性空间的基是不惟一的。

定理 1.3.1 设 $\boldsymbol{\alpha}_1,\boldsymbol{\alpha}_2,\cdots,\boldsymbol{\alpha}_n$ 是 n 维线性空间 V 的一个基底，对任意 $\boldsymbol{\alpha} \in V$，则 $\boldsymbol{\alpha}$ 可以惟一

表示为 $\boldsymbol{\alpha}_1,\boldsymbol{\alpha}_2,\cdots,\boldsymbol{\alpha}_n$ 的线性组合。

证明 设 $\boldsymbol{\alpha}=k_1\boldsymbol{\alpha}_1+k_2\boldsymbol{\alpha}_2+\cdots+k_n\boldsymbol{\alpha}_n$

若还有 $\boldsymbol{\alpha}=k_1'\boldsymbol{\alpha}_1+k_2'\boldsymbol{\alpha}_2+\cdots+k_n'\boldsymbol{\alpha}_n$

这两式相减,得

$$(k_1-k_1')\boldsymbol{\alpha}_1+(k_2-k_2')\boldsymbol{\alpha}_2+\cdots+(k_n-k_n')\boldsymbol{\alpha}_n=0$$

因为 $\boldsymbol{\alpha}_1,\boldsymbol{\alpha}_2,\cdots,\boldsymbol{\alpha}_n$ 线性无关,所以 $k_1=k_1',\cdots,k_n=k_n'$。

定义 1.4 设 $\boldsymbol{\alpha}_1,\boldsymbol{\alpha}_2,\cdots,\boldsymbol{\alpha}_n$ 是 n 维线性空间 V 的一个基底,对任意 $\boldsymbol{\alpha}\in V$,若 $\boldsymbol{\alpha}=k_1\boldsymbol{\alpha}_1+k_2\boldsymbol{\alpha}_2+\cdots+k_n\boldsymbol{\alpha}_n$,称 $(k_1,k_2,\cdots,k_n)$ 是 $\boldsymbol{\alpha}$ 在基 $\boldsymbol{\alpha}_1,\boldsymbol{\alpha}_2,\cdots,\boldsymbol{\alpha}_n$ 之下的坐标。

注意,就是同一个向量 $\boldsymbol{\alpha}$ 在不同基下的坐标一般是不相同的,例如 $\boldsymbol{\alpha}=(4\quad 3)=4(1\quad 0)+3(0\quad 1)=(1\quad 0)+3(1\quad 1)$,$(1\quad 0)$,$(0\quad 1)$ 与 $(1\quad 0)$,$(1\quad 1)$ 都可以作 K^2 的基底,那么 $\boldsymbol{\alpha}$ 在 $(1\quad 0)$,$(0\quad 1)$ 之下的坐标是 $(4\quad 3)$,而在 $(1\quad 0)$,$(1\quad 1)$ 之下的坐标是 $(1\quad 3)$。

例 6 可以验证复数域 $\mathbf{C}$ 是自身上的关于数的加法、乘法作成的线性空间,且维数 $=1$,因为 $\forall\boldsymbol{\alpha}\in\mathbf{C},\boldsymbol{\alpha}=\boldsymbol{\alpha}\cdot 1$。复数域 $\mathbf{C}$ 也可以看成实数域上的线性空间,且维数 $=2$,因为 $\forall\boldsymbol{\alpha}\in\mathbf{C}$,$\boldsymbol{\alpha}=a+bi$,$a,b$ 是实数。复数域 $\mathbf{C}$ 也可看成有理数域 $\mathbf{Q}$ 上的线性空间,此时 $\mathbf{C}$ 是无穷维的,因为 $1,\pi,\pi^2,\cdots,\pi^n,\cdots$ 是线性无关的。

此例说明,作为一个集合 V,它形成一个线性空间时的维数与它所在的数域是紧密相关的。

1.4 基变换与坐标变换

1.4.1 基变换公式

在 n 维线性空间 V 中,任意 n 个线性无关的向量都可以作它的基。对不同的基,同一个向量的坐标一般是不同的。现在讨论当基改变时,向量的坐标如何变化?先介绍由 V 的一基底改变成另一基底的过渡矩阵的概念。

设 $\boldsymbol{\alpha}_1,\boldsymbol{\alpha}_2,\cdots,\boldsymbol{\alpha}_n$ 是 V 的一旧基,$\boldsymbol{\alpha}_1',\boldsymbol{\alpha}_2',\cdots,\boldsymbol{\alpha}_n'$ 是 V 的一新基,则由基定义,可得

$$\begin{aligned}\boldsymbol{\alpha}_1'&=c_{11}\boldsymbol{\alpha}_1+c_{21}\boldsymbol{\alpha}_2+\cdots+c_{n1}\boldsymbol{\alpha}_n\\ \boldsymbol{\alpha}_2'&=c_{12}\boldsymbol{\alpha}_1+c_{22}\boldsymbol{\alpha}_2+\cdots+c_{n2}\boldsymbol{\alpha}_n\\ &\cdots\cdots\cdots\cdots\cdots\cdots\\ \boldsymbol{\alpha}_n'&=c_{1n}\boldsymbol{\alpha}_1+c_{2n}\boldsymbol{\alpha}_2+\cdots+c_{nn}\boldsymbol{\alpha}_n\end{aligned}$$

或者写成(形式上)

$$(\boldsymbol{\alpha}_1',\boldsymbol{\alpha}_2',\cdots,\boldsymbol{\alpha}_n')=(\boldsymbol{\alpha}_1,\boldsymbol{\alpha}_2,\cdots,\boldsymbol{\alpha}_n)\begin{bmatrix}c_{11}&c_{12}&\cdots&c_{1n}\\c_{21}&c_{22}&\cdots&c_{2n}\\\vdots&\vdots&&\vdots\\c_{n1}&c_{n2}&\cdots&c_{nn}\end{bmatrix}^{①}\tag{1.1}$$

① 这里矩阵 $(\boldsymbol{\alpha}_1,\boldsymbol{\alpha}_2,\cdots,\boldsymbol{\alpha}_n)$ 的元素是向量,矩阵 C 的元素是数,这种不同类型的矩阵间的运算,称为矩阵的形式运算,一般无意义。不过在特殊情况下,可使这种约定的算法不会出问题。

矩阵 $\boldsymbol{C}=\begin{bmatrix} c_{11} & c_{12} & \cdots & c_{1n} \\ c_{21} & c_{22} & \cdots & c_{2n} \\ \vdots & \vdots & & \vdots \\ c_{n1} & c_{n2} & \cdots & c_{nn} \end{bmatrix}$

称为由旧基变为新基的过渡矩阵，式(1.1)称为基变换公式。

可以证明过渡矩阵 $\boldsymbol{C}$ 是非奇异矩阵。

1.4.2 坐标变换公式

设 $\boldsymbol{\alpha}\in V$，$\boldsymbol{\alpha}$ 在基 $\boldsymbol{\alpha}_1,\cdots,\boldsymbol{\alpha}_n$ 之下的坐标为 $(\xi_1,\xi_2,\cdots,\xi_n)$，在基 $\boldsymbol{\alpha}_1',\cdots,\boldsymbol{\alpha}_n'$ 之下的坐标为 $(\xi_1',\cdots,\xi_n')$，即

$$\boldsymbol{\alpha}=\xi_1\boldsymbol{\alpha}_1+\cdots+\xi_n\boldsymbol{\alpha}_n=\xi_1'\boldsymbol{\alpha}_1'+\cdots+\xi_n'\boldsymbol{\alpha}_n'$$

采用形式写法，并使用式(1.1)便有

$$\boldsymbol{\alpha}=(\boldsymbol{\alpha}_1\cdots\boldsymbol{\alpha}_n)\begin{bmatrix}\xi_1\\ \vdots\\ \xi_n\end{bmatrix}=(\boldsymbol{\alpha}_1'\cdots\boldsymbol{\alpha}_n')\begin{bmatrix}\xi_1'\\ \vdots\\ \xi_n'\end{bmatrix}=(\boldsymbol{\alpha}_1\cdots\boldsymbol{\alpha}_n)\boldsymbol{C}\begin{bmatrix}\xi_1'\\ \vdots\\ \xi_n'\end{bmatrix}$$

由于 $\boldsymbol{\alpha}$ 在基 $\boldsymbol{\alpha}_1,\cdots,\boldsymbol{\alpha}_n$ 之下的坐标是惟一的，因此有

$$\begin{bmatrix}\xi_1\\ \vdots\\ \xi_n\end{bmatrix}=\boldsymbol{C}\begin{bmatrix}\xi_1'\\ \vdots\\ \xi_n'\end{bmatrix} \tag{1.2}$$

或者

$$\begin{bmatrix}\xi_1'\\ \vdots\\ \xi_n'\end{bmatrix}=\boldsymbol{C}^{-1}\begin{bmatrix}\xi_1\\ \vdots\\ \xi_n\end{bmatrix} \tag{1.3}$$

式(1.2)与式(1.3)给出在基变换公式(1.1)之下的向量坐标变换公式。

例1 在 R^n 中，设 $\boldsymbol{\varepsilon}_1=(1\ 0\ \cdots\ 0)$，$\boldsymbol{\varepsilon}_2=(0\ 1\ 0\ \cdots\ 0)$，$\cdots$，$\boldsymbol{\varepsilon}_n=(0\ \cdots\ 0\ 1)$，$\boldsymbol{\varepsilon}_1'=(1,0,\cdots,0)$，$\boldsymbol{\varepsilon}_2'=(1,1,0,\cdots,0)$，$\cdots$，$\boldsymbol{\varepsilon}_n'=(1,\cdots,1)$，已知向量 $\boldsymbol{\alpha}$ 在 $\boldsymbol{\varepsilon}_1,\cdots,\boldsymbol{\varepsilon}_n$ 之下坐标为 $(\xi_1\cdots\xi_n)$，求 $\boldsymbol{\alpha}$ 在 $\boldsymbol{\varepsilon}_1',\cdots,\boldsymbol{\varepsilon}_n'$ 之下的坐标。

解 由(1.1)有

$$(\boldsymbol{\varepsilon}_1'\cdots\boldsymbol{\varepsilon}_n')=(\boldsymbol{\varepsilon}_1\cdots\boldsymbol{\varepsilon}_n)\begin{bmatrix}1&1&1&1\\0&1&1&1\\0&0&1&1\\ \vdots&\vdots&\vdots&\vdots\\0&0&0&1\end{bmatrix}$$

于是得过渡矩阵 $\boldsymbol{C}=\begin{bmatrix}1&1&\cdots&1\\0&1&\cdots&1\\ \vdots&\vdots&&\vdots\\0&0&\cdots&1\end{bmatrix}$

不难求得 $C^{-1}=\begin{bmatrix}1 & -1 & 0 & \cdots & 0 & 0\\ 0 & 1 & -1 & \cdots & 0 & 0\\ \vdots & \vdots & \vdots & & \vdots & \vdots\\ 0 & 0 & 0 & \cdots & 1 & -1\\ 0 & 0 & 0 & \cdots & 0 & 1\end{bmatrix}$

由公式(1.3)知,$\boldsymbol{\alpha}$ 在$(\boldsymbol{\varepsilon}_1'\cdots\boldsymbol{\varepsilon}_n')$之下的坐标$\begin{bmatrix}\xi_1'\\ \vdots\\ \xi_n'\end{bmatrix}=C^{-1}\begin{bmatrix}\xi_1\\ \vdots\\ \xi_n\end{bmatrix}$

也就是　$\xi_1'=\xi_1-\xi_2,\cdots,\xi_{n-1}'=\xi_{n-1}-\xi_n,\xi_n'=\xi_n$

例2　求 V_4 的基　$\boldsymbol{\chi}_1=(1,2,-1,0),\boldsymbol{\chi}_2=(1,-1,1,1),\boldsymbol{\chi}_3=(-1,2,1,1),\boldsymbol{\chi}_4=(-1,-1,0,1)$

变为新基　$\boldsymbol{\chi}_1'=(2,1,0,1)$　$\boldsymbol{\chi}_2'=(0,1,2,2)$

$\boldsymbol{\chi}_3'=(-2,1,1,2)$　$\boldsymbol{\chi}_4'=(1,3,1,2)$

时向量坐标的变换公式。

解　因为　$(\boldsymbol{\chi}_1,\boldsymbol{\chi}_2,\boldsymbol{\chi}_3,\boldsymbol{\chi}_4)=(\boldsymbol{\varepsilon}_1,\boldsymbol{\varepsilon}_2,\boldsymbol{\varepsilon}_3,\boldsymbol{\varepsilon}_4)\begin{bmatrix}1 & 1 & -1 & -1\\ 2 & -1 & 2 & -1\\ -1 & 1 & 1 & 0\\ 0 & 1 & 1 & 1\end{bmatrix}$

$$=(\boldsymbol{\varepsilon}_1,\boldsymbol{\varepsilon}_2,\boldsymbol{\varepsilon}_3,\boldsymbol{\varepsilon}_4)\boldsymbol{A}$$

$$(\boldsymbol{\chi}_1',\boldsymbol{\chi}_2',\boldsymbol{\chi}_3',\boldsymbol{\chi}_4')=(\boldsymbol{\varepsilon}_1,\boldsymbol{\varepsilon}_2,\boldsymbol{\varepsilon}_3,\boldsymbol{\varepsilon}_4)\begin{bmatrix}2 & 0 & -2 & 1\\ 1 & 1 & 1 & 3\\ 0 & 2 & 1 & 1\\ 1 & 2 & 2 & 2\end{bmatrix}$$

$$=(\boldsymbol{\varepsilon}_1,\boldsymbol{\varepsilon}_2,\boldsymbol{\varepsilon}_3,\boldsymbol{\varepsilon}_4)\boldsymbol{B}$$

所以有$(\boldsymbol{\chi}_1',\boldsymbol{\chi}_2',\boldsymbol{\chi}_3',\boldsymbol{\chi}_4')=(\boldsymbol{\chi}_1,\boldsymbol{\chi}_2,\boldsymbol{\chi}_3,\boldsymbol{\chi}_4)\boldsymbol{A}^{-1}\boldsymbol{B}$

于是得由旧基改变为新基的过渡矩阵是

$$\boldsymbol{C}=\boldsymbol{A}^{-1}\boldsymbol{B}$$

由公式(1.3)可得向量的坐标变换公式为

$$(\xi_1',\cdots,\xi_4')=(\xi_1,\cdots,\xi_4)(\boldsymbol{C}^{-1})^{\mathrm{T}}$$

由计算可得

$$(\boldsymbol{C}^{-1})^{\mathrm{T}}=(\boldsymbol{B}^{-1}\boldsymbol{A})^{\mathrm{T}}=\boldsymbol{A}^{\mathrm{T}}(\boldsymbol{B}^{\mathrm{T}})^{-1}$$

$$=\begin{bmatrix}1 & 2 & -1 & 0\\ 1 & -1 & 1 & 1\\ -1 & 2 & 1 & 1\\ -1 & -1 & 0 & 1\end{bmatrix}\begin{bmatrix}4/13 & 2/13 & -3/13 & -1/13\\ -6/13 & -3/13 & -2/13 & 8/13\\ -8/13 & 9/13 & -7/13 & 2/13\\ 11/13 & -1/13 & 8/13 & -6/13\end{bmatrix}$$

$$=\begin{bmatrix}0 & -1 & 0 & 1\\ 1 & 1 & 0 & -1\\ -1 & 0 & 0 & 1\\ 1 & 0 & 1 & -1\end{bmatrix}$$

因此有

$$(\xi_1',\cdots,\xi_4') = (\xi_1\cdots\xi_4)\begin{bmatrix} 0 & -1 & 0 & 1 \\ 1 & 1 & 0 & -1 \\ -1 & 0 & 0 & 1 \\ 1 & 0 & 1 & -1 \end{bmatrix}$$

即所求坐标变换公式 $\xi_1' = \xi_2 - \xi_3 + \xi_4$ $\xi_2' = -\xi_1 + \xi_2$

$\xi_3' = \xi_4$ $\xi_4' = \xi_1 - \xi_2 + \xi_3 - \xi_4$

1.5 线性子空间

1.5.1 线性子空间定义

在通常的三维几何空间中,考虑过原点的一条直线或一个平面,不难验证这条直线或这个平面上所有向量对于向量加法及数乘运算,分别形成一维和二维空间。这就是说它们一方面都是三维几何空间的一部分,另一方面它们分别都构成一个线性空间,这就是将要讨论的子空间。由于研究子空间容易一些,而研究空间往往也涉及子空间。

定义 1.5 设 V 是数域 K 上一个线性空间,W 是 V 的一个非空子集,且 W 关于 V 的两种运算也做成一个 K 上的线性空间,称 W 是 V 的一个线性子空间。

显然 $V \subseteq V$, $\{0\} \subseteq V$, V 与 $\{0\}$ 都是 V 的线性子空间,这是两个平凡子空间。对任意一个非空子集 $W \subseteq V$,若都用定义去验证 W 是否为线性空间,将是一件麻烦的事,可给定理:

定理 1.5.1 设 V 是数域 K 上一个线性空间,W 是 V 的一个非空子集,且对 V 已有的线性运算满足以下条件

①如果 $\boldsymbol{\alpha},\boldsymbol{\beta} \in W$,则 $\boldsymbol{\alpha}+\boldsymbol{\beta} \in W$;

②如果 $\boldsymbol{\alpha} \in W, k \in K$,则 $k\boldsymbol{\alpha} \in W$。

则 W 必定是 V 的一个线性子空间,反之亦然。

证明 若 W 是 V 的一个线性子空间,当然满足条件。

若 W 对 V 上的加法、数乘满足这两条,那么 8 条规则的第 1°,2°,5°,6°,7°,8°都显然满足,因为只需要将 W 中的元看成 V 中的元。对于第 3°条规则,设 $\boldsymbol{\alpha} \in W$,取 $k=0$,由第 2°条规则,$0 \cdot \boldsymbol{\alpha} = 0 \in W$,所以 W 有零元,且就是 V 中的零元。对于第 4°条规则,对任意的 $\boldsymbol{\alpha} \in W$,取 $k=-1$, $(-1)\cdot\boldsymbol{\alpha} = -\boldsymbol{\alpha} \in W$,所以 W 的任意元 $\boldsymbol{\alpha}$ 都有它的负元 $-\boldsymbol{\alpha} \in W$,所以 W 是一个线性空间,那么 W 是 V 的一个线性子空间。

定理说明判断 V 的一个非空子集 W 是否做成一个线性子空间,只需要看 W 是否对 V 上的线性运算封闭。

例 1 n 元齐次线性方程组 $\begin{cases} a_{11}x_1 + \cdots + a_{1n}x_n = 0 \\ \cdots\cdots\cdots\cdots\cdots \\ a_{m1}x_1 + \cdots + a_{mn}x_n = 0 \end{cases}$ 的全部解,就构成 R^n 的一个线性子空间,叫解空间。

例 2 集合 $C = \{(a_{ij})_{n\times n} \mid a_{ij} \in K, \sum_{i=1}^{n} a_{ii} = 0\} \subset K^{n\times n}$ 容易验证 C 关于矩阵的加法和数乘也是 $K^{n\times n}$ 的一个线性子空间。

例 3 集合 $M = \{(a_{ij})_{n\times n} \mid a_{ij} \in K, a_{ji} = a_{ij}\} \subseteq K^{n\times n}$ 容易验证 M 也做成 $K^{n\times n}$ 的一个线性子空间。

由于线性子空间也是线性空间，因此，前面引入的关于维数、基和坐标等概念，亦可以应用到线性子空间中去。

由于零子空间不含线性无关的向量，因此它没有基，并规定其维数为零。

因为线性子空间中不可能比在整个线性空间中有更多数目的线性无关的向量，所以任何一个线性子空间 W 的维数不能大于整个线性空间 V 的维数，即有

$$\dim W \leqslant \dim V \tag{1.4}$$

例如，n 元齐次线性方程组 $\boldsymbol{AX} = \boldsymbol{0}$，系数矩阵 $\boldsymbol{A}$ 的秩 $= r(1 \leqslant r < n)$ 时，其解空间的维数等于 $n - r$，小于 R^n 的维数，前面例 3 中 M 的维数等于 $\frac{n(n+1)}{2}$，例 2 中 C 的维数为 $n^2 - 1$。

1.5.2 线性子空间的生成问题

设 $\boldsymbol{\alpha}_1, \boldsymbol{\alpha}_2, \cdots, \boldsymbol{\alpha}_r$ 是数域 K 上的线性空间 V 的一组向量，其所有可能的线性组合的集合

$$V_1 = \{k_1\boldsymbol{\alpha}_1 + \cdots + k_r\boldsymbol{\alpha}_r \mid k_i \in K\}$$

是非空的，容易验证 V_1 对 V 的线性运算封闭，因而 V_1 是 V 的一个线性子空间。这个子空间称为由 $\boldsymbol{\alpha}_1, \boldsymbol{\alpha}_2, \cdots, \boldsymbol{\alpha}_r$ 生成（或张成）的子空间，记为

$$L(\boldsymbol{\alpha}_1, \cdots, \boldsymbol{\alpha}_r) = \{k_1\boldsymbol{\alpha}_1 + \cdots + k_r\boldsymbol{\alpha}_r \mid k_i \in K\} \tag{1.5}$$

反过来，在有限维线性空间 V 中，它的任何一个线性子空间 W 都可以写成式(1.5)形式。事实上，由于 W 也是有限维的，设 $\boldsymbol{\alpha}_1, \cdots, \boldsymbol{\alpha}_r$ 是 W 的一个基，那么

$$W = \{k_1\boldsymbol{\alpha}_1 + \cdots + k_r\boldsymbol{\alpha}_r \mid k_i \in K\} = L(\boldsymbol{\alpha}_1, \cdots, \boldsymbol{\alpha}_r)$$

就是 r 维子空间。特别地，零子空间就是由零元素生成的子空间 $L(0)$。

矩阵的值域和核空间（零空间）的理论，在线性最小二乘法问题和广义逆矩阵的讨论中都占有重要地位，现定义如下。

定义 1.6 令 $\boldsymbol{A} = (a_{ij})_{m\times n} \in R^{m\times n}$，以 $\boldsymbol{\alpha}_i (i = 1, 2, \cdots, n)$ 表示 $\boldsymbol{A}$ 的第 i 个列向量，称子空间 $L(\boldsymbol{\alpha}_1, \cdots, \boldsymbol{\alpha}_n)$ 为矩阵的值域（列空间），记为

$$R(\boldsymbol{A}) = L(\boldsymbol{\alpha}_1, \cdots, \boldsymbol{\alpha}_n) \tag{1.6}$$

由前面的论述及矩阵秩的概念可知 $R(\boldsymbol{A}) \subseteq R^m$，且有

$$\operatorname{rank}(\boldsymbol{A}) = \dim R(\boldsymbol{A})$$ ①

同样可以定义 $\boldsymbol{A}^T$ 的值域

$$R(\boldsymbol{A}^T) = L(\tilde{\boldsymbol{\alpha}}_1, \cdots, \tilde{\boldsymbol{\alpha}}_m) \subseteq R^n \tag{1.7}$$

且有

$$\dim R(\boldsymbol{A}) = \dim R(\boldsymbol{A}^T) = r(\boldsymbol{A})$$

定义 1.7 令 $\boldsymbol{A} = (a_{ij})_{m\times n} \in R^{m\times n}$，称集合 $\{\boldsymbol{\chi} \mid \boldsymbol{A\chi} = 0, \boldsymbol{\chi} \in R^n\}$ 为 $\boldsymbol{A}$ 的核空间（或核、零空间），记为 $N(\boldsymbol{A})$，即

---

① 用 $\operatorname{rank}(\boldsymbol{A})$ 表示 $\boldsymbol{A}$ 的秩，或记 $r(\boldsymbol{A})$

$$N(\boldsymbol{A}) = \{\boldsymbol{\chi} \mid \boldsymbol{A\chi} = 0, \boldsymbol{\chi} \in R^n\} \tag{1.8}$$

显然 $N(\boldsymbol{A})$ 是齐次线性方程组 $\boldsymbol{A\chi}=0$ 的解空间，它是 R^n 的一个子空间。$\boldsymbol{A}$ 的核空间的维数称为 $\boldsymbol{A}$ 的零度，记为 $n(\boldsymbol{A})$，即

$$n(\boldsymbol{A}) = \dim N(\boldsymbol{A}) = n - r(\boldsymbol{A})$$

例4 已知 $\boldsymbol{A}=\begin{bmatrix}1 & 0 & 1\\ 0 & 1 & 1\end{bmatrix}$，求 $\boldsymbol{A}$ 的秩及零度。

解 显然有 $\boldsymbol{\alpha}_1+\boldsymbol{\alpha}_2-\boldsymbol{\alpha}_3=0$，即 $\boldsymbol{A}$ 的三个列向量线性相关。但 $\boldsymbol{A}$ 的前两个列向量线性无关，故 $r(\boldsymbol{A})=2, n(\boldsymbol{A})=3-2=1, \dim R(\boldsymbol{A}^T)=\dim R(\boldsymbol{A})=r(\boldsymbol{A})=2$，而 $n(\boldsymbol{A}^T)=2-2=0$

一般而言，设 $\boldsymbol{A}=(a_{ij})_{m\times n}$，则有下面一般公式

$$\operatorname{rank}(\boldsymbol{A}) + n(\boldsymbol{A}) = n \tag{1.9}$$

$$n(\boldsymbol{A}) - n(\boldsymbol{A}^T) = n - m \tag{1.10}$$

事实上线性方程组 $\boldsymbol{A}^TX=0$ 的解空间维数 $=n(\boldsymbol{A}^T)=m-\operatorname{rank}(\boldsymbol{A}^T)$，所以 $n(\boldsymbol{A})-n(\boldsymbol{A}^T)=n-\operatorname{rank}(\boldsymbol{A})-m+\operatorname{rank}(\boldsymbol{A}^T)=n-m$。

定理1.5.2 设 V_1 是数或 K 上 n 维线性空间 V 的一个 m 维子空间，$\boldsymbol{\alpha}_1,\cdots,\boldsymbol{\alpha}_m$ 是 V_1 的一个基，则这个基必可扩充为 V 的一个基。换言之，在 V 中必可找到 $n-m$ 个向量 $\boldsymbol{\alpha}_{m+1},\cdots,\boldsymbol{\alpha}_n$，使 $\boldsymbol{\alpha}_1,\cdots,\boldsymbol{\alpha}_m,\cdots,\boldsymbol{\alpha}_n$ 是 V 的一个基。

证明 对维数差 $n-m$ 用数学归纳法。

当 $n-m=0$ 时，定理显然成立，因为 $\boldsymbol{\alpha}_1,\cdots,\boldsymbol{\alpha}_n$ 已是 V 的基。设 $n-m=k$ 时，定理成立，考虑 $n-m=k+1$ 的情形。

既然 $\boldsymbol{\alpha}_1,\cdots,\boldsymbol{\alpha}_m$ 还不是 V 的基，因为它们线性无关，由基的定义，在 V 中至少还有一个向量 $\boldsymbol{\alpha}_{m+1}$ 不能被 $\boldsymbol{\alpha}_1,\cdots,\boldsymbol{\alpha}_m$ 线性表示，那么 $\boldsymbol{\alpha}_1,\cdots,\boldsymbol{\alpha}_m,\boldsymbol{\alpha}_{m+1}$ 必定线性无关（因为若 $\boldsymbol{\alpha}_1,\cdots,\boldsymbol{\alpha}_m$ 线性无关，而 $\boldsymbol{\alpha}_1,\cdots,\boldsymbol{\alpha}_m,\boldsymbol{\alpha}$ 线性相关，则 $\boldsymbol{\alpha}$ 一定被 $\boldsymbol{\alpha}_1,\cdots,\boldsymbol{\alpha}_m$ 线性表示）。于是子空间 $V_2=L(\boldsymbol{\alpha}_1,\cdots,\boldsymbol{\alpha}_m,\boldsymbol{\alpha}_{m+1})$ 是 $m+1$ 维的，因为 $n-$维$(V_2)=n-(m+1)=k$，由归纳假设，子空间 V_2 的基 $\boldsymbol{\alpha}_1,\cdots,\boldsymbol{\alpha}_{m+1}$ 可以扩为 V 的基 $\boldsymbol{\alpha}_1,\cdots,\boldsymbol{\alpha}_m,\boldsymbol{\alpha}_{m+1},\cdots,\boldsymbol{\alpha}_n$，证毕。

1.6 子空间的交与和

此节讨论的问题是子空间的运算生成的子空间问题。

1.6.1 子空间的交

定理1.6.1 如果 V_1,V_2 是数域 K 上线性空间 V 的两个子空间，那么它们的交 $V_1\cap V_2$ 也是 V 的子空间。

证明：因为 $0\in V_1, 0\in V_2$，所以 $0\in V_1\cap V_2$，故 $V_1\cap V_2$ 非空，若 $\boldsymbol{\alpha},\boldsymbol{\beta}\in V_1\cap V_2$，由于 $\boldsymbol{\alpha},\boldsymbol{\beta}\in V_1$，$\boldsymbol{\alpha},\boldsymbol{\beta}\in V_2$，而 V_1,V_2 都是子空间，所以 $\boldsymbol{\alpha}+\boldsymbol{\beta}\in V_1$，$\boldsymbol{\alpha}+\boldsymbol{\beta}\in V_2$，故 $\boldsymbol{\alpha}+\boldsymbol{\beta}\in V_1\cap V_2$。又因 $k\boldsymbol{\alpha}\in V_1$，$k\boldsymbol{\alpha}\in V_2$，所以 $k\boldsymbol{\alpha}\in V_1\cap V_2$。由定理1.5.1知 $V_1\cap V_2$ 是 V 的线性子空间。

由集合的交的定义可知，子空间的交满足交换律及结合律，即有

$$V_1 \cap V_2 = V_2 \cap V_1$$

$$(V_1 \cap V_2) \cap V_3 = V_1 \cap (V_2 \cap V_3)$$

1.6.2 子空间的和

定义 1.8 设 V_1,V_2 都是数域 K 上线性空间 V 的子空间,$\boldsymbol{\chi}\in V_1,\boldsymbol{\zeta}\in V_2$,则所有 $\boldsymbol{\chi}+\boldsymbol{\zeta}$ 这样元素的集合叫做 V_1 与 V_2 的和(或和空间),记为 V_1+V_2

$$V_1+V_2=\{\boldsymbol{\sigma}\mid\boldsymbol{\sigma}=\boldsymbol{\chi}+\boldsymbol{\zeta},\boldsymbol{\chi}\in V_1,\boldsymbol{\zeta}\in V_2\}$$

定理 1.6.2 如果 V_1,V_2 都是数域 K 上线性空间 V 的子空间,那么它们的和 V_1+V_2 也是 V 的子空间。

证明 显然 V_1+V_2 非空,又对任意 $\boldsymbol{\sigma}_1,\boldsymbol{\sigma}_2\in V_1+V_2$。因为 $\boldsymbol{\sigma}_1=\boldsymbol{\chi}_1+\boldsymbol{\zeta}_1,\boldsymbol{\sigma}_2=\boldsymbol{\chi}_2+\boldsymbol{\zeta}_2,\boldsymbol{\chi}_1,\boldsymbol{\chi}_2\in V_1,\boldsymbol{\zeta}_1,\boldsymbol{\zeta}_2\in V_2$,则 $\boldsymbol{\chi}_1+\boldsymbol{\chi}_2\in V_1,\boldsymbol{\zeta}_1+\boldsymbol{\zeta}_2\in V_2$,所以 $\boldsymbol{\sigma}_1+\boldsymbol{\sigma}_2=\boldsymbol{\chi}_1+\boldsymbol{\zeta}_1+\boldsymbol{\chi}_2+\boldsymbol{\zeta}_2=(\boldsymbol{\chi}_1+\boldsymbol{\chi}_2)+(\boldsymbol{\zeta}_1+\boldsymbol{\zeta}_2)\in V_1+V_2$。又 $k\boldsymbol{\sigma}=k\boldsymbol{\chi}+k\boldsymbol{\zeta}\in V_1+V_2$,故 V_1+V_2 是 V 的子空间。

由于 V 中元之间加法满足交换律与结合律,所以子空间和运算满足交换律和结合律,即

$$V_1+V_2=V_2+V_1$$

$$(V_1+V_2)+V_3=V_1+(V_2+V_3)$$

例如,在线性空间 R^3 中,V_1,V_2 表示两条过原点的不同直线 L_1,L_2 上所有向量形成的子空间,则 $V_1\cap V_2=\{0\}$ 是只含原点的零子空间,V_1+V_2 就是由 L_1 与 L_2 所决定的平面上全体向量做成的子空间。

显然有 $\quad V_i\supseteq V_1\cap V_2,V_i\subseteq V_1+V_2,\quad i=1,2$

1.6.3 两子空间的交与和的维数公式

定理 1.6.3(维数公式) 如果 V_1,V_2 是 V 的子空间,那么有下面公式

$$\text{维}\,V_1+\text{维}\,V_2=\text{维}(V_1+V_2)+\text{维}(V_1\cap V_2)\tag{1.11}$$

证明 设维 $V_1=n_1$,维 $V_2=n_2$,维$(V_1\cap V_2)=r$,设 $\boldsymbol{\alpha}_1\cdots\boldsymbol{\alpha}_r$ 是 $V_1\cap V_2$ 的基,由扩基定理,可将它们分别扩为 V_1,V_2 的基

$$\boldsymbol{\alpha}_1,\cdots,\boldsymbol{\alpha}_r,\boldsymbol{\beta}_1,\cdots,\boldsymbol{\beta}_{n_1-r}$$

$$\boldsymbol{\alpha}_1,\cdots,\boldsymbol{\alpha}_r,\boldsymbol{\gamma}_1,\cdots,\boldsymbol{\gamma}_{n_2-r}$$

证明 $\boldsymbol{\alpha}_1,\cdots,\boldsymbol{\alpha}_r,\boldsymbol{\beta}_1,\cdots,\boldsymbol{\beta}_{n_1-r},\boldsymbol{\gamma}_1,\cdots,\boldsymbol{\gamma}_{n_2-r}$ 是 V_1+V_2 的基。这样一来,维$(V_1+V_2)=n_1+n_2-r$,从而公式(1.11)成立。

因为 V_1 中任意元都可以由 $\boldsymbol{\alpha}_1,\cdots,\boldsymbol{\alpha}_r,\boldsymbol{\beta}_1,\cdots,\boldsymbol{\beta}_{n_1-r}$ 线性表示,当然也可以由 $\boldsymbol{\alpha}_1,\cdots,\boldsymbol{\alpha}_r,\boldsymbol{\beta}_1,\cdots,\boldsymbol{\beta}_{n_1-r},\boldsymbol{\gamma}_1,\cdots,\boldsymbol{\gamma}_{n_2-r}$ 线性表示,同理 V_2 中的任意元也可以由 $\boldsymbol{\alpha}_1,\cdots,\boldsymbol{\alpha}_r,\boldsymbol{\beta}_1,\cdots,\boldsymbol{\beta}_{n_1-r},\boldsymbol{\gamma}_1,\cdots,\boldsymbol{\gamma}_{n_2-r}$ 线性表示,所以 $V_1+V_2=L(\boldsymbol{\alpha}_1,\cdots,\boldsymbol{\alpha}_r,\boldsymbol{\beta}_1,\cdots,\boldsymbol{\beta}_{n_1-r},\boldsymbol{\gamma}_1,\cdots,\boldsymbol{\gamma}_{n_2-r})$

还需证明这 n_1+n_2-r 个向量线性无关。设

$$k_1\boldsymbol{\alpha}_1+\cdots+k_r\boldsymbol{\alpha}_r+l_1\boldsymbol{\beta}_1+\cdots+l_{n_1-r}\boldsymbol{\beta}_{n_1-r}+h_1\boldsymbol{\gamma}_1+\cdots+h_{n_2-r}\boldsymbol{\gamma}_{n_2-r}=0$$

设 $\quad\boldsymbol{\chi}=h_1\boldsymbol{\gamma}_1+\cdots+h_{n2-r}\boldsymbol{\gamma}_{n2-r}=-k_1\boldsymbol{\alpha}_1-\cdots-k_r\boldsymbol{\alpha}_r-l_1\boldsymbol{\beta}_1-\cdots-l_{n1-r}\boldsymbol{\beta}_{n1-r}$

所以 $\boldsymbol{\chi}\in V_1\cap V_2$,所以 $\boldsymbol{\chi}=q_1\boldsymbol{\alpha}_1+\cdots+q_r\boldsymbol{\alpha}_r$。

则有 $\quad q_1\boldsymbol{\alpha}_1+\cdots+q_r\boldsymbol{\alpha}_r-h_1\boldsymbol{\gamma}_1-\cdots-h_{n_2-r}\boldsymbol{\gamma}_{n_2-r}=0,\boldsymbol{\alpha}_1,\cdots,\boldsymbol{\alpha}_r,\boldsymbol{\gamma}_1,\cdots,\boldsymbol{\gamma}_{n_2-r}$ 是 V_2 的基,因此它们线性无关,所以有

$$q_1=\cdots=q_r=h_1=\cdots=h_{n_2-r}=0$$

从而也有 $\quad k_1=\cdots=k_r=l_1=\cdots=l_{n_1-r}=0$

这就证明了$\boldsymbol{\alpha}_1,\cdots,\boldsymbol{\alpha}_r,\boldsymbol{\beta}_1,\cdots,\boldsymbol{\beta}_{n_1-r},\boldsymbol{\gamma}_1,\cdots,\boldsymbol{\gamma}_{n_2-r}$线性无关,证毕。

推论1 维V_1+维$V_2\geqslant$维(V_1+V_2)

推论2 若V_1,V_2都是n维线性空间V的子空间,且维V_1+维$V_2>n$,则维$(V_1\cap V_2)\neq\{0\}$

例1 设V是线性空间,$\boldsymbol{\alpha}_1,\cdots,\boldsymbol{\alpha}_r,\boldsymbol{\beta}_1,\cdots,\boldsymbol{\beta}_l\in V$

证明 $L(\boldsymbol{\alpha}_1,\cdots,\boldsymbol{\alpha}_r)+L(\boldsymbol{\beta}_1,\cdots,\boldsymbol{\beta}_l)=L(\boldsymbol{\alpha}_1,\cdots,\boldsymbol{\alpha}_r,\boldsymbol{\beta}_1,\cdots,\boldsymbol{\beta}_l)$

证明 只需证明集合相等。对任意$\boldsymbol{\gamma}\in L(\boldsymbol{\alpha}_1,\cdots,\boldsymbol{\alpha}_r)+L(\boldsymbol{\beta}_1,\cdots,\boldsymbol{\beta}_l)$,由定理$\boldsymbol{\gamma}=\boldsymbol{\alpha}+\boldsymbol{\beta}$,$\boldsymbol{\alpha}\in L(\boldsymbol{\alpha}_1,\cdots,\boldsymbol{\alpha}_r)$,所以$\boldsymbol{\alpha}=k_1\boldsymbol{\alpha}_1+\cdots+k_r\boldsymbol{\alpha}_r$,$\boldsymbol{\beta}\in L(\boldsymbol{\beta}_1,\cdots,\boldsymbol{\beta}_l)$,所以$\boldsymbol{\beta}=l_1\boldsymbol{\beta}_1+\cdots+l_l\boldsymbol{\beta}_l$,则$\boldsymbol{\gamma}=k_1\boldsymbol{\alpha}_1+\cdots+k_r\boldsymbol{\alpha}_r+l_1\boldsymbol{\beta}_1+\cdots l_l\boldsymbol{\beta}_l\in L(\boldsymbol{\alpha}_1,\cdots,\boldsymbol{\alpha}_r,\boldsymbol{\beta}_1,\cdots,\boldsymbol{\beta}_l)$。

反过来对任意$\boldsymbol{\gamma}\in L(\boldsymbol{\alpha}_1,\cdots,\boldsymbol{\alpha}_r,\boldsymbol{\beta}_1,\cdots,\boldsymbol{\beta}_l)$,那么$\boldsymbol{\gamma}=k_1\boldsymbol{\alpha}_1+\cdots+k_r\boldsymbol{\alpha}_r+l_1\boldsymbol{\beta}_1+\cdots+l_l\boldsymbol{\beta}_l$,所以$\boldsymbol{\gamma}=\boldsymbol{\alpha}+\boldsymbol{\beta}$,其中$\boldsymbol{\alpha}=k_1\boldsymbol{\alpha}_1+\cdots+k_r\boldsymbol{\alpha}_r$,$\boldsymbol{\beta}=l_1\boldsymbol{\beta}_1+\cdots+l_l\boldsymbol{\beta}_l$,则$\boldsymbol{\gamma}\in L(\boldsymbol{\alpha}_1,\cdots,\boldsymbol{\alpha}_r)+L(\boldsymbol{\beta}_1,\cdots,\boldsymbol{\beta}_l)$,所以$L(\boldsymbol{\alpha}_1,\cdots,\boldsymbol{\alpha}_r)+L(\boldsymbol{\beta}_1,\cdots,\boldsymbol{\beta}_l)=L(\boldsymbol{\alpha}_1,\cdots,\boldsymbol{\alpha}_r,\boldsymbol{\beta}_1,\cdots,\boldsymbol{\beta}_l)$。

例2 设$\boldsymbol{\alpha}_1=(1,0,1,1)$,$\boldsymbol{\alpha}_2=(1,1,-1,0)$

$$\boldsymbol{\beta}_1=(4,5,-1,-1),\boldsymbol{\beta}_2=(4,3,-2,1),\boldsymbol{\beta}_3=(1,1,0,0)$$

求$L(\boldsymbol{\alpha}_1,\boldsymbol{\alpha}_2)$与$L(\boldsymbol{\beta}_1,\boldsymbol{\beta}_2,\boldsymbol{\beta}_3)$的和与交的基与维数。

解 令$V_1=L(\boldsymbol{\alpha}_1,\boldsymbol{\alpha}_2)$,显然维$V_1=2$,基是$\boldsymbol{\alpha}_1,\boldsymbol{\alpha}_2$。

令$V_2=L(\boldsymbol{\beta}_1,\boldsymbol{\beta}_2,\boldsymbol{\beta}_3)$,显然维$V_2=3$,基是$\boldsymbol{\beta}_1,\boldsymbol{\beta}_2,\boldsymbol{\beta}_3$。

由例1可知,$V_1+V_2=L(\boldsymbol{\alpha}_1,\boldsymbol{\alpha}_2,\boldsymbol{\beta}_1,\boldsymbol{\beta}_2,\boldsymbol{\beta}_3)$,求和空间$V_1+V_2$的基。

$$\begin{bmatrix}1&1&4&4&1\\0&1&5&3&1\\1&-1&-1&-2&0\\1&0&-1&1&0\end{bmatrix}\xrightarrow{\text{行初等变换}}\begin{bmatrix}1&1&4&4&1\\0&1&5&3&1\\0&-2&-5&-6&-1\\0&0&0&0&0\end{bmatrix}$$

所以V_1+V_2的维数$=3$,$\boldsymbol{\alpha}_1,\boldsymbol{\alpha}_2,\boldsymbol{\beta}_1$可作$V_1+V_2$的基。由维数公式可知维$(V_1\cap V_2)$=维$V_1$+维$V_2$-维$(V_1+V_2)=2+3-3=2$。

设$\boldsymbol{\alpha}\in V_1\cap V_2$,则$\boldsymbol{\alpha}\in V_1$,所以$\boldsymbol{\alpha}=k_1\boldsymbol{\alpha}_1+k_2\boldsymbol{\alpha}_2$,又$\boldsymbol{\alpha}\in V_2$,所以$\boldsymbol{\alpha}=l_1\boldsymbol{\beta}_1+l_2\boldsymbol{\beta}_2+l_3\boldsymbol{\beta}_3$,那么

$$k_1\boldsymbol{\alpha}_1+k_2\boldsymbol{\alpha}_2-l_1\boldsymbol{\beta}_1-l_2\boldsymbol{\beta}_2-l_3\boldsymbol{\beta}_3=0$$

等价于

$$\begin{cases}k_1+k_2-4l_1-4l_2-l_3=0\\ k_2-5l_1-3l_2-l_3=0\\ k_1-k_2+l_1+2l_2=0\\ k_1+l_1-l_2=0\end{cases}$$

解此齐次性方程组,得基础解系$(1,3,0,1,0)$,$(1,0,-1,0,5)$。于是$\boldsymbol{\alpha}=\boldsymbol{\alpha}_1+3\boldsymbol{\alpha}_2=\boldsymbol{\beta}_2$,$\boldsymbol{\alpha}=\boldsymbol{\alpha}_1=-\boldsymbol{\beta}_1+5\boldsymbol{\beta}_3$,由于维$(V_1\cap V_2)=2$,故可选2个线性无关向量$\boldsymbol{\alpha}$就行了,所以$\boldsymbol{\beta}_2,\boldsymbol{\alpha}_1$可作基。

有时我们特别关心V_1+V_2的元的分解表达是否惟一,例如

$V_1=L(\boldsymbol{\alpha}_1,\boldsymbol{\alpha}_2)$,$\boldsymbol{\alpha}_1=(1,0,0)$,$\boldsymbol{\alpha}_2=(1,1,1)$,$V_2=L(\boldsymbol{\beta}_1,\boldsymbol{\beta}_2)$,$\boldsymbol{\beta}_1=(0,0,1)$,$\boldsymbol{\beta}_2=(3,1,2)$

则V_1+V_2中的零元

$\boldsymbol{0}=(0,0,0)=(0,0,0)+(0,0,0)=(2\boldsymbol{\alpha}_1+\boldsymbol{\alpha}_2)-(\boldsymbol{\beta}_2-\boldsymbol{\beta}_1)$这说明零元的分解表达式不惟一。

定义1.9 如果V_1+V_2中每个元的分解表达式惟一,即$\forall\boldsymbol{\alpha}\in V_1+V_2$只有惟一$\boldsymbol{\alpha}_1\in V_1$,$\boldsymbol{\alpha}_2\in V_2$,使$\boldsymbol{\alpha}=\boldsymbol{\alpha}_1+\boldsymbol{\alpha}_2$,称$V_1+V_2$是直和,记$V_1\oplus V_2$。

定理1.6.4 V_1+V_2 是直和的充分必要条件是 $V_1\cap V_2=\{0\}$

证明 V_1+V_2 是直和,则零元分解式惟一,即 $\mathbf{0}=\mathbf{0}+\mathbf{0}$。设 $\boldsymbol{\alpha}\in V_1\cap V_2$,$\boldsymbol{\alpha}\in V_1$,$\boldsymbol{\alpha}\in V_2$,故 $-\boldsymbol{\alpha}\in V_2$,则 $\boldsymbol{\alpha}+(-\boldsymbol{\alpha})=\mathbf{0}\in V_1+V_2$,所以,$\boldsymbol{\alpha}=\mathbf{0}$,即 $V_1\cap V_2=\{0\}$。

反之设 $V_1\cap V_2=\{0\}$,若 V_1+V_2 不是直和,那么至少有一个元 $\boldsymbol{\alpha}$ 的分解表达式不惟一,设 $\boldsymbol{\alpha}=\boldsymbol{\alpha}_1+\boldsymbol{\alpha}_2=\boldsymbol{\beta}_1+\boldsymbol{\beta}_2$,其中 $\boldsymbol{\alpha}_1,\boldsymbol{\beta}_1\in V_1$,$\boldsymbol{\alpha}_2,\boldsymbol{\beta}_2\in V_2$,则$(\boldsymbol{\alpha}_1-\boldsymbol{\beta}_1)+(\boldsymbol{\alpha}_2-\boldsymbol{\beta}_2)=\mathbf{0}$,即 $\boldsymbol{\alpha}_1-\boldsymbol{\beta}_1=\boldsymbol{\beta}_2-\boldsymbol{\alpha}_2$,所以 $\boldsymbol{\alpha}_1-\boldsymbol{\beta}_1\in V_1\cap V_2$,$\boldsymbol{\beta}_2-\boldsymbol{\alpha}_2\in V_1\cap V_2$,故 $\boldsymbol{\alpha}_1=\boldsymbol{\beta}_1$,$\boldsymbol{\alpha}_2=\boldsymbol{\beta}_2$,证毕。

推论 设 $V_1=L(\boldsymbol{\alpha}_1,\cdots,\boldsymbol{\alpha}_r)$,$V_2=L(\boldsymbol{\beta}_1,\cdots,\boldsymbol{\beta}_l)$,$\boldsymbol{\alpha}_1,\cdots,\boldsymbol{\alpha}_r$ 与 $\boldsymbol{\beta}_1,\cdots,\boldsymbol{\beta}_l$ 分别是 V_1 与 V_2 的基,则 V_1+V_2 是直和的充分必要条件是 $\boldsymbol{\alpha}_1,\cdots,\boldsymbol{\alpha}_r,\boldsymbol{\beta}_1,\cdots,\boldsymbol{\beta}_l$ 线性无关。

子空间的直和概念及定理1.6.4可以推广到多个子空间的情形:设 $V_i(i=1,2,\cdots,s)$ 是线性空间 V 的子空间。如果和 $\sum\limits_{i=1}^{s}V_i$ 中每向量 $\boldsymbol{\alpha}$ 的分解式 $\boldsymbol{\alpha}=\boldsymbol{\alpha}_1+\cdots+\boldsymbol{\alpha}_s$,$\boldsymbol{\alpha}_i\in V_i(i=1,2,\cdots,s)$ 是惟一的,则称该和为直和,记为

$$V_1\oplus V_2\oplus\cdots\oplus V_s=\bigoplus_{i=1}^{s}V_i$$

同时,$\sum\limits_{i=1}^{s}V_i$ 是直和的充要条件是 $V_i\cap\sum\limits_{\substack{j=1\\j\neq i}}^{s}V_j=\{0\}$,$i=1,2,\cdots,s$,或

$$\dim(V_1+\cdots+V_s)=\dim V_1+\cdots+\dim V_s$$

习 题 1

1. 设 S_1,S_2 是两个集合,且 $S_1\subseteq S_2$,证明

$$S_1\cap S_2=S_1,\quad S_1\cup S_2=S_2$$

2. 判别数集 $K=\{a+b\sqrt{2}\mid a,b\in\mathbf{Q}\}$ 是否为数域。
3. 判别下列集合对所指运算是否构成实数域 $\mathbf{R}$ 上的线性空间。

(1)所有 n 阶实对称矩阵,对矩阵的加法及数乘矩阵运算;

(2)所有 n 阶实反对称阵,对矩阵的加法及数乘矩阵运算;

(3)所有 n 阶实可逆阵,对矩阵的加法及数乘矩阵运算;

(4)平面上全体向量的集合,于对通常向量的加法及如下定义的数乘运算 $k\cdot\boldsymbol{\alpha}=0$。

4. 求习题3中各线性空间的维数,并各选出它们的一组基。
5. 证明在实函数空间中,$1,\cos^2t,\cos2t$ 是线性相关的。
6. 求线性方程组 $\begin{cases}x_1+x_2-3x_3-x_4=0\\3x_1-x_2-3x_3+4x_4=0\\x_1+5x_2-9x_3-8x_4=0\end{cases}$

的解空间的维数与基。

7. 求 R^3 中向量 $\boldsymbol{\alpha}=(3,7,1)$ 对基 $\boldsymbol{\alpha}_1=(1,3,5)$,$\boldsymbol{\alpha}_2=(6,3,2)$,$\boldsymbol{\alpha}_3=(3,1,0)$ 的坐标。
8. 求 $p[t]_2$ 中向量 $1+t+t^2$ 对基 $1,t-1,(t-2)(t-1)$ 的坐标。
9. 求 R^3 中向量 $\boldsymbol{\alpha}$ 对两个基 $\boldsymbol{\alpha}_1=(1,2,1)$,$\boldsymbol{\alpha}_2=(2,3,3)$,$\boldsymbol{\alpha}_3=(3,7,1)$,$\boldsymbol{\alpha}_1'=(3,1,4)$,

$\boldsymbol{\alpha}_2'=(5,2,1)$，$\boldsymbol{\alpha}_3'=(1,1,-6)$的不同坐标间的关系。

10. 在 R^4 中有两个基　$\boldsymbol{\chi}_1=\boldsymbol{\varepsilon}_1,\boldsymbol{\chi}_2=\boldsymbol{\varepsilon}_2,\boldsymbol{\chi}_3=\boldsymbol{\varepsilon}_3,\boldsymbol{\chi}_4=\boldsymbol{\varepsilon}_4,\boldsymbol{\chi}_1'=(2,1,-1,1),\boldsymbol{\chi}_2'=(0,3,1,0),\boldsymbol{\chi}_3'=(5,3,2,1),\boldsymbol{\chi}_4'=(6,6,1,3)$。

(1)求由基$\boldsymbol{\chi}_1,\cdots,\boldsymbol{\chi}_4$ 到基$\boldsymbol{\chi}_1',\cdots,\boldsymbol{\chi}_4'$的过渡矩阵；

(2)求向量$(1,0,1,0)$在基$\boldsymbol{\chi}_1',\cdots,\boldsymbol{\chi}_4'$之下的坐标；

(3)求对两个基有相同坐标的非零向量。

11. 假定$\boldsymbol{\alpha}_1,\boldsymbol{\alpha}_2,\boldsymbol{\alpha}_3$ 是 R^3 的一个基，试求由 $\boldsymbol{\alpha}_1'=\boldsymbol{\alpha}_1-2\boldsymbol{\alpha}_2+3\boldsymbol{\alpha}_3,\boldsymbol{\alpha}_2'=2\boldsymbol{\alpha}_1+3\boldsymbol{\alpha}_2+2\boldsymbol{\alpha}_3,\boldsymbol{\alpha}_3'=4\boldsymbol{\alpha}_1+13\boldsymbol{\alpha}_2$ 生成的子空间 $L(\boldsymbol{\alpha}_1',\boldsymbol{\alpha}_2',\boldsymbol{\alpha}_3')$ 的基。

12. 求 R^4 的子空间

$$V_1=\{(a_1,a_2,a_3,a_4)\mid a_1-a_2+a_3-a_4=0\}$$
$$V_2=\{(a_1,a_2,a_3,a_4)\mid a_1+a_2+a_3+a_4=0\}$$

的交 $V_1\cap V_2$ 的基。

13. 在 R^n中，分量满足下列条件的全体向量的集合能否形成子空间？

(1)$\xi_1+\xi_2+\cdots+\xi_n=0$

(2)$\xi_1+\xi_2+\cdots+\xi_n=1$。

14. 设$\boldsymbol{\alpha}_1,\cdots,\boldsymbol{\alpha}_n$ 是 n 维线性空间 V 的一组基，$\boldsymbol{A}$ 是 $n\times s$ 矩阵

$$(\boldsymbol{\beta}_1,\cdots,\boldsymbol{\beta}_s)=(\boldsymbol{\alpha}_1,\cdots,\boldsymbol{\alpha}_n)\boldsymbol{A}$$

证明：$L(\boldsymbol{\beta}_1,\cdots,\boldsymbol{\beta}_s)$的维数$=\boldsymbol{A}$ 的秩。

第2章 内积空间

上一章用纯代数方法给出了空间中一些有几何色彩的概念：空间、子空间、基底、维数、坐标等。但是反映欧氏几何的一些本质的概念，如向量的长度，向量之间夹角，向量的正交性，标准正交基等都还没有提出。如何在抽象的线性空间中引入上述类似的定义并演绎出相应的结果，就是本章的任务。我们知道，在解析几何中，上述概念都与向量的点积（以后改称内积）有直接的联系。譬如，向量 $\boldsymbol{\alpha}=(a_1 \quad a_2 \quad a_3)$ 与 $\boldsymbol{\beta}=(b_1 \quad b_2 \quad b_3)$ 的点积定义为

$$(\boldsymbol{\alpha},\boldsymbol{\beta}) = a_1b_1 + a_2b_2 + a_3b_3 = \boldsymbol{\alpha}\boldsymbol{\beta}^T$$

而向量 $\boldsymbol{\alpha}$ 的长度（以后改称范数）定义为

$$|\boldsymbol{\alpha}| = \sqrt{a_1^2 + a_2^2 + a_3^2} = \sqrt{(\boldsymbol{\alpha},\boldsymbol{\alpha})}$$

非零向量 $\boldsymbol{\alpha}$ 与 $\boldsymbol{\beta}$ 之间的夹角余弦为

$$\cos\theta = \frac{(\boldsymbol{\alpha},\boldsymbol{\beta})}{|\boldsymbol{\alpha}||\boldsymbol{\beta}|} = \frac{a_1b_1 + a_2b_2 + a_3b_3}{\sqrt{a_1^2 + a_2^2 + a_3^2}\cdot\sqrt{b_1^2 + b_2^2 + b_3^2}}$$

特别是当 $(\boldsymbol{\alpha},\boldsymbol{\beta})=0$ 时，规定 $\boldsymbol{\alpha}\perp\boldsymbol{\beta}$，还有点 $\boldsymbol{\alpha},\boldsymbol{\beta}$ 之间的距离定义为

$$d(\boldsymbol{\alpha},\boldsymbol{\beta}) = \sqrt{(a_1-b_1)^2 + (a_2-b_2)^2 + (a_3+b_3)^2} = |\boldsymbol{\alpha}-\boldsymbol{\beta}|$$

这表明，一旦有了点积的定义，长度、夹角、距离等概念便逐个诱导出来。所以首先想到要在抽象的线性空间中引入向量内积的概念，为此，需要考查 R^3 中向量点积的基本性质。显然，两个向量的点积是一个标量（即实数），所以可以把它看成定义在 R^3 上的二元实值函数，且满足下述的性质：

1. 正定性 $(\boldsymbol{\alpha},\boldsymbol{\alpha})\geqslant 0$，当且仅当 $\boldsymbol{\alpha}=0$ 时，$(\boldsymbol{\alpha},\boldsymbol{\alpha})=0$；
2. 对称性 $(\boldsymbol{\alpha},\boldsymbol{\beta})=(\boldsymbol{\beta},\boldsymbol{\alpha})$；
3. 可加性 $(\boldsymbol{\alpha}+\boldsymbol{\gamma},\boldsymbol{\beta})=(\boldsymbol{\alpha},\boldsymbol{\beta})+(\boldsymbol{\gamma},\boldsymbol{\beta})$；
4. 齐次性 $(k\boldsymbol{\alpha},\boldsymbol{\beta})=k(\boldsymbol{\alpha},\boldsymbol{\beta})$。

当然点积还有其他性质。数学家经过相当长时间的反复研究、归纳，认为这些性质是最根本的，可以把它当作公理体系在抽象的线性空间中定义内积。

2.1 欧氏空间

2.1.1 欧氏空间定义

定义 2.1 设 V 是实数域 $\mathbf{R}$ 上的线性空间，如果 V 中任意两个向量 $\boldsymbol{\alpha},\boldsymbol{\beta}$ 都按某一确定的法则对应于惟一确定的实数，记作 $(\boldsymbol{\alpha},\boldsymbol{\beta})$，并且 $(\boldsymbol{\alpha},\boldsymbol{\beta})$ 满足

①对任意的 $\boldsymbol{\alpha},\boldsymbol{\beta}\in V$，有 $(\boldsymbol{\alpha},\boldsymbol{\beta})=(\boldsymbol{\beta},\boldsymbol{\alpha})$

②对任意的 $\boldsymbol{\alpha},\boldsymbol{\beta},\boldsymbol{\gamma}\in V$，有 $(\boldsymbol{\alpha}+\boldsymbol{\beta},\boldsymbol{\gamma})=(\boldsymbol{\alpha},\boldsymbol{\gamma})+(\boldsymbol{\beta},\boldsymbol{\gamma})$

③对任意的 $k\in\mathbf{R},\boldsymbol{\alpha},\boldsymbol{\beta}\in V$ 有 $(k\boldsymbol{\alpha},\boldsymbol{\beta})=k(\boldsymbol{\alpha},\boldsymbol{\beta})$

④对任意的 $\boldsymbol{\alpha}\in V$，有 $(\boldsymbol{\alpha},\boldsymbol{\alpha})\geqslant 0$，当且仅当 $\boldsymbol{\alpha}=0$ 时，$(\boldsymbol{\alpha},\boldsymbol{\alpha})=0$

则称 $(\boldsymbol{\alpha},\boldsymbol{\beta})$ 为向量 $\boldsymbol{\alpha}$ 与 $\boldsymbol{\beta}$ 的内积。定义了内积的实线性空间 V 称为欧几里德(Enclide)空间，简称为欧氏空间。

例 1 在 n 维向量空间 R^n 中，对任意的向量 $\boldsymbol{\alpha}=(a_1,a_2,\cdots,a_n)$，$\boldsymbol{\beta}=(b_1,b_2,\cdots,b_n)$ 定义

$$(\boldsymbol{\alpha},\boldsymbol{\beta}) = a_1b_1 + a_2b_2 + \cdots + a_nb_n \tag{2.1}$$

显然这样定义的 $(\boldsymbol{\alpha},\boldsymbol{\beta})$ 满足定义 2.1 中的 4 个条件，于是 R^n 关于这个内积做成一个欧氏空间。

很明显，在 $n=3$ 时，式(2.1)就是三维几何空间中向量在直角坐标系下的点积表达式。

例 2 在 $n\times n$ 维空间 $R^{n\times n}$ 中，对任意向量 $\boldsymbol{A}=(a_{ij})_{n\times n}$，$\boldsymbol{B}=(b_{ij})_{n\times n}$ 定义

$$(\boldsymbol{A},\boldsymbol{B}) = \sum_{i=1}^{n}\sum_{j=1}^{n} a_{ij}b_{ij} \tag{2.2}$$

则有

$$(\boldsymbol{A},\boldsymbol{B}) = \sum_{i=1}^{n}\sum_{j=1}^{n} a_{ij}b_{ij} = Tr(\boldsymbol{A}\boldsymbol{B}^{\mathrm{T}})$$

从而有

(1)对任意的 $\boldsymbol{A},\boldsymbol{B}\in R^{n\times n}$，有 $(\boldsymbol{A},\boldsymbol{B})=Tr(\boldsymbol{A}\boldsymbol{B}^{\mathrm{T}})=Tr(\boldsymbol{B}\boldsymbol{A}^{\mathrm{T}})=(\boldsymbol{B},\boldsymbol{A})$

(2)对任意的 $\boldsymbol{A},\boldsymbol{B},\boldsymbol{C}\in R^{n\times n}$，有

$$\begin{aligned}(\boldsymbol{A}+\boldsymbol{B},\boldsymbol{C}) &= Tr((\boldsymbol{A}+\boldsymbol{B})\boldsymbol{C}^{\mathrm{T}}) = Tr(\boldsymbol{A}\boldsymbol{C}^{\mathrm{T}}+\boldsymbol{B}\boldsymbol{C}^{\mathrm{T}})\\ &= Tr(\boldsymbol{A}\boldsymbol{C}^{\mathrm{T}}) + Tr(\boldsymbol{B}\boldsymbol{C}^{\mathrm{T}}) = (\boldsymbol{A},\boldsymbol{C}) + (\boldsymbol{B},\boldsymbol{C})\end{aligned}$$

(3)对任意的 $k\in\mathbf{R},\boldsymbol{A},\boldsymbol{B}\in R^{n\times n}$，有

$$\begin{aligned}(k\boldsymbol{A},\boldsymbol{B}) &= Tr((k\boldsymbol{A})\boldsymbol{B}^{\mathrm{T}}) = Tr(k\boldsymbol{A}\boldsymbol{B}^{\mathrm{T}}))\\ &= kTr(\boldsymbol{A}\boldsymbol{B}^{\mathrm{T}}) = k(\boldsymbol{A},\boldsymbol{B})\end{aligned}$$

(4)对任意的 $\boldsymbol{A}=(a_{ij})_{n\times n}$，有

$$(\boldsymbol{A},\boldsymbol{A}) = \sum_{i=1}^{n}\sum_{j=1}^{n} a_{ij}a_{ij} \geqslant 0$$

$(\boldsymbol{A},\boldsymbol{A})=0$ 的必要充分条件是 $a_{ij}=0\quad(i,j=1,2,\cdots,n)$，即 $\boldsymbol{A}=0$。

因此(2.2)式满足定义 2.1 的 4 个条件，于是 $R^{n\times n}$ 对这个内积作成一个欧氏空间。

例 3 在闭区间 $[a,b]$ 上一切 x 的连续实函数集合 $C[a,b]$，对于通常函数的加法和实数

与函数的乘法运算构成一实线性空间，对任意的$f(x),g(x)\in C[a\ b]$，定义

$$(f(x),g(x))=\int_a^b f(x)g(x)\mathrm{d}x \tag{2.3}$$

容易验证(2.3)式满足定义2.1中的4个条件。于是$C[a\ b]$关于上述内积作成一个欧氏空间。

对于一个实线性空间V，可以用不同的方法来规定内积(见习题1)。对于这些不同的内积，V做成不同的欧氏空间。例如，在R^n中，还可以定义$(\boldsymbol{\alpha},\boldsymbol{\beta})=a_1b_1+2a_2b_2+\cdots+na_nb_n$，容易验证这样定义的运算也满足定义2.1中的4个条件。不过我们约定，今后凡称R^n为欧氏空间时，其内积都按(2.1)式规定(除了特别声明外)的运算。

必须指出，在线性空间中定义内积与向量的加法和数乘运算彼此是无关的，因此无论内积如何规定都不影响该向量空间的维数，从而可知欧氏空间的子空间仍是欧氏空间。

下面讨论欧氏空间的向量内积性质

1)对任意的$\boldsymbol{\alpha}\in V$(V是欧氏空间)则

$$(0,\boldsymbol{\alpha})=(\boldsymbol{\alpha},0)=0$$

事实上

$$(0,\boldsymbol{\alpha})=(0\boldsymbol{\alpha},\boldsymbol{\alpha})=0(\boldsymbol{\alpha},\boldsymbol{\alpha})=0$$

特别是，若$\boldsymbol{\alpha}$对任何向量$\boldsymbol{\beta}\in V$，都有$(\boldsymbol{\alpha},\boldsymbol{\beta})=0$，那么对$\boldsymbol{\beta}=\boldsymbol{\alpha}$时也有$(\boldsymbol{\alpha},\boldsymbol{\beta})=(\boldsymbol{\alpha},\boldsymbol{\alpha})=0$，必有$\boldsymbol{\alpha}=0$。

2)对任意的$\boldsymbol{\alpha},\boldsymbol{\beta},\boldsymbol{\gamma}\in V$，恒有

$$(\boldsymbol{\gamma},\boldsymbol{\alpha}+\boldsymbol{\beta})=(\boldsymbol{\gamma},\boldsymbol{\alpha})+(\boldsymbol{\gamma},\boldsymbol{\beta})$$

事实上

$$(\boldsymbol{\gamma},\boldsymbol{\alpha}+\boldsymbol{\beta})=(\boldsymbol{\alpha}+\boldsymbol{\beta},\boldsymbol{\gamma})=(\boldsymbol{\alpha},\boldsymbol{\gamma})+(\boldsymbol{\beta},\boldsymbol{\gamma})=(\boldsymbol{\gamma},\boldsymbol{\alpha})+(\boldsymbol{\gamma},\boldsymbol{\beta})$$

类似地，对任意的$\boldsymbol{\alpha},\boldsymbol{\beta}\in V,k\in R$，有

$$(\boldsymbol{\beta},k\boldsymbol{\alpha})=(k\boldsymbol{\alpha},\boldsymbol{\beta})=k(\boldsymbol{\alpha},\boldsymbol{\beta})=k(\boldsymbol{\beta},\boldsymbol{\alpha})$$

3)对欧氏空间中任意向量$\boldsymbol{\alpha}_1,\boldsymbol{\alpha}_2,\cdots,\boldsymbol{\alpha}_s,\boldsymbol{\beta}_1,\boldsymbol{\beta}_2,\cdots,\boldsymbol{\beta}_t$及实数$k_1,\cdots,k_s,l_1,\cdots,l_t$，用数学归纳法不难证明

$$\left(\sum_{i=1}^{s}k_i\boldsymbol{\alpha}_i,\sum_{j=1}^{t}l_j\boldsymbol{\beta}_j\right)=\sum_{i=1}^{s}\sum_{j=1}^{t}k_il_j(\boldsymbol{\alpha}_i,\boldsymbol{\beta}_j)$$

下面利用欧氏空间中内积的概念引进向量的长度和夹角的定义。对于欧氏空间的任意向量$\boldsymbol{\alpha}$来说$(\boldsymbol{\alpha},\boldsymbol{\alpha})$总是一个非负实数，因此要定义向量的长度。

2.1.2 向量的长度

定义2.2 设$\boldsymbol{\alpha}$是欧氏空间的一个向量，非负实数$(\boldsymbol{\alpha},\boldsymbol{\alpha})$的算术根$\sqrt{(\boldsymbol{\alpha},\boldsymbol{\alpha})}$称为$\boldsymbol{\alpha}$的长度，并记为$|\boldsymbol{\alpha}|$。

向量的长度具有下述性质，即

定理2.1.1 设V是欧氏空间，则对任意$\boldsymbol{\alpha},\boldsymbol{\beta}\in V$及$k\in R$，有

(1)齐次性　$|k\boldsymbol{\alpha}|=|k||\boldsymbol{\alpha}|$

(2)非负性　$|\boldsymbol{\alpha}|\geqslant 0$当且仅当$\boldsymbol{\alpha}=0$时，$|\boldsymbol{\alpha}|=0$

(3)Canchy-Schwarz不等式：

$$(\boldsymbol{\alpha},\boldsymbol{\beta})^2 \leqslant (\boldsymbol{\alpha},\boldsymbol{\alpha})(\boldsymbol{\beta},\boldsymbol{\beta})$$

当且仅当 $\boldsymbol{\alpha}$ 与 $\boldsymbol{\beta}$ 线性相关时，等式成立。

证明　性质(1)(2)显然成立，下面只证性质(3)

如果 $\boldsymbol{\alpha},\boldsymbol{\beta}$ 线性相关，那么 $\boldsymbol{\alpha}=0$ 或 $\boldsymbol{\beta}=k\boldsymbol{\alpha}$，不论哪一种情况都有

$$(\boldsymbol{\alpha},\boldsymbol{\beta})^2 = (\boldsymbol{\alpha},\boldsymbol{\alpha})(\boldsymbol{\beta},\boldsymbol{\beta})$$

如果 $\boldsymbol{\alpha},\boldsymbol{\beta}$ 线性无关，那么对任何实数 k，都有 $\boldsymbol{\alpha}-k\boldsymbol{\beta}\neq 0$，于是

$$(\boldsymbol{\alpha}-k\boldsymbol{\beta},\boldsymbol{\alpha}-k\boldsymbol{\beta}) > 0$$

按内积性质有　$(\boldsymbol{\beta},\boldsymbol{\beta})k^2-2(\boldsymbol{\alpha},\boldsymbol{\beta})k+(\boldsymbol{\alpha},\boldsymbol{\alpha})>0$

这是一个关于 k 的二次三项式，对任意的实数 k 皆大于 0，故其判别式一定为负，即

$$\Delta = 4(\boldsymbol{\alpha},\boldsymbol{\beta})^2 - 4(\boldsymbol{\alpha},\boldsymbol{\alpha})(\boldsymbol{\beta},\boldsymbol{\beta}) < 0$$

从而有

$$(\boldsymbol{\alpha},\boldsymbol{\beta})^2 < (\boldsymbol{\alpha},\boldsymbol{\alpha})(\boldsymbol{\beta},\boldsymbol{\beta})$$

反过来，若对于欧氏空间中的向量 $\boldsymbol{\alpha},\boldsymbol{\beta}$，有

$$(\boldsymbol{\alpha},\boldsymbol{\beta})^2 = (\boldsymbol{\alpha},\boldsymbol{\alpha})(\boldsymbol{\beta},\boldsymbol{\beta})$$

也就是说，二次三项式　$(\boldsymbol{\beta},\boldsymbol{\beta})x^2-2(\boldsymbol{\alpha},\boldsymbol{\beta})x+(\boldsymbol{\alpha},\boldsymbol{\alpha})$ 的判别式

$$\Delta = 4(\boldsymbol{\alpha},\boldsymbol{\beta})^2 - 4(\boldsymbol{\alpha},\boldsymbol{\alpha})(\boldsymbol{\beta},\boldsymbol{\beta}) = 0$$

那么一定有实数 $x=k$，使

$$(\boldsymbol{\beta},\boldsymbol{\beta})k^2 - 2(\boldsymbol{\alpha},\boldsymbol{\beta})k + (\boldsymbol{\alpha},\boldsymbol{\alpha}) = 0$$

此即

$$(\boldsymbol{\alpha}-k\boldsymbol{\beta},\boldsymbol{\alpha}-k\boldsymbol{\beta}) = 0$$

从而有 $\boldsymbol{\alpha}-k\boldsymbol{\beta}=0$，即 $\boldsymbol{\alpha},\boldsymbol{\beta}$ 线性相关，于是定理成立。

在欧氏空间 R^n 中，$\boldsymbol{\alpha}=(a_1,\cdots,a_n)$，$\boldsymbol{\beta}=(b_1,\cdots,b_n)$，就有

$$| a_1b_1 + a_2b_2 + \cdots + a_nb_n | \leqslant \sqrt{a_1^2+\cdots+a_n^2}\cdot\sqrt{b_1^2+\cdots+b_n^2}$$

在欧氏空间 $C[a\ b]$ 中，$f(x),g(x)\in C[a\ b]$，就有

$$\left|\int_a^b f(x)g(x)\mathrm{d}x\right| \leqslant \left(\int_a^b f^2(x)\mathrm{d}x\right)^{\frac{1}{2}}\left(\int_a^b g^2(x)\mathrm{d}x\right)^{\frac{1}{2}}$$

它们都是数学史上著名的不等式。

长度为 1 的向量称为单位向量。如果 $\boldsymbol{\alpha}\neq 0$，则有

$$\left|\frac{\boldsymbol{\alpha}}{|\boldsymbol{\alpha}|}\right| = \frac{1}{|\boldsymbol{\alpha}|}|\boldsymbol{\alpha}| = 1$$

即 $\frac{\boldsymbol{\alpha}}{|\boldsymbol{\alpha}|}$ 是单位向量。利用非 0 向量 $\boldsymbol{\alpha}$ 的长度的倒数 $\frac{1}{|\boldsymbol{\alpha}|}$ 去乘向量 $\boldsymbol{\alpha}$，使它化为单位向量的方法称为把向量 $\boldsymbol{\alpha}$ 单位化。

定义 2.3　设 $\boldsymbol{\alpha},\boldsymbol{\beta}$ 是欧氏空间中任意两个非零向量，称

$$Q = \arccos\frac{(\boldsymbol{\alpha},\boldsymbol{\beta})}{|\boldsymbol{\alpha}||\boldsymbol{\beta}|}$$

为 $\boldsymbol{\alpha}$ 与 $\boldsymbol{\beta}$ 的夹角。注意这样定义的两个非零向量的夹角总介于 0 与 π 之间。零向量与其他向量的夹角认为是不确定的。

如果欧氏空间中两向量 $\boldsymbol{\alpha},\boldsymbol{\beta}$ 的内积 $(\boldsymbol{\alpha},\boldsymbol{\beta})=0$，则称 $\boldsymbol{\alpha}$ 与 $\boldsymbol{\beta}$ 正交，记作 $\boldsymbol{\alpha}\perp\boldsymbol{\beta}$，显然，零向

量与任意向量都正交。

利用 Cauchy-Schwarz 不等式及正交概念可得如下命题。

命题 1 $|\boldsymbol{\alpha}+\boldsymbol{\beta}|\leqslant|\boldsymbol{\alpha}|+|\boldsymbol{\beta}|$ （三角不等式）。

证明 因为
$$|\boldsymbol{\alpha}+\boldsymbol{\beta}|^2=(\boldsymbol{\alpha}+\boldsymbol{\beta}\quad\boldsymbol{\alpha}+\boldsymbol{\beta})=|\boldsymbol{\alpha}|^2+2(\boldsymbol{\alpha},\boldsymbol{\beta})+|\boldsymbol{\beta}|^2$$
$$\leqslant|\boldsymbol{\alpha}|^2+2|\boldsymbol{\alpha}||\boldsymbol{\beta}|+|\boldsymbol{\beta}|^2$$
$$=(|\boldsymbol{\alpha}|+|\boldsymbol{\beta}|)^2$$

所以 $|\boldsymbol{\alpha}+\boldsymbol{\beta}|\leqslant|\boldsymbol{\alpha}|+|\boldsymbol{\beta}|$

命题 2 $|\boldsymbol{\alpha}|-|\boldsymbol{\beta}|\leqslant|\boldsymbol{\alpha}-\boldsymbol{\beta}|,|\boldsymbol{\alpha}-\boldsymbol{\gamma}|\leqslant|\boldsymbol{\alpha}-\boldsymbol{\beta}|+|\boldsymbol{\beta}-\boldsymbol{\gamma}|$

证明 可令 $\boldsymbol{\alpha}=(\boldsymbol{\alpha}-\boldsymbol{\beta})+\boldsymbol{\beta}$

由命题 1
$$|\boldsymbol{\alpha}|=|(\boldsymbol{\alpha}-\boldsymbol{\beta})+\boldsymbol{\beta}|\leqslant|\boldsymbol{\alpha}-\boldsymbol{\beta}|+|\boldsymbol{\beta}|$$

移项即得
$$|\boldsymbol{\alpha}|-|\boldsymbol{\beta}|\leqslant|\boldsymbol{\alpha}-\boldsymbol{\beta}|$$

因为
$$|\boldsymbol{\alpha}-\boldsymbol{\gamma}|=|\boldsymbol{\alpha}-\boldsymbol{\beta}+\boldsymbol{\beta}-\boldsymbol{\gamma}|\leqslant|\boldsymbol{\alpha}-\boldsymbol{\beta}|+|\boldsymbol{\beta}-\boldsymbol{\gamma}|$$

命题 3 若 $\boldsymbol{\alpha}$ 与 $\boldsymbol{\beta}$ 正交，则 $|\boldsymbol{\alpha}+\boldsymbol{\beta}|^2=|\boldsymbol{\alpha}|^2+|\boldsymbol{\beta}|^2$ （勾股定理）

证明 因为 $\boldsymbol{\alpha}\perp\boldsymbol{\beta}$，所以 $(\boldsymbol{\alpha},\boldsymbol{\beta})=0$，由命题 1 的证明过程可知结论正确。

2.2 标准正交基与 Gram-Schmidt 过程

2.2.1 标准正交基

在空间解析几何中，常取两两正交的单位向量 i,j,k 来线性表出空间的所有向量，这给问题的研究带来极大的方便。那么，在抽象的欧氏空间，能否也找到这样的一组向量，它们又具备哪些优点，下面就来回答这个问题。

定义 2.4 在欧氏空间 V 中，一组不含零向量的向量组 $\boldsymbol{\alpha}_1,\cdots,\boldsymbol{\alpha}_s$，如果两两正交，则称之为一个正交向量组。

定理 2.2.1 正交向量组是线性无关的。

证明 设 $\boldsymbol{\alpha}_1,\cdots,\boldsymbol{\alpha}_s$ 是正交向量组，$k_1,\cdots,k_s\in\mathbf{R}$，使得
$$k_1\boldsymbol{\alpha}_1+\cdots+k_s\boldsymbol{\alpha}_s=\mathbf{0}$$

则对任意的 $\boldsymbol{\alpha}_i(i=1,2,\cdots,s)$，有
$$(k_1\boldsymbol{\alpha}_1+\cdots+k_s\boldsymbol{\alpha}_s,\boldsymbol{\alpha}_i)=0$$

另一方面，由内积性质及两两正交性，有
$$(k_1\boldsymbol{\alpha}_1+\cdots+k_s\boldsymbol{\alpha}_s,\boldsymbol{\alpha}_i)=k_i(\boldsymbol{\alpha}_i,\boldsymbol{\alpha}_i)$$

所以只能
$$k_i=0\quad(i=1,2,\cdots,s)$$

故 $\boldsymbol{\alpha}_1,\cdots,\boldsymbol{\alpha}_s$ 线性无关。

这个定理说明，在 n 维欧氏空间中，两两正交的非零向量不能超过 n 个。这个事实的几何意义很清楚，例如，在平面上就找不到三个两两正交的向量。另一方面，这个定理还说明，n 个两两正交的非零向量组可以作为 n 维欧氏空间的基。

定义 2.5 在 n 维欧氏空间中，由 n 个向量组成的正交向量组称为正交基，由单位向量组

成的正交基叫标准正交基。

例如 R^n 中的 $\boldsymbol{\varepsilon}_1=(1,0,\cdots)$，$\boldsymbol{\varepsilon}_2=(0,1,0\cdots0)$，$\boldsymbol{\varepsilon}_n=(0,\cdots,0,1)$ 就是一个标准正交基。

很显然，n 维欧氏空间中，$\boldsymbol{\varepsilon}_1,\cdots,\boldsymbol{\varepsilon}_n$ 是标准正交基的充分必要条件是

$$(\boldsymbol{\varepsilon}_i,\boldsymbol{\varepsilon}_j)=\begin{cases}0 & i\neq j\\ 1 & i=j\end{cases}\quad i,j=1,2,\cdots,n$$

那么一般的 n 维欧氏空间中是否有标准正交基呢？若存在，又怎样求出它呢？下面的定理回答了这个问题。

2.2.2 求标准正交基的 Schmide 方法

定理 2.2.2 n 维欧氏空间中必有标准正交基。

证明 证明是构造性的，从 n 维欧氏空间的任意一组给定的基出发，通过 Gram-Schmidt 正交化方法找出一个标准正交基。

设 $\boldsymbol{\alpha}_1,\cdots,\boldsymbol{\alpha}_n$ 是 n 维欧氏空间 V 的一组基。首先令

$$\boldsymbol{\beta}_1=\boldsymbol{\alpha}_1,\ \boldsymbol{\beta}_1^0=\frac{\boldsymbol{\beta}_1}{|\boldsymbol{\beta}_1|}$$

$\boldsymbol{\beta}_1^0$ 是单位向量，然后欲寻求一个向量 $\boldsymbol{\beta}_2$，使 $\boldsymbol{\beta}_2\perp\boldsymbol{\beta}_1^0$，故可令

$$\boldsymbol{\beta}_2=\boldsymbol{\alpha}_2+k_{21}\boldsymbol{\beta}_1^0$$

由于 $\boldsymbol{\beta}_2\perp\boldsymbol{\beta}_1^0$，所以

$$(\boldsymbol{\beta}_2,\boldsymbol{\beta}_1^0)=(\boldsymbol{\alpha}_2,\boldsymbol{\beta}_1^0)+k_{21}=0$$

得

$$k_{21}=-(\boldsymbol{\alpha}_2,\boldsymbol{\beta}_1^0)$$

从而有

$$\boldsymbol{\beta}_2=\boldsymbol{\alpha}_2-(\boldsymbol{\alpha}_2,\boldsymbol{\beta}_1^0)\boldsymbol{\beta}_1^0,\ \boldsymbol{\beta}_2^0=\frac{\boldsymbol{\beta}_2}{|\boldsymbol{\beta}_2|}$$

由于 $\boldsymbol{\beta}_3\perp\boldsymbol{\beta}_1^0,\boldsymbol{\beta}_3\perp\boldsymbol{\beta}_2^0$，所以

$$(\boldsymbol{\beta}_3,\boldsymbol{\beta}_1^0)=(\boldsymbol{\alpha}_3,\boldsymbol{\beta}_1^0)+k_{31}=0$$

$$(\boldsymbol{\beta}_3,\boldsymbol{\beta}_2^0)=(\boldsymbol{\alpha}_3,\boldsymbol{\beta}_2^0)+k_{32}=0$$

得

$$k_{31}=-(\boldsymbol{\alpha}_3,\boldsymbol{\beta}_1^0),\quad k_{32}=-(\boldsymbol{\alpha}_3,\boldsymbol{\beta}_2^0)$$

从而有

$$\boldsymbol{\beta}_3=\boldsymbol{\alpha}_3-(\boldsymbol{\alpha}_3,\boldsymbol{\beta}_1^0)\boldsymbol{\beta}_1^0-(\boldsymbol{\alpha}_3,\boldsymbol{\beta}_2^0)\boldsymbol{\beta}_2^0,\ \boldsymbol{\beta}_3^0=\frac{\boldsymbol{\beta}_3}{|\boldsymbol{\beta}_3|}$$

到此为止已经做出三个两两正交的单位向量 $\boldsymbol{\beta}_1^0,\boldsymbol{\beta}_2^0,\boldsymbol{\beta}_3^0$。继续这样进行下去，假若已经求出 m 个单位正交向量 $\boldsymbol{\beta}_1^0,\boldsymbol{\beta}_2^0,\cdots,\boldsymbol{\beta}_m^0$，为求第 $m+1$ 个单位正交向量 $\boldsymbol{\beta}_{m+1}^0$，可设

$$\boldsymbol{\beta}_{m+1}=\boldsymbol{\alpha}_{m+1}+k_{m+11}\boldsymbol{\beta}_1^0+k_{m+12}\boldsymbol{\beta}_2^0+\cdots+k_{m+1m}\boldsymbol{\beta}_m^0$$

由于 $\boldsymbol{\beta}_{m+1}\perp\boldsymbol{\beta}_i^0(i=1,2,\cdots,m)$，所以

$$(\boldsymbol{\beta}_{m+1},\boldsymbol{\beta}_i^0)=(\boldsymbol{\alpha}_{m+1},\boldsymbol{\beta}_i^0)+k_{m+1i}=0$$

得

$$k_{m+1i}=-(\boldsymbol{\alpha}_{m+1},\boldsymbol{\beta}_i^0)\quad(i=1,2,\cdots,m)$$

从而有

$$\boldsymbol{\beta}_{m+1}=\boldsymbol{\alpha}_{m+1}-(\boldsymbol{\alpha}_{m+1},\boldsymbol{\beta}_1^0)\boldsymbol{\beta}_1^0-\cdots-(\boldsymbol{\alpha}_{m+1},\boldsymbol{\beta}_m^0)\boldsymbol{\beta}_m^0$$

$$\boldsymbol{\beta}_{m+1}^0=\frac{\boldsymbol{\beta}_{m+1}}{|\boldsymbol{\beta}_{m+1}|}$$

当 $m+1=n$ 时，就得到了欧氏空间中的一个标准正交基 $\boldsymbol{\beta}_1^0,\cdots,\boldsymbol{\beta}_n^0$。

在求 $\boldsymbol{\beta}_1^0,\cdots,\boldsymbol{\beta}_n^0$ 过程中有两步骤，先求正交向量组 $\boldsymbol{\beta}_1,\cdots,\boldsymbol{\beta}_n$，同时也进行了 $\boldsymbol{\beta}_1^0=\dfrac{\boldsymbol{\beta}_1}{|\boldsymbol{\beta}_1|},\cdots,\boldsymbol{\beta}_n^0=\dfrac{\boldsymbol{\beta}_n}{|\boldsymbol{\beta}_n|}$。前者叫正交化过程，后者叫标准化过程，整个过程叫 Gram-Schmidt 方法，一般教科书是先全部正交化，然后再全部标准化。这里穿插进行，是为了后面容易得到矩阵的 $\boldsymbol{QR}$ 分解式。

从定理的证明过程，可得到

$$\begin{aligned}\boldsymbol{\alpha}_1&=|\boldsymbol{\beta}_1|\boldsymbol{\beta}_1^0\\ \boldsymbol{\alpha}_2&=(\boldsymbol{\alpha}_2,\boldsymbol{\beta}_1^0)\boldsymbol{\beta}_1^0+|\boldsymbol{\beta}_2|\boldsymbol{\beta}_2^0\\ &\cdots\\ \boldsymbol{\alpha}_n&=(\boldsymbol{\alpha}_n,\boldsymbol{\beta}_1^0)\boldsymbol{\beta}_1^0+(\boldsymbol{\alpha}_n,\boldsymbol{\beta}_2^0)\boldsymbol{\beta}_2^0+\cdots+(\boldsymbol{\alpha}_n,\boldsymbol{\beta}_{n-1}^0)\boldsymbol{\beta}_{n-1}^0+|\boldsymbol{\beta}_n|\boldsymbol{\beta}_n^0\end{aligned}$$

用矩阵的记法，便有

$$(\boldsymbol{\alpha}_1,\boldsymbol{\alpha}_2,\cdots,\boldsymbol{\alpha}_n)=(\boldsymbol{\beta}_1^0,\boldsymbol{\beta}_2^0,\cdots,\boldsymbol{\beta}_n^0)\begin{bmatrix}|\boldsymbol{\beta}_1| & (\boldsymbol{\alpha}_2,\boldsymbol{\beta}_1^0) & \cdots & (\boldsymbol{\alpha}_n,\boldsymbol{\beta}_1^0)\\ 0 & |\boldsymbol{\beta}_2| & \cdots & (\boldsymbol{\alpha}_n,\boldsymbol{\beta}_2^0)\\ \vdots & \vdots & & \vdots\\ 0 & 0 & \cdots & |\boldsymbol{\beta}_n|\end{bmatrix} \tag{2.4}$$

上式右端的上三角阵，由于 $|\boldsymbol{\beta}_i|\neq 0$，故是一个满秩阵，记为 $\boldsymbol{R}$，它是两个基之间的变换阵（过渡矩阵）。

例 1 把向量组 $\boldsymbol{\alpha}_1=(1,1,0,0),\boldsymbol{\alpha}_2=(1,0,1,0),\boldsymbol{\alpha}_3=(-1,0,0,1),\boldsymbol{\alpha}_4=(1,-1,-1,1)$ 正交化、标准化。

解 令 $\boldsymbol{\beta}_1^0=\dfrac{\boldsymbol{\alpha}_1}{|\boldsymbol{\alpha}_1|}=\dfrac{1}{\sqrt{2}}(1,1,0,0)$

$$\begin{aligned}\boldsymbol{\beta}_2&=\boldsymbol{\alpha}_2-(\boldsymbol{\alpha}_2\boldsymbol{\beta}_1^0)\boldsymbol{\beta}_1^0=(1,0,1,0)-\frac{1}{2}(1,1,0,0)\\ &=\left(\frac{1}{2},-\frac{1}{2},1,0\right),\boldsymbol{\beta}_2^0=\frac{\sqrt{2}}{\sqrt{3}}\left(\frac{1}{2},-\frac{1}{2},1,0\right)\\ \boldsymbol{\beta}_3&=\boldsymbol{\alpha}_3-(\boldsymbol{\alpha}_3,\boldsymbol{\beta}_1^0)\boldsymbol{\beta}_1^0-(\boldsymbol{\alpha}_3,\boldsymbol{\beta}_2^0)\boldsymbol{\beta}_2^0\\ &=(-1,0,0,1)+\frac{1}{2}(1,1,0,0)+\frac{1}{3}\left(\frac{1}{2},-\frac{1}{2},1,0\right)\\ &=\left(-\frac{1}{3},\frac{1}{3},\frac{1}{3},1\right),\boldsymbol{\beta}_3^0=\left(-\frac{1}{\sqrt{12}},\frac{1}{\sqrt{12}},\frac{1}{\sqrt{12}},\frac{3}{\sqrt{12}}\right)\\ \boldsymbol{\beta}_4&=\boldsymbol{\alpha}_4-(\boldsymbol{\alpha}_4,\boldsymbol{\beta}_1^0)\boldsymbol{\beta}_1^0-(\boldsymbol{\alpha}_4,\boldsymbol{\beta}_2^0)\boldsymbol{\beta}_2^0-(\boldsymbol{\alpha}_4,\boldsymbol{\beta}_3^0)\boldsymbol{\beta}_3^0\\ \boldsymbol{\beta}_4&=\boldsymbol{\alpha}_4,\boldsymbol{\beta}_4^0=\left(\frac{1}{2},-\frac{1}{2},-\frac{1}{2},\frac{1}{2}\right)\end{aligned}$$

例 2 $1,x,x^2,x^3$ 是 $R[x]_3$ 中一个基，在内积 $\int_{-1}^{1}f(x)g(x)\mathrm{d}x$ 之下把它们正交化、单位化。

解 设 $\boldsymbol{\alpha}_1=1,\boldsymbol{\alpha}_2=x,\boldsymbol{\alpha}_3=x^2,\boldsymbol{\alpha}_4=x^3$，则

$$|\boldsymbol{\alpha}_1| = \left(\int_{-1}^{1}\mathrm{d}x\right)^{\frac{1}{2}} = \sqrt{2} \quad \boldsymbol{\beta}_1^0 = \frac{1}{\sqrt{2}}$$

$$\boldsymbol{\beta}_2 = \boldsymbol{\alpha}_2 - (\boldsymbol{\alpha}_2,\boldsymbol{\beta}_1^0)\boldsymbol{\beta}_1^0 = x - \frac{1}{\sqrt{2}}\int_{-1}^{1}\frac{1}{\sqrt{2}}x\mathrm{d}x = x$$

$$\boldsymbol{\beta}_2^0 = \frac{\boldsymbol{\beta}_2}{|\boldsymbol{\beta}_2|} = \frac{x}{\left(\int_{-1}^{1}x^2\mathrm{d}x\right)^{\frac{1}{2}}} = \frac{\sqrt{3}}{\sqrt{2}}x$$

$$\boldsymbol{\beta}_3 = \boldsymbol{\alpha}_3 - (\boldsymbol{\alpha}_3,\boldsymbol{\beta}_1^0)\boldsymbol{\beta}_1^0 - (\boldsymbol{\alpha}_3,\boldsymbol{\beta}_2^0)\boldsymbol{\beta}_2^0 = x^2 - \frac{1}{3}$$

$$\boldsymbol{\beta}_3^0 = \frac{\boldsymbol{\beta}_3}{|\boldsymbol{\beta}_3|} = \frac{\sqrt{10}}{4}(3x^2-1)$$

$$\boldsymbol{\beta}_4 = \boldsymbol{\alpha}_4 - (\boldsymbol{\alpha}_4,\boldsymbol{\beta}_1^0)\boldsymbol{\beta}_1^0 - (\boldsymbol{\alpha}_4,\boldsymbol{\beta}_2^0)\boldsymbol{\beta}_2^0 - (\boldsymbol{\alpha}_4,\boldsymbol{\beta}_3^0)\boldsymbol{\beta}_3^0 = x^3 - \frac{3}{5}x$$

$$\boldsymbol{\beta}_4^0 = \frac{\boldsymbol{\beta}_4}{|\boldsymbol{\beta}_4|} = \frac{\sqrt{14}}{4}(5x^3-3x)$$

在 n 维欧氏空间中取定一个标准正交基 $\boldsymbol{\varepsilon}_1,\cdots,\boldsymbol{\varepsilon}_n$，则对任意 $\boldsymbol{\alpha},\boldsymbol{\beta}\in V$，在这个标准正交基下的坐标及内积 $(\boldsymbol{\alpha},\boldsymbol{\beta})$ 表示式特别简单。

设　$\boldsymbol{\alpha}=a_1\boldsymbol{\varepsilon}_1+\cdots+a_n\boldsymbol{\varepsilon}_n$，则

$$(\boldsymbol{\alpha},\boldsymbol{\varepsilon}_j) = \left(\sum_{i=1}^{n}a_i\boldsymbol{\varepsilon}_i \quad \boldsymbol{\varepsilon}_j\right) = a_j$$

因此

$$\boldsymbol{\alpha} = (\boldsymbol{\alpha},\boldsymbol{\varepsilon}_1)\boldsymbol{\varepsilon}_1 + \cdots + (\boldsymbol{\alpha},\boldsymbol{\varepsilon}_n)\boldsymbol{\varepsilon}_n \tag{2.5}$$

再设　$\boldsymbol{\beta}=b_1\boldsymbol{\varepsilon}_1+\cdots+b_n\boldsymbol{\varepsilon}_n$，则

$$(\boldsymbol{\alpha},\boldsymbol{\beta}) = \left(\sum_{i=1}^{n}a_i\boldsymbol{\varepsilon}_i,\sum_{j=1}^{n}b_j\boldsymbol{\varepsilon}_j\right)$$

$$= \sum_{i=1}^{n}\sum_{j=1}^{n}a_ib_j(\boldsymbol{\varepsilon}_i,\boldsymbol{\varepsilon}_j) = \sum_{i=1}^{n}a_ib_i \tag{2.6}$$

这说明，对任意的 n 维欧氏空间，在标准正交基下两向量的内积等于这两个向量在这基下的对应坐标乘积之和！

2.3　正交补与投影定理

2.3.1　正交补

定义 2.6　设 W 是欧氏空间 V 的一个非空子集，$\boldsymbol{\alpha}$ 是 V 中一个向量，若 $\forall\boldsymbol{\beta}\in W$，都有 $\boldsymbol{\alpha}\perp\boldsymbol{\beta}$，称 $\boldsymbol{\alpha}$ 与子集 W 正交，记 $\boldsymbol{\alpha}\perp W$。对于 V 中两个非空子集 W_1,W_2，如果任取 $\boldsymbol{\alpha}\in W_1$，任取 $\boldsymbol{\beta}\in W_2$，都有 $\boldsymbol{\alpha}\perp\boldsymbol{\beta}$，那么称 W_1 与 W_2 互相正交，记为 $W_1\perp W_2$。关于子集 W，可做集合

$$W^{\perp} = \{\boldsymbol{\alpha}\mid\boldsymbol{\alpha}\in V,\boldsymbol{\alpha}\perp W\}$$

下面证明 $W^{\perp}$ 是 V 的一个子空间。

由于$0\in W^{\perp}$，所以$W^{\perp}$是非空集，若$\boldsymbol{\alpha},\boldsymbol{\beta}\in W^{\perp}$，则对任意$\boldsymbol{\gamma}\in W$有

$$(\boldsymbol{\alpha}+\boldsymbol{\beta},\boldsymbol{\gamma})=(\boldsymbol{\alpha},\boldsymbol{\gamma})+(\boldsymbol{\beta},\boldsymbol{\gamma})=0+0=0$$

即$\boldsymbol{\alpha}+\boldsymbol{\beta}\in W^{\perp}$，对任意$k\in R$，有

$$(k\boldsymbol{\alpha},\boldsymbol{\gamma})=k(\boldsymbol{\alpha},\boldsymbol{\gamma})=k\cdot 0=0$$

即$k\boldsymbol{\alpha}\in W^{\perp}$，这就证明了$W^{\perp}$是$V$的一个子空间。

定义2.7 设W_1,W_2是欧氏空间V的两个子空间，且满足

(1) $V=W_1+W_2$

(2) $W_1\perp W_2$

则称V有一个正交直和分解，并把W_2叫做W_1的正交补，记之为$W_2=W_1^{\perp}$，从而有$V=W_1+W_1^{\perp}$。

从上述定义的条件2很容易推出$W_1\cap W_2=\{\mathbf{0}\}$，所以$W_1+W_2$是直和，又因为$W_1\perp W_2$，故叫正交直和。

定理2.3.1 设W是n维欧氏空间V的任意一个子空间，则一定存在W的正交补$W^{\perp}$，使$V=W+W^{\perp}$。

证明 若$W=\{\mathbf{0}\}$，则$W^{\perp}=V$

若$W=V$，则$W^{\perp}=\{\mathbf{0}\}$

设W是非平凡子空间，设维$W=k,1\leqslant k<n$，不妨设$\boldsymbol{\varepsilon}_1,\cdots,\boldsymbol{\varepsilon}_k$是$W$的标准正交基。适当扩充，可得$V$的标准正交基$\boldsymbol{\varepsilon}_1,\cdots,\boldsymbol{\varepsilon}_k,\boldsymbol{\varepsilon}_{k+1},\cdots,\boldsymbol{\varepsilon}_n$，令$W^{\perp}=L(\boldsymbol{\varepsilon}_{k+1},\cdots,\boldsymbol{\varepsilon}_n)$。因为$W=L(\boldsymbol{\varepsilon}_1,\cdots,\boldsymbol{\varepsilon}_k)$，故$\forall\boldsymbol{\alpha}\in W$，有$\boldsymbol{\alpha}=l_1\boldsymbol{\varepsilon}_1+\cdots+l_k\boldsymbol{\varepsilon}_k$，对任意$\boldsymbol{\beta}\in W^{\perp}$，有$\boldsymbol{\beta}=h_{k+1}\boldsymbol{\varepsilon}_{k+1}+\cdots+h_n\boldsymbol{\varepsilon}_n$。所以$(\boldsymbol{\alpha},\boldsymbol{\beta})=0$，故$W^{\perp}$恰为$W$的直交补，且$V=W+W^{\perp}$。

由这个定理可以知道，$\forall\boldsymbol{\alpha}\in V,\boldsymbol{\alpha}=\boldsymbol{\alpha}_W+\boldsymbol{\alpha}_{W^{\perp}}$　$\boldsymbol{\alpha}_W\in W,\boldsymbol{\alpha}_{W^{\perp}}\in W^{\perp}$称$\boldsymbol{\alpha}_W$为$\boldsymbol{\alpha}$沿着$W^{\perp}$在$W$上的正交投影，$\boldsymbol{\alpha}_{W^{\perp}}$为$\boldsymbol{\alpha}$沿着$W$在$W^{\perp}$上的正交投影。

2.3.2 投影定理

定义2.8 设W为欧氏空间V中的非空子集，$\boldsymbol{\alpha}\in V$，若$\boldsymbol{\omega}_0\in W$，满足下述等式

$$|\boldsymbol{\alpha}-\boldsymbol{\omega}_0|=\inf_{\boldsymbol{\omega}\in W}|\boldsymbol{\alpha}-\boldsymbol{\omega}|$$

称$\boldsymbol{\omega}_0$是$\boldsymbol{\alpha}$在W上的最佳逼近。

定理2.3.2（最佳逼近特征） 设W为欧氏空间V的子空间，$\boldsymbol{\alpha}\in V$，则$\boldsymbol{\omega}_0\in W$为$\boldsymbol{\alpha}$在$W$上的最佳逼近的充要条件是

$$若\ \boldsymbol{\alpha}=\boldsymbol{\alpha}_W+\boldsymbol{\alpha}_{W^{\perp}},有\ \boldsymbol{\alpha}_W=\boldsymbol{\omega}_0$$

证明 设$\boldsymbol{\alpha}$在W上的最佳逼近是$\boldsymbol{\omega}_0$，即$|\boldsymbol{\alpha}-\boldsymbol{\omega}_0|=\inf\limits_{\boldsymbol{\omega}\in W}|\boldsymbol{\alpha}-\boldsymbol{\omega}|$。若$\boldsymbol{\omega}_0\neq\boldsymbol{\alpha}_W$，因为$\boldsymbol{\omega}_0,\boldsymbol{\alpha}_W\in W$，所以$\boldsymbol{\omega}_0-\boldsymbol{\alpha}_W\in W$，且$\boldsymbol{\omega}_0-\boldsymbol{\alpha}_W\neq 0$，那么由于$\boldsymbol{\alpha}-\boldsymbol{\alpha}_W\in W^{\perp}$，所以根据勾股定理

$$\begin{aligned}|\boldsymbol{\alpha}-\boldsymbol{\omega}_0|^2&=|\boldsymbol{\alpha}-\boldsymbol{\alpha}_W+\boldsymbol{\alpha}_W-\boldsymbol{\omega}_0|^2\\&=|\boldsymbol{\alpha}-\boldsymbol{\alpha}_W|^2+|\boldsymbol{\alpha}_W-\boldsymbol{\omega}_0|^2>|\boldsymbol{\alpha}-\boldsymbol{\alpha}_W|^2\end{aligned}$$

所以

$$|\boldsymbol{\alpha}-\boldsymbol{\omega}_0|>|\boldsymbol{\alpha}-\boldsymbol{\alpha}_W|$$

这矛盾于$\boldsymbol{\omega}_0$是最佳逼近的定义，故$\boldsymbol{\omega}_0=\boldsymbol{\alpha}_W$。

反过来，若$\boldsymbol{\omega}_0=\boldsymbol{\alpha}_W$，那么对任意$\boldsymbol{\omega}\in W$，都有

$$|\boldsymbol{\alpha}-\boldsymbol{\omega}|^2=|\boldsymbol{\alpha}-\boldsymbol{\alpha}_W+\boldsymbol{\alpha}_W-\boldsymbol{\omega}|^2$$
$$=|\boldsymbol{\alpha}-\boldsymbol{\alpha}_W|^2+|\boldsymbol{\alpha}_W-\boldsymbol{\omega}|^2\geqslant|\boldsymbol{\alpha}-\boldsymbol{\alpha}_W|^2$$

这表明 $\boldsymbol{\alpha}_W$ 就是 $\boldsymbol{\alpha}$ 在 W 上的最佳逼近。

如何求这个最佳逼近呢?

定理2.3.3　设 $\boldsymbol{\alpha}_1,\cdots,\boldsymbol{\alpha}_s$ 是 W 的任意一组基,$\boldsymbol{\alpha}\in V$,则向量 $k_1\boldsymbol{\alpha}_1+\cdots+k_s\boldsymbol{\alpha}_s$ 是 $\boldsymbol{\alpha}$ 在 W 上的最佳逼近的充分必要条件是 $k_1,\cdots,k_s$ 是线性方组 $\sum_{i=1}^{s}(\boldsymbol{\alpha}_j,\boldsymbol{\alpha}_i)x_i=(\boldsymbol{\alpha},\boldsymbol{\alpha}_j),j=1,2,\cdots,s$ 的解。

证明　若向量 $k_1\boldsymbol{\alpha}_1+\cdots+k_s\boldsymbol{\alpha}_s$ 是 $\boldsymbol{\alpha}$ 在 W 上的最佳逼近,那么 $\boldsymbol{\alpha}=\boldsymbol{\alpha}_W+\boldsymbol{\alpha}_{W^\perp}$,$\boldsymbol{\alpha}_W=k_1\boldsymbol{\alpha}_1+\cdots+k_s\boldsymbol{\alpha}_s$,因 $\boldsymbol{\alpha}-\boldsymbol{\alpha}_W\perp W$,所以

$$(\boldsymbol{\alpha}-\boldsymbol{\alpha}_W,\boldsymbol{\alpha}_j)=0\qquad(j=1,2,\cdots,s)$$

即
$$(\boldsymbol{\alpha}_W,\boldsymbol{\alpha}_j)=(\boldsymbol{\alpha},\boldsymbol{\alpha}_j)\quad(j=1,2,\cdots,s)$$

即
$$\sum_{i=1}^{s}(\boldsymbol{\alpha}_i,\boldsymbol{\alpha}_j)k_i=(\boldsymbol{\alpha},\boldsymbol{\alpha}_j)\quad(j=1,2,\cdots,s)$$

反过来,因为 $\boldsymbol{\alpha}_1,\cdots,\boldsymbol{\alpha}_s$ 线性无关,所以矩阵

$$\mathbf{G}(\boldsymbol{\alpha}_1,\cdots,\boldsymbol{\alpha}_s)=\begin{bmatrix}(\boldsymbol{\alpha}_1,\boldsymbol{\alpha}_1) & (\boldsymbol{\alpha}_1,\boldsymbol{\alpha}_2)\cdots & (\boldsymbol{\alpha}_1,\boldsymbol{\alpha}_s)\\(\boldsymbol{\alpha}_2,\boldsymbol{\alpha}_1) & (\boldsymbol{\alpha}_2,\boldsymbol{\alpha}_2)\cdots & (\boldsymbol{\alpha}_2,\boldsymbol{\alpha}_s)\\\vdots & \vdots & \vdots\\(\boldsymbol{\alpha}_s,\boldsymbol{\alpha}_1) & (\boldsymbol{\alpha}_s,\boldsymbol{\alpha}_s)\cdots & (\boldsymbol{\alpha}_s,\boldsymbol{\alpha}_s)\end{bmatrix}$$

是正定矩阵,则线性方程组

$$\begin{cases}(\boldsymbol{\alpha}_1,\boldsymbol{\alpha}_1)x_1+\cdots+(\boldsymbol{\alpha}_1,\boldsymbol{\alpha}_s)x_s=(\boldsymbol{\alpha},\boldsymbol{\alpha}_1)\\(\boldsymbol{\alpha}_2,\boldsymbol{\alpha}_1)x_1+\cdots+(\boldsymbol{\alpha}_2,\boldsymbol{\alpha}_s)x_s=(\boldsymbol{\alpha},\boldsymbol{\alpha}_2)\\\cdots\cdots\\(\boldsymbol{\alpha}_s,\boldsymbol{\alpha}_1)x_1+\cdots+(\boldsymbol{\alpha}_s,\boldsymbol{\alpha}_s)x_s=(\boldsymbol{\alpha},\boldsymbol{\alpha}_s)\end{cases}$$

有惟一解 $k_1,\cdots,k_s$,令 $\boldsymbol{\omega}_0=k_1\boldsymbol{\alpha}_1+\cdots+k_s\boldsymbol{\alpha}_s$,也就有

$$(\boldsymbol{\omega}_0,\boldsymbol{\alpha}_j)=(\boldsymbol{\alpha},\boldsymbol{\alpha}_j)\quad j=1,2,\cdots,s$$

也即
$$(\boldsymbol{\omega}_0-a,a_j)=0\quad i=1,2,\cdots,s$$

这说明 $\boldsymbol{\alpha}-\boldsymbol{\omega}_0$ 与 W 的基正交,从而 $\boldsymbol{\alpha}-\boldsymbol{\omega}_0\perp W$,所以 $\boldsymbol{\alpha}-\boldsymbol{\omega}_0\in W^\perp$,于是

$$\boldsymbol{\alpha}=\boldsymbol{\omega}_0+(\boldsymbol{\alpha}-\boldsymbol{\omega}_0)\quad\boldsymbol{\omega}_0\in W,\quad\boldsymbol{\alpha}-\boldsymbol{\omega}_0\in W^\perp$$

由直和分解的惟一性
$$\boldsymbol{\omega}_0=\boldsymbol{\alpha}_W$$

这就证得 $\boldsymbol{\omega}_0=k_1\boldsymbol{\alpha}_1+\cdots+k_s\boldsymbol{\alpha}_s$ 是 $\boldsymbol{\alpha}$ 在 W 上的最佳逼近。

定理证明过程中的矩阵 $\mathbf{G}(\boldsymbol{\alpha}_1,\cdots,\boldsymbol{\alpha}_s)$ 称格拉姆(Gram)矩阵。若 $\boldsymbol{\alpha}_1,\cdots,\boldsymbol{\alpha}_s$ 是 W 的标准正交基,则 $\mathbf{G}(\boldsymbol{\alpha}_1,\cdots,\boldsymbol{\alpha}_s)=\boldsymbol{E}$,于是要求向量 $\boldsymbol{\alpha}$ 在 W 上的最佳逼近,只需计算出 $(\boldsymbol{\alpha},\boldsymbol{\alpha}_i)i=1,2,\cdots,s$,令

$$\boldsymbol{\alpha}_W=(\boldsymbol{\alpha},\boldsymbol{\alpha}_1)\boldsymbol{\alpha}_1+\cdots+(\boldsymbol{\alpha},\boldsymbol{\alpha}_s)\boldsymbol{\alpha}_s$$

则成。

读者不要小看这个定理,它是很多优化问题,特别是最小二乘问题中常用的一条基本定理,借助它能解决大量的工程实际问题。

作为正交补的一个应用,考虑系数矩阵的秩是 r 的齐次线性方程组

$$\begin{cases} a_{11}x_1 + a_{12}x_2 + \cdots + a_{1n}x_n = 0 \\ a_{21}x_1 + a_{22}x_2 + \cdots + a_{2n}x_n = 0 \\ \cdots\cdots\cdots\cdots\cdots\cdots \\ a_{m1}x_1 + a_{m2}x_2 + \cdots + a_{mn}x_n = 0 \end{cases} \tag{2.7}$$

令 $\boldsymbol{\chi} = (x_1, \cdots, x_n)$, $\boldsymbol{\alpha}_1 = (a_{11}, \cdots, a_{1n})$, $\cdots$, $\boldsymbol{\alpha}_m = (a_{m1}, \cdots, a_{mn})$,于是方程组(2-7)可改写为

$$(\boldsymbol{\chi}, \boldsymbol{\alpha}_1) = 0, \cdots, (\boldsymbol{\chi}, \boldsymbol{\alpha}_m) = 0$$

由此可见,求线性方程组(2.7)的解向量,就是求所有与向量 $\boldsymbol{\alpha}_1, \cdots, \boldsymbol{\alpha}_m$ 正交的向量,设 $V_1 = L(\boldsymbol{\alpha}_1, \cdots, \boldsymbol{\alpha}_m)$,也就是求与 V_1 正交的子空间,$V_1^{\perp}$ 的维数 $= n - r$。

作为本段的尾声,我们证明矩阵 $\boldsymbol{A} \in R^{m \times n}$ 的值域 $R(\boldsymbol{A})$ 和核空间 $N(\boldsymbol{A})$ 之间的如下关系。

定理 2.3.4 对于任意矩阵 $\boldsymbol{A} \in R^{m \times n}$,有

$$N(\boldsymbol{A}^{\mathrm{T}}) \oplus R(\boldsymbol{A}) = R^m, \text{即 } R^{\perp}(\boldsymbol{A}) = N(\boldsymbol{A}^{\mathrm{T}})$$

$$N(\boldsymbol{A}) \oplus R(\boldsymbol{A}^{\mathrm{T}}) = R^n, \text{即 } R^{\perp}(\boldsymbol{A}^{\mathrm{T}}) = N(\boldsymbol{A})$$

证明 若 $\boldsymbol{\zeta} \in N(\boldsymbol{A}^{\mathrm{T}})$,则 $\boldsymbol{A}^{\mathrm{T}}\boldsymbol{\zeta} = 0$, $\boldsymbol{\zeta} \in R^m$。又若 $\boldsymbol{\chi} \in R(\boldsymbol{A})$ 则存在 $k_1, \cdots, k_n$,使 $x = k_1\boldsymbol{\alpha}_1 + \cdots + k_n\boldsymbol{\alpha}_n$,其中 $\boldsymbol{\alpha}_i$ 是 $\boldsymbol{A}$ 第 i 列向量,$\boldsymbol{\chi} \in R^m$。于是

$$\begin{aligned} \boldsymbol{\chi}^{\mathrm{T}}\boldsymbol{\zeta} &= (\boldsymbol{\chi}, \boldsymbol{\zeta}) = (k_1\boldsymbol{\alpha}_1 + \cdots + k_n\boldsymbol{\alpha}_n, \boldsymbol{\zeta}) \\ &= (\boldsymbol{A\xi}, \boldsymbol{\zeta}) = \boldsymbol{\xi}^{\mathrm{T}}\boldsymbol{A}^{\mathrm{T}}\boldsymbol{\zeta} = 0, \text{其中 } \boldsymbol{\xi} = \begin{bmatrix} k_1 \\ \vdots \\ k_n \end{bmatrix} \end{aligned}$$

这说明 $\boldsymbol{\chi} \perp \boldsymbol{\zeta}$,从而 $N(\boldsymbol{A}^{\mathrm{T}}) \perp R(\boldsymbol{A})$,当然也就

$$N(\boldsymbol{A}^{\mathrm{T}}) \cap R(\boldsymbol{A}) = \{\boldsymbol{0}\}$$

又因 $\dim R(\boldsymbol{A}) = \boldsymbol{A}$ 的秩, $\dim N(\boldsymbol{A}^{\mathrm{T}}) = m - \boldsymbol{A}^{\mathrm{T}}$ 的秩

所以 $\dim R(\boldsymbol{A}) + \dim N(\boldsymbol{A}^{\mathrm{T}}) = m$

故 $R(\boldsymbol{A}) + N(\boldsymbol{A}^{\mathrm{T}})$ 是直和,且 $R(\boldsymbol{A}) \oplus N(\boldsymbol{A}^{\mathrm{T}}) = R^m$

也即 $R^{\perp}(\boldsymbol{A}) = N(\boldsymbol{A}^{\mathrm{T}})$

类似可证 $R(\boldsymbol{A}^{\mathrm{T}}) + N(\boldsymbol{A}) = R^n$,即 $R^{\perp}(\boldsymbol{A}^{\mathrm{T}}) = N(\boldsymbol{A})$,证毕。

2.4 酉空间

欧氏空间是针对实数域 $\mathbf{R}$ 的线性空间而言,这里将要介绍的酉空间实际上是复数域 $\mathbf{C}$ 上的内积空间。酉空间的理论与欧氏空间的理论很相近,有一套平行的理论。本节只简单列出它的主要结论,一般不再详细证明。

定义 2.9 设 V 是复数域 $\mathbf{C}$ 上的线性空间,若对于 V 中任意两个向量 $\boldsymbol{\alpha}, \boldsymbol{\beta}$,按某规则有惟一复数,记为 $(\boldsymbol{\alpha}, \boldsymbol{\beta})$ 与之对应,它还满足

(1)对任意 $\boldsymbol{\alpha}, \boldsymbol{\beta} \in V$,有 $(\boldsymbol{\alpha}, \boldsymbol{\beta}) = \overline{(\boldsymbol{\beta}, \boldsymbol{\alpha})}$

(2)对任意 $\boldsymbol{\alpha}, \boldsymbol{\beta}, \boldsymbol{\gamma}$,有 $((\boldsymbol{\alpha} + \boldsymbol{\beta}), \boldsymbol{\gamma}) = (\boldsymbol{\alpha}, \boldsymbol{\gamma}) + (\boldsymbol{\beta}, \boldsymbol{\gamma})$

(3)对任意 $k \in \mathbf{C}$, $\boldsymbol{\alpha}, \boldsymbol{\beta} \in V$ 有 $(k\boldsymbol{\alpha}, \boldsymbol{\beta}) = k(\boldsymbol{\alpha}, \boldsymbol{\beta})$

(4)对任意 $\boldsymbol{\alpha} \in V$,有$(\boldsymbol{\alpha},\boldsymbol{\alpha}) \geqslant 0$,当且仅当 $\boldsymbol{\alpha}=0$ 时,实数$(\boldsymbol{\alpha},\boldsymbol{\alpha})=0$。$(\boldsymbol{\alpha},\boldsymbol{\beta})$称为向量 $\boldsymbol{\alpha}$ 与 $\boldsymbol{\beta}$ 的内积,称 $\boldsymbol{V}$ 为一个酉空间(或复内积空间),酉空间与欧氏空间统称为内积空间。

注意:这里定义的内积与欧氏空间中定义的内积仅条件(1)不同,原因是这里的$(\boldsymbol{\alpha},\boldsymbol{\beta})$一般是复数。但根据条件(1),$(\boldsymbol{\alpha},\boldsymbol{\alpha})$就是实数了,这样条件(4)才有意义。据此,称

$$|\boldsymbol{\alpha}| = \sqrt{(\boldsymbol{\alpha}, \boldsymbol{\alpha})}$$

为向量 $\boldsymbol{\alpha}$ 的长度。

若$(\boldsymbol{\alpha},\boldsymbol{\beta})=0$,还是称 $\boldsymbol{\alpha}$ 与 $\boldsymbol{\beta}$ 正交,记 $\boldsymbol{\alpha} \perp \boldsymbol{\beta}$。不过若$(\boldsymbol{\alpha},\boldsymbol{\beta}) \neq 0$,一般在酉空间中就不再定义 $\boldsymbol{\alpha}$ 与 $\boldsymbol{\beta}$ 的夹角了(有的书上定义向量 $\boldsymbol{\alpha}$ 与 $\boldsymbol{\beta}$ 的夹角 Q 为,$\cos^2 Q=\dfrac{(\boldsymbol{\alpha},\boldsymbol{\beta})(\boldsymbol{\beta},\boldsymbol{\alpha})}{|\boldsymbol{\alpha}||\boldsymbol{\beta}|}$,$(\boldsymbol{\alpha},\boldsymbol{\beta}) \neq 0$)。

例1 在 n 维复线性空间 C^n 中,对任意向量 $\boldsymbol{\alpha}=(a_1,\cdots,a_n)$,$\boldsymbol{\beta}=(b_1,\cdots,b_n)$,$b_i,a_i \in C$,规定

$$(\boldsymbol{\alpha},\boldsymbol{\beta}) = a_1\bar{b}_1 + a_2\bar{b}_2 + \cdots + a_n\bar{b}_n$$

不难验证它满足定义2.8中的4条,故$(\boldsymbol{\alpha},\boldsymbol{\beta})$是内积,从而 C^n 是一个酉空间。

由内积定义,可以得到下列结果。

(1)$(\boldsymbol{\alpha},k\boldsymbol{\beta})=\bar{k}(\boldsymbol{\alpha},\boldsymbol{\beta})$

(2)$(\boldsymbol{\alpha},\boldsymbol{\beta}+\boldsymbol{\gamma})=(\boldsymbol{\alpha},\boldsymbol{\beta})+(\boldsymbol{\alpha},\boldsymbol{\gamma})$

(3)$(0,\boldsymbol{\alpha})=(\boldsymbol{\alpha},0)=0$

(4)$\left(\sum\limits_{i=1}^{s} k_i\boldsymbol{\alpha}_i, \sum\limits_{j=1}^{l} l_j\boldsymbol{\beta}_j\right) = \sum\limits_{i=1}^{s}\sum\limits_{j=1}^{l} k_i\bar{l}_j(\boldsymbol{\alpha}_i,\boldsymbol{\beta}_j)$

(5)Cauchy-Schwarz 不等式

$$(\boldsymbol{\alpha},\boldsymbol{\beta})\overline{(\boldsymbol{\alpha},\boldsymbol{\beta})} \leqslant (\boldsymbol{\alpha},\boldsymbol{\alpha})(\boldsymbol{\beta},\boldsymbol{\beta})$$

证明性质1,2,3,4都很显然,下面只证性质5。

当 $\boldsymbol{\beta}=0$ 时,显然结论成立。

现在设 $\boldsymbol{\beta} \neq 0$,对任意复数 c,恒有

$$(\boldsymbol{\alpha}-c\boldsymbol{\beta},\boldsymbol{\alpha}-c\boldsymbol{\beta}) \geqslant 0$$

根据内积性质,有

$$(\boldsymbol{\alpha},\boldsymbol{\alpha}) - \bar{c}(\boldsymbol{\alpha},\boldsymbol{\beta}) - c(\boldsymbol{\beta},\boldsymbol{\alpha}) + c\,\bar{c}(\boldsymbol{\beta},\boldsymbol{\beta}) \geqslant 0$$

取 $c=\dfrac{(\boldsymbol{\alpha},\boldsymbol{\beta})}{(\boldsymbol{\beta},\boldsymbol{\beta})}$,代入上式,有

$$(\boldsymbol{\alpha},\boldsymbol{\alpha}) - \frac{(\boldsymbol{\beta},\boldsymbol{\alpha})(\boldsymbol{\alpha},\boldsymbol{\beta})}{(\boldsymbol{\beta},\boldsymbol{\beta})} \geqslant 0$$

所以

$$(\boldsymbol{\alpha},\boldsymbol{\beta})(\boldsymbol{\beta},\boldsymbol{\alpha}) \leqslant (\boldsymbol{\alpha},\boldsymbol{\alpha})(\boldsymbol{\beta},\boldsymbol{\beta})$$

在 n 维酉空间中,同样可以定义正交基和标准正交基的概念。关于标准正交基,也有下列性质

(6)任意线性无关的向量组可以用 Schmidt 方法正交化;

(7)任一非零酉空间都存在正交基和标准正交基;

(8)任一 n 维酉空间均可分解为其子空间 V_1 与 $V_1^{\perp}$ 的直和。

习 题 2

1. 设 V 是实数域 $\mathbf{R}$ 上 n 维向量空间，$\boldsymbol{\alpha}_1,\cdots,\boldsymbol{\alpha}_n$ 是 V 的一个基，对任意向量 $\boldsymbol{\alpha},\boldsymbol{\beta}\in V$，

$$\boldsymbol{\alpha} = x_1\boldsymbol{\alpha}_1 + x_2\boldsymbol{\alpha}_2 + \cdots + x_n\boldsymbol{\alpha}_n$$
$$\boldsymbol{\beta} = y_1\boldsymbol{\alpha}_1 + y_2\boldsymbol{\alpha}_2 + \cdots + y_n\boldsymbol{\alpha}_n$$

定义 $\boldsymbol{\alpha},\boldsymbol{\beta}$ 所对应的实数 $(\boldsymbol{\alpha},\boldsymbol{\beta})$ 为

$$(\boldsymbol{\alpha},\boldsymbol{\beta}) = x_1y_1 + 2x_2y_2 + \cdots + nx_ny_n$$

证明：$(\boldsymbol{\alpha},\boldsymbol{\beta})$ 是 $\boldsymbol{\alpha}$ 与 $\boldsymbol{\beta}$ 的内积，从而 V 对这个内积成为一个欧氏空间。

2. 设 $\mathbf{A}=(a_{ij})_{n\times n}$ 是实对称正定阵，对向量空间 R^n 中任意两向量

$$\boldsymbol{\alpha} = (a_1,a_2,\cdots,a_n) \qquad \boldsymbol{\beta} = (b_1,b_2,\cdots,b_n)$$

定义 $\boldsymbol{\alpha},\boldsymbol{\beta}$ 所对应的实数 $(\boldsymbol{\alpha},\boldsymbol{\beta})$ 为

$$(\boldsymbol{\alpha},\boldsymbol{\beta}) = \boldsymbol{\alpha}\mathbf{A}\boldsymbol{\beta}^T$$

证明：$(\boldsymbol{\alpha},\boldsymbol{\beta})$ 是 $\boldsymbol{\alpha}$ 与 $\boldsymbol{\beta}$ 的内积，从而 R^n 对这个内积成为一个欧氏空间，并写出在这个欧氏空间 R^n 中的 Cauchy-Schwarz 不等式。

3. 证明：在欧氏空间 V 中，对任意向量 $\boldsymbol{\alpha},\boldsymbol{\beta}\in V$，恒有

(1) $|\boldsymbol{\alpha}+\boldsymbol{\beta}|^2+|\boldsymbol{\alpha}-\boldsymbol{\beta}|^2=2|\boldsymbol{\alpha}|^2+2|\boldsymbol{\beta}|^2$

(2) $(\boldsymbol{\alpha},\boldsymbol{\beta})=\frac{1}{4}|\boldsymbol{\alpha}+\boldsymbol{\beta}|^2-\frac{1}{4}|\boldsymbol{\alpha}-\boldsymbol{\beta}|^2$

4. 在欧氏空间 R^4 中找出两个单位向量 $\boldsymbol{\varepsilon}_1,\boldsymbol{\varepsilon}_2$，使它们同时与下列向量

$$\boldsymbol{\alpha} = (2,1,-4,0)$$
$$\boldsymbol{\beta} = (-1,-1,2,2)$$
$$\boldsymbol{\gamma} = (3,2,5,4)$$

中每个都正交。

5. 设 $\boldsymbol{\alpha}_1,\cdots,\boldsymbol{\alpha}_n$ 是 n 维欧氏空间 V 的一组基，证明：

(1) 若 $\boldsymbol{\alpha}\in V$，且 $(\boldsymbol{\alpha},\boldsymbol{\alpha}_i)=0, i=1,2,\cdots,n$，则 $\boldsymbol{\alpha}=0$；

(2) 若 $\boldsymbol{\beta}_1,\boldsymbol{\beta}_2\in V$，使对任意 $\boldsymbol{\alpha}\in V$，有 $(\boldsymbol{\beta}_1,\boldsymbol{\alpha})=(\boldsymbol{\beta}_2,\boldsymbol{\alpha})$，则 $\boldsymbol{\beta}_1=\boldsymbol{\beta}_2$。

6. 设 $\boldsymbol{\alpha}_1,\cdots,\boldsymbol{\alpha}_n$ 是欧氏空间中 n 个向量，格莱姆行列式

$$\mathbf{G}(\boldsymbol{\alpha}_1,\cdots,\boldsymbol{\alpha}_n) = \begin{vmatrix} (\boldsymbol{\alpha}_1,\boldsymbol{\alpha}_1) & (\boldsymbol{\alpha}_1,\boldsymbol{\alpha}_2)\cdots(\boldsymbol{\alpha}_1,\boldsymbol{\alpha}_n) \\ (\boldsymbol{\alpha}_2,\boldsymbol{\alpha}_1) & (\boldsymbol{\alpha}_2,\boldsymbol{\alpha}_2)\cdots(\boldsymbol{\alpha}_2,\boldsymbol{\alpha}_n) \\ \vdots & \vdots \qquad \vdots \\ (\boldsymbol{\alpha}_n,\boldsymbol{\alpha}_1) & (\boldsymbol{\alpha}_n,\boldsymbol{\alpha}_2)\cdots(\boldsymbol{\alpha}_n,\boldsymbol{\alpha}_n) \end{vmatrix}$$

证明：$\boldsymbol{\alpha}_1,\cdots,\boldsymbol{\alpha}_n$ 线性相关的必要充分条件是 $\mathbf{G}(\boldsymbol{\alpha}_1,\cdots,\boldsymbol{\alpha}_n)=0$

7. 设 $\boldsymbol{\varepsilon}_1,\boldsymbol{\varepsilon}_2,\boldsymbol{\varepsilon}_3$ 是欧氏空间 R^3 的一组标准正交基，证明

$$\boldsymbol{\alpha}_1 = \frac{1}{3}(2\boldsymbol{\varepsilon}_1 + 2\boldsymbol{\varepsilon}_2 - \boldsymbol{\varepsilon}_3)$$

$$\boldsymbol{\alpha}_2 = \frac{1}{3}(2\boldsymbol{\varepsilon}_1 - \boldsymbol{\varepsilon}_2 + 2\boldsymbol{\varepsilon}_3)$$

$$\boldsymbol{\alpha}_3 = \frac{1}{3}(\boldsymbol{\varepsilon}_1 - 2\boldsymbol{\varepsilon}_2 - 2\boldsymbol{\varepsilon}_3)$$

也是一组标准正交基。

8. 设 $\boldsymbol{\varepsilon}_1,\boldsymbol{\varepsilon}_2,\boldsymbol{\varepsilon}_3,\boldsymbol{\varepsilon}_4,\boldsymbol{\varepsilon}_5$ 是五维欧氏空间 V 的一组标准正交基，$V_1 = L(\boldsymbol{\alpha}_1\ \boldsymbol{\alpha}_2\ \boldsymbol{\alpha}_3)$，其中 $\boldsymbol{\alpha}_1 = \boldsymbol{\varepsilon}_1 + \boldsymbol{\varepsilon}_5$，$\boldsymbol{\alpha}_2 = \boldsymbol{\varepsilon}_1 - \boldsymbol{\varepsilon}_2 + \boldsymbol{\varepsilon}_4$，$\boldsymbol{\alpha}_3 = 2\boldsymbol{\varepsilon}_1 + \boldsymbol{\varepsilon}_2 + \boldsymbol{\varepsilon}_3$，求 V_1 的一组标准正交基。

9. 已知 $\boldsymbol{\alpha}_1 = (0,2,1,0)$，$\boldsymbol{\alpha}_2 = (1,-1,0,0)$，$\boldsymbol{\alpha}_3 = (1,2,0,-1)$，$\boldsymbol{\alpha}_4 = (1,0,0,1)$ 是 R^4 的一个基，对这个基用 Gram-Schmidt 方法求一标准正交基。

10. 设 $\boldsymbol{\varepsilon}_1,\boldsymbol{\varepsilon}_2,\cdots,\boldsymbol{\varepsilon}_n$ 是 n 维欧氏空间 V 的一标准正交基，$\boldsymbol{\beta}_1,\cdots,\boldsymbol{\beta}_n \in V$，且

$$\boldsymbol{\beta}_i = a_{i1}\boldsymbol{\varepsilon}_1 + a_{i2}\boldsymbol{\varepsilon}_2 + \cdots + a_{in}\boldsymbol{\varepsilon}_n \quad i = 1,2,\cdots,n$$

证明：$\boldsymbol{\beta}_1,\boldsymbol{\beta}_2,\cdots,\boldsymbol{\beta}_n$ 的 Gram 行列式

$$\mathbf{G}(\boldsymbol{\beta}_1,\boldsymbol{\beta}_2,\cdots,\boldsymbol{\beta}_n) = \begin{vmatrix} a_{11} & a_{12}\cdots\cdots a_{1n} \\ a_{21} & a_{22}\cdots\cdots a_{2n} \\ a_{n1} & a_{n2}\cdots\cdots a_{nn} \end{vmatrix}^2$$

11. 设 $\boldsymbol{\alpha}_1,\cdots,\boldsymbol{\alpha}_n$ 是 n 维欧氏空间的一个基，V 中任意向量

$$\boldsymbol{\alpha} = x_1\boldsymbol{\alpha}_1 + x_2\boldsymbol{\alpha}_2 + \cdots + x_n\boldsymbol{\alpha}_n$$

的坐标 $x_i = |\boldsymbol{\alpha}|\cos Q_i$，$Q_i$ 表示 $\boldsymbol{\alpha}$ 与 $\boldsymbol{\alpha}_i$ 的夹角，证明：$\boldsymbol{\alpha}_1,\cdots,\boldsymbol{\alpha}_n$ 是 V 的一个标准正交基。

12. 证明：对任意实数 $a_1,a_2,\cdots,a_n$，恒有不等式

$$\sum_{i=1}^{n} |a_i| \leqslant \sqrt{n(a_1^2 + a_2^2 + \cdots + a_n^2)}$$

成立。

13. 设 $\boldsymbol{\alpha}_1,\cdots,\boldsymbol{\alpha}_m$ 是 n 维欧氏空间 V 的一个标准正交向量组，证明：对任意向量 $\boldsymbol{\alpha} \in V$，恒有不等式

$$\sum_{i=1}^{m} (\boldsymbol{\alpha},\boldsymbol{\alpha}_i)^2 \leqslant |\boldsymbol{\alpha}|^2$$

成立。

14. 设 V 是 n 维欧氏空间，$\boldsymbol{\alpha} \neq 0$ 是 V 中固定向量，证明：

(1) $W = \{\boldsymbol{\beta} \mid \boldsymbol{\beta} \in V, (\boldsymbol{\beta},\boldsymbol{\alpha}) = 0\}$ 是 V 的一个子空间；

(2) $\dim W = n - 1$。

第3章 线性变换

线性变换,有时又叫线性映射或线性算子,它是研究线性空间之间联系的一种最简单同时也是最重要的变换,它是矩阵论中最有用、最重要内容之一,在这一章中将对线性变换作一般性介绍,主要借助于矩阵来表示并刻划它们的各种性质。

3.1 线性变换定义

定义 3.1 设 $\mathscr{A}$ 是数域 K 上线性空间 V 到 V 的一个变换,如果满足

(1) $\mathscr{A}(\boldsymbol{\alpha}+\boldsymbol{\beta})=\mathscr{A}(\boldsymbol{\alpha})+\mathscr{A}(\boldsymbol{\beta}) \quad \boldsymbol{\alpha},\boldsymbol{\beta}\in V$

(2) $\mathscr{A}(k\boldsymbol{\alpha})=k\mathscr{A}(\boldsymbol{\alpha}) \qquad k\in K,\boldsymbol{\alpha}\in V$

则称 $\mathscr{A}$ 是 V 上的一个线性变换(或称线性算子)。

根据上面定义,也可以定义

$$\mathscr{A}(k\boldsymbol{\alpha}+l\boldsymbol{\beta})=k\mathscr{A}(\boldsymbol{\alpha})+l\mathscr{A}(\boldsymbol{\beta}) \quad \boldsymbol{\alpha},\boldsymbol{\beta}\in V,k,l\in K$$

作为 $\mathscr{A}$ 是 V 的一个线性变换的充分必要条件。

例 1 设 V 是任意一个数域 K 上的线性空间,定义如下映射

$$\mathscr{E}:V\rightarrow V$$
$$\boldsymbol{\chi}\rightarrow\boldsymbol{\chi}$$

易验证 $\mathscr{E}$ 是 V 上的一个线性变换,以后称之为恒等变换;

$$\mathscr{O}:V\rightarrow V$$
$$\boldsymbol{\chi}\rightarrow\mathbf{0}$$

易验证 $\mathscr{O}$ 是 V 上的一个线性变换,以后称之为零变换;

$$\mathscr{K}:V\rightarrow V$$
$$\boldsymbol{\chi}\rightarrow k\boldsymbol{\chi} \qquad k\in K,k\text{ 为某固定数}$$

易验证 $\mathscr{K}$ 是 V 上的一个线性变换,以后称之为数乘变换。

例 2 设 $R[x]$ 是所有实系数多项式构成的线性空间,定义

$$\mathscr{D}:R[x]\rightarrow R[x]$$

$$f(x) \to f'(x)$$

易验证$\mathscr{D}$是$R[x]$上的一个线性变换。

例3 给定$A=(a_{ij})_{n\times n}, a_{ij}\in R$,定义

$$\mathscr{A}: R^n \to R^n$$
$$\chi \to A\chi$$

易验证$\mathscr{A}$是R^n上一个线性变换。

例4 $R[a\ b]$表示$[a\ b]$上实连续函数构成的线性空间,定义

$$\mathscr{T}: R[a\ b] \to R[a\ b]$$
$$f(x) \to \int_0^x f(t)\,\mathrm{d}t$$

易证明$\mathscr{T}$是$R[a\ b]$上的一个线性变换。

下面介绍线性变换的几个简单性质(设$\mathscr{T}$是线性空间V上的线性变换)

(1)$\mathscr{T}(0)=0 \quad \mathscr{T}(-\boldsymbol{\alpha})=-\mathscr{T}(\boldsymbol{\alpha})$

因为$\mathscr{T}(0)=\mathscr{T}(0\cdot\boldsymbol{\alpha})=0\cdot\mathscr{T}(\boldsymbol{\alpha})=0$,

$$\mathscr{T}(-\boldsymbol{\alpha})=\mathscr{T}((-1)\cdot\boldsymbol{\alpha})=-1\cdot\mathscr{T}(\boldsymbol{\alpha})=-\mathscr{T}(\boldsymbol{\alpha})$$

(2)$\mathscr{T}(\sum\limits_{i=1}^{s}k_i\boldsymbol{\alpha}_i)=\sum\limits_{i=1}^{s}k_i\mathscr{T}(\boldsymbol{\alpha}_i)$

这从定义很容易得知,从这两条性质可知线性变换把线性相关的向量还是变为线性相关的向量。值得注意的是线性无关的向量在线性变换之下的像未必线性无关,例如零变换。

下面介绍线性变换的值域与核。

定义3.2 设$\mathscr{T}$是线性空间V上的线性变换,集合

$$R(\mathscr{T})=\{\mathscr{T}\boldsymbol{\chi}\mid\boldsymbol{\chi}\in V\}$$

称之为$\mathscr{T}$的值域,也就是V在$\mathscr{T}$之下的像的全体集合。集合

$$N(\mathscr{T})=\{\boldsymbol{\chi}\mid\boldsymbol{\chi}\in V,\mathscr{T}\boldsymbol{\chi}=0\}$$

称之为$\mathscr{T}$的核域,也就是像为零元的那些源像的全体集合。

定理3.1.1 $\mathscr{T}$是线性空间V的一个线性变换,则$R(\mathscr{T})$和$N(\mathscr{T})$都是V的线性子空间。

证明 对任意$\boldsymbol{\alpha},\boldsymbol{\beta}\in R(\mathscr{T})$,则存在$\boldsymbol{\xi},\boldsymbol{\eta}\in V$,使$\mathscr{T}(\boldsymbol{\xi})=\boldsymbol{\alpha},\mathscr{T}(\boldsymbol{\eta})=\boldsymbol{\beta}$,于是

$\boldsymbol{\alpha}+\boldsymbol{\beta}=\mathscr{T}(\boldsymbol{\xi})+\mathscr{T}(\boldsymbol{\eta})=\mathscr{T}(\boldsymbol{\xi}+\boldsymbol{\eta})\in R(\mathscr{T})$。

$k\boldsymbol{\alpha}=k\mathscr{T}(\boldsymbol{\xi})=\mathscr{T}(k\boldsymbol{\xi})\in R(\mathscr{T})$,

故$R(\mathscr{T})$是子空间。

对任意$\boldsymbol{\alpha},\boldsymbol{\beta}\in N(\mathscr{T})$,则$\mathscr{T}(\boldsymbol{\alpha})=0,\mathscr{T}(\boldsymbol{\beta})=0$,于是$\mathscr{T}(\boldsymbol{\alpha}+\boldsymbol{\beta})=\mathscr{T}(\boldsymbol{\alpha})+\mathscr{T}(\boldsymbol{\beta})=0$,所以$\boldsymbol{\alpha}+\boldsymbol{\beta}\in N(\mathscr{T})$且$\mathscr{T}(k\cdot\boldsymbol{\alpha})=k\mathscr{T}(\boldsymbol{\alpha})=k\cdot 0=0$,所以$k\boldsymbol{\alpha}\in N(\mathscr{T})$,故$N(\mathscr{T})$是子空间,证毕。

定理3.1.2 若V是n维线性空间,$\mathscr{T}$是V上的一个线性变换,则

$$\dim R(\mathscr{T})+\dim N(\mathscr{T})=n$$

证明,设$\boldsymbol{\alpha}_1,\cdots,\boldsymbol{\alpha}_r$是$N(\mathscr{T})$的基,当然$\mathscr{T}\boldsymbol{\alpha}_i=0,i=1,2,\cdots,r$扩$\boldsymbol{\alpha}_1,\cdots,\boldsymbol{\alpha}_r,\boldsymbol{\alpha}_{r+1},\cdots,\boldsymbol{\alpha}_n$作为$V$的一组基,下面证明$\mathscr{T}\boldsymbol{\alpha}_{r+1},\cdots,\mathscr{T}\boldsymbol{\alpha}_n$就是$R(\mathscr{T})$的一个基。因为任取$\boldsymbol{\alpha}\in V$,有

$$\boldsymbol{\alpha}=k_1\boldsymbol{\alpha}_1+\cdots+k_r\boldsymbol{\alpha}_r+k_{r+1}\boldsymbol{\alpha}_{r+1}+\cdots+k_n\boldsymbol{\alpha}_n$$
$$\mathscr{T}(\boldsymbol{\alpha})=k_{r+1}\mathscr{T}\boldsymbol{\alpha}_{r+1}+\cdots+k_n\mathscr{T}\boldsymbol{\alpha}_n$$

所以

$$R(\mathscr{T}) = l(\mathscr{T}\boldsymbol{\alpha}_{r+1},\cdots,\mathscr{T}\boldsymbol{\alpha}_n)$$

设
$$l_{r+1}\mathscr{T}\boldsymbol{\alpha}_{r+1} + \cdots + l_n\mathscr{T}\boldsymbol{\alpha}_n = 0$$

即
$$\mathscr{T}(l_{r+1}\boldsymbol{\alpha}_{r+1} + \cdots + l_n\boldsymbol{\alpha}_n) = 0$$

这说明 $l_{r+1}\boldsymbol{\alpha}_{r+1} + \cdots + l_n\boldsymbol{\alpha}_n \in N(\mathscr{T})$，故存在数 $l_1,\cdots,l_r$，使

$$l_{r+1}\boldsymbol{\alpha}_{r+1} + \cdots + l_n\boldsymbol{\alpha}_n = l_1\boldsymbol{\alpha}_1 + \cdots + l_r\boldsymbol{\alpha}_r$$

即
$$l_1\boldsymbol{\alpha}_1 + \cdots + l_r\boldsymbol{\alpha}_r - l_{r+1}\boldsymbol{\alpha}_{r+1} - \cdots - l_n\boldsymbol{\alpha}_n = 0$$

由于 $\boldsymbol{\alpha}_1,\cdots,\boldsymbol{\alpha}_n$ 线性无关，所以

$$l_1 = \cdots = l_n = 0$$

于是 $\mathscr{T}\boldsymbol{\alpha}_{r+1},\cdots,\mathscr{T}\boldsymbol{\alpha}_n$ 线性无关。

例如在 $R[x]_n$ 中，微分变换 $\mathscr{D}$ 的值域 $R(\mathscr{D}) = R[x]_{n-1}$，而 $N(\mathscr{D}) = R$，当然 $\dim R(\mathscr{D}) + \dim N(\mathscr{D}) = n+1$。

称 $\dim R(\mathscr{D})$ 为线性变换 $\mathscr{D}$ 的秩，$\dim N(\mathscr{D})$ 为线性变换 $\mathscr{D}$ 的零度。

例5 设 $\mathscr{A}: R^4 \to R^4$

$$\boldsymbol{\chi} = (a_1,a_2,a_3,a_4) \to \mathscr{A}(\boldsymbol{\chi}) = (a_1 + a_2 - 3a_3 - a_4, 3a_1 - a_2 - 3a_3 + 4a_4, 0, 0)$$

$\mathscr{A}$ 是 R^4 上的一个线性变换，求 $\mathscr{A}$ 的秩及零度。

解 $\mathscr{A}$ 的像子空间 $R(\mathscr{A})$ 显然是由形如 $(\xi_1,\xi_2,0,0)$ 的向量构成的子空间，故 $\dim R(\mathscr{A}) \leqslant 2$，$\mathscr{A}$ 的核子空间 $N(\mathscr{A})$ 是线性方程组

$$\begin{cases} a_1 + a_2 - 3a_3 - a_4 = 0 \\ 3a_1 - a_2 - 3a_3 + 4a_4 = 0 \end{cases}$$

的解空间，即形如 $k(6,6,4,0) + l(-3,7,0,4)$ 的元素构成的子空间，当然 $\dim N(\mathscr{A}) = 2$，$\dim R(\mathscr{A}) = 2$。

定义 3.3 设 $\mathscr{A}_1,\mathscr{A}_2$ 都线性空间 V 上的线性变换，若对任意 $\boldsymbol{\alpha} \in V$，都有 $\mathscr{A}_1\boldsymbol{\alpha} = \mathscr{A}_2\boldsymbol{\alpha}$，称 $\mathscr{A}_1$ 与 $\mathscr{A}_2$ 相等，记 $\mathscr{A}_1 = \mathscr{A}_2$。

定义 3.4 设 $\mathscr{A},\mathscr{B}$ 都是线性空间 V 上的线性变换，定义 $\mathscr{A}$ 和 $\mathscr{B}$ 的和

$$(\mathscr{A} + \mathscr{B})(\boldsymbol{\alpha}) = \mathscr{A}(\boldsymbol{\alpha}) + \mathscr{B}(\boldsymbol{\alpha}) \qquad \boldsymbol{\alpha} \in V$$

易证 $\mathscr{A} + \mathscr{B}$ 仍是 V 上的线性变换，因为对任意 $\boldsymbol{\alpha},\boldsymbol{\beta} \in V, k,l \in K$。

$$\begin{aligned}(\mathscr{A} + \mathscr{B})(k\boldsymbol{\alpha} + l\boldsymbol{\beta}) &= \mathscr{A}(k\boldsymbol{\alpha} + l\boldsymbol{\beta}) + \mathscr{B}(k\boldsymbol{\alpha} + l\boldsymbol{\beta}) \\ &= k\mathscr{A}\boldsymbol{\alpha} + l\mathscr{A}\boldsymbol{\beta} + k\mathscr{B}\boldsymbol{\alpha} + k\mathscr{B}\boldsymbol{\beta} \\ &= k(\mathscr{A} + \mathscr{B})(\boldsymbol{\alpha}) + l(\mathscr{A} + \mathscr{B})(\boldsymbol{\beta})\end{aligned}$$

定义 3.5 设 $\mathscr{A}$ 是线性空间 V 上的线性变换，定义数 k 乘以线性变换 $\mathscr{A}$

$$(k\mathscr{A})(\boldsymbol{\alpha}) = k\mathscr{A}(\boldsymbol{\alpha}) \quad \boldsymbol{\alpha} \in V$$

易证数 k 乘以线性变换 $k\mathscr{A}$ 也是线性变换。

让 $\mathrm{Hom}(V,V)$ 表示线性空间 V 上的全体线性变换的集合，容易验证集合 $\mathrm{Hom}(V,V)$ 关于上述定义的加法和数乘作成一个线性空间（请读者自行验证上述的加法与数乘是满足 8 条规则的）。

定义 3.6 设 $\mathscr{A},\mathscr{B}$ 都是线性空间 V 上的线性变换，定义 $\mathscr{A}$ 与 $\mathscr{B}$ 的积

$$(\mathscr{A}\mathscr{B})(\boldsymbol{\alpha}) = \mathscr{A}[\mathscr{B}(\boldsymbol{\alpha})] \qquad \boldsymbol{\alpha} \in V$$

即 $\mathscr{A}\mathscr{B}$ 是先施行 $\mathscr{B}$，再施行 $\mathscr{A}$ 的变换，并且 $\mathscr{A}\mathscr{B}$ 也是线性变换，因为对任意 $\boldsymbol{\alpha},\boldsymbol{\beta} \in V$，$k,l \in K$。

$$
\begin{aligned}
(\mathscr{A}\mathscr{B})(k\boldsymbol{\alpha}+l\boldsymbol{\beta}) &= \mathscr{A}[\mathscr{B}(k\boldsymbol{\alpha}+l\boldsymbol{\beta})] \\
&= \mathscr{A}[k\mathscr{B}(\boldsymbol{\alpha})+l\mathscr{B}(\boldsymbol{\beta})] \\
&= k\mathscr{A}[\mathscr{B}(\boldsymbol{\alpha})]+l\mathscr{A}[\mathscr{B}(\boldsymbol{\beta})] \\
&= k(\mathscr{A}\mathscr{B})(\boldsymbol{\alpha})+l(\mathscr{A}\mathscr{B})(\boldsymbol{\beta})
\end{aligned}
$$

这就证明了 $\mathscr{A}\mathscr{B}$ 也是线性变换,不仅如此,线性变换的乘法还有

$$
\begin{aligned}
(\mathscr{A}\mathscr{B})\mathscr{C} &= \mathscr{A}(\mathscr{B}\mathscr{C}) \\
\mathscr{A}(\mathscr{B}+\mathscr{C}) &= \mathscr{A}\mathscr{B}+\mathscr{A}\mathscr{C} \\
(\mathscr{B}+\mathscr{C})\mathscr{A} &= \mathscr{B}\mathscr{A}+\mathscr{C}\mathscr{A}
\end{aligned}
$$

线性变换的乘法与矩阵乘法一样,不满足交换律。例如 $\mathscr{A}$ 表示在 R^2(平面)中把向量逆时针旋转$\frac{\pi}{2}$角,$\mathscr{B}$表示把向量向 x 轴投影。则 $\mathscr{A}\mathscr{B}(1\ 0)=(0\ 1)$,$\mathscr{B}\mathscr{A}(1\ 0)=(0,0)$说明 $\mathscr{A}\mathscr{B}\neq\mathscr{B}\mathscr{A}$。但是对于恒等变换 $\mathscr{E}$,任何的线性变换 $\mathscr{A}$,都有

$$\mathscr{A}\mathscr{E}(\boldsymbol{\alpha}) = \mathscr{A}(\boldsymbol{\alpha}) = \mathscr{E}\mathscr{A}(\boldsymbol{\alpha})$$

可见恒等变换就像单位阵在乘法中的作用一样。如果线性变换 $\mathscr{A}$ 是一一变换,那么存在 $\mathscr{A}$ 的逆变换 $\mathscr{A}^{-1}$

$$
\begin{aligned}
&\mathscr{A}^{-1}: V\rightarrow V \\
&\boldsymbol{\alpha}\rightarrow\mathscr{A}^{-1}(\boldsymbol{\alpha}) = \boldsymbol{\beta},\text{若 }\mathscr{A}(\boldsymbol{\beta}) = \boldsymbol{\alpha}
\end{aligned}
$$

于是 $\mathscr{A}\mathscr{A}^{-1}(\boldsymbol{\alpha})=\boldsymbol{\alpha}$, $\mathscr{A}^{-1}\mathscr{A}(\boldsymbol{\beta})=\boldsymbol{\beta}$,故 $\mathscr{A}\mathscr{A}^{-1}=\mathscr{E}$。可以证明逆变换 $\mathscr{A}^{-1}$也是线性变换。

记 $\mathscr{T}^n=\underbrace{\mathscr{T}\mathscr{T}\cdots\mathscr{T}}_{n\text{个}}$,若 $\mathscr{T}$可逆,$\mathscr{T}^{-n}=\underbrace{\mathscr{T}^{-1}\cdots\mathscr{T}^{-1}}_{n\text{个}}$

$\mathscr{T}^0=\mathscr{E}$

因此可以建立线性变换的指数法则如下

$$
\begin{aligned}
&\mathscr{T}^{m+n} = \mathscr{T}^m\cdot\mathscr{T}^n,(\mathscr{T}^m)^n = \mathscr{T}^{mn} \\
&\mathscr{T}^{-n} = (\mathscr{T}^{-1})^n
\end{aligned}
$$

设多项式$f(x)=a_nx^n+a_{n-1}x^{n-1}+\cdots+a_1x+a_0$ $a_i\in K$,$\mathscr{T}$是数域 K 上线性空间 V 的线性变换,则由线性变换运算可知

$$f(\mathscr{T}) = a_n\mathscr{T}^n+a_{n-1}\mathscr{T}^{n-1}+\cdots+a_1\mathscr{T}+a_0\mathscr{E}$$

也是 V 的一个线性变换,特别地,若

$$h(x) = f(x)g(x),\quad q(x) = f(x)+g(x)$$

那么

$$
\begin{aligned}
h(\mathscr{T}) &= f(\mathscr{T})g(\mathscr{T}) = g(\mathscr{T})f(\mathscr{T}) \\
q(\mathscr{T}) &= f(\mathscr{T})+g(\mathscr{T})
\end{aligned}
$$

3.2 线性变换的矩阵表示

已经把线性空间的向量用坐标表示出来,这里还要把线性变换用矩阵表示出来,使线性变换与数发生联系,从而可把比较抽象的线性变换用具体的矩阵来处理。

事实上,给定一个线性变换,并不需要定义出 V 中的每个元的像是什么,而只要定义出基

元的像,就可以得到每一个元的像。

设 $\boldsymbol{\varepsilon}_1,\cdots,\boldsymbol{\varepsilon}_n$ 是线性空间 V 的一个基,V 上的线性变换 $\mathscr{A}$ 在这基之下的像 $\mathscr{A}\boldsymbol{\varepsilon}_1,\cdots,\mathscr{A}\boldsymbol{\varepsilon}_n$ 它们在这组基下有线性表达式

$$\begin{aligned}\mathscr{A}\boldsymbol{\varepsilon}_1 &= a_{11}\boldsymbol{\varepsilon}_1 + a_{21}\boldsymbol{\varepsilon}_2 + \cdots + a_{n1}\boldsymbol{\varepsilon}_n \\ \mathscr{A}\boldsymbol{\varepsilon}_2 &= a_{12}\boldsymbol{\varepsilon}_1 + a_{22}\boldsymbol{\varepsilon}_2 + \cdots + a_{n2}\boldsymbol{\varepsilon}_n \\ &\cdots\cdots \\ \mathscr{A}\boldsymbol{\varepsilon}_n &= a_{1n}\boldsymbol{\varepsilon}_1 + a_{2n}\boldsymbol{\varepsilon}_2 + \cdots + a_{nn}\boldsymbol{\varepsilon}_n\end{aligned} \tag{3.1}$$

采用矩阵形式运算规则,(3.1)可表示为

$$(\mathscr{A}\boldsymbol{\varepsilon}_1,\cdots,\mathscr{A}\boldsymbol{\varepsilon}_n) = (\boldsymbol{\varepsilon}_1,\boldsymbol{\varepsilon}_2,\cdots,\boldsymbol{\varepsilon}_n)\begin{bmatrix} a_{11} & a_{12} & \cdots & a_{1n} \\ a_{21} & a_{22} & \cdots & a_{2n} \\ \vdots & \vdots & & \vdots \\ a_{n1} & a_{n2} & \cdots & a_{nn}\end{bmatrix} \tag{3.2}$$

$$\boldsymbol{A} = \begin{bmatrix} a_{11} \cdots a_{1n} \\ \vdots \quad\quad \vdots \\ a_{n1} \cdots a_{nn}\end{bmatrix} \tag{3.3}$$

可简记为 $\mathscr{A}(\boldsymbol{\varepsilon}_1,\cdots,\boldsymbol{\varepsilon}_n) = (\boldsymbol{\varepsilon}_1,\cdots,\boldsymbol{\varepsilon}_n)\boldsymbol{A}$,矩阵 $\boldsymbol{A}$ 的第 i 列是 $A\boldsymbol{\varepsilon}_i$ 在基 $\boldsymbol{\varepsilon}_1,\cdots,\boldsymbol{\varepsilon}_n$ 之下的坐标。

定义 3.7 (3.2)式中的矩阵 $\boldsymbol{A}$ 称为线性变换 $\mathscr{A}$ 在基 $\boldsymbol{\varepsilon}_1,\cdots,\boldsymbol{\varepsilon}_n$ 之下的矩阵表示。

(3.3)式说明,线性空间 V 上的一个线性变换 $\mathscr{A}$ 在给定的基下可以惟一确定一个矩阵 $\boldsymbol{A}$,反过来,可以证明,任意给定一个矩阵 $\boldsymbol{A}$,可以惟一确定一个线性变换 $\mathscr{A}$,使它们满足(3.3)式。这也是线性变换的可随意构造性。不过注意的是,给定一个线性变换 $\mathscr{A}$,它们在不同的基之下矩阵表示一般是不相同的,后面要讨论。

例 1 设 $\boldsymbol{\varepsilon}_1,\cdots,\boldsymbol{\varepsilon}_m$ 是 $n(n>m)$ 维线性空间 V 的子空间 W 的基,把 $\boldsymbol{\varepsilon}_1,\cdots,\boldsymbol{\varepsilon}_m$ 扩为 V 的基 $\boldsymbol{\varepsilon}_1,\cdots,\boldsymbol{\varepsilon}_m\boldsymbol{\varepsilon}_{m+1}\cdots,\boldsymbol{\varepsilon}_n$,定义变换 $\mathscr{A}$

$$\begin{aligned}\mathscr{A}(\boldsymbol{\varepsilon}_i) &= \boldsymbol{\varepsilon}_i \quad i = 1,2,\cdots,m \\ \mathscr{A}(\boldsymbol{\varepsilon}_j) &= 0 \quad j = m+1,\cdots,n\end{aligned}$$

易证 $\mathscr{A}$ 是 V 上的线性变换,称 $\mathscr{A}$ 是对子空间 W 的一个投影,因为对任意 $\boldsymbol{\xi}\in V$,$\boldsymbol{\xi} = k_1\boldsymbol{\varepsilon}_1 + \cdots + k_m\boldsymbol{\varepsilon}_m + k_{m+1}\boldsymbol{\varepsilon}_{m+1} + \cdots + k_n\boldsymbol{\varepsilon}_n$

$$\mathscr{A}(\boldsymbol{\xi}) = k_1\boldsymbol{\varepsilon}_1 + \cdots + k_m\boldsymbol{\varepsilon}_m \in W$$

求出 $\mathscr{A}$ 在基 $\boldsymbol{\varepsilon}_1,\cdots,\boldsymbol{\varepsilon}_n$ 之下的矩阵表示 $\boldsymbol{A}$

解 因为

$$(\mathscr{A}\boldsymbol{\varepsilon}_1,\cdots,\mathscr{A}\boldsymbol{\varepsilon}_n) = (\boldsymbol{\varepsilon}_1,\cdots,\boldsymbol{\varepsilon}_n)\begin{bmatrix} 1 & \cdots & 0 & 0 & 0 \\ \vdots & & \vdots & & \vdots \\ 0 & \cdots & 1 & 0 & 0 \\ \vdots & & \vdots & \vdots & \vdots \\ 0 & \cdots & 0 & 0 & 0\end{bmatrix}$$

所以矩阵表示 $\boldsymbol{A} = \begin{bmatrix} \boldsymbol{E}_m & 0 \\ 0 & 0\end{bmatrix}$

例2 在 R^3 中取基 $\boldsymbol{\varepsilon}_1=(1,0,0)$，$\boldsymbol{\varepsilon}_2=(0,1,0)$，$\boldsymbol{\varepsilon}_3=(0,0,1)$，设 $\mathscr{A}$ 是绕 Ox 轴由 Oy 轴向 Oz 轴旋转90°的线性变换。

(1)求 $\mathscr{A}$ 在基 $\boldsymbol{\varepsilon}_1,\boldsymbol{\varepsilon}_2,\boldsymbol{\varepsilon}_3$ 之下的矩阵 $\boldsymbol{A}$；

(2)求 $\mathscr{A}$ 在基 $\boldsymbol{\varepsilon}_3,\boldsymbol{\varepsilon}_1,\boldsymbol{\varepsilon}_2$ 之下的矩阵 $\boldsymbol{B}$；

(3)求 $\mathscr{A}$ 在基 $\boldsymbol{\varepsilon}_1,2\boldsymbol{\varepsilon}_2,\boldsymbol{\varepsilon}_2+\boldsymbol{\varepsilon}_3$ 下的矩阵 $\boldsymbol{C}$。

解 因为 $\mathscr{A}\boldsymbol{\varepsilon}_1=\boldsymbol{\varepsilon}_1 \quad \mathscr{A}\boldsymbol{\varepsilon}_2=\boldsymbol{\varepsilon}_3 \quad \mathscr{A}\boldsymbol{\varepsilon}_3=-\boldsymbol{\varepsilon}_2$

所以

$$\mathscr{A}(\boldsymbol{\varepsilon}_1,\boldsymbol{\varepsilon}_2,\boldsymbol{\varepsilon}_3)=(\boldsymbol{\varepsilon}_1,\boldsymbol{\varepsilon}_2,\boldsymbol{\varepsilon}_3)\begin{bmatrix}1&0&0\\0&0&-1\\0&1&0\end{bmatrix}$$

$$\mathscr{A}(\boldsymbol{\varepsilon}_3,\boldsymbol{\varepsilon}_1,\boldsymbol{\varepsilon}_2)=(\boldsymbol{\varepsilon}_3,\boldsymbol{\varepsilon}_1,\boldsymbol{\varepsilon}_2)\begin{bmatrix}0&0&1\\0&1&0\\-1&0&0\end{bmatrix}$$

$$\mathscr{A}(\boldsymbol{\varepsilon}_1,2\boldsymbol{\varepsilon}_2,\boldsymbol{\varepsilon}_2+\boldsymbol{\varepsilon}_3)=(\boldsymbol{\varepsilon}_1,2\boldsymbol{\varepsilon}_2,\boldsymbol{\varepsilon}_2+\boldsymbol{\varepsilon}_3)\begin{bmatrix}1&0&0\\0&-1&-1\\0&2&1\end{bmatrix}$$

故

$$\boldsymbol{A}=\begin{bmatrix}1&0&0\\0&0&-1\\0&1&0\end{bmatrix},\quad \boldsymbol{B}=\begin{bmatrix}0&0&1\\0&1&0\\-1&0&0\end{bmatrix}$$

$$\boldsymbol{C}=\begin{bmatrix}1&0&0\\0&-1&-1\\0&2&1\end{bmatrix}$$

例3 求线性变换 $\mathscr{D}:R[x]_n\to R[x]_n$

$f(x)\to f'(x)$

关于基底 $1,x,x^2,\cdots,x^n$ 的矩阵表示 $\mathscr{D}$。

解 因为 $\mathscr{D}(1)=0,\mathscr{D}(x)=1,\cdots,\mathscr{D}(x^n)=nx^{n-1}$，所以

$$\mathscr{D}(1\ x\ x^2\cdots x^n)=(1\ x\ x^2\cdots x^n)\begin{bmatrix}0&1&0&\cdots&0\\0&0&2&&\vdots\\\vdots&\vdots&\vdots&&n\\0&0&0&\cdots&0\end{bmatrix}$$

故矩阵表示 $\mathscr{D}=\begin{bmatrix}0&1&0&\cdots&0\\0&0&2&&\vdots\\\vdots&\vdots&\vdots&&n\\0&0&0&\cdots&0\end{bmatrix}$

很显然，任意 n 维线性空间 V 上的恒等变换 E，数乘变换 K，零变换 $\mathbf{0}$ 在 V 中任意基 $\boldsymbol{\varepsilon}_1,\cdots,\boldsymbol{\varepsilon}_n$ 之下的矩阵表示不变，分别是单位矩阵 $\boldsymbol{E}$，数量矩阵 $k\boldsymbol{E}$，零矩阵 $\mathbf{0}$，所以也把恒等变换称为单位变换。

命题 设 $\mathscr{A}$ 是数域 K 上 n 维线性空间 V 的一个线性变换，$\boldsymbol{\varepsilon}_1,\cdots,\boldsymbol{\varepsilon}_n$ 是 V 的一个基底，且

$$\mathscr{A}(\boldsymbol{\varepsilon}_1,\cdots,\boldsymbol{\varepsilon}_n)=(\boldsymbol{\varepsilon}_1,\cdots,\boldsymbol{\varepsilon}_n)\boldsymbol{A}$$

则(1)$R(\mathscr{A})=L(\mathscr{A}\boldsymbol{\varepsilon}_1,\cdots,\mathscr{A}\boldsymbol{\varepsilon}_n)$

(2)$\mathscr{A}$ 的秩 $=\boldsymbol{A}$ 的秩

(3)$N(\mathscr{A})=\{\boldsymbol{\alpha}=k_1\boldsymbol{\varepsilon}_1+\cdots+k_n\boldsymbol{\varepsilon}_n)\mid \boldsymbol{A}\begin{bmatrix}k_1\\ \vdots\\ k_n\end{bmatrix}=0\}$

证明(1)　因对任意 $\boldsymbol{\alpha}\in R(\mathscr{A})$,存在 $\boldsymbol{\beta}\in V$,使 $\mathscr{A}\boldsymbol{\beta}=\boldsymbol{\alpha}$

因 $$\boldsymbol{\beta}=k_1\boldsymbol{\varepsilon}_1+\cdots+k_n\boldsymbol{\varepsilon}_n$$

所以 $$\mathscr{A}\boldsymbol{\beta}=\boldsymbol{\alpha}=k_1\mathscr{A}\boldsymbol{\varepsilon}_1+\cdots+k_n\mathscr{A}\boldsymbol{\varepsilon}_n$$

故 $$\boldsymbol{\alpha}\in L(\mathscr{A}\boldsymbol{\varepsilon}_1\cdots\mathscr{A}\boldsymbol{\varepsilon}_n)$$

所以 $$R(\mathscr{A})\subseteq L(\mathscr{A}\boldsymbol{\varepsilon}_1\cdots\mathscr{A}\boldsymbol{\varepsilon}_n)$$

反过来,设 $\boldsymbol{\alpha}\in L(\mathscr{A}\boldsymbol{\varepsilon}_1,\cdots,\mathscr{A}\boldsymbol{\varepsilon}_n)$,所以

$$\begin{aligned}\boldsymbol{\alpha}&=k_1\mathscr{A}\boldsymbol{\varepsilon}_1+\cdots+k\mathscr{A}\boldsymbol{\varepsilon}_n\\&=\mathscr{A}(k_1\boldsymbol{\varepsilon}_1+\cdots+k_n\boldsymbol{\varepsilon}_n)\in R(\mathscr{A})\end{aligned}$$

故 $$R(\mathscr{A})=L(\mathscr{A}\boldsymbol{\varepsilon}_1,\cdots,\mathscr{A}\boldsymbol{\varepsilon}_n)$$

(2)　因为 $R(\mathscr{A})=L(\mathscr{A}\boldsymbol{\varepsilon}_1,\cdots,\mathscr{A}\boldsymbol{\varepsilon}_n)$

所以　$\dim R(\mathscr{A})=$ 向量组 $\mathscr{A}\boldsymbol{\varepsilon}_1,\cdots,\mathscr{A}\boldsymbol{\varepsilon}_n$ 的秩

又　$\mathscr{A}(\boldsymbol{\varepsilon}_1,\cdots,\boldsymbol{\varepsilon}_n)=(\boldsymbol{\varepsilon}_1,\cdots,\boldsymbol{\varepsilon}_n)\boldsymbol{A}$

由习题1的第14题结论 $\dim R(\mathscr{A})=\boldsymbol{A}$ 的秩

(3)　若 $\boldsymbol{\alpha}=k_1\boldsymbol{\varepsilon}_1+\cdots+k_n\boldsymbol{\varepsilon}_n\in N(\mathscr{A})$

那么 $$\mathscr{A}\boldsymbol{\alpha}=\mathscr{A}(\boldsymbol{\varepsilon}_1,\cdots,\boldsymbol{\varepsilon}_n)\begin{bmatrix}k_1\\ \vdots\\ k_n\end{bmatrix}=(\boldsymbol{\varepsilon}_1,\cdots,\boldsymbol{\varepsilon}_n)\boldsymbol{A}\begin{bmatrix}k_1\\ \vdots\\ k_n\end{bmatrix}=0$$

由坐标的惟一性,所以 $\boldsymbol{A}\begin{bmatrix}k_1\\ \vdots\\ k_n\end{bmatrix}=0$

也即 $\mathscr{A}$ 的核空间 $N(\mathscr{A})$ 中的元 $\boldsymbol{\alpha}$ 在 $\boldsymbol{\varepsilon}_1,\cdots,\boldsymbol{\varepsilon}_n$ 之下的坐标恰是线性方程组 $\boldsymbol{A\chi}=0$ 的解。证毕。

定理 3.2.1　设 $\boldsymbol{\varepsilon}_1,\cdots,\boldsymbol{\varepsilon}_n$ 是数域 K 上 n 维线性空间 V 的一个基,线性变换 $\mathscr{A},\mathscr{B}$ 在该基下按(3.3)式依次用矩阵表示 $\boldsymbol{A},\boldsymbol{B}$。则有

(1)$(\mathscr{A}+\mathscr{B})(\boldsymbol{\varepsilon}_1,\cdots,\boldsymbol{\varepsilon}_n)=(\boldsymbol{\varepsilon}_1,\cdots,\boldsymbol{\varepsilon}_n)(\boldsymbol{A}+\boldsymbol{B})$

(2)$(k\mathscr{A})(\boldsymbol{\varepsilon}_1,\cdots,\boldsymbol{\varepsilon}_n)=(\boldsymbol{\varepsilon}_1,\cdots,\boldsymbol{\varepsilon}_n)(k\boldsymbol{A})$

(3)$(\mathscr{A}\mathscr{B})(\boldsymbol{\varepsilon}_1,\cdots,\boldsymbol{\varepsilon}_n)=(\boldsymbol{\varepsilon}_1,\cdots,\boldsymbol{\varepsilon}_n)(\boldsymbol{AB})$

(4)若 $\mathscr{A}$ 可逆,则 $\mathscr{A}^{-1}(\boldsymbol{\varepsilon}_1,\cdots,\boldsymbol{\varepsilon}_n)=(\boldsymbol{\varepsilon}_1,\cdots,\boldsymbol{\varepsilon}_n)\boldsymbol{A}^{-1}$。

证明　因为 $$\mathscr{A}(\boldsymbol{\varepsilon}_1,\cdots,\boldsymbol{\varepsilon}_n)=(\boldsymbol{\varepsilon}_1,\cdots,\boldsymbol{\varepsilon}_n)\boldsymbol{A}$$
$$\mathscr{B}(\boldsymbol{\varepsilon}_1,\cdots,\boldsymbol{\varepsilon}_n)=(\boldsymbol{\varepsilon}_1,\cdots,\boldsymbol{\varepsilon}_n)\boldsymbol{B}$$

所以 $$\begin{aligned}(1)(\mathscr{A}+\mathscr{B})(\boldsymbol{\varepsilon}_1,\cdots,\boldsymbol{\varepsilon}_n)&=((\mathscr{A}+\mathscr{B})\boldsymbol{\varepsilon}_1,\cdots,(\mathscr{A}+\mathscr{B})\boldsymbol{\varepsilon}_n)\\&=(\mathscr{A}\boldsymbol{\varepsilon}_1+\mathscr{B}\boldsymbol{\varepsilon}_1,\cdots,\mathscr{A}\boldsymbol{\varepsilon}_n+\mathscr{B}\boldsymbol{\varepsilon}_n)\\&=(\mathscr{A}\boldsymbol{\varepsilon}_1,\cdots,\mathscr{A}\boldsymbol{\varepsilon}_n)+(\mathscr{B}\boldsymbol{\varepsilon}_1,\cdots,\mathscr{B}\boldsymbol{\varepsilon}_n)\end{aligned}$$

$$=(\boldsymbol{\varepsilon}_1,\cdots,\boldsymbol{\varepsilon}_n)\boldsymbol{A}+(\boldsymbol{\varepsilon}_1,\cdots,\boldsymbol{\varepsilon}_n)\boldsymbol{B}$$
$$=(\boldsymbol{\varepsilon}_1,\cdots,\boldsymbol{\varepsilon}_n)(\boldsymbol{A}+\boldsymbol{B})$$

(2)、(3)留给读者证明。

(4)若 $\mathscr{A}$ 可逆，$\mathscr{A}^{-1}$ 是 $\mathscr{A}$ 的逆变换，设

$$\mathscr{A}^{-1}(\boldsymbol{\varepsilon}_1,\cdots,\boldsymbol{\varepsilon}_n)=(\boldsymbol{\varepsilon}_1,\cdots,\boldsymbol{\varepsilon}_n)\boldsymbol{B}$$

于是

$$\mathscr{A}^{-1}\mathscr{A}(\boldsymbol{\varepsilon}_1,\cdots,\boldsymbol{\varepsilon}_n)=\mathscr{A}^{-1}(\boldsymbol{\varepsilon}_1,\cdots,\boldsymbol{\varepsilon}_n)\boldsymbol{A}$$
$$=(\boldsymbol{\varepsilon}_1,\cdots,\boldsymbol{\varepsilon}_n)\boldsymbol{BA}$$

由于 $\mathscr{A}^{-1}\mathscr{A}=\mathscr{E}$，而 $\mathscr{E}$ 在 $\boldsymbol{\varepsilon}_1,\cdots,\boldsymbol{\varepsilon}_n$ 之下矩阵表示为 $\boldsymbol{E}$，由于满足(3.3)式的 $\mathscr{A}$ 与 $\boldsymbol{A}$ 是互相惟一确定的，故 $\boldsymbol{BA}=\boldsymbol{E}$，所以 $\boldsymbol{B}=\boldsymbol{A}^{-1}$。

定义 3.8　若映射 σ 是数域 K 上线性空间 V 到 V' 的一一映射，且 σ 还满足

(1) $\sigma(\boldsymbol{\alpha}+\boldsymbol{\beta})=\sigma(\boldsymbol{\alpha})+\sigma(\boldsymbol{\beta})\quad \boldsymbol{\alpha},\boldsymbol{\beta}\in V$

(2) $\sigma(k\cdot\boldsymbol{\alpha})=k\sigma(\boldsymbol{\alpha})\quad \boldsymbol{\alpha}\in V,k\in K$

那么称 σ 是同构映射(同胚映射)，称 V 与 V' 是同构的，记 $V\cong V'$。

定理 3.2.2　设 V 是数域 K 上的 n 维线性空间。$\boldsymbol{\varepsilon}_1,\cdots,\boldsymbol{\varepsilon}_n$ 是 V 中的一组基。

定义　$\sigma:\mathrm{Hom}(V,V)\to \boldsymbol{K}^{n\times n}$

$$\mathscr{A}\to\sigma(\mathscr{A})=\boldsymbol{A}，其中\ \mathscr{A}(\boldsymbol{\varepsilon}_1,\cdots,\boldsymbol{\varepsilon}_n)=(\boldsymbol{\varepsilon}_1,\cdots,\boldsymbol{\varepsilon}_n)\boldsymbol{A}$$

则 σ 是一个同构映射，从而 $\mathrm{Hom}(V,V)\cong K^{n\times n}$。

证明　这由(3.3)式的互相惟一确定性及定理3.2.1是很显然的。

定理3.2.2深刻刻划了 $\mathrm{Hom}(V,V)$ 与 $K^{n\times n}$ 的内在本质是完全相同的，因此完全有理由用矩阵的性质来代替线性变换的性质。

不过，关于上面的讨论，都是假定在固定了线性空间 V 的一组基 $\boldsymbol{\varepsilon}_1,\cdots,\boldsymbol{\varepsilon}_n$ 之下完成的，但是 V 中的基并不惟一，一个线性变换 $\mathscr{A}$ 在不同基下的矩阵表示一般是不同的，那么这些不同基下的矩阵表示之间有什么关系？我们能否找到 V 的一组基，使得某线性变换在这组基下的矩阵表示最简单？

3.3 线性变换的最简矩阵表示——相似形理论

3.3.1 一般数域上矩阵相似最简形

这一节为的是解决上一节提出的两个问题，内容较多，有的定理就只引述，不证明。

定义 3.9　设 $\boldsymbol{A},\boldsymbol{B}$ 皆为 n 级方阵，若存在 n 级可逆阵 $\boldsymbol{C}$，使 $\boldsymbol{C}^{-1}\boldsymbol{AC}=\boldsymbol{B}$，称 $\boldsymbol{A}$ 与 $\boldsymbol{B}$ 相似，记 $\boldsymbol{A}\sim\boldsymbol{B}$。

定理 3.3.1　n 维线性空间 V 上的线性变换 $\mathscr{A}$ 在不同的基下的矩阵表示是相似的。反过来，相似矩阵可以看做某一线性变换在不同基下的矩阵表示。

证明：设 $\boldsymbol{\varepsilon}_1,\cdots,\boldsymbol{\varepsilon}_n,\boldsymbol{\varepsilon}'_1,\cdots,\boldsymbol{\varepsilon}'_n$ 分别是 V 的两个基底，它们之间有关系

$$(\boldsymbol{\varepsilon}'_1,\cdots,\boldsymbol{\varepsilon}'_n)=(\boldsymbol{\varepsilon}_1,\cdots,\boldsymbol{\varepsilon}_n)\boldsymbol{C}\tag{3.4}$$

设线性变换 $\mathscr{A}$ 在这两组基下的矩阵表示分别为 $\boldsymbol{A},\boldsymbol{B}$。即

$$\mathscr{A}(\boldsymbol{\varepsilon}_1,\cdots,\boldsymbol{\varepsilon}_n) = (\boldsymbol{\varepsilon}_1,\cdots,\boldsymbol{\varepsilon}_n)\boldsymbol{A} \tag{3.5}$$

$$\mathscr{A}(\boldsymbol{\varepsilon}_1',\cdots,\boldsymbol{\varepsilon}_n') = (\boldsymbol{\varepsilon}_1',\cdots,\boldsymbol{\varepsilon}_n')\boldsymbol{B} \tag{3.6}$$

把(3.4)式代入(3.6)式,得

$$\mathscr{A}(\boldsymbol{\varepsilon}_1,\cdots,\boldsymbol{\varepsilon}_n)\boldsymbol{C} = (\boldsymbol{\varepsilon}_1,\cdots,\boldsymbol{\varepsilon}_n)\boldsymbol{CB}$$

两边右乘以 $\boldsymbol{C}^{-1}$。得

$$\mathscr{A}(\boldsymbol{\varepsilon}_1,\cdots,\boldsymbol{\varepsilon}_n) = (\boldsymbol{\varepsilon}_1,\cdots,\boldsymbol{\varepsilon}_n)\boldsymbol{CBC}^{-1} \tag{3.7}$$

对比(3.5)式与(3.7)式,由矩阵表示的惟一性,所以

$$\boldsymbol{A} = \boldsymbol{CBC}^{-1}$$

反过来,若 $\boldsymbol{B}=\boldsymbol{C}^{-1}\boldsymbol{AC}$,任选定 $\boldsymbol{\varepsilon}_1,\cdots,\boldsymbol{\varepsilon}_n$ 是 V 的一基,再令

$$(\boldsymbol{\varepsilon}_1',\cdots,\boldsymbol{\varepsilon}_n') = (\boldsymbol{\varepsilon}_1,\cdots,\boldsymbol{\varepsilon}_n)\boldsymbol{C},\text{且 }\mathscr{A}(\boldsymbol{\varepsilon}_1,\cdots,\boldsymbol{\varepsilon}_n) = (\boldsymbol{\varepsilon}_1,\cdots,\boldsymbol{\varepsilon}_n)\boldsymbol{A}$$

那么由前面的证明过程知道,$\mathscr{A}$ 在新基 $\boldsymbol{\varepsilon}_1',\cdots,\boldsymbol{\varepsilon}_n'$ 之下矩阵表示为 $\boldsymbol{B}$。

先讨论一下相似矩阵的性质,以后要用。

(1)反射性　$\boldsymbol{A}\sim\boldsymbol{A}$;

(2)对称性　$\boldsymbol{A}\sim\boldsymbol{B}$　则　$\boldsymbol{B}\sim\boldsymbol{A}$;

(3)传递性　$\boldsymbol{A}\sim\boldsymbol{B},\boldsymbol{B}\sim\boldsymbol{C}$　则 $\boldsymbol{A}\sim\boldsymbol{C}$;

(4)可加性　若 $\boldsymbol{B}_1=\boldsymbol{C}^{-1}\boldsymbol{A}_1\boldsymbol{C},\boldsymbol{B}_2=\boldsymbol{C}^{-1}\boldsymbol{A}_2\boldsymbol{C}$
则 $\boldsymbol{B}_1+\boldsymbol{B}_2\sim\boldsymbol{A}_1+\boldsymbol{A}_2$

(5)可乘性　若 $\boldsymbol{B}_1=\boldsymbol{C}^{-1}\boldsymbol{A}_1\boldsymbol{C},\boldsymbol{B}_2=\boldsymbol{C}^{-1}\boldsymbol{A}_2\boldsymbol{C}$
则 $\boldsymbol{B}_1\boldsymbol{B}_2\sim\boldsymbol{A}_1\boldsymbol{A}_2$

(6)数乘性　若 $\boldsymbol{A}\sim\boldsymbol{B}$　则 $k\boldsymbol{A}\sim k\boldsymbol{B}$

(7)若 $\boldsymbol{A}\sim\boldsymbol{B}$,　$f(x)\in K[x]$　则

$$f(\boldsymbol{A}) \sim f(\boldsymbol{B})$$

以上性质用相似定义来证明很容易,读者可自己验证。

例 1　设 V 是数域 $\boldsymbol{K}$ 上二维线性空间,$\boldsymbol{\varepsilon}_1,\boldsymbol{\varepsilon}_2,\boldsymbol{\eta}_1,\boldsymbol{\eta}_2$ 分别是 V 的两组基,$\mathscr{A}$ 是 V 上的线性变换,且

$$(\boldsymbol{\eta}_1\ \boldsymbol{\eta}_2) = (\boldsymbol{\varepsilon}_1\ \boldsymbol{\varepsilon}_2)\begin{bmatrix}1 & -1\\ -1 & 2\end{bmatrix},\mathscr{A}(\boldsymbol{\varepsilon}_1\ \boldsymbol{\varepsilon}_2) = (\boldsymbol{\varepsilon}_1\ \boldsymbol{\varepsilon}_2)\begin{bmatrix}2 & 1\\ -1 & 0\end{bmatrix}$$

(1)求 $\mathscr{A}$ 在 $\boldsymbol{\eta}_1,\boldsymbol{\eta}_2$ 之下的矩阵表示 $\boldsymbol{B}$;

(2)求 $\boldsymbol{B}^k$;

(3)求 $\boldsymbol{A}^k$。

解　(1)设 $\boldsymbol{A}=\begin{bmatrix}2 & 1\\ -1 & 0\end{bmatrix},\boldsymbol{C}=\begin{bmatrix}1 & -1\\ -1 & 2\end{bmatrix}$

因为 $\boldsymbol{B}=\boldsymbol{C}^{-1}\boldsymbol{AC}$

$$\begin{bmatrix}2 & 1\\ 1 & 1\end{bmatrix}\begin{bmatrix}2 & 1\\ -1 & 0\end{bmatrix}\begin{bmatrix}1 & -1\\ -1 & 2\end{bmatrix}=\begin{bmatrix}1 & 1\\ 0 & 1\end{bmatrix}$$

所以

$$\boldsymbol{B}=\begin{bmatrix}1 & 1\\ 0 & 1\end{bmatrix}$$

(2) $B^k=\begin{bmatrix}1&1\\0&1\end{bmatrix}^k=\begin{bmatrix}1&k\\0&1\end{bmatrix}$

(3) $A^k=(CBC^{-1})^k=CB^kC^{-1}$

$$=\begin{bmatrix}1&-1\\-1&2\end{bmatrix}\begin{bmatrix}1&k\\0&1\end{bmatrix}\begin{bmatrix}2&1\\1&1\end{bmatrix}=\begin{bmatrix}1+k&k\\-k&1-k\end{bmatrix}$$

定理3.3.1回答了上一节提出的第一个问题,并且第二个问题转化为如何寻求矩阵 $\boldsymbol{A}$ 的最简单相似矩阵 $\boldsymbol{B}$,又怎样判断 $\boldsymbol{B}$ 为最简?

最简单的矩阵零阵、单位矩阵、数量矩阵分别为特殊变换零变换、单位变换、数乘变换的矩阵表示,那么一般的线性变换可能相似的最简矩阵只能是对角矩阵。下面讨论,哪些线性变换能用对角矩阵作为其矩阵表示。

设 $\boldsymbol{\varepsilon}_1,\cdots,\boldsymbol{\varepsilon}_n$ 是 V 的一组给定的基,$\mathscr{A}$ 是 V 的线性变换

$$\mathscr{A}(\boldsymbol{\varepsilon}_1,\cdots,\boldsymbol{\varepsilon}_n)=(\boldsymbol{\varepsilon}_1,\cdots,\boldsymbol{\varepsilon}_n)\boldsymbol{A}$$

先看若 $\mathscr{A}$ 有对角矩阵 $\boldsymbol{A}$ 作为其矩阵表示,应满足什么必要条件。即存在基 $\boldsymbol{\varepsilon}'_1,\cdots,\boldsymbol{\varepsilon}'_n$,使

$$\mathscr{A}(\boldsymbol{\varepsilon}'_1,\cdots,\boldsymbol{\varepsilon}'_n)=(\boldsymbol{\varepsilon}'_1,\cdots,\boldsymbol{\varepsilon}'_n)\begin{bmatrix}\lambda_1&&&\\&\lambda_2&&\\&&\ddots&\\&&&\lambda_n\end{bmatrix}$$

即
$$\mathscr{A}\boldsymbol{\varepsilon}'_i=\lambda_i\boldsymbol{\varepsilon}'_i\qquad i=1,2,\cdots,n\tag{3.8}$$

就是说 $\mathscr{A}$ 把基 $\boldsymbol{\varepsilon}'_1,\cdots,\boldsymbol{\varepsilon}'_n$ 分别变为与自己平行的向量。

那么,存在可逆阵 $\boldsymbol{P}$,使 $\boldsymbol{P}^{-1}\boldsymbol{AP}=\begin{bmatrix}\lambda_1&&&\\&\lambda_2&&\\&&\ddots&\\&&&\lambda_n\end{bmatrix}$

即
$$\boldsymbol{A}(\boldsymbol{\rho}_1\boldsymbol{\rho}_2\cdots\boldsymbol{\rho}_n)=(\boldsymbol{\rho}_1\cdots\boldsymbol{\rho}_n)\begin{bmatrix}\lambda_1&&&\\&\lambda_2&&\\&&\ddots&\\&&&\lambda_n\end{bmatrix}$$

其中 $\boldsymbol{P}=(\boldsymbol{\rho}_1,\boldsymbol{\rho}_2,\cdots,\boldsymbol{\rho}_n)$,$\boldsymbol{\rho}_1,\cdots,\boldsymbol{\rho}_n$ 线性无关。

也即
$$\boldsymbol{A\rho}_i=\lambda_i\boldsymbol{\rho}_i\qquad i=1,2,\cdots,n\tag{3.9}$$

由(3.9)式
$$(\boldsymbol{A}-\lambda_i\boldsymbol{E})\boldsymbol{\rho}_i=0\quad i=1,2,\cdots,n\tag{3.10}$$

说明线性方程组 $(\boldsymbol{A}-\lambda_i\boldsymbol{E})\boldsymbol{\chi}=0$ 有非0解 $\boldsymbol{\rho}_i$,当然 $|\boldsymbol{A}-\lambda_i\boldsymbol{E}|=0$ (3.11)

反过来,再看充分条件,对矩阵表示 $\boldsymbol{A}$,若存在 n 个线性无关的列向量 $\boldsymbol{\rho}_1,\cdots,\boldsymbol{\rho}_n$ 及数 λ_1,$\lambda_2,\cdots\lambda_n$,使

$$\boldsymbol{A\rho}_i=\lambda_i\boldsymbol{\rho}_i\qquad i=1,2,\cdots,n$$

成立。那么就有 $\boldsymbol{P}^{-1}\boldsymbol{AP}=\begin{bmatrix}\lambda_1&&&\\&\lambda_2&&\\&&\ddots&\\&&&\lambda_n\end{bmatrix}$,其中 $\boldsymbol{P}=(\boldsymbol{\rho}_1,\cdots,\boldsymbol{\rho}_n)$

于是可构造新基 $(\boldsymbol{\varepsilon}_1',\cdots,\boldsymbol{\varepsilon}_n')=(\boldsymbol{\varepsilon}_1,\cdots,\boldsymbol{\varepsilon}_n)\boldsymbol{P}$

由定理 3.3.1 知道 $\mathscr{A}(\boldsymbol{\varepsilon}_1',\cdots,\boldsymbol{\varepsilon}_n')=(\boldsymbol{\varepsilon}_1',\cdots,\boldsymbol{\varepsilon}_n')\begin{bmatrix}\lambda_1 & & & \\ & \lambda_2 & & \\ & & \ddots & \\ & & & \lambda_n\end{bmatrix}$

在上面论述中的(3.8)、(3.9)、(3.10)、(3.11)式都很重要。

定义 3.10 设 $\mathscr{A}$ 是数域 K 上 n 维线性空间 V 的线性变换，若对于 $\lambda_0\in K$，存在非 0 向量 $\boldsymbol{\alpha}\in V$，使得

$$\mathscr{A}\boldsymbol{\alpha}=\lambda_0\boldsymbol{\alpha} \tag{3.12}$$

称 λ_0 是 $\mathscr{A}$ 的特征值，$\boldsymbol{\alpha}$ 是 $\mathscr{A}$ 的关于 λ_0 的特征向量。

定义 3.11 设 $\boldsymbol{A}\in K^{n\times n}$，若对于 $\lambda_0\in K$，存在非 0 向量 $\boldsymbol{\rho}\in K^n$ 使

$$\boldsymbol{A\rho}=\lambda_0\boldsymbol{\rho} \tag{3.13}$$

称 λ_0 是 $\boldsymbol{A}$ 的特征值，$\boldsymbol{\rho}$ 是 $\boldsymbol{A}$ 的 λ_0 对应的特征向量。

由定义 3.11 及前一页的推导不难证明下述定理

定理 3.3.2 n 级方阵 $\boldsymbol{A}$ 能相似于对角阵 $\boldsymbol{\Lambda}$ 的必要充分条件是 $\boldsymbol{A}$ 有 n 个线性无关的特征向量 $\boldsymbol{\rho}_1,\cdots,\boldsymbol{\rho}_n$。

读者自证。

定理 3.3.3 线性变换 $\mathscr{A}$ 能有对角矩阵表示 $\boldsymbol{\Lambda}=\begin{bmatrix}\lambda_1 & & \\ & \ddots & \\ & & \lambda_n\end{bmatrix}$ 的必要充分条件是 $\mathscr{A}$ 有 n 个线性无关的特征向量 $\boldsymbol{\varepsilon}_1',\cdots,\boldsymbol{\varepsilon}_n'$。

由前一页的推导可知，若 $\mathscr{A}(\boldsymbol{\varepsilon}_1',\cdots,\boldsymbol{\varepsilon}_n')=(\boldsymbol{\varepsilon}_1',\cdots,\boldsymbol{\varepsilon}_n')\begin{bmatrix}\lambda_1 & & & \\ & \lambda_2 & & \\ & & \ddots & \\ & & & \lambda_n\end{bmatrix}$，

$$\mathscr{A}(\boldsymbol{\varepsilon}_1,\cdots,\boldsymbol{\varepsilon}_n)=(\boldsymbol{\varepsilon}_1,\cdots,\boldsymbol{\varepsilon}_n)\boldsymbol{A}$$

且 $$\boldsymbol{P}^{-1}\boldsymbol{AP}=\boldsymbol{\Lambda},\boldsymbol{P}=(\boldsymbol{\rho}_1,\boldsymbol{\rho}_2,\cdots,\boldsymbol{\rho}_n)$$

则 $$\boldsymbol{\varepsilon}_i'=(\boldsymbol{\varepsilon}_1,\cdots,\boldsymbol{\varepsilon}_n)\boldsymbol{\rho}_i\quad i=1,2,\cdots,n$$

定义 3.12 设 $\boldsymbol{A}\in K^{n\times n}$，$\lambda$ 是一个文字。矩阵 $\lambda\boldsymbol{E}-\boldsymbol{A}$ 称为 $\boldsymbol{A}$ 的特征矩阵；方程 $|\lambda\boldsymbol{E}-\boldsymbol{A}|=0$ 称为 $\boldsymbol{A}$ 的特征方程，多项式 $|\lambda\boldsymbol{E}-\boldsymbol{A}|$ 叫 $\boldsymbol{A}$ 的特征多项式，记 $f_A(\lambda)$。即 $f_A(\lambda)=|\lambda\boldsymbol{E}-\boldsymbol{A}|$，事实上 $f_A(\lambda)$ 的根就是 $\boldsymbol{A}$ 的特征值或称特征根。

n 级方阵 $\boldsymbol{A}$ 在复数域 $\mathbf{C}$ 上一定有 n 个特征根(重根按重数计)，这是代数基本定理的结论，不证明。但在一般数域 K 上，根的情况较复杂。

下面给出求线性变换 $\mathscr{A}$ 的特征值与特征向量的方法步骤：

(1)任选线性空间 V 的一组基 $\boldsymbol{\varepsilon}_1,\cdots,\boldsymbol{\varepsilon}_n$，求出 $\mathscr{A}$ 在 $\boldsymbol{\varepsilon}_1,\cdots,\boldsymbol{\varepsilon}_n$ 下矩阵表示 $\boldsymbol{A}$；

(2)求出特征多项式 $f_A(\lambda)=|\lambda\boldsymbol{E}-\boldsymbol{A}|$ 在数域 K 中的全部特征根 $\lambda_1,\cdots,\lambda_k$；当然它们也是 $\mathscr{A}$ 的特征值；

(3)对每一个特征根 λ_i，求解线性方程组

$$(\lambda_i \boldsymbol{E} - \boldsymbol{A})\boldsymbol{\chi} = 0 \tag{3.14}$$

若$\boldsymbol{\rho}_{i1},\cdots,\boldsymbol{\rho}_{il_i}$是(3.14)式的基础解系,那它们都是$\boldsymbol{A}$的对应于$\lambda_i$的线性无关的特征向量;

(4)$\boldsymbol{\varepsilon}'_{it} = (\boldsymbol{\varepsilon}_1,\cdots,\boldsymbol{\varepsilon}_n)\boldsymbol{\rho}_{it}$ $(t=1,2,\cdots,l_i)$就是线性变换$\mathscr{A}$的对应于λ_i的线性无关的特征向量;

(5)若$\boldsymbol{\varepsilon}'_{11}\cdots\boldsymbol{\varepsilon}'_{1l_1},\cdots\boldsymbol{\varepsilon}'_{k1},\cdots,\boldsymbol{\varepsilon}'_{kl_k}$是$n$个线性无关的特征向量那么它们可作$V$的基,且$\mathscr{A}$在此基下的矩阵表示是对角阵$\boldsymbol{\Lambda}$

$$\boldsymbol{\Lambda} = \begin{bmatrix} \lambda_1 & & \\ & \ddots & \\ & & \lambda_k \end{bmatrix}_{n\times n}$$

例2 已知$K[x]_n$中微分变换$\mathscr{D}$在基$1,x,x^2,\cdots,x^n$之下的矩阵表示是

$$\boldsymbol{D} = \begin{bmatrix} 0 & 1 & 0 & & 0 \\ 0 & 0 & 2 & & \vdots \\ \vdots & \vdots & \vdots & & \vdots \\ \vdots & \vdots & \vdots & & n \\ 0 & 0 & 0 & \cdots & 0 \end{bmatrix}$$

求$\mathscr{D}$的特征值与特征向量。

解 求$|\lambda\boldsymbol{E}-\boldsymbol{D}|=0$的全部根。

$$\begin{vmatrix} \lambda & -1 & 0 & \cdots & 0 \\ 0 & \lambda & -2 & \cdots & 0 \\ & & & & \\ & & & \cdots & -n \\ 0 & 0 & 0 & \cdots & \lambda \end{vmatrix} = 0$$

所以 $\lambda^{n+1} = 0$

即$\boldsymbol{D}$只有0作为其特征根($n+1$重),则$\mathscr{D}$也只有0作为其特征值。

把特征值$\lambda=0$代入线性方程组$(\lambda\boldsymbol{E}-\boldsymbol{D})X=0$

即
$$\begin{cases} -x_2 = 0 \\ -2x_3 = 0 \\ -nX_{n+1} = 0 \end{cases}$$

得基础解系 $(1,0,0,\cdots,0)$,此为$\boldsymbol{D}$的特征向量。

于是$\boldsymbol{D}$也只有常数$k(k\neq0)$,作为其特征向量。

例3 求平面上逆时针旋转Q角的线性变换$\mathscr{T}_Q$的特征值与特征向量。

解 选平面R^2的基$\boldsymbol{\varepsilon}_1=(1,0),\boldsymbol{\varepsilon}_2=(0,1)$,线性变换$\mathscr{T}_Q$在$\boldsymbol{\varepsilon}_1,\boldsymbol{\varepsilon}_2$之下的矩阵表示为

$$\begin{bmatrix} \cos Q & -\sin Q \\ \sin Q & \cos Q \end{bmatrix}$$

它的特征多项式为

$$\begin{vmatrix} \lambda - \cos Q & \sin Q \\ -\sin Q & \lambda - \cos Q \end{vmatrix} = \lambda^2 - 2\lambda\cos Q + 1$$

当 $Q \neq k\pi$ 时，这个多项式没有实根，因此，当 $Q \neq k\pi$ 时，$\mathscr{T}_Q$ 没有特征值，从几何上看，这个结论是很明显的。

例4 设线性变换 $\mathscr{A}$ 在基 $\boldsymbol{\varepsilon}_1, \boldsymbol{\varepsilon}_2, \boldsymbol{\varepsilon}_3$ 之下的矩阵表示是

$$\boldsymbol{A} = \begin{bmatrix} 1 & 2 & 2 \\ 2 & 1 & 2 \\ 2 & 2 & 1 \end{bmatrix}$$

求 $\mathscr{A}$ 的特征值与特征向量。

解 因为特征多项式为

$$|\lambda \boldsymbol{E} - \boldsymbol{A}| = \begin{vmatrix} \lambda - 1 & -2 & -2 \\ -2 & \lambda - 1 & -2 \\ -2 & -2 & \lambda - 1 \end{vmatrix} = (\lambda + 1)^2(\lambda - 5)$$

所以特征值是 $\lambda_1 = -1, \lambda_2 = -1, \lambda_3 = 5$。

求对应于 $\lambda = -1$ 的特征向量

$$(-\boldsymbol{E} - \boldsymbol{A})\boldsymbol{\chi} = 0,\text{即}\begin{cases} -2x_1 - 2x_2 - 2x_3 = 0 \\ -2x_1 - 2x_2 - 2x_3 = 0 \\ -2x_1 - 2x_2 - 2x_3 = 0 \end{cases}$$

基础解系
$$\boldsymbol{\rho}_1 = \begin{bmatrix} 1 \\ 0 \\ -1 \end{bmatrix} \quad \boldsymbol{\rho}_2 = \begin{bmatrix} 0 \\ 1 \\ -1 \end{bmatrix}$$

因此属于 -1 的两个线性无关的特征向量 $\boldsymbol{\varepsilon}_1' = \boldsymbol{\varepsilon}_1 - \boldsymbol{\varepsilon}_3, \boldsymbol{\varepsilon}_2' = \boldsymbol{\varepsilon}_2 - \boldsymbol{\varepsilon}_3$，求对应于 $\lambda = 5$ 的特征向量

$$(5\boldsymbol{E} - \boldsymbol{A})\boldsymbol{\chi} = 0 \quad \text{即} \quad \begin{cases} 4x_1 - 2x_2 - 2x_3 = 0 \\ -2x_1 + 4x_2 - 2x_3 = 0 \\ -2x_1 - 2x_2 + 4x_3 = 0 \end{cases}$$

基础解系
$$\boldsymbol{\rho}_3 = \begin{bmatrix} 1 \\ 1 \\ 1 \end{bmatrix}$$

因此属于5的线性无关的特征向量 $\boldsymbol{\varepsilon}_3' = \boldsymbol{\varepsilon}_1 + \boldsymbol{\varepsilon}_2 + \boldsymbol{\varepsilon}_3$

例5 设矩阵 $\boldsymbol{A} = \begin{bmatrix} 3 & 1 & 0 \\ -4 & -1 & 0 \\ 4 & -8 & -2 \end{bmatrix}$

求 $\boldsymbol{A}$ 的特征值与特征向量。

解 $|\lambda \boldsymbol{E} - \boldsymbol{A}| = \begin{vmatrix} \lambda - 3 & -1 & 0 \\ 4 & \lambda + 1 & 0 \\ -4 & 8 & \lambda + 2 \end{vmatrix} = (\lambda + 2)(\lambda - 1)^2$

所以 $\boldsymbol{A}$ 的特征值 $\lambda_1 = 1, \lambda_2 = 1, \lambda_3 = -2$。

求 $\lambda = 1$ 的特征向量

$$(\boldsymbol{E}-\boldsymbol{A})\boldsymbol{\chi}=0 \quad \text{即} \quad \begin{cases} -2x_1-x_2=0 \\ 4x_1+2x_2=0 \\ -4x_1+8x_2+3x_3=0 \end{cases}$$

解得基础解系
$$\boldsymbol{\rho}_1=\begin{bmatrix} 3 \\ -6 \\ 20 \end{bmatrix}$$

对应于 1 的 $\boldsymbol{A}$ 的特征向量是 $k\boldsymbol{\rho}_1$（k 为任意非 0 数）。

求 $\lambda=-2$ 的特征向量 $(-2\boldsymbol{E}-\boldsymbol{A})\boldsymbol{\chi}=0$ 即 $\begin{cases} -5x_1-x_2=0 \\ 4x_1-x_2=0 \\ -4x_1+8x_2=0 \end{cases}$

解得基础解系
$$\boldsymbol{\rho}_2=\begin{bmatrix} 0 \\ 0 \\ 1 \end{bmatrix}$$

对应于 -2 的 $\boldsymbol{A}$ 的特征向量是 $k\boldsymbol{\rho}_2(k\neq 0)$。

当然我们不必担心 V 的基选得不同，而使得线性变换 $\mathscr{A}$ 的特征值不同，有如下定理。

定理 3.3.4　相似矩阵有完全相同的特征值。

注意：定理 3.3.4 的逆定理不成立。例如 $\boldsymbol{A}=\begin{bmatrix} 1 & 0 \\ 0 & 1 \end{bmatrix}$　$\boldsymbol{B}=\begin{bmatrix} 1 & 1 \\ 0 & 1 \end{bmatrix}$

以上一些例题可以看出，确有一些矩阵可化为对角矩阵，而也有一些矩阵不可能化为对角矩阵。如果一个矩阵可以化为对角矩阵，其对角元素就是矩阵的全部特征值，因此对角矩阵除了次序以外是惟一确定的，但是相应的过渡矩阵却不惟一。事实上，每一个特征向量都可相差一个非 0 常数；而且对应于一个特征值的所有特征向量再添上 0 向量构成 K^n 的线性子空间（如果 $\boldsymbol{A}$ 是 n 级方阵的话），记为 $\boldsymbol{V}_\lambda$。即 $V_{\lambda 0}=\{\boldsymbol{\rho} \mid (\lambda_0\boldsymbol{E}-\boldsymbol{A})\boldsymbol{\rho}=0\}$。为了进一步研究矩阵化为对角矩阵的问题，有下列定理。

定理 3.3.5　如果 $\boldsymbol{\rho}_1,\cdots,\boldsymbol{\rho}_m$ 是 $\boldsymbol{A}$ 的分别属于互不相同的特征值 $\lambda_1,\cdots,\lambda_m$ 的特征向量，则 $\boldsymbol{\rho}_1,\cdots,\boldsymbol{\rho}_m$ 线性无关。

证明（略）

推论：若 n 级矩阵 $\boldsymbol{A}$ 有 n 个互不相同的特征值，则 $\boldsymbol{A}$ 可相似于对角阵。

如果 $\boldsymbol{A}$ 有重根，那么情况较复杂，进一步有以下定理。

定理 3.3.6　设 $\lambda_1,\cdots,\lambda_k$ 是 $\boldsymbol{A}$ 的互不相同的特征值，$\boldsymbol{\rho}_{11},\cdots,\boldsymbol{\rho}_{1r1}$，是 λ_1 对应的 r_1 个线性无关特征向量，$\cdots$，$\boldsymbol{\rho}_{k1},\cdots,\boldsymbol{\rho}_{krk}$ 是 λ_k 对应的 r_k 个线性无关的特征值向量，则 $\boldsymbol{\rho}_{11},\cdots,\boldsymbol{\rho}_{1r1},\cdots,\boldsymbol{\rho}_{k1},\cdots,\boldsymbol{\rho}_{krk}$ 是线性无关的。

证明（略）

定理 3.3.7　λ_0 是 $\boldsymbol{A}$ 的一个 k 重特征值，则对应于 λ_0 的 $\boldsymbol{A}$ 的线性无关特征向量的最多个数 $\leqslant k$。

证明（略）

推论　一个矩阵 $\boldsymbol{A}$ 在复数域 $\mathbf{C}$ 上能化为对角阵的充要条件是对应于 $\boldsymbol{A}$ 的每一个特征值的特征向量的线性无关最大个数等于该特征值的重根重数。

不过，对于实对称矩阵 $\boldsymbol{A}(\boldsymbol{A}'=\boldsymbol{A})$，总能相似于对角阵，即下面定理。

定理 3.3.8　任意实对称矩阵一定相似于对角阵，且它的不同特征值对应的特征向量总是正交的。

关于这些结论可在线性代数中查阅，此处不一一证明了。

下面要讨论的是：在复数域 $\mathbf{C}$ 上任意一个 n 级方阵 $\boldsymbol{A}$ 总能相似于一个若当形矩阵，那就是 $\boldsymbol{A}$ 在复数域上的最简单相似矩阵。

3.3.2　复数域上矩阵相似最简形——若当形矩阵

为了讨论这一问题，还需要简单介绍一下变量 λ 的多项式矩阵。

以 λ 的多项式为元素的矩阵，如

$$\boldsymbol{A}(\lambda)=\begin{bmatrix} a_{11}(\lambda)\cdots a_{1n}(\lambda) \\ a_{m1}(\lambda)\cdots a_{mn}(\lambda)\end{bmatrix}\qquad a_{ij}(\lambda)\in K[\lambda]$$

$K[\lambda]$表示系数是数域 k 上的多项式全体①

叫做多项式矩阵，又称 λ-矩阵，显然 λ-矩阵任何子式计算出来，都是一个 λ 的多项式。

定义 3.13　若 λ-矩阵 $\boldsymbol{A}(\lambda)$中有一个 $r(r\geqslant 1)$级子式不恒为0，而所有的 $r+1$ 级子式（若有的话）恒为0，则称 $\boldsymbol{A}(\lambda)$的秩为 r，记为 $\mathrm{rank}\boldsymbol{A}(\lambda)=r$ 简记为 $r(\boldsymbol{A})=r$。

例如　$\boldsymbol{A}_1(\lambda)=\begin{bmatrix}\lambda & 0\\ 0 & 0\end{bmatrix}$，$\boldsymbol{A}_2(\lambda)=\begin{bmatrix}\lambda & 0\\ 0 & 1\end{bmatrix}$

则 $r(\boldsymbol{A}_1)=1$，$r(\boldsymbol{A}_2)=2$。

定义 3.14　设 $\boldsymbol{A}(\lambda)$是一个 n 级 λ-方阵，若存在 n 级 λ-方阵 $\boldsymbol{B}(\lambda)$，使 $\boldsymbol{A}(\lambda)\boldsymbol{B}(\lambda)=\boldsymbol{B}(\lambda)\boldsymbol{A}(\lambda)=\boldsymbol{E}$，称 $\boldsymbol{A}(\lambda)$是可逆 λ-矩阵，并称 $\boldsymbol{B}(\lambda)$是 $\boldsymbol{A}(\lambda)$的逆阵，记为 $\boldsymbol{A}^{-1}(\lambda)$。

容易证明，若 $\boldsymbol{A}(\lambda)$可逆，则 $\boldsymbol{A}^{-1}(\lambda)$是惟一的。

在数字矩阵中，满秩矩阵就是可逆阵，但满秩的 λ-矩阵未必可逆，例如，$\boldsymbol{A}(\lambda)=\begin{bmatrix}\lambda & 0\\ 0 & 1\end{bmatrix}$，就没有逆阵。

定理 3.3.9　一个 n 级 λ-方阵 $A(\lambda)$可逆的充要条件是行列式$|\boldsymbol{A}(\lambda)|$为非0常数。

证明　若 $\boldsymbol{A}(\lambda)$可逆，那么有 $\boldsymbol{B}(\lambda)$，使

$$\boldsymbol{A}(\lambda)\boldsymbol{B}(\lambda)=\boldsymbol{B}(\lambda)\boldsymbol{A}(\lambda)=\boldsymbol{E}$$

两边取行列式　　$|\boldsymbol{A}(\lambda)||\boldsymbol{B}(\lambda)|=1$

因为$|\boldsymbol{A}(\lambda)|$，$|\boldsymbol{B}(\lambda)|$都是 λ 多项式，由次数性质，$|\boldsymbol{A}(\lambda)|$与$|\boldsymbol{B}(\lambda)|$都是零次多项式，即非0常数。

反过来，若$|\boldsymbol{A}(\lambda)|$是一个非0常数，那么令 $\boldsymbol{B}(\lambda)=\dfrac{1}{|\boldsymbol{A}(\lambda)|}\boldsymbol{A}^*(\lambda)$，其中 $\boldsymbol{A}^*(\lambda)$表示 $\boldsymbol{A}(\lambda)$的伴随矩阵，这是一个 λ-矩阵，而

$$\boldsymbol{A}(\lambda)\cdot\frac{1}{|\boldsymbol{A}(\lambda)|}\boldsymbol{A}^*(\lambda)=\frac{1}{|\boldsymbol{A}(\lambda)|}\boldsymbol{A}^*(\lambda)\cdot\boldsymbol{A}(\lambda)=\boldsymbol{E}$$

---

① $a_{ij}(\lambda)\in k[\lambda]$ 设 $a_{ij}(\lambda)=a_n\lambda^n+a_{n-1}\lambda^{n-1}+\cdots+a_1\lambda+a_0$

若 $a_n\neq 0$，称多项式 $a_{ij}(\lambda)$ 的次数为 n，记 ∂a_{ij}

若 $a_n=1$，称 $a_{ij}(\lambda)$ 是首一多项式

所以$A(\lambda)$是可逆的,且$A^{-1}(\lambda)=\frac{1}{|A(\lambda)|}A^*(\lambda)$。

定义3.15 以下三种变换称为λ-矩阵的初等变换

(1)互换$A(\lambda)$的i,j两行(列),相当于左(右)乘以初等λ-矩阵;

$$P(i,j)=\begin{array}{c}\\ \\ \\ i\\ \\ \\ \\ j\\ \\ \\ \\ \end{array}\begin{bmatrix}1&&&&&&&&\\&\ddots&&&&&&&\\&&1&&&&&&\\&&&0&\cdots&\cdots&\cdots&1&&\\&&&&1&&&&\\&&&&&\ddots&&&\\&&&&&&1&&\\&&&1&\cdots&\cdots&\cdots&0&&\\&&&&&&&&1&\\&&&&&&&&&\ddots&\\&&&&&&&&&&1\end{bmatrix}$$

(2)$A(\lambda)$的第i行(列)扩大k倍($k\neq0$),相当于左(右)乘以初等λ-矩阵;

$$p(i(k))=i\begin{bmatrix}1&&&&\\&\ddots&&&\\&&k&&\\&&&\ddots&\\&&&&1\end{bmatrix};$$

(3)把$A(\lambda)$的i行的$\varphi(\lambda)$倍(是一个多项式)加到第j行上,相当于左乘以初等λ-矩阵;

$$P(j+i(\varphi(\lambda)))=\begin{array}{c}\\ \\ i\\ \\ j\\ \\ \\ \end{array}\begin{bmatrix}1&&&&&\\&\ddots&&&&\\&&1&&0&\\&&&\ddots&&\\&&\varphi(\lambda)&&1&\\&&&&&\ddots&\\&&&&&&1\end{bmatrix}$$

若$A(\lambda)$经有限次初等变换变为$B(\lambda)$,称$A(\lambda)$与$B(\lambda)$等价,记作$A(\lambda)\cong B(\lambda)$

可以验证等价关系满足

(1)自反性:$A(\lambda)\cong A(\lambda)$;

(2)对称性:$A(\lambda)\cong B(\lambda)$则$B(\lambda)\cong A(\lambda)$;

(3)传递性:$A(\lambda)\cong B(\lambda),B(\lambda)\cong C(\lambda)$ 则$A(\lambda)\cong C(\lambda)$。

定理3.3.10 两个$m\times n$阶的λ-矩阵$A(\lambda),B(\lambda)$等价的充要条件是存在可逆m阶$P(\lambda)$阵及n阶$Q(\lambda)$阵,使

$$P(\lambda)A(\lambda)Q(\lambda)=B(\lambda)$$

这从初等变换的定义很容易得知,因为初等λ-矩阵皆可逆,且逆也是初等λ-矩阵。

定理3.3.11 设A,B是两个数字方阵,则$A\sim B$的充分必要条件是$\lambda E-A\cong\lambda E-B$。

证明 若 $A \sim B$,则存在可逆阵 P,使 $P^{-1}AP = B$。

那么 $\lambda E - B = \lambda E - P^{-1}AP = P^{-1}(\lambda E - A)P$

由定理 3.3.10,$\lambda E - B \cong \lambda E - A$。

(充分性证明从略。)

这个定理的作用在于沟通了数字矩阵的相似关系与它们特征矩阵等价的关系,可以通过研究特征矩阵等价关系来研究相似关系。

定理 3.3.12 任意一个秩为 r 的 $m \times n$ 阶 λ-矩阵 $A(\lambda)$ 都等价于一个对角形 λ-矩阵

$$\begin{bmatrix} d_1(\lambda) & & 0 & \cdots & 0 \\ & \ddots & & & \\ 0 & & d_r(\lambda) & \cdots & 0 \\ 0 & \cdots & \cdots & \cdots & 0 \\ 0 & \cdots & \cdots & \cdots & 0 \end{bmatrix}$$

其中 $d_i(\lambda)(i=1,\cdots,r)$ 都是首 1 多项式,且 $d_i(\lambda) \mid d_{i+1}(\lambda), i=1,2,\cdots r-1$,此对角形矩阵叫 $A(\lambda)$ 的 smith 标准形。(注:$d_i(\lambda) \mid d_{i+1}(\lambda)$ 表示存在多项式 $g(\lambda)$,使 $d_{i+1}(\lambda) = d_i(\lambda)g(\lambda)$)

本定理的证明较繁,略去证明,我们以例子说明如何用初等变换将 $A(\lambda)$ 化为它的 smith 标准形。

例 6 用初等变换化 λ-矩阵

$$A(\lambda) = \begin{bmatrix} 1-\lambda & \lambda^2 & \lambda \\ \lambda & \lambda & -\lambda \\ 1+\lambda^2 & \lambda^2 & -\lambda^2 \end{bmatrix}$$

为 smith 标准形。

解 $$A(\lambda) \xrightarrow{P(1+3)} \begin{bmatrix} 1 & \lambda^2 & \lambda \\ 0 & \lambda & -\lambda \\ 1 & \lambda^2 & -\lambda^2 \end{bmatrix} \xrightarrow{P(3-1)} \begin{bmatrix} 1 & \lambda^2 & \lambda \\ 0 & \lambda & -\lambda \\ 0 & 0 & -\lambda^2-\lambda \end{bmatrix}$$

$$\xrightarrow{P(3+2)} \begin{bmatrix} 1 & \lambda^2 & \lambda+\lambda^2 \\ 0 & \lambda & 0 \\ 0 & 0 & -\lambda^2-\lambda \end{bmatrix} \xrightarrow{P(1-2(\lambda))} \begin{bmatrix} 1 & 0 & \lambda+\lambda^2 \\ 0 & \lambda & 0 \\ 0 & 0 & -\lambda^2-\lambda \end{bmatrix}$$

$$\xrightarrow{P(1+3)} \begin{bmatrix} 1 & 0 & 0 \\ 0 & \lambda & 0 \\ 0 & 0 & \lambda(\lambda+1) \end{bmatrix}$$

定义 3.16 设 $\operatorname{rank}A(\lambda) = r(r \geqslant 1)$,则对正整数 $k(1 \leqslant k \leqslant r)$,$A(\lambda)$ 中必有非 0 的 k 阶子式。$A(\lambda)$ 的全部 k 阶子式的最高公因式(首 1 多项式)记为 $D_K(\lambda)$,称之为 $A(\lambda)$ 的 k 阶行列式因子。

显然当 $r \geqslant 1$ 时,$A(\lambda)$ 有 r 个行列式因子 $D_1(\lambda), D_2(\lambda), \cdots, D_r(\lambda)$。

定理 3.3.13 若 $A(\lambda) \cong B(\lambda)$,则 $A(\lambda)$ 与 $B(\lambda)$ 有相同的秩及各级行列式因子。

证明(略)

所以 $A(\lambda)$ 经有限次初等变换成为 smith 标准形 $B(\lambda)$,即

$$A(\lambda) \cong B(\lambda) = \begin{bmatrix} d_1(\lambda) & & & & & & 0 \\ & d_2(\lambda) & & & & & \\ & & \ddots & & & & \\ & & & d_r(\lambda) & & & \\ & & & & 0 & & \\ & & & & & \ddots & \\ 0 & & & & & & 0 \end{bmatrix}$$

因为 $d_1(\lambda),\cdots,d_r(\lambda)$ 皆为多项式，$d_i(\lambda) \mid d_{i+1}(\lambda) \quad i=1,2,\cdots,r-1$。
那么 $D_1(\lambda)=d_1(\lambda), D_2(\lambda)=d_1(\lambda)d_2(\lambda),\cdots,D_r(\lambda)=d_1(\lambda)\cdots d_r(\lambda)$，即

$$d_1(\lambda) = D_1(\lambda), d_2(\lambda) = \frac{D_2(\lambda)}{D_1(\lambda)},\cdots,d_r(\lambda) = \frac{D_r(\lambda)}{D_{r-1}(\lambda)}$$

$d_1(\lambda),d_2(\lambda),\cdots,d_r(\lambda)$ 又称为 $A(\lambda)$ 的不变因子，因此 $A(\lambda)$ 的 smith 标准形是惟一的。

我们还可以用求行列式因子的方法来求不变因子，从而得到 smith 标准形。

例 7 设 $\boldsymbol{A}(\lambda)=\begin{bmatrix} 1-\lambda & \lambda^2 & \lambda \\ \lambda & \lambda & -\lambda \\ 1+\lambda^2 & \lambda^2 & -\lambda^2 \end{bmatrix}$

求 $\boldsymbol{A}(\lambda)$ 的 Smith 标准形。

解 因为 $a_{11}(\lambda)$ 与 $a_{21}(\lambda)$ 互素，故 $D_1(\lambda)=1$

又因为 $\begin{vmatrix} 1-\lambda & \lambda^2 \\ \lambda & \lambda \end{vmatrix}=\lambda(1-\lambda-\lambda^2)$，$\begin{vmatrix} \lambda^2 & \lambda \\ \lambda & -\lambda \end{vmatrix}=\lambda^2(1-\lambda)$

且显然 λ 是每个 2 阶子式的公因子，故 $D_2(\lambda)=\lambda$。

$$D_3(\lambda) = |\boldsymbol{A}(\lambda)| = \lambda^2(\lambda+1)$$

那么 $\boldsymbol{A}(\lambda)$ 的 Smith 标准形为

$$\begin{bmatrix} 1 & & \\ & \lambda & \\ & & \lambda(\lambda+1) \end{bmatrix}$$

一般可以将初等变换与行列式因子结合使用求 Smith 标准形。

定义 3.17 设 $\boldsymbol{A}(\lambda)$ 的不变因子 $d_1(\lambda),d_2(\lambda),\cdots,d_r(\lambda)$，这些不变因子在复数域分解为一次因式方幂

$$d_1(\lambda) = (\lambda-\lambda_1)^{l_{11}}(\lambda-\lambda_2)^{l_{12}}\cdots(\lambda-\lambda_t)^{l_{1t}}$$

$$d_2(\lambda) = (\lambda-\lambda_1)^{l_{21}}(\lambda-\lambda_2)^{l_{22}}\cdots(\lambda-\lambda_t)^{l_{2t}}$$

$$\cdots\cdots\cdots\cdots\cdots\cdots\cdots\cdots\cdots$$

$$d_r(\lambda) = (\lambda-\lambda_1)^{l_{r1}}(\lambda-\lambda_2)^{l_{r2}}\cdots(\lambda-\lambda_t)^{l_{rt}}$$

其中 $l_{ij}\geqslant 0(i=1,\cdots,r;j=1,2,\cdots,t)$ 称其中 $l_{ij}>0$ 的一切 $(\lambda-\lambda_j)^{l_{ij}}$ 为 $\boldsymbol{A}(\lambda)$ 的初等因子。对于数字矩阵 $\boldsymbol{A}$，$\lambda\boldsymbol{E}-\boldsymbol{A}$ 的初等因子就称为 $\boldsymbol{A}$ 的初等因子。

应当注意，$\boldsymbol{A}(\lambda)$ 的初等因子有可能有相同的。如例 7 的 $\boldsymbol{A}(\lambda)$ 的初等因子是 λ，λ，$(\lambda+1)$。

注:我们称 n 阶方阵 A 的特征矩阵 $\lambda E-A$ 的初等因子为矩阵 A 的初等因子。

例 8 设 $\boldsymbol{A}\in K^{12\times 12}$,且

$$\lambda \boldsymbol{E}-\boldsymbol{A}\cong\begin{bmatrix}1 &&&&& \\ & \ddots &&&& \\ && 1 &&& \\ &&& (\lambda-1)^2 && \\ &&&& (\lambda-1)^2(\lambda+1) & \\ &&&&& (\lambda-1)^2(\lambda+1)(\lambda-i)^2(\lambda+i)^2\end{bmatrix}_{12\times 12}$$

求 $\boldsymbol{A}$ 的全部初等因子。

解 $\boldsymbol{A}$ 的全部初等因子有

$$(\lambda+1),(\lambda-1)^2,(\lambda-1)^2,(\lambda-1)^2,(\lambda+1),(\lambda-i)^2,(\lambda+i)^2$$

反过来若知道 $\boldsymbol{A}$ 的全部初等因子及 $\boldsymbol{A}$ 的阶数,就可以写出 $\boldsymbol{A}$ 的 Smith 标准形来。

下面给出一个总结性的定理:

定理 3.3.14 $\boldsymbol{A}(\lambda)$ 与 $\boldsymbol{B}(\lambda)$ 都是 $m\times n$ 阶 λ-矩阵

则以下命题等价。

1° $\boldsymbol{A}(\lambda)\cong\boldsymbol{B}(\lambda)$

2° $\boldsymbol{A}(\lambda),\boldsymbol{B}(\lambda)$ 有相同的 Smith 标准形;

3° $\boldsymbol{A}(\lambda),\boldsymbol{B}(\lambda)$ 有相同的各级行列式因子;

4° $\boldsymbol{A}(\lambda),\boldsymbol{B}(\lambda)$ 有相同的不变因子;

5° $\boldsymbol{A}(\lambda),\boldsymbol{B}(\lambda)$ 有相同的秩及初等因子;

6° 存在可逆矩阵 $\boldsymbol{P}(\lambda),\boldsymbol{Q}(\lambda)$,使 $\boldsymbol{P}(\lambda)\boldsymbol{A}(\lambda)\boldsymbol{Q}(\lambda)=\boldsymbol{B}(\lambda)$。

注意,若 $\boldsymbol{A}(\lambda)$ 与 $\boldsymbol{B}(\lambda)$ 都是 $m\times n$ 阶 λ-矩阵,且初等因子相同,是不能得到 $\boldsymbol{A}(\lambda)\cong\boldsymbol{B}(\lambda)$ 的。例如

$$\boldsymbol{A}(\lambda)=\begin{bmatrix}\lambda+1 & 0\\ 0 & \lambda-1\end{bmatrix}\cong\begin{bmatrix}1 & 0\\ 0 & (\lambda+1)(\lambda-1)\end{bmatrix},\boldsymbol{B}(\lambda)=\begin{bmatrix}\lambda^2-1 & 0\\ 0 & 0\end{bmatrix}$$

则 $A(\lambda)$ 与 $B(\lambda)$ 是不等价的。

例 9 求 n 阶 λ-矩阵

$$\boldsymbol{A}(\lambda)=\begin{bmatrix}\lambda-\lambda_0 &&& \\ b_1 & \lambda-\lambda_0 && \\ & \ddots & \ddots & \\ && b_{n-1} & \lambda-\lambda_0\end{bmatrix}$$

的初等因子,这里 $b_1,b_2,\cdots,b_{n-1}$ 都是非 0 常数。

解 显然 $D_n(\lambda)=(\lambda-\lambda_0)^n$,又在 $A(\lambda)$ 中划去第 1 行和第 n 列,得到一个右下角的 $n-1$ 阶非 0 子式 $=b_1\cdots b_{n-1}$,所以 $D_{n-1}(\lambda)=1$。因此由 $D_{i-1}(\lambda)\mid D_i(\lambda)$,知 $D_{n-1}(\lambda)=1,\cdots,D_1(\lambda)=1$,从而得:

$d_1(\lambda)=1,\cdots,d_{n-1}(\lambda)=1,d_n(\lambda)=(\lambda-\lambda_0)^n$,可见 $A(\lambda)$ 的初等因子只有一个 $(\lambda-\lambda_0)^n$。

以上讲了许多的概念:Smith 标准形、初等因子、行列式因子、不变因子及定理 3.3.14,知道它们都是初等变换的不变量,这些与讨论的若当标准形有什么联系呢?

定义 3.18 形式为

$$J(\lambda_0,t)=\begin{bmatrix}\lambda_0 & & & & \\ 1 & \lambda_0 & & & \\ & 1 & \ddots & & \\ & & \ddots & \ddots & \\ & & & 1 & \lambda_0\end{bmatrix}_{t\times t}$$

的矩阵称为若当(Jordan)块,其中 λ_0 是复数。由若干个若当块组成的准对角矩阵称为若当形矩阵。

例如

$$\begin{bmatrix}2 & & \\ 1 & 2 & \\ & 1 & 2\end{bmatrix}\quad\begin{bmatrix}0 & & & \\ 1 & 0 & & \\ & 1 & 0 & \\ & & 1 & 0\end{bmatrix}\quad\begin{bmatrix}i & \\ 1 & i\end{bmatrix}$$

都是若当块,而

$$\begin{bmatrix}1 & & & & & \\ 1 & 1 & & & & \\ & & 4 & & & \\ & & & i & & \\ & & & 1 & i & \\ & & & & 1 & i\end{bmatrix}$$

就是一个若当形矩阵(没有填上数的地方全是0)。

一阶若当块就是一阶矩阵,因此若当形矩阵包括对角阵。

1)若当块 $J(\lambda_0,t)$ 的初等因子。

$$\lambda E-J(\lambda_0,t)=\begin{bmatrix}\lambda-\lambda_0 & & & \\ -1 & \ddots & & \\ & \ddots & \ddots & \\ & & -1 & \lambda-\lambda_0\end{bmatrix}_{t\times t}$$

由例9这一个 λ-矩阵的初等因子是 $(\lambda-\lambda_0)^t$,也即是 $J(\lambda_0,t)$ 的初等因子,反过来,给出一个一次因式幂 $(\lambda-\lambda_0)^t$,可以惟一写出一个若当块 $J(\lambda_0,t)$,使 $J(\lambda_0 t)$ 的初等因子就是 $(\lambda-\lambda_0)^t$。

2)若当形矩阵的初等因子。

在讨论此问题之前先给一个定理,证明(略)。

定理 3.3.15 若 $A(\lambda)$ 呈分块对角形

$$A(\lambda)=\begin{bmatrix}A_1(\lambda) & & & 0 \\ & A_2(\lambda) & & \\ & & \ddots & \\ 0 & & & A_r(\lambda)\end{bmatrix}$$

$A_1(\lambda),\cdots,A_r(\lambda)$ 都是 λ-矩阵,则 $A_1(\lambda),\cdots,A_r(\lambda)$ 的全部初等因子就是 $A(\lambda)$ 的全部初等

因子。

设若当形矩阵 $\boldsymbol{J}$

$$\boldsymbol{J}=\begin{bmatrix} \boldsymbol{J}_1 & & \\ & \ddots & \\ & & \boldsymbol{J}_s \end{bmatrix}$$

其中 $\boldsymbol{J}_i=J_i(\lambda_i,t_i),(i=1,2,\cdots,s)$，

那么它的特征矩阵 $\lambda\boldsymbol{E}-\boldsymbol{J}$。

$$\lambda\boldsymbol{E}-\boldsymbol{J}=\begin{bmatrix} \lambda-\lambda_1 & & & & & & & & & & & \\ -1 & \ddots & & & & & & & & & & \\ & \ddots & \ddots & & & & & & & & & \\ & & -1 & \lambda-\lambda_1 & & & & & & & & \\ & & & & \lambda-\lambda_2 & & & & & & & \\ & & & & -1 & \ddots & & & & & & \\ & & & & & \ddots & \ddots & & & & & \\ & & & & & & -1 & \lambda-\lambda_2 & & & & \\ & & & & & & & & \ddots & & & \\ & & & & & & & & & \lambda-\lambda_s & & \\ & & & & & & & & & -1 & \ddots & \\ & & & & & & & & & & \ddots & \ddots \\ & & & & & & & & & & -1 & \lambda-\lambda_s \end{bmatrix}$$

$$\cong\begin{bmatrix} 1 & & & & & & & & & & \\ & \ddots & & & & & & & & & \\ & & 1 & & & & & & & & \\ & & & (\lambda-\lambda_1)^{t1} & & & & & & & \\ & & & & 1 & & & & & & \\ & & & & & \ddots & & & & & \\ & & & & & & 1 & & & & \\ & & & & & & & (\lambda-\lambda_2)^{t2} & & & \\ & & & & & & & & \ddots & & \\ & & & & & & & & & 1 & \\ & & & & & & & & & & \ddots \\ & & & & & & & & & & & 1 \\ & & & & & & & & & & & & (\lambda-\lambda_s)^{ts} \end{bmatrix}$$

由定理 3.3.15 可知 $\boldsymbol{J}$ 的全部初等因子就是 $(\lambda-\lambda_1)^{t1},\cdots,(\lambda-\lambda_s)^{ts}$。反过来，若给定这些一次因式方幂 $(\lambda-\lambda_1)^{t1},\cdots,(\lambda-\lambda_s)^{ts}$，可以作出若当形矩阵 $\boldsymbol{J}$，若不计较若当块的顺序，可以认为 $\boldsymbol{J}$ 是被这些一次因式方幂惟一确定的。

现在可以得到此节最后的一个定理

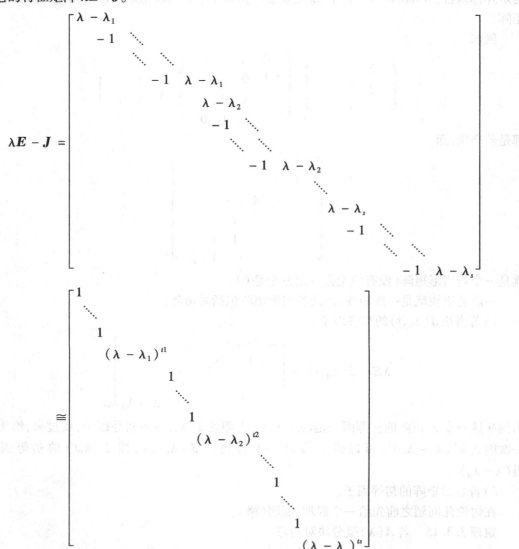

定理 3.3.16　复数域上任意一个 n 级方阵 $\boldsymbol{A}$，总是可以相似于一个若当形矩阵 $\boldsymbol{J}$，若不计较若当块的顺序，$\boldsymbol{J}$ 还是惟一的。

证明　设 $\boldsymbol{A}$ 的全部初等因子就是 $(\lambda-\lambda_1)^{t1},\cdots,(\lambda-\lambda_s)^{t_s}$。那么可以构造若当形矩阵 $\boldsymbol{J}$

$$\boldsymbol{J}=\begin{bmatrix} \boldsymbol{J}_1 & & \\ & \ddots & \\ & & \boldsymbol{J}_s \end{bmatrix}$$

其中 $\boldsymbol{J}_i=\boldsymbol{J}(\lambda_i,t_i)$，当然 $\boldsymbol{J}$ 是以 $(\lambda-\lambda_1)^{t1},\cdots,(\lambda-\lambda_s)^{t_s}$ 作为其全部初等因子。注意到 $\lambda\boldsymbol{E}-\boldsymbol{A}$ 与 $\lambda\boldsymbol{E}-\boldsymbol{J}$ 的秩都是 $t_1+\cdots+t_s$，由定理 3.3.14 可知，故 $\lambda\boldsymbol{E}-\boldsymbol{A}\cong\lambda\boldsymbol{E}-\boldsymbol{J}$，又由定理 3.3.11 $\boldsymbol{A}\sim\boldsymbol{J}$。

例 10　求矩阵

$$\boldsymbol{A}=\begin{bmatrix} 0 & 3 & 3 \\ -1 & 8 & 6 \\ 2 & -14 & -10 \end{bmatrix}$$

的若当标准形 $\boldsymbol{J}$。

解　因为　$\lambda\boldsymbol{E}-\boldsymbol{A}=\begin{bmatrix} \lambda & -3 & -3 \\ 1 & \lambda-8 & -6 \\ -2 & 14 & \lambda+10 \end{bmatrix}$

显然 $D_1(\lambda)=1$，也可计算出 $D_2(\lambda)=1$，$D_3(\lambda)=\lambda(\lambda+1)^2$

所以 $d_1(\lambda)=1$，$d_2(\lambda)=1$，$d_2(\lambda)=\lambda(\lambda+1)^2$，初等因子为 λ，$(\lambda+1)^2$，$\boldsymbol{A}$ 的若当标准形 $\boldsymbol{J}$

$$\boldsymbol{J}=\begin{bmatrix} 0 & & \\ & -1 & \\ & 1 & -1 \end{bmatrix}$$

例 11　求矩阵

$$\boldsymbol{A}=\begin{bmatrix} 4 & 6 & 0 \\ -3 & -5 & 0 \\ -3 & -6 & 1 \end{bmatrix}$$

的若当标准形 $\boldsymbol{J}$。

解　$\lambda\boldsymbol{E}-\boldsymbol{A}=\begin{bmatrix} \lambda-4 & -6 & 0 \\ 3 & \lambda+5 & 0 \\ 3 & 6 & \lambda-1 \end{bmatrix}\overset{(3-2)}{\cong}\begin{bmatrix} \lambda-4 & -6 & 0 \\ 3 & \lambda+5 & 0 \\ 0 & 1-\lambda & \lambda-1 \end{bmatrix}$

$$\underset{(2+3)}{\cong}\begin{bmatrix} \lambda-4 & -6 & 0 \\ 3 & \lambda+5 & 0 \\ 0 & 0 & \lambda-1 \end{bmatrix}\overset{(1+2)}{\cong}\begin{bmatrix} \lambda-1 & \lambda-1 & 0 \\ 3 & \lambda+5 & 0 \\ 0 & 0 & \lambda-1 \end{bmatrix}$$

$$\cong\begin{bmatrix} \lambda-1 & 0 & 0 \\ 3 & \lambda+2 & 0 \\ 0 & 0 & \lambda-1 \end{bmatrix}$$

显然 $D_1(\lambda)=1$，$D_2(\lambda)=(\lambda-1)$，$D_3(\lambda)=(\lambda+2)(\lambda-1)^2$。

所以 $\boldsymbol{A}$ 的初等因子 $(\lambda-1)$，$(\lambda-1)$，$(\lambda+2)$，那么若当形 $\boldsymbol{J}$

$$J=\begin{bmatrix}1 & & \\ & 1 & \\ & & -2\end{bmatrix}$$

不难看出，当且仅当初等因子全为一次式时，$\boldsymbol{A}$ 相似于对角阵。

下面介绍一个命题，不用求行列式因子及不变因子，可直接求初等因子。

命题　若 λ-矩阵 $\boldsymbol{A}(\lambda)$

$$\boldsymbol{A}(\lambda)\cong\begin{bmatrix}f_1(\lambda) & & & & & \\ & \ddots & & & & \\ & & f_r(\lambda) & & & \\ & & & 0 & & \\ & & & & \ddots & \\ & & & & & 0\end{bmatrix}$$

$f_1(\lambda),\cdots,f_r(\lambda)$ 皆是 λ 的多项式，那么 $f_1(\lambda),\cdots,f_r(\lambda)$ 的所有一次因式方幂就是 $A(\lambda)$ 的全部初等因子。

例 12　设 $\boldsymbol{A}=\begin{bmatrix}3 & 0 & 8\\ 3 & -1 & 6\\ -2 & 0 & -5\end{bmatrix}$

求 $\boldsymbol{A}$ 的若当标准形 $\boldsymbol{J}$ 及变换阵 $\boldsymbol{P}$，使 $\boldsymbol{P}^{-1}\boldsymbol{AP}=\boldsymbol{J}$。

解　$\lambda\boldsymbol{E}-\boldsymbol{A}=\begin{bmatrix}\lambda-3 & 0 & -8\\ -3 & \lambda+1 & -6\\ 2 & 0 & \lambda+5\end{bmatrix}\xrightarrow{p(1-2)}\begin{bmatrix}\lambda & -\lambda-1 & -2\\ -3 & \lambda+1 & -6\\ 2 & 0 & \lambda+5\end{bmatrix}$

$$\xrightarrow[p(1+2)]{}\begin{bmatrix}-1 & -\lambda-1 & -2\\ \lambda-2 & \lambda+1 & -6\\ 2 & 0 & \lambda+5\end{bmatrix}$$

$$\xrightarrow{\substack{p(2+1(\lambda-2))\\(3+1(2))}}\begin{bmatrix}-1 & -\lambda-1 & -2\\ 0 & -\lambda^2+2\lambda+3 & -2\lambda-2\\ 0 & -2\lambda-2 & \lambda+1\end{bmatrix}$$

显然 $D_1(\lambda)=1,D_2(\lambda)=\lambda+1,D_3(\lambda)=(\lambda+1)^3$，故初等因子为 $\lambda+1,(\lambda+1)^2$，所以 $\boldsymbol{A}$ 的若当标准形 $\boldsymbol{J}$

$$\boldsymbol{J}=\begin{bmatrix}-1 & & \\ & -1 & \\ & 1 & -1\end{bmatrix}$$

设 $\boldsymbol{P}=(\boldsymbol{\rho}_1\boldsymbol{\rho}_2\boldsymbol{\rho}_3)$，由 $\boldsymbol{A}(\boldsymbol{\rho}_1\boldsymbol{\rho}_2\boldsymbol{\rho}_3)=(\boldsymbol{\rho}_1\boldsymbol{\rho}_2\boldsymbol{\rho}_3)\begin{bmatrix}-1 & & \\ & -1 & \\ & 1 & -1\end{bmatrix}$

可知　　$\boldsymbol{A\rho}_i=-\boldsymbol{\rho}_i\quad(i=1,3,)\qquad(\boldsymbol{A}+\boldsymbol{E})\boldsymbol{\rho}_2=\boldsymbol{\rho}_3$

$\boldsymbol{\rho}_1,\boldsymbol{\rho}_3$ 皆为 -1 对应的特征向量，求出特征向量 $\bar{\boldsymbol{\rho}}_1=\begin{bmatrix}0\\1\\0\end{bmatrix},\bar{\boldsymbol{\rho}}_3=\begin{bmatrix}2\\0\\-1\end{bmatrix}$。为使方程组

$(\boldsymbol{A}+\boldsymbol{E})\boldsymbol{\rho}_2=\boldsymbol{\rho}_3$相容，可令$\boldsymbol{\rho}_3=k_1\bar{\boldsymbol{\rho}}_1+k_2\bar{\boldsymbol{\rho}}_3$

即解方程组

$$\begin{cases} 4x_1+8x_3=2k_2 \\ 3x_1+6x_3=k_1 \\ -2x_1-4x_3=-k_2 \end{cases},\quad \boldsymbol{\rho}_2=\begin{bmatrix} x_1 \\ x_2 \\ x_3 \end{bmatrix}$$

$$\begin{bmatrix} 4 & 0 & 8 & 2k_2 \\ 3 & 0 & 6 & k_1 \\ -2 & 0 & -4 & -k_2 \end{bmatrix} \rightarrow \begin{bmatrix} 1 & 0 & 2 & \frac{1}{2}k_2 \\ 0 & 0 & 0 & -\frac{3}{2}k_2+k_1 \\ 0 & 0 & 0 & 0 \end{bmatrix}$$

所以可选 $k_2=2,k_1=3$，即选$\boldsymbol{\rho}_3=\begin{bmatrix} 4 \\ 3 \\ -2 \end{bmatrix}$，则方程组有解。

解得 $\boldsymbol{\rho}_2=\begin{bmatrix} 1 \\ 0 \\ 0 \end{bmatrix}$，即 $\boldsymbol{P}=\begin{bmatrix} 0 & 4 & 1 \\ 1 & 3 & 0 \\ 0 & -2 & 0 \end{bmatrix}$

3.4 Hamliton-Cayley 定理、最小多项式

本节内容为矩阵函数的基础。

定义 3.19 设 $\boldsymbol{A}$ 是 n 阶方阵，若存在多项式 $f(\lambda)$，使得 $f(\boldsymbol{A})=\boldsymbol{0}$，即 $f(\boldsymbol{A})$ 是零矩阵，称 $f(\lambda)$ 是矩阵 $\boldsymbol{A}$ 的零化多项式。

下面指出两点：

1）对任何 n 阶方阵 $\boldsymbol{A}$，都存在零化多项式。因为线性空间 $K^{n\times n}$ 是 n^2 维的，故 $\boldsymbol{E},\boldsymbol{A},\boldsymbol{A}^2,\cdots,\boldsymbol{A}^{n^2}$ 必定线性相关。故存在不全为 0 的数 $k_0,k_1,k_2,\cdots,k_{n^2}$，使

$$k_0\boldsymbol{E}+k_1\boldsymbol{A}+k_2\boldsymbol{A}^2+\cdots+k_{n^2}\boldsymbol{A}^{n^2}=\boldsymbol{0}$$

即多项式

$$f(\lambda)=k_0+k_1\lambda+k_2\lambda^2+\cdots+k_{n^2}\lambda^{n^2}$$

是 $\boldsymbol{A}$ 的零化多项式。

2）任何矩阵的零化多项式不惟一。因为若 $f(\lambda)$ 是 $\boldsymbol{A}$ 的零化多项式，则 $f(\lambda)g(\lambda)$ 也是 $\boldsymbol{A}$ 的零化多项式，这里的 $g(\lambda)$ 可以是任意的非零多项式。

定理（Hamliton-Cayley 定理）设

$$f(\lambda)=|\lambda\boldsymbol{E}-\boldsymbol{A}|=\lambda^n+a_1\lambda^{n-1}+\cdots+a_{n-1}\lambda+a_n$$

则

$$f(\boldsymbol{A})=\boldsymbol{A}^n+a_1\boldsymbol{A}^{n-1}+\cdots+a_n\boldsymbol{A}+a_n\boldsymbol{E}=\boldsymbol{0}$$

证明 因为特征矩阵 $\lambda\boldsymbol{E}-\boldsymbol{A}$ 的伴随矩阵的元素是由 $\lambda\boldsymbol{E}-\boldsymbol{A}$ 的 $n-1$ 阶子式作成的元素 $b_{ij}(\lambda)$ 这是一个次数不超过 $n-1$ 次的多项式，故伴随矩阵 $\boldsymbol{B}(\lambda)$ 是一个 λ-矩阵，从而有 $\boldsymbol{B}_i\in K^{n\times n}$，$(i=1,2,\cdots,n)$，使得

$$\boldsymbol{B}(\lambda)=\boldsymbol{B}_0+\boldsymbol{B}_1\lambda+\cdots+\boldsymbol{B}_{n-1}\lambda^{n-1}$$

那么

$$
\begin{aligned}
&(\lambda \boldsymbol{E}-\boldsymbol{A})(\boldsymbol{B}_0+\boldsymbol{B}_1\lambda+\cdots+\boldsymbol{B}_{n-1}\lambda^{n-1})\\
&=\boldsymbol{B}_{n-1}\lambda^n+(\boldsymbol{B}_{n-2}-\boldsymbol{A}\boldsymbol{B}_{n-1})\lambda^{n-1}+\cdots+(\boldsymbol{B}_0-\boldsymbol{A}\boldsymbol{B}_1)\lambda-\boldsymbol{A}\boldsymbol{B}_0 \qquad (*)\\
&=|\lambda \boldsymbol{E}-\boldsymbol{A}|\boldsymbol{E}\\
&=(\lambda^n+a_1\lambda^{n-1}+\cdots+a_{n-1}\lambda+a_n)\boldsymbol{E} \qquad (**)
\end{aligned}
$$

对比(*)与(* *)

$$
\begin{aligned}
\boldsymbol{B}_{n-1} &= \boldsymbol{E}\\
\boldsymbol{B}_{n-2}-\boldsymbol{A}\boldsymbol{B}_{n-1} &= a_1\boldsymbol{E}\\
&\vdots\\
\boldsymbol{B}_0-\boldsymbol{A}\boldsymbol{B}_1 &= a_{n-1}\boldsymbol{E}\\
-\boldsymbol{A}\boldsymbol{B}_0 &= a_n\boldsymbol{E}
\end{aligned}
$$

以 $\boldsymbol{A}^n,\boldsymbol{A}^{n-1},\boldsymbol{A}^{n-2},\cdots \boldsymbol{A},\boldsymbol{E}$ 自上至下依次左乘等式两端,然后相加便得

$$\boldsymbol{0}=\boldsymbol{A}^n+a_1\boldsymbol{A}^{n-1}+a_2\boldsymbol{A}^{n-2}+\cdots+a_{n-1}\boldsymbol{A}+a_n\boldsymbol{E}$$

此即 $\quad f(\boldsymbol{A})=\boldsymbol{0}$

证毕。

根据 Hamilton-Cayley 定理,对于 n 阶方阵 $\boldsymbol{A}$,当 $k\geqslant n$ 时,计算 $\boldsymbol{A}^k$ 可以用小于 n 的 $\boldsymbol{A}$ 的方幂来表示,从而简化矩阵运算。

例 1 设

$$\boldsymbol{A}=\begin{bmatrix}-1 & 1 & 0\\ -4 & 3 & 0\\ 1 & 0 & 2\end{bmatrix}$$

试计算 $g(\boldsymbol{A})=\boldsymbol{A}^7-\boldsymbol{A}^5-19\boldsymbol{A}^4+28\boldsymbol{A}^3+6\boldsymbol{A}-4\boldsymbol{E}$

解 $f(\lambda)=|\lambda\boldsymbol{E}-\boldsymbol{A}|=\lambda^3-4\lambda^2+5\lambda-2$

令 $g(\lambda)=\lambda^7-\lambda^5-19\lambda^4+28\lambda^3+6\lambda-4$

用 $f(\lambda)$ 去除 $g(\lambda)$,得

$$g(\lambda)=f(\lambda)(\lambda^4+4\lambda^3+10\lambda^2+3\lambda-2)+(-3\lambda^2+22\lambda-8)$$

那 $\quad g(\boldsymbol{A})=f(\boldsymbol{A})(\boldsymbol{A}^4+4\boldsymbol{A}^3+10\boldsymbol{A}^2+3\boldsymbol{A}-2\boldsymbol{E})-3\boldsymbol{A}^2+22\boldsymbol{A}-8\boldsymbol{E}$

由 Hamilton-Caley 定理 $f(\boldsymbol{A})=\boldsymbol{0}$,于是

$$g(\boldsymbol{A})=-3\boldsymbol{A}^2+22\boldsymbol{A}-8\boldsymbol{E}=\begin{bmatrix}-19 & 16 & 0\\ -64 & 43 & 0\\ 19 & -3 & 24\end{bmatrix}$$

上面已经指出任何 n 阶方阵 $\boldsymbol{A}$ 的零化多项式是不惟一的,我们希望找到一个次数最低的零化多项式,例如对于

$$\boldsymbol{A}=\begin{pmatrix}2 & 0\\ 0 & 2\end{pmatrix}$$

$f(\lambda)=|\lambda\boldsymbol{E}-\boldsymbol{A}|=(\lambda-2)^2$ 是 $\boldsymbol{A}$ 的零化式项式,而且 $m(\lambda)=\lambda-2$ 也是 $\boldsymbol{A}$ 的零化多项式。但是次数比 $m(\lambda)$ 低的多项式是零次多项式 $\varphi(\lambda)=c(\neq 0)$

$$\varphi(\boldsymbol{A}) = c\boldsymbol{E} \neq \boldsymbol{0}$$

因此 $m(\lambda)$ 是 $\boldsymbol{A}$ 的一切零化多项式中次数最低的零化多项式。

定义 3.20 在 n 阶方阵 $\boldsymbol{A}$ 的所有零化多项式中,次数最低的首一多项式,称为 $\boldsymbol{A}$ 的最小多项式(Minimal Polynomaial),记为 $m(\lambda)$

由 Hamilton-Cayley 定理可知,任何 n 阶方阵 $\boldsymbol{A}$ 的最小多项式是存在的,并且次数不超过 n。

下面先讨论最小多项式的性质,再介绍最小多项式的求法。

定理 3.4.1 n 阶方阵 $\boldsymbol{A}$ 的任意零化多项式都可以被 $\boldsymbol{A}$ 的最小多项式整除。

证明 设 $m(\lambda)$ 是 $\boldsymbol{A}$ 的最小多项式,$g(\lambda)$ 是 $\boldsymbol{A}$ 的任意一个零化多项式,那么

$$g(\lambda) = m(\lambda)q(\lambda) + r(\lambda), r(\lambda) = 0 \text{ 或 } \partial r < \partial m$$

则

$$g(\boldsymbol{A}) = m(\boldsymbol{A})q(\boldsymbol{A}) + r(\boldsymbol{A})$$

由于 $g(\boldsymbol{A}) = 0, m(\boldsymbol{A}) = 0$,所以 $r(\boldsymbol{A}) = \boldsymbol{0}$

如果 $r(\lambda) \neq 0$,说明 $r(\lambda)$ 是比 $m(\lambda)$ 次数还低的零化多项式,矛盾。

因此 $r(\lambda) = 0$,说明 $m(\lambda) | g(\lambda)$。

证毕。

定理 3.4.2 $\boldsymbol{A}$ 的最小多项式是惟一的。

证明 若 $m(\lambda)$、$m^*(\lambda)$ 都是 $\boldsymbol{A}$ 的最小多项式,那么由定理 3.4.1,就应该

$$m(\lambda) | m^*(\lambda), m^*(\lambda) | m(\lambda)$$

即

$$m(\lambda) = m^*(\lambda)q(\lambda), m^*(\lambda) = m(\lambda)p(\lambda)$$

于是

$$m(\lambda) = m(\lambda)p(\lambda)q(\lambda)$$

由多项式乘法的次数性质,$p(\lambda)q(\lambda)$ 是零次多项式 C,且因 $m(\lambda)$ 与 $m^*(\lambda)$ 都是首 1 的,所以

$$m(\lambda) = m^*(\lambda)$$

证毕。

定理 3.4.3 $\boldsymbol{A}$ 的最小多项式的根是 $\boldsymbol{A}$ 的特征根,反过来,$\boldsymbol{A}$ 的特征根必是 $\boldsymbol{A}$ 的最小多项式的根。

证明 设 $m(\lambda)$ 是 $\boldsymbol{A}$ 的最小多项式,$f(\lambda)$ 是 $\boldsymbol{A}$ 的特征多项式,若 λ_0 是 $m(\lambda)$ 的根,那么 $m(\lambda_0) = 0$,由定理 3.4.1

$$f(\lambda) = m(\lambda)q(\lambda)$$

所以

$$f(\lambda_0) = m(\lambda_0)q(\lambda_0) = 0$$

说明 λ_0 是 $\boldsymbol{A}$ 的特征根。

反过来,设 λ_0 是 $\boldsymbol{A}$ 的特征根,$\boldsymbol{\alpha}$ 是 $\boldsymbol{A}$ 的对应于 λ_0 的特征向量,则有 $\boldsymbol{A}\boldsymbol{\alpha} = \lambda_0\boldsymbol{\alpha}$,又因为 $\boldsymbol{A}^k\boldsymbol{\alpha} = \lambda_0^k\boldsymbol{\alpha}$,所以

$$m(\boldsymbol{A})\boldsymbol{\alpha} = m(\lambda_0)\boldsymbol{\alpha} = 0$$

由于 $\boldsymbol{\alpha} \neq 0$,所以 $m(\lambda_0) = 0$,说明 λ_0 是 $m(\lambda)$ 的根。

证毕。

由定理 3.4.3,可以得到如下结论:

若

$$f(\lambda) = |\lambda\boldsymbol{E} - \boldsymbol{A}| = (\lambda - \lambda_1)^{l_1}(\lambda - \lambda_2)^{l_2}\cdots(\lambda - \lambda_s)^{l_s}$$

则 $$m(\lambda) = (\lambda-\lambda_1)^{t1}(\lambda-\lambda_2)^{t2}\cdots(\lambda-\lambda_s)^{ts}$$
其中 $$1 \leqslant t_i \leqslant l_i \quad (i=1,2,\cdots s)$$

例2 分别求矩阵

$$\boldsymbol{A}=\begin{bmatrix}7 & 4 & -1\\ 4 & 7 & -1\\ -4 & -4 & 4\end{bmatrix},\quad \boldsymbol{B}=\begin{bmatrix}3 & 1 & 0 & 0\\ -4 & -1 & 0 & 0\\ 7 & 1 & 2 & 1\\ -7 & -6 & -1 & 0\end{bmatrix}$$

的最小多项式。

解 先求 $\boldsymbol{A}$ 的最小多项式

$$f(\lambda)=|\lambda\boldsymbol{E}-\boldsymbol{A}|=\begin{vmatrix}\lambda-7 & -4 & 1\\ -4 & \lambda-7 & 1\\ 4 & 4 & \lambda-4\end{vmatrix}=(\lambda-3)^2(\lambda-12)$$

由上述结论,$m(\lambda)$可能是$(\lambda-3)(\lambda-12)$,也可能就是$f(\lambda)$,只有这两种情况,经验算

$$(\boldsymbol{A}-3\boldsymbol{E})(\boldsymbol{A}-12\boldsymbol{E})=\begin{bmatrix}4 & 4 & -1\\ 4 & 4 & -1\\ -4 & -4 & 1\end{bmatrix}\begin{bmatrix}-5 & 4 & -1\\ 4 & -5 & -1\\ -4 & -4 & -8\end{bmatrix}=\boldsymbol{0}$$

于是 $$m(\lambda)=(\lambda-3)(\lambda-12)$$

再求 $\boldsymbol{B}$ 的最小多项式

$$f(\lambda)=|\lambda\boldsymbol{E}-\boldsymbol{B}|=\begin{vmatrix}\lambda-3 & -1 & 0 & 0\\ 4 & \lambda+1 & 0 & 0\\ -7 & -1 & \lambda-2 & -1\\ 7 & 6 & 1 & \lambda\end{vmatrix}=(\lambda-1)^4$$

$\boldsymbol{B}$ 的最小多项式 $m(\lambda)$,可能是$(\lambda-1)^4$,$(\lambda-1)^3$,$(\lambda-1)^2$,$(\lambda-1)$,四种情况。
经验算

$$(\boldsymbol{B}-\boldsymbol{E})^3 \neq \boldsymbol{0}$$

所以 $\boldsymbol{B}$ 的最小多项式是$(\lambda-1)^4$。

下面再介绍一种求最小多项式的方法。

定理 3.4.4 n 阶方阵 $\boldsymbol{A}$ 的最小多项式 $m(\lambda)=d_n(\lambda)$(第 n 个不变因子)

证明 (略)

关于求 $\boldsymbol{A}$ 的第 n 个不变因子的方法:

方法Ⅰ:将$(\lambda\boldsymbol{E}-\boldsymbol{A})$用初等变换化为 Smith 标准形,最后一个不变因子就是 $d_n(\lambda)$。

方法Ⅱ:将$(\lambda\boldsymbol{E}-\boldsymbol{A})$用初等变换适当变形,使其好求行列式因子 $D_i(\lambda)$,则

$$d_n(\lambda)=\frac{D_n(\lambda)}{D_{n-1}(\lambda)}$$

方法Ⅲ:若$(\lambda\boldsymbol{E}-\boldsymbol{A})$容易变为对角阵,先求初等因子,则所有互异初等因子指数最高者之积就是 $d_n(\lambda)$。

例3 求矩阵

$$A=\begin{bmatrix} a & & & & \\ 1 & a & & & \\ & \ddots & \ddots & & \\ & & \ddots & \ddots & \\ & & & 1 & a \end{bmatrix}_{n\times n}$$

的最小多项式。

解　因为 $f(\lambda)=|\lambda E-A|=(\lambda-a)^n=D_n(\lambda)$ 而 $\lambda E-A$ 的 $n-1$ 级行列式 $D_{n-1}(\lambda)=1$，所以 $m(\lambda)=(\lambda-a)^n$。

例 4　求矩阵

$$\begin{bmatrix} 2 & 1 & 0 \\ -4 & -2 & 0 \\ 2 & 1 & 0 \end{bmatrix}$$

的最小多项式。

解　把 A 的特征矩阵化为标准形

$$(\lambda E-A)=\begin{bmatrix} \lambda-2 & -1 & 0 \\ 4 & \lambda+2 & 0 \\ -2 & -1 & \lambda \end{bmatrix}\rightarrow\begin{bmatrix} 1 & & \\ & \lambda & \\ & & \lambda^2 \end{bmatrix}$$

所以以 A 的最小多项式 $m(\lambda)=\lambda^2$。

例 5　设

$$A=\begin{bmatrix} 1 & 0 & 0 \\ 1 & 0 & 1 \\ 0 & 1 & 0 \end{bmatrix}$$

证明　当 $n\geqslant 3$ 时　$A^n=A^{n-2}+A^2-E$，并利用这个关系式计算 A^{100}。

证明　因为

$$(\lambda E-A)=\begin{bmatrix} \lambda-1 & 0 & 0 \\ -1 & \lambda & -1 \\ 0 & -1 & \lambda \end{bmatrix}\rightarrow\begin{bmatrix} 1 & & \\ & 1 & \\ & & (\lambda-1)^2(\lambda+1) \end{bmatrix}$$

所以最小多项式是 $m(\lambda)=(\lambda-1)^2(\lambda+1)$，即

$$A^3-A^2-A+E=0$$

所以当 $n=3$ 时　　$A^3=A+A^2-E$

假设　$n=k$ 时　　$A^k=A^{k-2}+A^2-E$

对于 $n=k+1$

$$\begin{aligned} A^{k+1} &= A^{k-1}+A^3-A \\ &= A^{k-1}+A+A^2-E-A \\ &= A^{k-1}+A^2-E \end{aligned}$$

结论成立，故当 $n\geqslant 3$ 时，$A^n=A^{n-2}+A^2-E$，再计算 A^{100}

$$\begin{aligned} A^{100} &= A^{98}+A^2-E=A^{96}+A^2-E+A^2-E \\ &= A^{96}+2(A^2-E)=A^{94}+3(A^2-E) \end{aligned}$$

$$= \cdots = A^2 + 49(A^2 - E)$$
$$= \begin{bmatrix} 1 & 0 & 0 \\ 50 & 1 & 0 \\ 50 & 0 & 1 \end{bmatrix}$$

定理 3.4.5 n 阶复方阵 A 相似于对角矩阵的必要充分条件是 A 的最小多项式 $m(\lambda)$ 无重根。

证明 因为 A 相似于对角矩阵的必要充分条件是 A 的初等因式全是一次的，而 A 的初等因子全为一次式的必要充分条件是 A 的最后一个不变因子 $d_n(\lambda)$ 全是不同一次因子乘积。

例 6 证明非零的幂零矩阵 A（即 $A^k = 0$）不能与对角矩阵相似。

证明 因为 $A^k = 0$，所以 A 的零化多项式是 λ^k，那么 A 的最小多项式必是 λ^l，且 $l > 1$，这是因为 A 是非 0 矩阵。说明最小多项式 $m(\lambda) = \lambda^l$ 有重根 0。故 A 不能与对角矩阵相似。

例 7 设 $A^2 = A$，且 $\mathrm{rank}(A) = r$，证明 $|A + E| = 2^r$。

证明 因为 $A^2 = A$，所以 A 的最小多项式 $m(\lambda) = \lambda^2 - \lambda$ 没有重根，故 A 能相似于对角矩阵 Λ。

且 A 只有 0 和 1 作其特征值，由 $\mathrm{rank}(A) = r$，故

$$A \sim \begin{bmatrix} 1 & & & & & \\ & \ddots & & & & \\ & & 1 & & & \\ & & & 0 & & \\ & & & & \ddots & \\ & & & & & 0 \end{bmatrix} = \Lambda \quad (r \text{ 个 } 1)$$

即存在可逆阵 P，使 $P^{-1}AP = \Lambda$

所以

$$|A + E| = |P|\,|P^{-1}AP + P^{-1}P|\,|P^{-1}|$$
$$= |\Lambda + E| = 2^r$$

3.5 正交变换、酉变换

作为本章的结束，还介绍在欧氏空间中（酉空间中）很重要的一类变换——正交变换（酉变换）。在通常的几何空间中的旋转、镜面反射就是这一类变换。

定义 3.21 设 $\mathscr{A}$ 是欧氏空间（酉空间）V 上的线性变换，如果对任意向量 $\alpha \in V$，恒有

$$(\mathscr{A}\alpha, \mathscr{A}\alpha) = (\alpha, \alpha)$$

则称 $\mathscr{A}$ 是 V 的一个正交变换（酉变换）

正交变换即保持模长不变。

例 1 设 $\varepsilon_1 = (1\ 0)$，$\varepsilon_2 = (0\ 1)$，线性变换 $\mathscr{A}$ 在 $\varepsilon_1, \varepsilon_2$ 之下的矩阵表示为

$$\begin{pmatrix} \cos Q & -\sin Q \\ \sin Q & \cos Q \end{pmatrix}$$

对任意 $\alpha \in R^2$，设 $\alpha = (x\ y)$，$\mathscr{A}(\alpha) = (x'\ y')$，则

$$\begin{pmatrix} x' \\ y' \end{pmatrix} = \begin{pmatrix} \cos Q & -\sin Q \\ \sin Q & \cos Q \end{pmatrix} \begin{pmatrix} x \\ y \end{pmatrix}$$

所以
$$(\mathscr{A}\boldsymbol{\alpha}\ \mathscr{A}\boldsymbol{\alpha}) = (\mathscr{A}\boldsymbol{\alpha})^T(\mathscr{A}\boldsymbol{\alpha})$$
$$= (x\ y)\begin{pmatrix} \cos Q & \sin Q \\ -\sin Q & \cos Q \end{pmatrix}\begin{pmatrix} \cos Q & -\sin Q \\ \sin Q & \cos Q \end{pmatrix}\begin{pmatrix} x \\ y \end{pmatrix}$$
$$= (x\ y)\begin{pmatrix} x \\ y \end{pmatrix} = (\boldsymbol{\alpha},\boldsymbol{\alpha})$$

所以 $\mathscr{A}$ 是 R^2 上的正交变换

下面讨论正交变换(酉变换)的性质:

定义 n 阶复方阵 $\boldsymbol{A}$,若 $\overline{\boldsymbol{A}}^T = \boldsymbol{A}^{-1}$,称 $\boldsymbol{A}$ 为酉阵,若 $\overline{\boldsymbol{A}}^T = \boldsymbol{A}$ 称为 Hermite(埃米特)矩阵。

定理 3.5.1 设 $\mathscr{A}$ 是 n 维欧氏空间(酉空间)V 的线性变换,则下列提法是等价的:

①$\mathscr{A}$ 是正交变换(酉变换);

②对任意向量 $\boldsymbol{\alpha},\boldsymbol{\beta} \in V$,恒有 $(\mathscr{A}\boldsymbol{\alpha},\mathscr{A}\boldsymbol{\beta}) = (\boldsymbol{\alpha},\boldsymbol{\beta})$;

③若 $\boldsymbol{\varepsilon}_1,\cdots,\boldsymbol{\varepsilon}_n$ 是 V 的一个标准正交基,则 $\mathscr{A}\boldsymbol{\varepsilon}_1,\cdots,\mathscr{A}\boldsymbol{\varepsilon}_n$ 也是 V 的一个标准正交基;

④$\mathscr{A}$ 在 V 的任意一组标准正交基下的矩阵表示是正交矩阵(酉阵)。

证明 由①推导②。因为 $\mathscr{A}$ 是 V 上的正交变换,由定义对任意 $\boldsymbol{\alpha},\boldsymbol{\beta} \in V$

$$(\mathscr{A}(\boldsymbol{\alpha}+\boldsymbol{\beta})\ \mathscr{A}(\boldsymbol{\alpha}+\boldsymbol{\beta})) = (\mathscr{A}\boldsymbol{\alpha}\ \mathscr{A}\boldsymbol{\alpha}) + 2(\mathscr{A}\boldsymbol{\alpha}\ \mathscr{A}\boldsymbol{\beta}) + (\mathscr{A}\boldsymbol{\beta}\ \mathscr{A}\boldsymbol{\beta})$$
$$= (\boldsymbol{\alpha},\boldsymbol{\alpha}) + 2(\boldsymbol{\alpha},\boldsymbol{\beta}) + (\boldsymbol{\beta},\boldsymbol{\beta})$$

由于 $(\mathscr{A}\boldsymbol{\alpha},\mathscr{A}\boldsymbol{\alpha}) = (\boldsymbol{\alpha},\boldsymbol{\alpha})\quad(\mathscr{A}\boldsymbol{\beta},\mathscr{A}\boldsymbol{\beta}) = (\boldsymbol{\beta},\boldsymbol{\beta})$

所以 $(\mathscr{A}\boldsymbol{\alpha},\mathscr{A}\boldsymbol{\beta}) = (\boldsymbol{\alpha},\boldsymbol{\beta})$

②的提法即保持内积不变。

注意:若 $\mathscr{A}$ 是酉空间 V 上的酉变换,对任意 $t \in C$,因为

$$(\mathscr{A}(\boldsymbol{\alpha}+t\boldsymbol{\beta}),\mathscr{A}(\boldsymbol{\alpha}+t\boldsymbol{\beta})) = (\boldsymbol{\alpha}+t\boldsymbol{\beta},\boldsymbol{\alpha}+t\boldsymbol{\beta})$$

按照酉空间内积,可化简得

$$\bar{t}(\mathscr{A}\boldsymbol{\alpha},\mathscr{A}\boldsymbol{\beta}) + t(\mathscr{A}\boldsymbol{\beta},\mathscr{A}\boldsymbol{\alpha}) = \bar{t}(\boldsymbol{\alpha},\boldsymbol{\beta}) + t(\boldsymbol{\beta},\boldsymbol{\alpha})$$

取 $t=1$ 知道 $(\mathscr{A}\boldsymbol{\alpha},\mathscr{A}\boldsymbol{\beta})$ 与 $(\boldsymbol{\alpha},\boldsymbol{\beta})$ 的实部相同,

取 $t=i$ 知道 $(\mathscr{A}\boldsymbol{\alpha},\mathscr{A}\boldsymbol{\beta})$ 与 $(\boldsymbol{\alpha},\boldsymbol{\beta})$ 的虚部相同,

故也有

$$(\mathscr{A}\boldsymbol{\alpha}\ \mathscr{A}\boldsymbol{\beta}) = (\boldsymbol{\alpha},\boldsymbol{\beta})$$

由②推导③ 因为对任意的 $i,j,(i=1,2,\cdots,,j=1,2,\cdots,n)$

$$(\mathscr{A}\boldsymbol{\varepsilon}_i,\mathscr{A}\boldsymbol{\varepsilon}_j) = (\boldsymbol{\varepsilon}_i,\boldsymbol{\varepsilon}_j) = \begin{cases} 1 & i = j \\ 0 & i \neq j \end{cases}$$

这就证明了 $\mathscr{A}\boldsymbol{\varepsilon}_1,\cdots,\mathscr{A}\boldsymbol{\varepsilon}_n$ 也是一个标准正交基。

③推导④ 设 $\boldsymbol{\varepsilon}_1,\cdots,\boldsymbol{\varepsilon}_n$ 是 V 的任意一个标准正交基,V 上的线性变换 $\mathscr{A}$ 在此基下的矩阵表示为 $\boldsymbol{A}$,即

$$\mathscr{A}(\boldsymbol{\varepsilon}_1,\cdots,\boldsymbol{\varepsilon}_n) = (\boldsymbol{\varepsilon}_1,\cdots,\boldsymbol{\varepsilon}_n)\begin{bmatrix} a_{11} & a_{12}\cdots a_{1n} \\ a_{11} & a_{22}\cdots a_{2n} \\ & \vdots \\ a_{n1} & a_{n2}\cdots a_{nn} \end{bmatrix}$$

令 $\boldsymbol{A}=(\boldsymbol{\alpha}_1,\cdots,\boldsymbol{\alpha}_n)$，其中 $\boldsymbol{\alpha}_i^T=(a_{1i}a_{2i},\cdots,a_{ni})(i=1,2,\cdots,n)$。注意到 $\boldsymbol{\alpha}_i$ 恰是 $\mathscr{A}\boldsymbol{\varepsilon}_i$ 在标准正交基 $\boldsymbol{\varepsilon}_1,\cdots,\boldsymbol{\varepsilon}_n$ 之下的坐标，由于 $\mathscr{A}\boldsymbol{\varepsilon}_1,\cdots,\mathscr{A}\boldsymbol{\varepsilon}_n$ 也是标准正交基，由式(2.6)得

$$(\boldsymbol{\alpha}_i,\boldsymbol{\alpha}_j)=(\mathscr{A}\boldsymbol{\varepsilon}_i,\mathscr{A}\boldsymbol{\varepsilon}_j)=\begin{cases}1 & i=j\\0 & i\neq j\end{cases}$$

所以 $\boldsymbol{A}$ 是正交阵（酉阵，因为 $(\boldsymbol{\alpha}_i\ \boldsymbol{\alpha}_j)=\overline{\boldsymbol{\alpha}}_i^T\boldsymbol{\alpha}_j$）。

④推导①　设 $\boldsymbol{\varepsilon}_1,\cdots,\boldsymbol{\varepsilon}_n$ 是 V 的一个标准正交基，因为 $\mathscr{A}$ 在 $\boldsymbol{\varepsilon}_1,\cdots,\boldsymbol{\varepsilon}_n$ 之下的矩阵表示是正交阵 $\boldsymbol{A}$，那么对任意 $\boldsymbol{\alpha}\in V$，设 $\boldsymbol{\alpha}=(\boldsymbol{\varepsilon}_1,\cdots,\boldsymbol{\varepsilon}_n)\begin{bmatrix}x_1\\ \vdots\\ x_n\end{bmatrix}$，则

$$\mathscr{A}\boldsymbol{\alpha}=(\boldsymbol{\varepsilon}_1,\cdots,\boldsymbol{\varepsilon}_n)\boldsymbol{A}\begin{bmatrix}x_1\\ \vdots\\ x_n\end{bmatrix}$$

所以，由第2章的式(2.6)

$$(\mathscr{A}\boldsymbol{\alpha},\mathscr{A}\boldsymbol{\alpha})=\left[\boldsymbol{A}\begin{bmatrix}x_1\\ \vdots\\ x_n\end{bmatrix}\right]^T\left[\boldsymbol{A}\begin{bmatrix}x_1\\ \vdots\\ x_n\end{bmatrix}\right]$$

$$=\sum_{i=1}^n x_i^2=(\boldsymbol{\alpha},\boldsymbol{\alpha})$$

这就证明了 $\mathscr{A}$ 是正交变换。

推论　正交变换保持向量间夹角不变。

1. $\boldsymbol{A}$ 是 n 阶正交矩阵（酉阵）的必要充分条件为 $\boldsymbol{A}^T\boldsymbol{A}=\boldsymbol{E}$ 即 $\boldsymbol{A}^T=\boldsymbol{A}^{-1}$（$\boldsymbol{A}^H\boldsymbol{A}=\boldsymbol{E}$，即 $\boldsymbol{A}^H=\boldsymbol{A}^{-1}$）也即 $\boldsymbol{A}$ 的行向量组和列向量组分别都作成 $R^n(C^n)$ 的标准正交基。

2. $\boldsymbol{A}$ 是 n 阶正交矩阵（酉阵），则 $\boldsymbol{A}^T,\boldsymbol{A}^*,\boldsymbol{A}^{-1}$ 皆为正交矩阵（酉阵）。若 $\boldsymbol{B}$ 也是正交矩阵（酉阵）则 $\boldsymbol{AB}$ 也是正交矩阵（酉阵）。

3. 正交矩阵（酉阵）的特征值的模为1。

4. 正交矩阵（酉阵）$\boldsymbol{A}$ 的行列式的值 $|\boldsymbol{A}|=\pm 1$。

证明3　设 λ 是酉阵 $\boldsymbol{A}$ 的特征值，则 $\lambda\neq 0$，设 $\boldsymbol{\alpha}$ 是 λ 对应的特征向量，则

$$\boldsymbol{A}^{-1}\boldsymbol{A}\boldsymbol{\alpha}=\boldsymbol{A}^{-1}\lambda\boldsymbol{\alpha}=\lambda\boldsymbol{A}^{-1}\boldsymbol{\alpha}$$

所以

$$\boldsymbol{A}^{-1}\boldsymbol{\alpha}=\frac{1}{\lambda}\boldsymbol{\alpha}$$

再由等式 $\boldsymbol{A\alpha}=\boldsymbol{\alpha}\lambda$ 两边取共轭转置，得

$$\overline{\lambda}\boldsymbol{\alpha}^H=\boldsymbol{\alpha}^H\boldsymbol{A}^H$$

再以 $\boldsymbol{\alpha}$ 右乘等式两端，得

$$\overline{\lambda}\boldsymbol{\alpha}^H\boldsymbol{\alpha}=\boldsymbol{\alpha}^H\boldsymbol{A}^H\boldsymbol{\alpha}=\boldsymbol{\alpha}^H\frac{1}{\lambda}\boldsymbol{\alpha}$$

$$(\overline{\lambda}-\frac{1}{\lambda})\boldsymbol{\alpha}^H\boldsymbol{\alpha}=0$$

因为 $\boldsymbol{\alpha}\neq 0$，所以　$\boldsymbol{\alpha}^H\boldsymbol{\alpha}>0$，于是

$$\overline{\lambda}-\frac{1}{\lambda}=0$$

所以　$\bar{\lambda}\lambda=1$，即 $|\lambda|=1$

习 题 3

1. 判别下面所定义的变换，哪些是线性变换，哪些不是？

(1)在线性空间 V 中，$\mathscr{A}\boldsymbol{\alpha}=\boldsymbol{\alpha}+\boldsymbol{\delta}$，其中 $\boldsymbol{\delta}\in V$ 是一个固定的向量；

(2)在线性空间 V 中，$\mathscr{A}\boldsymbol{\alpha}=\boldsymbol{\delta}$，其中 $\boldsymbol{\delta}\in V$ 是一个固定的向量；

(3)在 R^3 中，$\mathscr{A}(x,x_2,x_3)=(x_1^2,x_2+x_3,x_3^2)$；

(4)在 R^3 中，$\mathscr{A}(x_1,x_2,x_3)=(2x_1-x_2,x_2+x_3,x_1)$；

(5)在 $K[x]$ 中，$\mathscr{A}f(x)=f(x+1)$；

(6)在 $K[x]$ 中，$\mathscr{A}f(x)=f(x_0)$，其中 $x_0\in K$ 是一固定的数；

(7)把复数域看做复数域上的线性空间，$\mathscr{A}\boldsymbol{\alpha}=\bar{\boldsymbol{\alpha}}$；

(8)在 $R^{n\times n}$ 中，$\mathscr{A}(X)=\boldsymbol{BXC}$，其中 $\boldsymbol{B},\boldsymbol{C}\in R^{n\times n}$ 是两个固定的矩阵。

2. 设 $\boldsymbol{\varepsilon}_1,\cdots,\boldsymbol{\varepsilon}_n$ 是线性空间 V 的一个基，$\mathscr{A}$ 是 V 上的线性变换，证明 $\mathscr{A}$ 可逆当且仅当 $\mathscr{A}\boldsymbol{\varepsilon}_1,\cdots,\mathscr{A}\boldsymbol{\varepsilon}_n$ 线性无关。

3. 找下列线性变换在所指定基下的矩阵。

(1)第 1 题中(4)的变换 $\mathscr{A}$ 在基 $\boldsymbol{\varepsilon}_1=(1,0,0),\boldsymbol{\varepsilon}_2=(0,1,0),\boldsymbol{\varepsilon}_3=(0,0,1)$ 下的矩阵；

(2)在 $K[x]_n$ 中，设变换 $\mathscr{A}f(x)=f(x+1)-f(x)$，$\mathscr{A}$ 在基

$$\boldsymbol{\varepsilon}_0=1,\boldsymbol{\varepsilon}_1=x,\boldsymbol{\varepsilon}_2=\frac{x(x-1)}{2!},\cdots,\boldsymbol{\varepsilon}_n=\frac{x(x-1)\cdots(x-n+1)}{n!}$$

下的矩阵；

(3)6 个函数

$$\boldsymbol{\alpha}_1=\mathrm{e}^{ax}\cos bx,\quad \boldsymbol{\alpha}_2=\mathrm{e}^{ax}\sin bx$$

$$\boldsymbol{\alpha}_3=x\mathrm{e}^{ax}\cos bx,\quad \boldsymbol{\alpha}_4=x\mathrm{e}^{ax}\sin bx$$

$$\boldsymbol{\alpha}_5=\frac{1}{2}x^2\mathrm{e}^{ax}\cos bx,\quad \boldsymbol{\alpha}_6=\frac{1}{2}x^2\mathrm{e}^{ax}\sin bx$$

的所有实系数线性组合构成实数域上一个六维线性空间，求微分变换 $\mathscr{D}$ 在 $\boldsymbol{\alpha}_1,\boldsymbol{\alpha}_2,\boldsymbol{\alpha}_3,\boldsymbol{\alpha}_4,\boldsymbol{\alpha}_5,\boldsymbol{\alpha}_6$ 下的矩阵

(4)已知 R^3 中线性变换 $\mathscr{A}$ 在基 $\boldsymbol{\eta}_1=(-1,1,1),\boldsymbol{\eta}_2=(1,0,-1),\boldsymbol{\eta}_3=(0,1,1)$ 下的矩阵是

$$\begin{bmatrix}1&0&1\\1&1&0\\-1&2&1\end{bmatrix}$$

求 $\mathscr{A}$ 在基 $\boldsymbol{\varepsilon}_1=(1,0,0),\boldsymbol{\varepsilon}_2=(0,1,0),\boldsymbol{\varepsilon}_3=(0,0,1)$ 之下的矩阵。

4. 设 $\boldsymbol{\varepsilon}_1,\boldsymbol{\varepsilon}_2,\boldsymbol{\varepsilon}_3,\boldsymbol{\varepsilon}_4$ 是四维线性空间 V 的一个基，已知线性变换 $\mathscr{A}$ 在这组基下的矩阵为

$$\begin{bmatrix}1&0&2&1\\-1&2&1&3\\1&2&5&5\\2&-2&1&-2\end{bmatrix}$$

(1)求 $\mathscr{A}$ 在基 $\boldsymbol{\eta}_1=\boldsymbol{\varepsilon}_1-2\boldsymbol{\varepsilon}_2+\boldsymbol{\varepsilon}_4\quad \boldsymbol{\eta}_2=3\boldsymbol{\varepsilon}_2-\boldsymbol{\varepsilon}_3-\boldsymbol{\varepsilon}_4,\boldsymbol{\eta}_3=\boldsymbol{\varepsilon}_3+\boldsymbol{\varepsilon}_4,\boldsymbol{\eta}_4=2\boldsymbol{\varepsilon}_4$ 下的矩阵;

(2)求 $R(\mathscr{A})$ 及 $N(\mathscr{A})$;

(3)在 $N(\mathscr{A})$ 中选一组基,把它扩为 V 的一个基,并求 $\mathscr{A}$ 在这组基下的矩阵;

(4)在 $R(\mathscr{A})$ 中选一组基,把它扩为 V 的一个基,并求 $\mathscr{A}$ 在这组基下的矩阵。

5. 求复数域上线性空间 V 的线性变换 $\mathscr{A}$ 的特征向量与特征值,已知 $\mathscr{A}$ 在一组基下的矩阵为:

(1)$\boldsymbol{A}=\begin{bmatrix}3&4\\5&2\end{bmatrix}$　　(2)$\boldsymbol{A}=\begin{bmatrix}3&1&0\\-4&-1&0\\4&-8&-2\end{bmatrix}$

(3)$\boldsymbol{A}=\begin{bmatrix}1&1&1&1\\1&1&-1&-1\\1&-1&1&-1\\1&-1&-1&1\end{bmatrix}$

6. 在上题中哪些变换的矩阵可以在适当的基下变成对角形?在可以化成对角形的情况下,写出相应基变换的过渡阵 $\boldsymbol{P}$。

7. 设 $\mathscr{A}$ 是线性空间 $\boldsymbol{V}$ 上的可逆线性变换。

(1)证明:$\mathscr{A}$ 的特征值一定不为 0;

(2)证明:若 λ 是 $\mathscr{A}$ 的特征值,则$\dfrac{1}{\lambda}$是 $\mathscr{A}^{-1}$ 的特征值。

8. 设 λ_1,λ_2 是线性变换 $\mathscr{A}$ 的两个不同特征值,$\boldsymbol{\xi}_1,\boldsymbol{\xi}_2$ 是分别属于 λ_1,λ_2 的特征向量。证明:$\boldsymbol{\xi}_1+\boldsymbol{\xi}_2$ 不是 $\mathscr{A}$ 的特征向量。

9. $\mathscr{A}$ 是数域 K 上 n 维线性空间 V 的线性变换,且 $\mathscr{A}^2=\mathscr{A}$

证明:(1)$N(\mathscr{A})=\{\boldsymbol{\chi}-\mathscr{A}\boldsymbol{\chi}\mid\boldsymbol{\chi}\in V\}$

(2)$V=N(\mathscr{A})\oplus R(\mathscr{A})$

10. 设 $\mathscr{A},\mathscr{B}$ 皆是 n 维线性空间 $\boldsymbol{V}$ 的线性变换,且 $\mathscr{A}\mathscr{B}=\mathscr{B}\mathscr{A}$。若 $\mathscr{A}$ 有 n 个互异特征值,$\lambda_1,\cdots,\lambda_n$。证明:$\mathscr{B}$ 一定有对角矩阵表示。

11. 化下列 λ-矩阵成标准形:

(1)$\begin{bmatrix}\lambda^2+\lambda&0&0\\0&\lambda&0\\0&0&(\lambda+1)^2\end{bmatrix}$　　(2)$\begin{bmatrix}0&0&0&\lambda^2\\0&0&\lambda^2-\lambda&0\\0&(\lambda-1)^2&0&0\\\lambda^2-\lambda&0&0&0\end{bmatrix}$

(3)$\begin{bmatrix}2\lambda&3&0&1&\lambda\\4\lambda&3\lambda+6&0&\lambda+2&2\lambda\\0&6\lambda&\lambda&2\lambda&0\\\lambda-1&0&\lambda-1&0&0\\3\lambda-3&1-\lambda&2\lambda-2&0&0\end{bmatrix}$

12. 证明:n 阶 λ-矩阵

$$A(\lambda) = \begin{bmatrix} \lambda & 0 & 0 & \cdots & 0 & a_n \\ -1 & \lambda & 0 & \cdots & 0 & a_{n-1} \\ & & & \vdots & & \\ 0 & 0 & 0 & \cdots & \lambda & a_2 \\ 0 & 0 & 0 & \cdots & -1 & \lambda + a_1 \end{bmatrix}$$

的不变因子是$\overbrace{1,1,\cdots,1}^{n-1\text{个}}, f(\lambda)$，其中$f(\lambda) = \lambda^n + a_1\lambda^{n-1} + \cdots + a_{n-1}\lambda + a_n$。

13. 设 A 是数域 K 上 n 阶方阵，证明：A 与 A^T 相似。

14. 设 $A = \begin{bmatrix} \lambda & 0 & 0 \\ 1 & \lambda & 0 \\ 0 & 1 & \lambda \end{bmatrix}$，求 A^k。

15. 求下列矩阵的若当标准形 J。

$$A = \begin{bmatrix} 3 & 7 & -3 \\ -2 & -5 & 2 \\ -4 & -10 & 3 \end{bmatrix} \quad B = \begin{bmatrix} 0 & 1 & 1 & 0 & 0 & 0 \\ 1 & 0 & 1 & 0 & 0 & 0 \\ 1 & 1 & 0 & 0 & 0 & 0 \\ 0 & 0 & 0 & 2 & -1 & 1 \\ 0 & 0 & 0 & 2 & 2 & -1 \\ 0 & 0 & 0 & 1 & 2 & -1 \end{bmatrix}$$

$$C = \begin{bmatrix} 0 & 1 & 0 & \cdots & 0 & 0 \\ 0 & 0 & 1 & \cdots & 0 & 0 \\ & & & \vdots & & \\ 0 & 0 & 0 & \cdots & 0 & 1 \\ 1 & 0 & 0 & \cdots & 0 & 0 \end{bmatrix}$$

16. 设

$$A = \begin{bmatrix} 2 & -1 & -1 \\ 2 & -1 & -2 \\ -1 & 1 & 2 \end{bmatrix}$$

求 A 的若当标准形 J，并求相似变换阵 P，使 $P^{-1}AP = J$。

17. 设 A 是 3×3 矩阵，它的特征值为 $\lambda_1 = 2, \lambda_2 = 1, \lambda_3 = 3$ 相应的特征向量为

$$\alpha_1 = (1,2,2)^T, \alpha_2 = (2,-2,1)^T, \alpha_3 = (-2,-1,2)^T$$

试求 A。

18. 设　$A = \begin{bmatrix} 1 & -1 \\ 2 & 5 \end{bmatrix}$

证明：$2A^4 - 12A^3 + 19A^2 - 29A + 37E$ 可逆，并将其逆矩阵表示为 A 的多项式。

19. 设 ξ 是欧氏空间 V 中的单位向量，$\alpha \in V$，定义线性变换

$$\mathscr{A}\alpha = \alpha - 2(\alpha,\xi)\xi$$

证明 $\mathscr{A}$ 是正交变换，常称这变换为镜面反射。

20. 设 $\mathscr{T}$ 是 R^3 中线性变换，$\mathscr{T}(x,y,z) = (y,z,x)$，证明 $\mathscr{T}$ 是正交变换。

21. n 阶方阵 $\boldsymbol{A}$ 是幂幺矩阵($\boldsymbol{A}^k=\boldsymbol{E}$),证明 $\boldsymbol{A}$ 与对角矩阵相似。

22.
$$\boldsymbol{A}=\begin{bmatrix}1&0&0&0\\-1&-1&-1&0\\1&1&1&0\\2&2&2&0\end{bmatrix}$$
计算 $\boldsymbol{A}$ 的最小多项式,并计算 $\boldsymbol{A}^{100}$。

23. 设
$$\boldsymbol{A}=\begin{bmatrix}1&0&2\\0&-1&1\\0&1&0\end{bmatrix}$$
计算 $2\boldsymbol{A}^8-3\boldsymbol{A}^5+\boldsymbol{A}^4+\boldsymbol{A}^2-4\boldsymbol{E}$。

24. 若 R^4 上线性变换 $\mathscr{A}$ 关于 R^4 的标准正交基 $\boldsymbol{\varepsilon}_1,\boldsymbol{\varepsilon}_2,\boldsymbol{\varepsilon}_3,\boldsymbol{\varepsilon}_4$ 的矩阵表示为
$$\boldsymbol{A}=\begin{bmatrix}5&-1&-2&0\\-1&5&0&-2\\-2&0&5&-1\\0&-2&-1&5\end{bmatrix}$$
现有正交矩阵
$$\boldsymbol{Q}=\begin{bmatrix}\frac{1}{2}&-\frac{1}{2}&-\frac{1}{2}&\frac{1}{2}\\\frac{1}{2}&\frac{1}{2}&-\frac{1}{2}&-\frac{1}{2}\\\frac{1}{2}&-\frac{1}{2}&\frac{1}{2}&-\frac{1}{2}\\\frac{1}{2}&\frac{1}{2}&\frac{1}{2}&\frac{1}{2}\end{bmatrix}$$
把标准正交基 $\boldsymbol{\varepsilon}_1,\boldsymbol{\varepsilon}_2,\boldsymbol{\varepsilon}_3,\boldsymbol{\varepsilon}_4$ 变为 $\boldsymbol{\xi}_i=(\boldsymbol{\varepsilon}_1,\boldsymbol{\varepsilon}_2,\boldsymbol{\varepsilon}_3,\boldsymbol{\varepsilon}_4)\boldsymbol{\alpha}_i\quad i=1,2,3,4$ 其中 $\boldsymbol{Q}=(\boldsymbol{\alpha}_1,\boldsymbol{\alpha}_2,\boldsymbol{\alpha}_3,\boldsymbol{\alpha}_4)$,证明 $\mathscr{A}$ 关于后一基的矩阵表示为一对角阵。并求 $\boldsymbol{A}$ 的特征值、特征向量,也求出 $\mathscr{A}$ 的特征值、特征向量。

25. 设 $\boldsymbol{A}\in C^{n\times n}$,证明:存在酉阵 $\boldsymbol{U}$,使 $\boldsymbol{U}^H\boldsymbol{A}\boldsymbol{U}=\boldsymbol{T}$($\boldsymbol{T}$ 为上三角阵)。

26. 设 $\boldsymbol{A}\in C^{n\times n}$,证明:存在酉阵 $\boldsymbol{U}$,使 $\boldsymbol{U}^H\boldsymbol{A}\boldsymbol{U}=\boldsymbol{\Lambda}$(对角矩阵)的必要充分条件是 $\boldsymbol{A}^H\boldsymbol{A}=\boldsymbol{A}\boldsymbol{A}^H$(这样的 $\boldsymbol{A}$ 叫正规矩阵)。

第 2 篇
矩阵理论及其应用

在工程技术中引进矩阵理论,不仅使表达极为简捷,而且对工程技术理论的实质刻画也极为深刻。例如系统工程、优化方法、稳定性理论等,无不与矩阵理论发生紧密结合。因此,矩阵的理论与方法已成为研究现代工程技术的数学基础。

第 4 章 范数理论及其应用

在计算数学中,特别在数值代数中,研究数值方法的收敛性稳定性及误差分析等问题,范数理论显得十分重要,本书以后各章讨论中也要经常使用范数。本章论述范数的理论及性质。对于向量范数,着重讨论常用的 n 维向量空间 C^n 的情况,至于矩阵范数,将着重讨论矩阵空间 $C^{n\times n}$ 的情况。

4.1 向量范数及其性质

4.1.1 向量范数的概念及 P-范数

设给定了 n 维向量空间 R^n 中的向量序列 $\{\boldsymbol{\chi}^{(k)}\}$,其中 $\boldsymbol{\chi}^{(k)}=(\xi_1^{(k)},\xi_2^{(k)},\cdots,\xi_n^{(k)}),k=1,2,3,\cdots$。如果每一个分量 $\xi_i^{(k)}$ 当 $k\to\infty$ 时都有极限 ξ_i,即

$$\lim_{k\to\infty}\xi_i^{(k)}=\xi_i,i=1,2,\cdots,n$$

记 $\boldsymbol{\chi}=(\xi_1,\xi_2,\cdots,\xi_n)$,则称向量序列 $\{\boldsymbol{\chi}^{(k)}\}$ 有极限 $\boldsymbol{\chi}$,或称 $\boldsymbol{\chi}^{(k)}$ 收敛于 $\boldsymbol{\chi}$,简称 $\{\boldsymbol{\chi}^{(k)}\}$ 收敛,记为

$$\lim_{k\to\infty}\boldsymbol{\chi}^{(k)}=\boldsymbol{\chi},\text{或}\boldsymbol{\chi}^{(k)}\to\boldsymbol{\chi}$$

不收敛的向量序列称为是发散的。例如向量序列

$$\boldsymbol{\chi}^{(k)}=\begin{bmatrix}\dfrac{1}{2^k}\\[2mm]\dfrac{\sin k}{k}\end{bmatrix},\quad k=1,2,3,\cdots$$

是收敛的。因为当 $k\to\infty$ 时, $\dfrac{1}{2^n}\to0$, $\dfrac{\sin k}{k}\to0$, 所以

$$\lim_{k\to\infty}\boldsymbol{\chi}^{(k)}=\begin{bmatrix}\lim\limits_{k\to\infty}\dfrac{1}{2^k}\\[2mm]\lim\limits_{k\to\infty}\dfrac{\sin k}{k}\end{bmatrix}=\begin{bmatrix}0\\0\end{bmatrix}$$

而向量序列

$$\boldsymbol{\chi}^{(k)}=\begin{bmatrix}\sum\limits_{i=1}^{k}\dfrac{1}{2^i}\\ \sum\limits_{i=1}^{k}\dfrac{1}{i}\end{bmatrix},\quad k=1,2,3,\cdots\cdots$$

是发散的。因为 $\sum\limits_{i=1}^{k}\dfrac{1}{2^i}=\dfrac{1}{2}\cdot\dfrac{1-(\frac{1}{2})^{k+1}}{1-\frac{1}{2}}\to 1$，而$\sum\limits_{i=1}^{k}\dfrac{1}{i}\to\infty$。

显然，如果向量序列$\{\boldsymbol{\chi}^{(k)}\}$收敛到向量$\boldsymbol{\chi}$，则向量序列

$$\{\boldsymbol{\chi}^{(k)}-\boldsymbol{\chi}\}=\{\xi_1^{(k)}-\xi_1,\xi_2^{(k)}-\xi_2,\cdots,\xi_n^{(k)}-\xi_n\}$$

一定收敛到零向量$(0,0,\cdots,0)$，反之亦然。于是当$\lim\limits_{k\to\infty}\boldsymbol{\chi}^{(k)}=\boldsymbol{\chi}$时，则向量$(\xi_1^{(k)}-\xi_1,\cdots,\xi_n^{(k)}-\xi_n)$的欧氏长度$|\boldsymbol{\chi}^{(k)}-\boldsymbol{\chi}|=\sqrt{(\xi_1^{(k)}-\xi_1)^2+\cdots+(\xi_n^{(k)}-\xi_n)^2}$收敛于零；反之若有一向量序列的欧氏长度收敛于零，则它的每一个分量一定收敛于零，从而该向量序列收敛于零向量。

由上述可见，向量的长度可用来刻画收敛的性质。但是对一般的线性空间 V，如何定义向量的长度呢？这就是所谓范数的概念。范数是比长度更为广泛的概念，现定义于下。

定义 4.1　如果 V 是数域 K 上的线性空间，且对于 V 的任一向量$\boldsymbol{\chi}$，对应一个实值函数$\|\boldsymbol{\chi}\|$，它满足以下三个条件。

1. 非负性　当$\boldsymbol{\chi}\neq 0$时$\|\boldsymbol{\chi}\|>0$；当$\boldsymbol{\chi}=0$时$\|\boldsymbol{\chi}\|=0$；
2. 齐次性　$\|a\boldsymbol{\chi}\|=|a|\,\|\boldsymbol{\chi}\|,\boldsymbol{\chi}\in V$；
3. 三角不等式　$\|\boldsymbol{\chi}+\boldsymbol{\zeta}\|\leqslant\|\boldsymbol{\chi}\|+\|\boldsymbol{\zeta}\|,\boldsymbol{\chi},\boldsymbol{\zeta}\in V$

则称$\|\boldsymbol{\chi}\|$为 V 上$\boldsymbol{\chi}$的范数(norm)。

例 1　在 n 维酉空间 C^n 上，复向量$\boldsymbol{\chi}=(\xi_1,\xi_2,\cdots,\xi_n)$的长度

$$\|\boldsymbol{\chi}\|=\sqrt{|\xi_1|^2+|\xi_2|^2+\cdots+|\xi_n|^2}$$

就是一种范数。

为了说明这里的$\|\boldsymbol{\chi}\|$是范数，只需验证它满足范数三个条件就行了。事实上有

1. 对于$\|\boldsymbol{\chi}\|=\sqrt{|\xi_1|^2+\cdots+|\xi_n|^2}$，当$\boldsymbol{\chi}\neq 0$时，显然$\|\boldsymbol{\chi}\|>0$；当$\boldsymbol{\chi}=0$时，则$\|\boldsymbol{\chi}\|=\sqrt{0^2+\cdots+0^2}=0$。

2. 对任意的复数 $\boldsymbol{a}$，因为

$$\boldsymbol{a\chi}=(a\xi_1,a\xi_2,\cdots,a\xi_n)$$

所以

$$\begin{aligned}\|\boldsymbol{a\chi}\|&=\sqrt{|a\xi_1|^2+|a\xi_2|^2+\cdots+|a\xi_n|^2}\\&=|a|\sqrt{|\xi_1|^2+|\xi_2|^2+\cdots+|\xi_n|^2}\\&=|a|\,\|\boldsymbol{\chi}\|\end{aligned}$$

3. 对于任意两个复向量$\boldsymbol{\chi}=(\xi_1,\xi_2,\cdots,\xi_n)$，$\boldsymbol{\zeta}=(\eta_1,\eta_2,\cdots,\eta_n)$有

$$\boldsymbol{\chi}+\boldsymbol{\zeta}=(\xi_1+\eta_1,\xi_2+\eta_2,\cdots,\xi_n+\eta_n)$$

所以

$$\|\boldsymbol{\chi}+\boldsymbol{\zeta}\|=\sqrt{|\xi_1+\eta_1|^2+|\xi_2+\eta_2|^2+\cdots+|\xi_n+\eta_n|^2}$$

$$\|\boldsymbol{\chi}\|=\sqrt{|\xi_1|^2+|\xi_2|^2+\cdots+|\xi_n|^2}$$

$$\|\zeta\| = \sqrt{|\eta_1|^2 + |\eta_2|^2 + \cdots + |\eta_n|^2}$$

$$\begin{aligned}\|\chi+\zeta\|^2 &= |\xi_1+\eta_1|^2 + |\xi_2+\eta_2|^2 + |\xi_n+\eta_n|^2 \\ &= |\xi_1|^2 + \cdots + |\xi_n|^2 + \sum_{i=1}^{n}\xi_i\overline{\eta_i} + \sum_{i=1}^{n}\overline{\xi_i}\eta_i + |\eta_1|^2 + \cdots + |\eta_n|^2 \\ &= \|\chi\|^2 + 2Re(\chi,\xi) + \|\zeta\|^2 \\ &\leqslant \|\chi\|^2 + 2\|\chi\|\|\zeta\| + \|\zeta\|^2 \\ &= (\|\chi\| + \|\zeta\|)^2\end{aligned}$$

这就证明了 $\|\chi\| = \sqrt{|\xi_1|^2 + \cdots + |\xi_n|^2}$ 是 C^n 上的一种范数。通常称这种范数为2-范数或欧氏范数),记为 $\|\chi\|_2$,(或 $\|\chi\|_E$)。即

$$\|\chi\|_2 = \sqrt{|\xi_1|^2 + |\xi_2|^2 + \cdots + |\xi_n|^2} \tag{4.1}$$

式(4.1)对欧氏空间 R^n 亦成立,这只要把复数域C改为实数域就行了。

可以证明 $\|\chi\|_2$ 还满足不等式。

$$|\,\|\chi\| - \|\zeta\|\,| \leqslant \|\chi-\zeta\| \tag{4.2}$$

这里 χ,ζ 是 C^n 中任意向量。

事实上,因为有

$$\|\chi\| = \|\chi-\zeta+\zeta\| \leqslant \|\zeta\| + \|\chi-\zeta\|$$

所以 $$\|\chi\| - \|\zeta\| \leqslant \|\chi-\zeta\|$$

同理可得 $$\|\zeta\| - \|\chi\| \leqslant \|\chi-\zeta\|$$

联合上面两个不等式便得式(4.2)。

如果用 $-\zeta$ 来换式(4.2)中的 ζ,不等式(4.2)变成

$$|\,\|\chi\| - \|\zeta\|\,| \leqslant \|\chi+\zeta\| \tag{4.3}$$

不等式(4.2),式(4.3)在 R^2 中有明确的几何意义,即它们表示任一三角形两边长度之差不大于第三边的长度(图4.1)。

向量 χ 和 ζ 的差 $\chi-\zeta$,其范数就是 χ 和 ζ 两个终点的距离。而 $\|\chi\|$ 和 $\|\zeta\|$ 本身也表示 χ 和 ζ 的终点到它们的始点(原点)的距离,所以也可以用距离来解释范数。

例2 证明 $\|\chi\| = \max\limits_i|\xi_i|$ 是 C^n 上的一种范数,这里 $\chi = (\xi_1,\xi_2,\cdots,\xi_n) \in C^n$

证 当 $\chi \neq 0$ 时,有 $\|\chi\| = \max|\xi_i| > 0$;当 $\chi = 0$ 时,显然 $\|\chi\| = 0$。

又对任意 $a \in C$,有

$$\|a\chi\| = \max|a\xi_i| = |a|\max_i|\xi_i| = |a|\,\|\chi\|$$

对 C^n 的任意两个向量 $\chi = (\xi_1,\xi_2,\cdots,\xi_n)$,$\zeta = (\eta_1,\eta_2,\cdots,\eta_n)$ 有

$$\begin{aligned}\|\chi+\zeta\| &= \max_i|\xi_i+\eta_i| \leqslant \max_i(|\xi_i| + |\eta_i|) \\ &\leqslant \max_i|\xi_i| + \max_i|\eta_i| = \|\chi\| + \|\zeta\|\end{aligned}$$

以上所论表明 $\|\chi\| = \max|\xi_i|$ 确实是 C^n 上的一种范数,通常称其为∞-范数,记为 $\|\chi\|_\infty$。于是有

$$\|\chi\|_\infty = \max_i|\xi_i| \tag{4.4}$$

例3 证明 $\|\chi\| = \sum\limits_{i=1}^{n}|\xi_i|$ 也是 C^n 上的一种范数,其中 $\chi = (\xi_1,\xi_2,\cdots,\xi_n) \in C^n$。

证　当$\boldsymbol{\chi}\neq 0$时,显然 $\|\boldsymbol{\chi}\| = \sum_{i=1}^{n}|\xi_i|>0$,当$\boldsymbol{\chi}=0$时,由于$\boldsymbol{\chi}$的每一个分量都是零,故 $\|\boldsymbol{\chi}\|=0$。

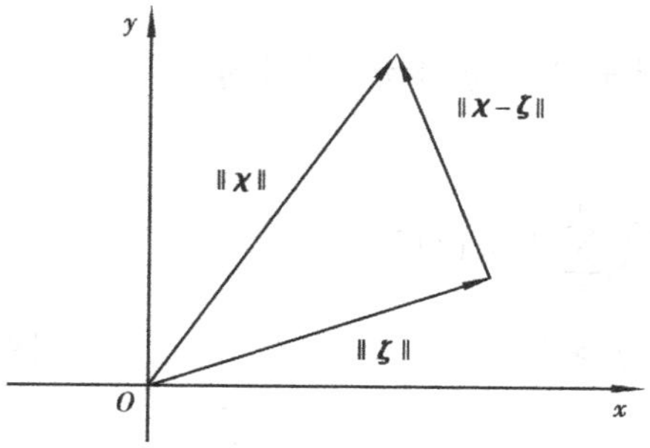

图 4.1

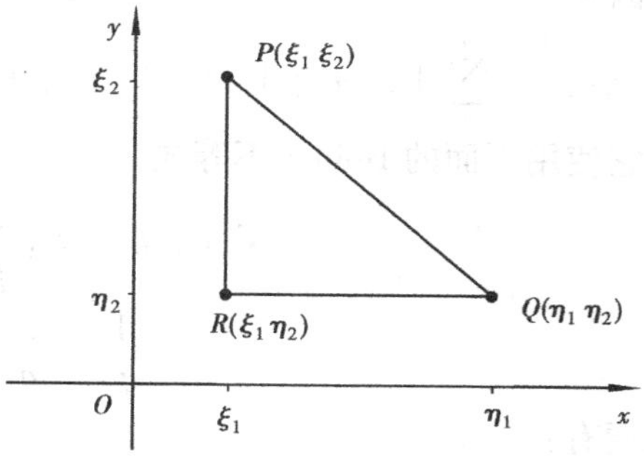

图 4.2

又对于任意 $a\in \mathbf{C}$,有

$$\|a\boldsymbol{\chi}\| = \sum_{i=1}^{n}|a\xi_i| = |a|\sum_{i=1}^{n}|\xi_i| = |a|\ \|\boldsymbol{\chi}\|$$

对于任意两个向量$\boldsymbol{\chi},\boldsymbol{\zeta}\in C^n$,有

$$\begin{aligned}\|\boldsymbol{\chi}+\boldsymbol{\zeta}\| &= \sum_{i=1}^{n}|\xi_i+\eta_i| \leqslant \sum_{i=1}^{n}(|\xi_i|+|\eta_i|)\\ &= \sum_{i=1}^{n}|\xi_i| + \sum_{i=1}^{n}|\eta_i| = \|\boldsymbol{\chi}\| + \|\boldsymbol{\zeta}\|\end{aligned}$$

于是由定义 4.1 知 $\|\boldsymbol{\chi}\| = \sum_{i=1}^{n}|\xi_i|$ 是 C^n 上一种范数。通常称其为 1-范数 $\|\boldsymbol{\chi}\|$,即

$$\|\boldsymbol{\chi}\|_1 = \sum_{i=1}^{n}|\xi_i| \tag{4.5}$$

为了易于理解,用度量 R^2 中两点 P,Q 的距离(长度)的大小对例 1,例 2,例 3 中的三种范数加以说明(图 4.2)。

为了度量 P,Q 的距离,除了使用欧氏长度 $\sqrt{(\xi_1-\eta_1)^2+(\xi_2-\eta_2)^2}$ 来度量外,当然还可以使用 PR 及 RQ 中最长一边的长度

$$\max\{|\xi_1-\eta_1|,|\xi_2-\eta_2|\}$$

来度量它,或者以 PR 和 RQ 两边长度之和

$$|\xi_1-\eta_1|+|\xi_2-\eta_2|$$

去度量。这三种长度相当于平面情况的向量范数 $\|\boldsymbol{\chi}\|_2$, $\|\boldsymbol{\chi}\|_\infty$ 和 $\|\boldsymbol{\chi}\|_1$。

由例 1 ~3 可知,在一个线性空间中,可以定义多种向量范数,实际上可以定义无限多种范数。例如对于不小于 1 的任意实数 P 及 $\boldsymbol{\chi}=(\xi_1,\xi_2,\cdots,\xi_n)\in C^n$ 可以证明实值函数

$$\left(\sum_{i=1}^{n}|\xi_i|^P\right)^{\frac{1}{P}},\quad 1\leqslant P<+\infty$$

满足定义 4.1 的三个条件。事实上,该函数显然具有非负性及齐次性,下证明它还满足三角不等式,即要证明下面不等式

$$\left(\sum_{i=1}^{n}|\xi_i+\eta_i|^P\right)^{\frac{1}{P}} \leqslant \left(\sum_{i=1}^{n}|\xi_i|^P\right)^{\frac{1}{P}} + \left(\sum_{i=1}^{n}|\eta_i|^P\right)^{\frac{1}{P}}$$

成立,其中$\boldsymbol{\zeta}=(\eta_1,\eta_2,\cdots,\eta_n)\in C^n$。

因为

$$\sum_{i=1}^{n}|\xi_i+\eta_i|^P \leqslant \sum_{i=1}^{n}|\xi_i+\eta_i|^{P-1}|\xi_i| + \sum_{i=1}^{n}|\xi_i+\eta_i|^{P-1}|\eta_i|$$

再对它使用下面的 Holder 不等式

$$\sum_{i=1}^{n}|a_ib_i| \leqslant \left(\sum_{i=1}^{n}|a_i|^P\right)^{\frac{1}{P}}\left(\sum_{i=1}^{n}|b_i|^q\right)^{\frac{1}{q}}$$

$$\frac{1}{p}+\frac{1}{q}=1 \quad , \quad p,q>1 \tag{4.6}$$

于是便有:

$$\sum_{i=1}^{n}|\xi_i+\eta_i|^P \leqslant \left(\sum_{i=1}^{n}|\xi_i|^p\right)^{\frac{1}{p}}\left(\sum_{i=1}^{n}|\xi_i+\eta_i|^{(p-1)\cdot\frac{P}{P-1}}\right)^{\frac{P-1}{P}}$$

$$+\left(\sum_{i=1}^{n}|\eta_i|^p\right)^{\frac{1}{p}}\left(\sum_{i=1}^{n}|\xi_i+\eta_i|^{(p-1)\cdot\frac{P}{P-1}}\right)^{\frac{P-1}{P}}$$

$$=\left[\left(\sum_{i=1}^{n}|\xi_i|^P\right)^{\frac{1}{P}}+\left(\sum_{i=1}^{n}|\eta_i|^P\right)^{\frac{1}{P}}\right]\left(\sum_{i=1}^{n}|\xi_i+\eta_i|^{(p-1)\cdot\frac{P}{P-1}}\right)^{\frac{P-1}{P}}$$

两端同除以$\left(\sum_{i=1}^{n}|\xi_i+\eta_i|^{(p-1)\cdot\frac{P}{P-1}}\right)^{\frac{P-1}{P}}$便得所要不等式。

称函数$\left(\sum_{i=1}^{n}|\xi_i|^P\right)^{\frac{1}{P}}$为向量$\boldsymbol{\chi}$的$P$-范数,记为$\|\boldsymbol{\chi}\|_p$,于是有

$$\|\boldsymbol{\chi}\|_p=\left(\sum_{i=1}^{n}|\xi_i|^P\right)^{\frac{1}{P}} \tag{4.7}$$

在式(4.7)中,让$p=1$便得$\|\boldsymbol{\chi}\|_1$;$p=2$便得$\|\boldsymbol{\chi}\|_2$。并且还有

$$\|\boldsymbol{\chi}\|_\infty=\lim_{p\to\infty}\|\boldsymbol{\chi}\|_P$$

事实上,如果$|\xi_1|,|\xi_2|,\cdots,|\xi_n|$中最大的一个$|\xi_k|\neq 0$,那么有

$$\|\boldsymbol{\chi}\|_\infty=\max_i|\xi_i|=|\xi_k|$$

于是

$$\|\boldsymbol{\chi}\|_p=\left(\sum_{i=1}^{n}|\xi_k|^P\frac{|\xi_i|^p}{|\xi_k|^p}\right)^{\frac{1}{P}}=|\xi_k|\left(\sum_{i=1}^{n}\left|\frac{\xi_i}{\xi_k}\right|^p\right)^{\frac{1}{P}}$$

因为
$$|\xi_k|^p \leqslant \sum_{i=1}^{n}|\xi_i|^p \leqslant n\,|\xi_k|^p$$

所以有

$$1^{\frac{1}{p}} \leqslant \left(\sum_{i=1}^{n}\left|\frac{\xi_i}{\xi_k}\right|^p\right)^{\frac{1}{p}} \leqslant n^{\frac{1}{p}}$$

令$p\to\infty$知

$$\lim_{p\to\infty}n^{\frac{1}{P}}=1,\text{从而有}\lim_{p\to\infty}\|\boldsymbol{\chi}\|_p=|\xi_k|=\|\boldsymbol{\chi}\|_\infty$$

式(4.7)表明它为计算数学中常用的三种范数$\|\boldsymbol{\chi}\|_1$,$\|\boldsymbol{\chi}\|_2$,$\|\boldsymbol{\chi}\|_\infty$的统一表达式。下

面再举一些例子，以示范数求法。

例 4　在区间〔a b〕上定义的实连续函数集合，关于通常函数的加法及实数与函数的乘法构成 **R** 上一线性空间。可以验证

$$\|f(t)\|_1 = \int_a^b |f(t)| \,\mathrm{d}t;$$

$$\|f(t)\|_p = \left(\int_a^b |f(t)|^p \mathrm{d}t\right)^{\frac{1}{p}}, 1 \leqslant p < +\infty;$$

$$\|f(t)\|_\infty = \max_{t\in[a\ b]} |f(t)|。$$

都满足范数定义的三个条件，因此，它们都分别是该线性空间上的范数。

例 5　计算 C^4 中向量 $\boldsymbol{\chi} = (3\mathrm{i}, 0, -4\mathrm{i}, -12)$ 的 1-范数，2-范数及∞-范数，这里 $\mathrm{i} = \sqrt{-1}$。

解　$$\|\boldsymbol{\chi}\|_1 = \sum_{i=1}^n |\xi_i| = |3\mathrm{i}| + |0| + |-4\mathrm{i}| + |-12| = 19$$

$$\|\boldsymbol{\chi}\|_2 = (|3\mathrm{i}|^2 + |-4\mathrm{i}|^2 + |-12|^2)^{\frac{1}{2}} = 13$$

$$\|\boldsymbol{\chi}\|_\infty = \max_i |\xi_i| = 12$$

由例 5 可见，一个向量的范数，依其范数定义不同而大小不同。

4.1.2　n 维线性空间 V 上的向量范数等价性

前面已经指出，在数域 K 上的线性空间 V，特别是 C^n 上可以定义各种各样的向量范数，其数值大小一般不同如例 5 所示。但是在各种向量范数之间存在有下述定理所论的重要关系。

定理 4.1.1　设 $\|\boldsymbol{\chi}\|_\alpha$ 和 $\|\boldsymbol{\chi}\|_\beta$ 为有限维线性空间 V 的任意两种向量范数，它们不限于 P-范数，则总存在两个与向量 $\boldsymbol{\chi}$ 无关的正常数 c_1 和 c_2，使下面不等式成立

$$c_1\|\boldsymbol{\chi}\|_\beta \leqslant \|\boldsymbol{\chi}\|_\alpha \leqslant c_2\|\boldsymbol{\chi}\|_\beta, \forall \boldsymbol{\chi} \in V \tag{4.8}$$

证明　如果范数 $\|\boldsymbol{\chi}\|_\alpha$ 和范数 $\|\boldsymbol{\chi}\|_\beta$ 都与固定范数譬如 $\|\boldsymbol{\chi}\|_2$ 满足形式如式(4.8)的关系，c_1'，c_2' 及 c_1''，c_2'' 使

$$c_1'\|\boldsymbol{\chi}\|_2 \leqslant \|\boldsymbol{\chi}\|_\alpha \leqslant c_2'\|\boldsymbol{\chi}\|_2$$

$$c_1''\|\boldsymbol{\chi}\|_\beta \leqslant \|\boldsymbol{\chi}\|_2 \leqslant c_2''\|\boldsymbol{\chi}\|_\beta$$

成立，则显然有　$c_1'c_1''\|\boldsymbol{\chi}\|_\beta \leqslant \|\boldsymbol{\chi}\|_\alpha \leqslant c_2'c_2''\|\boldsymbol{\chi}\|_\beta$。

令 $c_1 = c_1'c_1''$，$c_2 = c_2'c_2''$ 便得不等式(4.8)。因此只要对 $\boldsymbol{\beta} = 2$ 证明不等式(4.8)成立就行了。

设 V 是 n 维的，$\boldsymbol{\varepsilon}_1, \boldsymbol{\varepsilon}_2, \cdots, \boldsymbol{\varepsilon}_n$ 是它的一个基，于是 V 中的任意向量 $\boldsymbol{\chi}$，有

$$\boldsymbol{\chi} = \xi_1\boldsymbol{\varepsilon}_1 + \xi_2\boldsymbol{\varepsilon}_2 + \cdots + \xi_n\boldsymbol{\varepsilon}_n$$

从而
$$\|\boldsymbol{\chi}\|_\alpha = \|\xi_1\boldsymbol{\varepsilon}_1 + \cdots + \xi_n\boldsymbol{\varepsilon}_n\|_\alpha$$

可以视为 n 个变量 $\xi_1, \xi_2, \cdots, \xi_n$ 的函数，记为

$$\varphi(\xi_1, \xi_2, \cdots, \xi_n) = \|\boldsymbol{\chi}\|_\alpha$$

易证 $\varphi(\xi_1, \cdots, \xi_n)$ 是连续函数。事实上，若令 $\boldsymbol{\chi}' = \xi_1'\boldsymbol{\varepsilon}_1 + \cdots + \xi_n'\boldsymbol{\varepsilon}_n$

$$\|\boldsymbol{\chi}'\|_\alpha = \varphi(\xi_1', \cdots, \xi_n')$$

$$\begin{aligned}|\varphi(\xi_1', \cdots, \xi_n') - \varphi(\xi_1, \cdots, \xi_n)| &= |\,\|\boldsymbol{\chi}'\|_\alpha - \|\boldsymbol{\chi}\|_\alpha| \leqslant \|\boldsymbol{\chi}' - \boldsymbol{\chi}\|_\alpha \\ &= \|(\xi_1' - \xi_1)\boldsymbol{\varepsilon}_1 + \cdots + (\xi_n' - \xi_n)\boldsymbol{\varepsilon}_n\|_\alpha \\ &\leqslant |\xi_1' - \xi_1|\ \|\boldsymbol{\varepsilon}_1\|_\alpha + \cdots + |\xi_n' - \xi_n|\ \|\boldsymbol{\varepsilon}_n\|_\alpha\end{aligned}$$

由于 $\|\boldsymbol{\varepsilon}_1\|_\alpha, \|\boldsymbol{\varepsilon}_2\|_\alpha, \cdots, \|\boldsymbol{\varepsilon}_n\|_\alpha$ 是固定数,因此当 ξ_i' 充分接近 ξ_i 时,$\varphi(\xi_1', \cdots, \xi_n')$ 与 $\varphi(\xi_1, \cdots, \xi_n)$ 充分接近。这就说明了 $\varphi(\xi_1, \xi_2, \cdots, \xi_n)$ 是连续函数。

根据连续函数性质,可知在有界闭集

$$|\xi_1|^2 + |\xi_2|^2 + \cdots + |\xi_n|^2 = 1$$

上(即欧氏空间 R^n 的单位球上),函数 $\varphi(\xi_1, \cdots, \xi_n)$ 可达到最大值 c_2 及最小值 c_1。因为在上面的有界闭集中 ξ_i 不可能全为零,所以 $c_1 > 0$。记向量

$$\boldsymbol{\zeta} = \frac{\xi_1}{\|\boldsymbol{\chi}\|_2} e_1 + \frac{\xi_2}{\|\boldsymbol{\chi}\|_2} e_2 + \cdots + \frac{\xi_n}{\|\boldsymbol{\chi}\|_2} e_n$$

其中 $\|\boldsymbol{\chi}\|_2 = \sqrt{\sum_{i=1}^{n} |\xi_i|^2}$,则其分量满足

$$\left(\frac{|\xi_1|}{\|\boldsymbol{\chi}\|_2}\right)^2 + \left(\frac{|\xi_2|}{\|\boldsymbol{\chi}\|_2}\right)^2 + \cdots + \left(\frac{|\xi_n|}{\|\boldsymbol{\chi}\|_2}\right)^2 = 1$$

因此 $\boldsymbol{\zeta}$ 在上面的单位圆上。从而有

$$0 < c_1 \leqslant \|\boldsymbol{\zeta}\|_\alpha = \varphi\left(\frac{\xi_1}{\|\boldsymbol{\chi}\|_2}, \frac{\xi_2}{\|\boldsymbol{\chi}\|_2}, \cdots, \frac{\xi_n}{\|\boldsymbol{\chi}\|_2}\right) \leqslant c_2$$

但 $\boldsymbol{\zeta} = \dfrac{\boldsymbol{\chi}}{\|\boldsymbol{\chi}\|_2}$,故

$$c_1 \leqslant \frac{\|\boldsymbol{\chi}\|_\alpha}{\|\boldsymbol{\chi}\|_2} \leqslant c_2$$

即

$$c_1 \|\boldsymbol{\chi}\|_2 \leqslant \|\boldsymbol{\chi}\|_\alpha \leqslant c_2 \|\boldsymbol{\chi}\|_2$$

推论 设 $\|\boldsymbol{\chi}\|_\alpha$ 和 $\|\boldsymbol{\chi}\|_\beta$ 都是 $\|\boldsymbol{\chi}\|_p (p = 1, 2, \infty)$,则下面两个不等式成立

$$\|\boldsymbol{\chi}\|_\infty \leqslant \|\boldsymbol{\chi}\|_1 \leqslant n \|\boldsymbol{\chi}\|_\infty$$

$$\|\boldsymbol{\chi}\|_\infty \leqslant \|\boldsymbol{\chi}\|_2 \leqslant \sqrt{n} \|\boldsymbol{\chi}\|_\infty$$

上面两式表明,对某一向量而言,如果它的某一种范数小(或大),那么它的另两种范数也小(或大)。

定义 4.2 满足不等式(4.8)的两种范数称为等价的。

于是定理 4.1.1 可叙述为:有限维线性空间上的不同范数是等价的。

例 6[①] 设 $\boldsymbol{A}$ 是一个 n 阶对称正定矩阵,列向量 $\boldsymbol{\chi} \in R^n$ 则函数

$$\|\boldsymbol{\chi}\|_A = (\boldsymbol{\chi}^T \boldsymbol{A} \boldsymbol{\chi})^{\frac{1}{2}} \tag{4.9}$$

也是一种向量范数(加权范数或椭圆范数)。

证明 因为 $\boldsymbol{A}$ 正定,所以当 $\boldsymbol{\chi} = 0$ 时,$\|\boldsymbol{\chi}\|_A = 0$;当 $\boldsymbol{\chi} \neq 0$ 时,$\|\boldsymbol{\chi}\|_A > 0$,即 $\|\boldsymbol{\chi}\|_A$ 具有非负性。又对任何数 $a \in \mathbf{R}$,有

$$\|a\boldsymbol{\chi}\|_A = \sqrt{(aX)^T \boldsymbol{A} (a\boldsymbol{\chi})} = \sqrt{a^2 \boldsymbol{\chi}^T \boldsymbol{A} \boldsymbol{\chi}} = |a| \ \|\boldsymbol{\chi}\|_A$$

所以 $\|\boldsymbol{\chi}\|_A$ 具有齐次性。关于它的三角不等式可推证如下。

因为 $\boldsymbol{A}$ 正定,所以存在非奇异阵 $\boldsymbol{P}$,使 $\boldsymbol{P}^T \boldsymbol{A} \boldsymbol{P} = \boldsymbol{E}$,从而 $\boldsymbol{A} = (\boldsymbol{P}^T)^{-1} \boldsymbol{P}^{-1} = \boldsymbol{B}^T \boldsymbol{B}$,这里 $\boldsymbol{B} = \boldsymbol{P}^{-1}$。于是

---

① 若 $\boldsymbol{A}$ 是 Hermite 正定阵,$\boldsymbol{\chi} \in C^n$,该例也成立。

从而

$$\|\chi\|_A = \sqrt{\chi^T A\chi} = \sqrt{(B\chi)^T(B\chi)} = \|B\chi\|_2$$

$$\|\chi+\zeta\|_A = \|B(\chi+\zeta)\|_2 = \|B\chi + B\zeta\|_2$$
$$\leqslant \|B\chi\|_2 + \|B\zeta\|_2 = \|\chi\|_A + \|\zeta\|_A$$

利用向量范数的等价性容易证明下面的定理。

定理 4.1.2 C^n中的向量序列$\chi^{(k)} = (\xi_1^{(k)}, \xi_2^{(k)}, \cdots, \xi_n^{(k)})$, $k=1,2,\cdots$收敛到向量$\chi = (\xi_1, \xi_2, \cdots, \xi_n)$的充要条件是对任一种范数$\|\cdot\|$,序列$\|\chi^{(k)} - \chi\|$收敛到零。

证明 利用范数的等价性,只需证明对一种范数成立就行,为此取$\|\cdot\| = \|\cdot\|_\infty$。

因为 $\lim\limits_{k\to\infty}\chi^{(k)} = \chi$

的充分条件为 $\lim\limits_{k\to\infty}\xi_i^{(k)} = \xi_i \quad i=1,2,\cdots,n$

的充要条件为 $\lim\limits_{k\to\infty}|\xi_i^{(k)} - \xi_i| = 0 \quad i=1,2,\cdots,n$

的充要条件为 $\lim\limits_{k\to\infty}\max\limits_i|\xi_i^{(k)} - \xi_i| = 0$

也即范数序列 $\|\chi^{(k)} - \chi\|_\infty$收敛于0。

定理4.1.2表明,尽管不同的向量范数可能具有不同的大小,然而在各种范数下考虑向量序列的收敛问题时,却表现出明显的一致性。这就是说,如果向量序列$\{\chi^{(k)}\}$对某一范数$\|\cdot\|$收敛,且极限为χ,则对其他范数这个序列仍然收敛,并且具有相同的极限χ。

4.2 矩阵的范数

这一节,我们将向量范数的概念推广到矩阵空间$C^{n\times n}$上去,同时还要讨论几种具体的矩阵范数,以兹应用。

4.2.1 矩阵范数的定义与性质

由于一个$n\times n$的矩阵可以看成是一个拉直了的$n\times n$维向量,因此可以按定义向量范数的方法来定义矩阵范数,但矩阵之间还有乘法运算,因此,对于$n\times n$矩阵A,定义其范数如下。

定义 4.3 设A、$B\in C^{n\times n}$,$a\in \mathbf{C}$,按某一法则在$C^{n\times n}$上定义一个A的实值函数,记为$\|A\|$,它满足以下4个条件

1. 非负性 如果$A\neq 0$,则$\|A\|>0$
   如果$A=0$,则$\|A\|=0$;
2. 齐次性 对任意的$a\in\mathbf{C}$, $\|aA\| = |a|\,\|A\|$;
3. 三角不等式 $\|A+B\|\leqslant\|A\|+\|B\|$
4. 相容性 $\|AB\|\leqslant\|A\|\,\|B\|$

则称$\|A\|$为矩阵范数或乘积范数。

对于$C^{m\times n}$中的矩阵A($m\neq n$时),只要第4条的$\|AB\|\leqslant\|A\|\,\|B\|$要求$AB$有意义就行。

例1 已知$A\in C^{n\times n}$, $A=(a_{ij})_{n\times n}$,证明下面两个函数

$$\|A\|_{m1}=\sum_{i,j}^{n}|a_{ij}|,\ \|A\|_{m\infty}=n\cdot\max_{i,j}|a_{ij}|$$

都是矩阵 A 的范数。

证明 只需验证它们依次满足定义4.3中的4个条件就行了。事实上,对于函数 $\|A\|_{m1}$ 而言,它显然具有非负性与齐次性,现仅就三角不等式与相容性加以验证于下。

$$\begin{aligned}\|A+B\|_{m1}&=\sum_{i,j=1}^{n}|a_{ij}+b_{ij}|\leqslant\sum_{i,j=1}^{n}(|a_{ij}|+|b_{ij}|)\\&=\sum_{i,j=1}^{n}|a_{ij}|+\sum_{i,j=1}^{n}|b_{ij}|=\|A\|_{m1}+\|B\|_{m1}\end{aligned}$$

$$\begin{aligned}\|AB\|_{m1}&=\sum_{i=1}^{n}\sum_{j=1}^{n}|a_{i1}b_{1j}+\cdots+a_{in}b_{nj}|\\&\leqslant\sum_{i=1}^{n}\sum_{j=1}^{n}(|a_{i1}||b_{1j}|+|a_{i2}||b_{2j}|+\cdots+|a_{in}||b_{nj}|)\\&\leqslant\sum_{i=1}^{n}(|a_{i1}|+|a_{i2}|+\cdots+|a_{in}|)\cdot\sum_{i=1}^{n}(|b_{i1}|+|b_{i2}|+\cdots+|b_{in}|)\\&=\sum_{i,j=1}^{n}|a_{ij}|\cdot\sum_{i,j=1}^{n}|b_{ij}|\\&=\|A\|_{m1}\cdot\|B\|_{m1}\end{aligned}$$

从而证实了 $\|A\|_{m1}$ 是方阵 A 的一种范数。对于 $\|A\|_{m\infty}$,前3条都是很容易的,下面只验证第4条满足。

$$\begin{aligned}\|AB\|_{m\infty}&=n\max_{i,j}|a_{i1}b_{1j}+\cdots+a_{in}b_{nj}|\\&\leqslant n\max_{i,j}(|a_{i1}||b_{1j}|+\cdots+|a_{in}||b_{nj}|)\\&\leqslant n^2|a_{i0k}||b_{kj0}|\qquad i_0,j_0\text{ 就是使上式取最大值的 }i_0,j_0\\&\leqslant n\max_{i,j}|a_{ij}|\cdot n\max_{i,j}|b_{ij}|\end{aligned}$$

这就说明 $\|A\|_{m\infty}$ 是方阵 A 的一种范数。

如同向量范数的情况一样,矩阵范数也是多种多样的。但是,在数值方法中进行某种估计时,遇到的多数情况是:矩阵范数与向量范数混合一起使用,而矩阵经常是作为两个线性空间上的线性映射(变换)出现的。因此考虑一些矩阵范数,应使他们与向量范数联系起来,这就是下面将讨论的矩阵范数与向量范数相容的概念。

定义4.4 如果任意向量 $\chi\in C^n$ 及任意 n 级方阵 $A\in C^{n\times n}$,对于给定的向量范数 $\|\chi\|$ 和矩阵范数 $\|A\|$ 满足不等式

$$\|A\chi\|\leqslant\|A\|\,\|\chi\|\tag{4.10}$$

则称矩阵范数 $\|A\|$ 和向量范数 $\|\chi\|$ 相容。

例2 设 $A=(a_{ij})_{n\times n}\in C^{n\times n}$,定义函数

$$\|A\|_F=\Big(\sum_{i=1}^{n}\sum_{j=1}^{n}|a_{ij}|^2\Big)^{\frac{1}{2}}=(tr\,\overline{A^T}A)^{\frac{1}{2}}\tag{4.11}$$

试验证它是一种矩阵范数。

证明 因为 $\|A\|_F$ 可以视为 $n\times n$ 维向量 A 的2-范数。若记 α_j 为 A 的第 j 列($j=1,2,$

$\cdots,n)$，则式(4.11)可改写为

$$\|A\|_F=(\|\alpha_1\|_2^2+\|\alpha_2\|_2^2+\cdots+\|\alpha_n\|_2^2)^{\frac{1}{2}}$$

所以$\|A\|_F$具有非负性，齐次性，及三角不等式是明显的。

下面先证明$\|A\|_F$与$\|\chi\|_2$是相容的，对任意$\chi=(x_1,x_2,\cdots,x_n)^T\in C^n$。然后再证明函数$\|A\|_F$满足定义4.3中的第4条件。

把矩阵A按行分块，$A=\begin{bmatrix}\tilde{\alpha}_1\\ \tilde{\alpha}_2\\ \vdots\\ \tilde{\alpha}_n\end{bmatrix}$，其中$\tilde{\alpha}_i=(a_{i1}\ a_{i2}\cdots a_{in})$

则
$$A\chi=\begin{bmatrix}(\tilde{\alpha}_1^T,\bar{\chi})\\ \vdots\\ (\tilde{\alpha}_n^T,\bar{\chi})\end{bmatrix},\quad \chi=\begin{bmatrix}x_1\\ x_2\\ \vdots\\ x_n\end{bmatrix}$$

其中$(\tilde{\alpha}_i^T,\bar{\chi})=a_{i1}x_1+a_{i2}x_2+\cdots+a_{in}x_n$

由 Canchy-будияковский 不等式，有

$$|(\tilde{\alpha}_i^T,\bar{\chi})|\leqslant\|\alpha_i\|_2\|\bar{\chi}\|_2$$

于是

$$\|A\chi\|_2^2=\sum_{i=1}^n|(\tilde{\alpha}_i^T,\bar{\chi})|^2\leqslant\sum_{i=1}^n\|\tilde{\alpha}_i\|_2^2\|\bar{\chi}\|_2^2$$

$$=\|\bar{\chi}\|_2^2\sum_{i=1}^n\|\tilde{\alpha}_i^T\|_2^2=\|\bar{\chi}\|_2^2\|A\|_F^2$$

这就证明了式(4.11)

记B的第j列为$\beta_j,j=1,2,\cdots n,B=(\beta_1,\beta_2,\cdots,\beta_n)$。

$$\begin{aligned}\|AB\|_F^2&=\|(A\beta_1,A\beta_2,\cdots,A\beta_n)\|_F^2\\&=\|A\beta_1\|_2^2+\|A\beta_2\|_2^2+\cdots+\|A\beta_n\|_2^2\\&\leqslant\|A\|_F^2\|\beta_1\|_2^2+\|A\|_F^2\|\beta_2\|_2^2+\cdots+\|A\|_F^2\|\beta_n\|_2^2\\&=\|A\|_F^2(\|\beta_1\|_2^2+\|\beta_2\|_2^2+\cdots+\|\beta_n\|_2^2)\\&=\|A\|_F^2\cdot\|B\|_F^2\end{aligned}$$

这就证明了$\|AB\|_F\leqslant\|A\|_F\cdot\|B\|_F$

范数(4.12)又称为 Frobenius 范数，或简称F-范数。为了与例1的两种范数一致起见，这一范数亦可用$\|A\|_{m2}$表示。

$\|A\|_F$有一优点，现以定理给出于下。

定理 4.2.1　设$A\in C^{n\times n},P,Q\in C^{n\times n},P,Q$皆为酉矩阵，则

$$\|PA\|_F=\|A\|_F=\|AQ\|_F\tag{4.12}$$

(在A是n级实方阵时，P、Q都是正交矩阵)。

证明　由式(4.11)及$\bar{P}^TP=E,Q\bar{Q}^T=E$

$$\|PA\|_F^2=tr[(\overline{PA})^TPA]=tr(A^HA)=\|A\|_F^2$$

$$\|AQ\|_F^2 = \|(AQ)^H\|_F^2 = tr[((Q^HA^H)^H(AQ)^H]$$
$$= tr(AA^H) = \|A\|_F^2$$

推论　与 A 酉(正交)相似的矩阵 F-范数是相同的。既若 $B = Q^HAQ$,则 $\|B\|_F = \|A\|_F$,其中 Q 是酉阵。

定理 4.2.2　方阵 $A \in C^{n\times n}$ 的任一种范数是 A 的元素的连续函数(证明从略)。

定理 4.2.3　对于 $C^{n\times n}$ 中任意两种方阵范数 $\|A\|_a$ 与 $\|A\|_b$ 必存在 $k_2 \geqslant k_1 > 0$,使

$$k_1\|A\|_b \leqslant \|A\|_a \leqslant k_2\|A\|_b$$

对于 $C^{n\times n}$ 中一切方阵 A 都成立(证明从略)。

4.2.2　几种常用的矩阵范数

现在给出一种规定矩阵范数的具体方法,使矩阵范数与向量的已知范数相容。若已给定向量范数 $\|\chi\|$,为使

$$\|A\chi\| \leqslant \|A\|\|\chi\|$$

也即

$$\frac{\|A\chi\|}{\|\chi\|} \leqslant \|A\| \quad \chi \neq 0$$

即

$$\left\|A\frac{\chi}{\|\chi\|}\right\| \leqslant \|A\|$$

其中 $\frac{\chi}{\|\chi\|}$ 表示 C^n 中范数为 1 的任意向量。根据向量范数是其分量的连续函数这个性质,则对每个矩阵 A 来讲,$\left\|A\frac{\chi}{\|\chi\|}\right\|$ 的最大值都是可以达到的。即是说,总可以找到这样的向量 $\chi_0 \neq 0$,$\|\chi_0\| = 1$,使 $\|A\chi_0\| = \max\limits_{\|X\|=1}\|A\chi\|$,于是定义

$$\|A\| = \max_{\|\chi\|=1}\|A\chi\|^{①}$$

下面证明,按这样定义的矩阵范数,满足定义 4.3 中的 4 条及与向量范数的相容性。

1. 非负性　$A = 0$,显然 $\|A\| = \max\limits_{\|X\|=1}\|A\chi\| = 0$

$$A \neq 0,\text{存在}\chi_0 \neq 0,\text{使}A\chi_0 \neq 0,\text{令}\chi = \frac{\chi_0}{\|\chi_0\|}$$

那么 $\|\chi\| = 1$,且 $A\chi = A\frac{\chi_0}{\|\chi_0\|} \neq 0$,所以 $\|A\chi\| > 0$

当然　$\|A\| = \max\limits_{\|\chi\|=1}\|A\chi\| \geqslant \|A\chi\| > 0$

2. 齐次性 $\|aA\| = \max\limits_{\|\chi\|=1}\|aA\chi\| = \max\limits_{\|\chi\|=1}|a|\|A\chi\| = |a|\|A\|$

3. 与向量范数相容性　$\forall\chi \in C^n$,$\chi \neq 0$,令 $\zeta = \frac{\chi}{\|\chi\|}$,则 $\|\zeta\| = 1$,于是

$$\|A\chi\| = \|A(\|\chi\|\zeta)\|$$
$$= \|\chi\|\|A\zeta\| \leqslant \|\chi\|\max_{\|\zeta\|=1}\|A\zeta\|$$

---

①有的书定义 $\|A\| = \sup\limits_{\|\chi\|=1}\|A\chi\|$

$$= \|\chi\| \|A\|$$

4. 三角不等式　对矩阵 $A+B$，总存在 χ_0，使

$$\begin{aligned}\|A+B\| &= \max_{\|\chi\|=1} \|(A+B)\chi\| = \|(A+B)\chi_0\| \\ &\leqslant \|A\chi_0\| + \|B\chi_0\| \\ &\leqslant (\|A\| + \|B\|)\|\chi_0\| = \|A\| + \|B\|\end{aligned}$$

5. 相容性　$\|AB\| = \max_{\|\chi\|=1} \|AB\chi\| = \|AB\chi_0\|$

其中 $\|\chi_0\| = 1$，且使 $\|AB\chi\|$ 达到最大值者。

所以　$\|AB\| \leqslant \|A\| \|B\chi_0\| \leqslant \|A\| \|B\| \|\chi_0\| = \|A\| \|B\|$

定义 4.5　设 $\|\chi\|_a$ 是 C^n 的一个向量范数，对任何 $A \in C^{n\times n}$，则

$$\|A\|_a = \max_{\|\chi\|_a=1} \|A\chi\|_a$$

是一个与 $\|\chi\|_a$ 相容的方阵范数，称此方阵范数为从属于向量范数 $\|\chi\|_a$ 的算子范数。矩阵算子范数的计算归结为函数的约束极值。当向量的范数是适当时，是有可能计算出来的。一般情况下，从分析的角度来看，一定存在（连续函数在有界闭集上可达到极大极小值），但计算不是很容易的。下面给出几种特殊情形的算例。

定理 4.2.4　设 $A \in C^{n\times n}, \chi \in C^n, \chi = (\xi_1, \xi_2, \cdots, \xi_n)^T$ 则从属于向量 χ 的三种范数 $\|\chi\|_1$，$\|\chi\|_2$，$\|\chi\|_\infty$ 的矩阵算子范数分别是

1. $$\|A\|_1 = \max_j \sum_{i=1}^n |a_{ij}| \tag{4.13}$$

2. $$\|A\|_2 = \sqrt{\lambda_1} \quad \lambda_1 \text{ 为 } A^H A \text{ 的最大特征值} \tag{4.14}$$

3. $$\|A\|_\infty = \max_i \sum_{j=1}^n |a_{ij}| \tag{4.15}$$

证明 1　因为 $\|A\|_1 = \max_{\|\chi\|=1} \|A\chi\|_1$

考查所有 $\|\chi\|_1 = 1$ 的 $\chi = (\xi_1, \xi_2, \cdots, \xi_n)^T$，$|\xi_1| + \cdots + |\xi_n| = 1$

$$\begin{aligned}\|A\chi\|_1 &= \sum_{i=1}^n |a_{i1}\xi_1 + a_{i2}\xi_2 + \cdots + a_{in}\xi_n| \\ &\leqslant \sum_{i=1}^n \sum_{j=1}^n |a_{ij}||\xi_j| = \sum_{j=1}^n \sum_{i=1}^n |a_{ij}||\xi_j| \\ &= |\xi_1| \sum_{i=1}^n |a_{i1}| + |\xi_2| \sum_{i=1}^n |a_{i2}| + \cdots + |\xi_n| \sum_{i=1}^n |a_{in}| \\ &\leqslant (|\xi_1| + |\xi_2| + \cdots + |\xi_n|) \max_j \sum_{i=1}^n |a_{ij}| \\ &= \max_j \sum_{i=1}^n |a_{ij}| \qquad (*)\end{aligned}$$

另外对每个确定的 A，$\max_j \sum_{i=1}^n |a_{ij}|$ 是一个确定的值，它是下列 n 个数

$$\sum_{i=1}^n |a_{i1}|, \sum_{i=1}^n |a_{i2}|, \cdots, \sum_{i=1}^n |a_{in}|$$

中最大一个，不妨设　$\max_j \sum_{i=1}^n |a_{ij}| = \sum_{i=1}^n |a_{ij0}|$。

那么可以取 $\chi_0=(\xi_{10},\xi_{20},\cdots,\xi_{n0})^T$，其中 $\xi_{j0}=1,\xi_{i0}=0,i_0\neq j_0$，当然 $\|\chi_0\|_1=1$，且

$$\|A\chi_0\|_1 = \sum_{i=1}^{n}|a_{ij0}| = \max_j\sum_{i=1}^{n}|a_{ij}|$$

因此 $$\|A\|_1 = \max_{\|\chi\|_1=1}\|A\chi\|_1 \geqslant \|A\chi_0\|_1 = \max_j\sum_{i=1}^{n}|a_{ij}| \qquad (**)$$

综合式（*）与式（**），$\|A\|_1 = \max_j\sum_{i=1}^{n}|a_{ij}|$

同样的推理可证 3 $\|A\|_\infty = \max_i\sum_{j=1}^{n}|a_{ij}|$

2. 因为 $\|A\|_2^2 = \max_{\|\chi\|_2=1}\|A\chi\|_2^2 = \max_{\|\chi\|_2=1}(A\chi,A\chi)$

$$\max_{\|\chi\|_2=1}\bar{\chi}^TA^HA\chi$$

由于 A^HA 是厄米特阵，那么复二次型 $f(\chi)$

$$f(\chi) = (\overline{A\chi})^TA\chi \geqslant 0 \quad \|\chi\|_2^2 = 1$$

那么 $f(\chi)$ 是正定或半正定二次型，A^HA 的特征值非负，设为

$$\lambda_1 \geqslant \lambda_2 \geqslant \cdots \geqslant \lambda_n \geqslant 0$$

是 A^HA 的 n 个特征值，对应的标准正交特征向量为

$$\chi_1,\chi_2,\cdots,\chi_n$$

即有 $A^HA\chi_i = \lambda_i\chi_i,(\chi_i,\chi_j) = \delta_{ij}$。

作酉阵 $U = (\chi_1,\chi_2,\cdots,\chi_n)$

便有 $A^HA = UD\,\overline{U}^T$，其中 $D = \mathrm{diag}(\lambda_1,\ \lambda_2,\cdots,\lambda_n)$

从而有

$$\|A\chi\|_2^2 = \bar{\chi}^TUD\,\overline{U}^T\chi$$

令 $\zeta=\overline{U}^T\chi$ 则 $\|\zeta\|_2^2 = \|\overline{U}^T\chi\|_2^2 = \|\chi\|_2^2=1$，故可得

$$\|A\chi\|_2^2 = \bar{\zeta}^TD\zeta = \sum_{i=1}^{n}\lambda_i|\eta_i|^2 \leqslant \lambda_1$$

其中用到 $\zeta^H\zeta = \sum_{i=1}^{n}|\eta_i|^2 = 1$

由于上述 χ 的任意性，当然 $\|\chi\|_2=1$，便得

$$\|A\|_2 = \max_{\|\chi\|_2=1}\|A\chi\|_2 \leqslant \sqrt{\lambda_1}$$

另一方面，特别取 $\chi_0=\chi_1$，那么

$$\|A\chi_0\|_2^2 = \|A\chi_1\|_2^2 = \bar{\chi}_1^TA^HA\chi_1 = \lambda_1\bar{\chi}_1^T\chi_1 = \lambda_1$$

所以 $$\|A\|_2 = \max_{\|\chi\|_2=1}\|A\chi\|_2 = \sqrt{\lambda_1}$$

例 3[4] 试在二维欧氏空间 R^2 中，作出从属于向量 $\chi=(\xi_1,\xi_2)^T\in R^2$ 的三种范数 1-范数，2-范数，∞-范数的矩阵

$$A = \begin{pmatrix}3 & 2\\ -1 & 0\end{pmatrix}$$

的三种常用范数 $\|A\|_1$，$\|A\|_2$，$\|A\|_\infty$ 的几何图形。

解　我们用实线段表示 $\|\chi\|$，虚线段表示向量 $\zeta = A\chi = (3\xi_1 + 2\xi_2, -\xi_1)^T = (\eta_1, \eta_2)^T$，则对于三种向量范数和矩阵范数而言，其几何图形依次如图 4.3，图 4.4，图 4.5 所示。

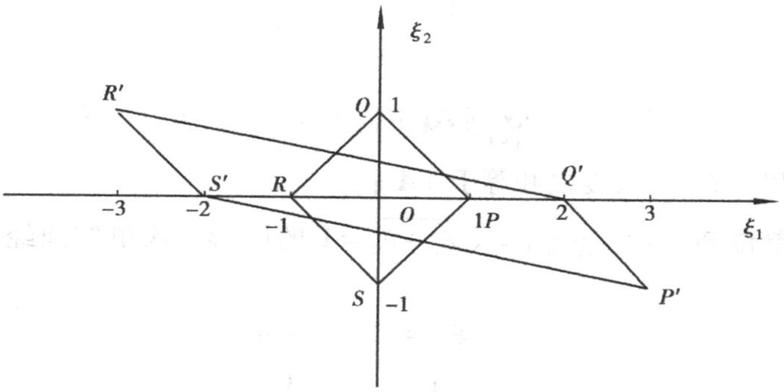

图 4.3

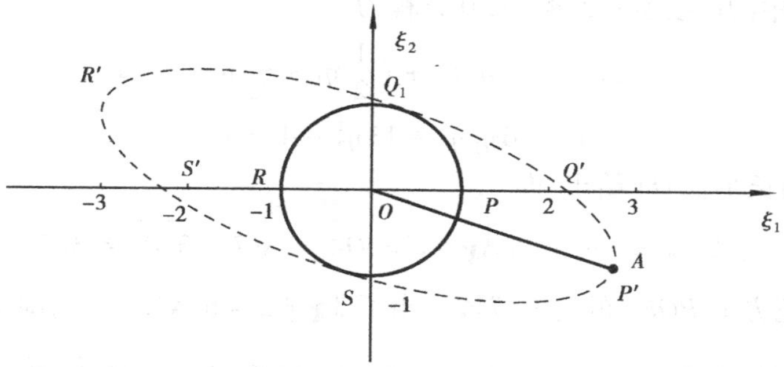

图 4.4

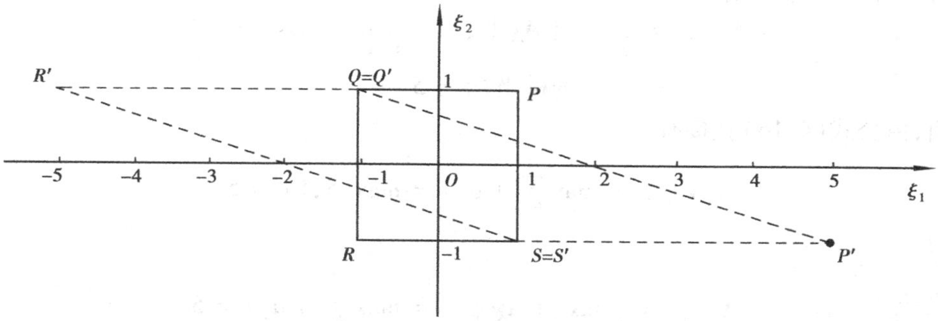

图 4.5

在图 4.3 中，显然 $\|\chi\|_1 = |\xi_1| + |\xi_2| = 1$ 的图形是由正菱形 $PQRS$ 的边界直线构成，而 $\zeta = A\chi$ 的图形是由平行四边形 $P'Q'R'S'$ 的边界线段构成。这里的向量 OP'，OQ'，OR'，OS' 依次是向量 OP，OQ，OR，OS 在线性变换 $\zeta = A\chi$ 下的像。于是有

$$\|A\|_1 = \max_{\|\chi\|_1=1} \|A\chi\|_1 = \max_{\|X\|_1=1} (|\eta_1| + |\eta_2|)$$

$$= \max_{\|\chi\|_1=1} |\eta_1| + \max_{\|\chi\|_1=1} |\eta_2|$$

$$=|SP'|+|OS|=3+1=4$$

另一方面直接用公式(4.14)直接可得

$$\|A\|_1=\max_j\sum_{i=1}^{2}|a_{ij}|=\max(4,2)=4$$

从而有

$$\|A\|_1=\max_{\|\chi\|_1=1}\|A\chi\|_1=\max_j\sum_{i=1}^{2}|a_{ij}|=4$$

这就是说明线段 SP'与 OS 的长度之和等于 $\|A\|_1$。

在图4.4中，单位圆表示 $\|\chi\|_2=\sqrt{\xi_1^2+\xi_2^2}=1$ 的图形。该单位圆经线性变换 $\zeta=A\chi$，即在

$$\begin{cases}\xi_1=\qquad\qquad -\eta_2\\ \xi_2=\dfrac{1}{2}\eta_1+\dfrac{3}{2}\eta_2\end{cases}$$

之下的像是图4.4中的虚线所示的椭圆，其方程为

$$\xi_1^2+\xi_2^2=(-\eta_2)^2+(\frac{1}{2}\eta_1+\frac{3}{2}\eta_2)^2=1$$

即

$$\eta_1^2+6\eta_1\eta_1+13\eta_2^2-4=0$$

而 $\|A\|_2$ 由椭圆的长半轴 OA 给出，即

$$\|A\|_2=\max_{\|\chi\|_2=1}\|A\chi\|_2=OA=\sqrt{7+3\sqrt{5}}\doteq 3.7$$

在图4.5中，正方形 $PQRS$ 的边界线段给出了 $\|\chi\|_\infty=\max_i|\xi_i|=1$，即 $|\xi_1|=1$ 或 $|\xi_2|=1$ 的图形。平行四边形 $P'QR'S$ 的边界线段给出 $\zeta=A\chi$ 的图形，这时 $\overrightarrow{OP'}$，$\overrightarrow{OQ}$，$\overrightarrow{OR'}$，$\overrightarrow{OS}$，依次是 $\overrightarrow{OP}$，$\overrightarrow{OQ}$，$\overrightarrow{OR}$，$\overrightarrow{OS}$ 在 $\zeta=A\chi$ 之下的像。于是有

$$\|A\|_\infty=\max_{\|\chi\|_\infty=1}\|A\chi\|_\infty=\max_{\|\chi\|_\infty=1}(\max|\eta_i|)$$

$$=\text{点 }P'\text{ 的横坐标}=5$$

另一方面，由公式(4.16)直接有

$$\|A\|_\infty=\max_i\sum_{i=1}^{2}|a_{ij}|=\max(5,1)=5$$

从而有

$$\|A\|_\infty=\max_{\|\chi\|_\infty=1}\|A\chi\|_\infty=\max_i\sum_{j=1}^{2}|a_{ij}|=5$$

同样，对任意给定的方阵范数 $\|\cdot\|$，也可以定义与之相容的向量范数，这就是下面的定理。

定理4.2.5 对任意方阵范数 $\|A\|$，$A\in C^{n\times n}$，必在 C^n 上存在与之相容的向量范数 $\|\chi\|_\alpha=\|\chi\alpha^T\|$，$\forall\chi\in C^n$，$\alpha\in C^n$，$\alpha\neq0$。

证明 证明 $\|\chi\|_\alpha=\|\chi\alpha^T\|$ 满足范数定义及相容性要求。

1. 非负性 $\forall\chi\in C^n$，$\chi\neq0$ 都有 $\|\chi\|_\alpha=\|\chi\alpha^T\|>0$

2. 齐次性 $k\in C$，$\|k\chi\|_\alpha=\|k\chi\alpha^T\|=|k|\,\|\chi\alpha^T\|=|k|\,\|\chi\|_\alpha$

3. 三角不等式 $\forall \boldsymbol{\chi},\boldsymbol{\zeta}\in C^n$

$$\|\boldsymbol{\chi}+\boldsymbol{\zeta}\|_\alpha = \|(\boldsymbol{\chi}+\boldsymbol{\zeta})\boldsymbol{\alpha}^T\| = \|\boldsymbol{\chi}\boldsymbol{\alpha}^T+\boldsymbol{\zeta}\boldsymbol{\alpha}^T\|$$

$$\leqslant \|\boldsymbol{\chi}\boldsymbol{\alpha}^T\| + \|\boldsymbol{\zeta}\boldsymbol{\alpha}^T\| = \|\boldsymbol{\chi}\|_\alpha + \|\boldsymbol{\zeta}\|_\alpha$$

4. 相容性 $\|\boldsymbol{A}\boldsymbol{\chi}\|_\alpha = \|\boldsymbol{A}\boldsymbol{\chi}\boldsymbol{\alpha}^T\| \leqslant \|\boldsymbol{A}\|\,\|\boldsymbol{\chi}\boldsymbol{\alpha}^T\| = \|\boldsymbol{A}\|\,\|\boldsymbol{\chi}\|_\alpha$

与 $\|\boldsymbol{A}\|_1$，$\|\boldsymbol{A}\|_\infty$ 比较，$\|\boldsymbol{A}\|_2$ 在计算上不如前两种方便，但 $\|\boldsymbol{A}\|_2$ 具有一些性质，使它在理论上有许多用处，其中一些性质包含在下面定理中。先介绍一个符号 $\rho(\boldsymbol{A})$。

定义 4.6 若 $n\times n$ 矩阵 $\boldsymbol{A}$ 的全部特征值为 $\lambda_1,\lambda_2,\cdots,\lambda_n$，则称

$$\rho(\boldsymbol{A}) = \max_i |\lambda_i|$$

为方阵 $\boldsymbol{A}$ 的谱半径。

定理 4.2.6 设 $\boldsymbol{A}\in C^{n\times n}$ 则

(1) $\|\boldsymbol{A}\|_2 = \|\boldsymbol{A}^H\|_2 = \|\boldsymbol{A}^T\|_2 = \|\overline{\boldsymbol{A}}\|_2$

(2) $\|\boldsymbol{A}^H\boldsymbol{A}\|_2 = \|\boldsymbol{A}\boldsymbol{A}^H\|_2 = \|\boldsymbol{A}\|_2^2$

(3) 对任何 n 阶酉阵 $\boldsymbol{U}$ 及 $\boldsymbol{V}$，都有

$$\|\boldsymbol{U}\boldsymbol{A}\|_2 = \|\boldsymbol{A}\boldsymbol{V}\|_2 = \|\boldsymbol{U}\boldsymbol{A}\boldsymbol{V}\|_2 = \|\boldsymbol{A}\|_2$$

证明(1) 先证 $\|\boldsymbol{A}\|_2 = \|\boldsymbol{A}^H\|_2$，即证 $\rho(\boldsymbol{A}^H\boldsymbol{A}) = \rho(\boldsymbol{A}\boldsymbol{A}^H)$。

设 λ 是 $\boldsymbol{A}^H\boldsymbol{A}$ 的任一特征值，且 $\boldsymbol{\chi}\neq 0$，满足

$$\boldsymbol{A}^H\boldsymbol{A}\boldsymbol{\chi} = \lambda\boldsymbol{\chi}$$

若 $\lambda=0$，则 $\boldsymbol{A}^H\boldsymbol{A}$ 不满秩，当然 $\boldsymbol{A}\boldsymbol{A}^H$ 也是不满秩的，故存在非零向量 $\boldsymbol{\chi}^*$，使 $\boldsymbol{A}\boldsymbol{A}^H\boldsymbol{\chi}^*=0$，说明 $\lambda=0$ 也是 $\boldsymbol{A}\boldsymbol{A}^H$ 的特征值。

若 $\lambda\neq 0$，则 $\boldsymbol{A}^H\boldsymbol{A}\boldsymbol{\chi}=\lambda\boldsymbol{\chi}\neq 0$

从而 $\boldsymbol{\zeta}=\boldsymbol{A}\boldsymbol{\chi}\neq 0$

故 $\boldsymbol{A}\boldsymbol{A}^H\boldsymbol{\zeta}=\boldsymbol{A}\boldsymbol{A}^H\boldsymbol{A}\boldsymbol{\chi}=\boldsymbol{A}\lambda\boldsymbol{\chi}=\lambda\boldsymbol{A}\boldsymbol{\chi}=\lambda\boldsymbol{\zeta}$

所以 λ 也是 AA^H 的特征值。

同理可证明 $\boldsymbol{A}\boldsymbol{A}^H$ 的任一特征值也是 $\boldsymbol{A}^H\boldsymbol{A}$ 的特征值，显然

$$\|\boldsymbol{A}\|_2^2 = \rho(\boldsymbol{A}^H\boldsymbol{A}) = \rho(\boldsymbol{A}\boldsymbol{A}^H) = \|\boldsymbol{A}^H\|_2^2$$

此外由

$$|\lambda\boldsymbol{E}-(\boldsymbol{A}^T)^H(\boldsymbol{A}^T)| = |\lambda\boldsymbol{E}-(\boldsymbol{A}\boldsymbol{A}^H)^T| = |\lambda\boldsymbol{E}-\boldsymbol{A}\boldsymbol{A}^H|$$

立即得

$$\|\boldsymbol{A}^T\|_2 = \|\boldsymbol{A}^H\|_2 = \|\boldsymbol{A}\|_2$$

证明(2) 由

$$\|\boldsymbol{A}^H\boldsymbol{A}\|_2^2 = \rho[(\boldsymbol{A}^H\boldsymbol{A})^H(\boldsymbol{A}^H\boldsymbol{A})]$$

$$=\rho[(\boldsymbol{A}^H\boldsymbol{A})^2] = [\rho(\boldsymbol{A}^H\boldsymbol{A})]^2$$

立即有 $\|\boldsymbol{A}^H\boldsymbol{A}\|_2=\rho(\boldsymbol{A}^H\boldsymbol{A}) = \|\boldsymbol{A}\|_2^2$

而 $\|\boldsymbol{A}\boldsymbol{A}^H\|_2 = \|(\boldsymbol{A}^H)^H\boldsymbol{A}^H\|_2 = \|\boldsymbol{A}^H\|_2^2 = \|\boldsymbol{A}\|_2^2$

证明(3) $\|\boldsymbol{U}\boldsymbol{A}\|_2^2=\rho[(\boldsymbol{U}\boldsymbol{A})^H(\boldsymbol{U}\boldsymbol{A})]=\rho(\boldsymbol{A}^H\boldsymbol{A}) = \|\boldsymbol{A}\|_2^2$

$\|\boldsymbol{A}\boldsymbol{V}\|_2^2=\rho[(\boldsymbol{A}\boldsymbol{V})^H(\boldsymbol{A}\boldsymbol{V})]=\rho(\boldsymbol{V}^H\boldsymbol{A}^H\boldsymbol{A}\boldsymbol{V}]=\rho(\boldsymbol{A}^H\boldsymbol{A}) = \|\boldsymbol{A}\|_2^2$

当然也就有

$$\|\boldsymbol{U}\boldsymbol{A}\boldsymbol{V}\|_2 = \|\boldsymbol{U}\boldsymbol{A}\|_2 = \|\boldsymbol{A}\|_2$$

顺便强调一下,在矩阵空间 $C^{n\times n}$ 上的各种范数都是等价的。因而在考虑收敛性问题时,取哪一种范数,所得收敛和发散的结论是一致的。

4.3 范数应用

4.3.1 近似逆矩阵的误差

在实际问题的计算中,数字一般都带有某种误差,数字矩阵 $\boldsymbol{A}=(a_{ij})$ 的每个元素 a_{ij},通常也带有误差 δ_{ij},即准确矩阵为

$$\boldsymbol{A}+\boldsymbol{\delta}=(a_{ij})+(\delta_{ij})=(a_{ij}+\delta_{ij})$$

这里 $\boldsymbol{\delta}=(\delta_{ij})$ 称为摄动矩阵,现在讨论以下问题:

(1)若 $\boldsymbol{A}$ 可逆时,$\boldsymbol{A}$ 与 $\boldsymbol{\delta}$ 满足什么条件时 $\boldsymbol{A}+\boldsymbol{\delta}$ 也可逆。

(2)当 $\boldsymbol{A}+\boldsymbol{\delta}$ 也可逆时,$\boldsymbol{A}^{-1}$ 与 $(\boldsymbol{A}+\boldsymbol{\delta})^{-1}$ 的近似程度如何估计。

为解决上述问题,先证明如下定理。

定理 4.3.1 若 $\|\boldsymbol{A}\|_a<1$, $\|\boldsymbol{A}\|_a$ 是与向量范数 $\|\boldsymbol{\chi}\|_a$ 相容的算子范数,则 $\boldsymbol{E}-\boldsymbol{A}$ 可逆,且

$$\|(\boldsymbol{E}-\boldsymbol{A})^{-1}\|_a\leqslant\frac{1}{1-\|\boldsymbol{A}\|_a}\tag{4.16}$$

证明 设 $\boldsymbol{\chi}\in C^n$,$\boldsymbol{\chi}\neq 0$。

$$\begin{aligned}\|(\boldsymbol{E}-\boldsymbol{A})\boldsymbol{\chi}\|_a&=\|\boldsymbol{\chi}-\boldsymbol{A}\boldsymbol{\chi}\|_a\geqslant\|\boldsymbol{\chi}\|_a-\|\boldsymbol{A}\boldsymbol{\chi}\|_a\\&\geqslant\|\boldsymbol{\chi}\|_a-\|\boldsymbol{A}\|_a\|\boldsymbol{\chi}\|_a\\&=\|\boldsymbol{\chi}\|_a(1-\|\boldsymbol{A}\|_a)>0\end{aligned}$$

这说明方程组 $(\boldsymbol{E}-\boldsymbol{A})\boldsymbol{\chi}=0$ 只有零解。故 $\boldsymbol{E}-\boldsymbol{A}$ 可逆。又

$$(\boldsymbol{E}-\boldsymbol{A})(\boldsymbol{E}-\boldsymbol{A})^{-1}=\boldsymbol{E}$$

$$(\boldsymbol{E}-\boldsymbol{A})^{-1}=\boldsymbol{E}+\boldsymbol{A}(\boldsymbol{E}-\boldsymbol{A})^{-1}$$

所以

$$\|(\boldsymbol{E}-\boldsymbol{A})^{-1}\|_a\leqslant\|\boldsymbol{E}\|_a+\|\boldsymbol{A}\|_a\|(\boldsymbol{E}-\boldsymbol{A})^{-1}\|_a$$

$$\|(\boldsymbol{E}-\boldsymbol{A})^{-1}\|_a\leqslant\frac{\|\boldsymbol{E}\|_a}{1-\|\boldsymbol{A}\|_a}$$

注意到对何算子范数,$\|\boldsymbol{E}\|_a=\max\limits_{\|\boldsymbol{\chi}\|_a=1}\|\boldsymbol{E}\boldsymbol{\chi}\|_a=1$,所以

$$\|(\boldsymbol{E}-\boldsymbol{A})^{-1}\|_a\leqslant\frac{1}{1-\|\boldsymbol{A}\|_a}$$

定理 4.3.2 设 $\boldsymbol{A}$ 为非奇异矩阵,$\boldsymbol{\delta}$ 为摄动矩阵,且 $\|\boldsymbol{A}^{-1}\boldsymbol{\delta}\|_a<1$,则

(1)$\boldsymbol{A}+\boldsymbol{\delta}$ 为非奇异矩阵

(2)$(\boldsymbol{A}+\boldsymbol{\delta})^{-1}$ 可表示成

$$(\boldsymbol{A}+\boldsymbol{\delta})^{-1}=(\boldsymbol{E}+\boldsymbol{F})\boldsymbol{A}^{-1}\tag{4.17}$$

其中

$$\|\boldsymbol{F}\|_a\leqslant\frac{\|\boldsymbol{A}^{-1}\boldsymbol{\delta}\|_a}{1-\|\boldsymbol{A}^{-1}\boldsymbol{\delta}\|_a}$$

(3) $$\frac{\|A^{-1}-(A+\delta)^{-1}\|_a}{\|A^{-1}\|_a}\leqslant\frac{\|A^{-1}\delta\|_a}{1-\|A^{-1}\delta\|_a} \tag{4.18}$$

证明(1)　因为

$$A+\delta=A(E+A^{-1}\delta)$$

由于

$$\|A^{-1}\delta\|_a<1$$

根据定理4.3.1　$E+A^{-1}\delta$ 可逆，从而 $A+\delta$ 可逆。

证明(2)　因为 $(A+\delta)^{-1}=(E+A^{-1}\delta)^{-1}A^{-1}$

$$=[E+(E+A^{-1}\delta)^{-1}-E]A^{-1}$$

令

$$F=(E+A^{-1}\delta)^{-1}-E$$

则有

$$(A+\delta)^{-1}=(E+F)A^{-1}$$

又

$$F=(E+A^{-1}\delta)^{-1}-E=-A^{-1}\delta(E+A^{-1}\delta)^{-1}$$

$$\|F\|_a\leqslant\|A^{-1}\delta\|_a\|(E+A^{-1}\delta)^{-1}\|_a$$

$$\leqslant\frac{\|A^{-1}\delta\|_a}{1-\|A^{-1}\delta\|_a}$$

证明(3)　由于 $(A+\delta)^{-1}=(E+F)A^{-1}$

所以

$$A^{-1}-(A+\delta)^{-1}=-FA^{-1}$$

$$\|A^{-1}-(A+\delta)^{-1}\|_a\leqslant\|F\|_a\|A^{-1}\|_a$$

从而

$$\frac{\|A^{-1}-(A+\delta)^{-1}\|_a}{\|A^{-1}\|_a}\leqslant\frac{\|A^{-1}\delta\|_a}{1-\|A^{-1}\delta\|_a}$$

推论1　设 $K(A)=\|A\|_a\|A^{-1}\|_a$，若 $\|A^{-1}\|_a\|\delta\|_a<1$，则

$$\|F\|_a\leqslant\frac{K(A)\dfrac{\|\delta\|_a}{\|A\|_a}}{1-K(A)\dfrac{\|\delta\|_a}{\|A\|_a}}$$

且

$$\frac{\|A^{-1}-(A+\delta)^{-1}\|_a}{\|A^{-1}\|_a}\leqslant\frac{K(A)\dfrac{\|\delta\|_a}{\|A\|_a}}{1-K(A)\dfrac{\|\delta\|_a}{\|A\|_a}}$$

证明　因为

$$\|A^{-1}\delta\|_a\leqslant\|A^{-1}\|_a\|\delta\|_a=\|A^{-1}\|_a\|A\|_a\cdot\frac{\|\delta\|_a}{\|A\|_a}$$

$$=K(A)\frac{\|\delta\|_a}{\|A\|_a}$$

则有

$$\|F\|_a\leqslant\frac{\|A^{-1}\delta\|_a}{1-\|A^{-1}\delta\|_a}\leqslant\frac{K(A)\dfrac{\|\delta\|_a}{\|A\|_a}}{1-K(A)\dfrac{\|\delta\|_a}{\|A\|_a}}$$

显然也有
$$\frac{\| A^{-1}-(A+\delta)^{-1}\|_a}{\| A^{-1}\|_a} \leqslant \frac{K(A)\dfrac{\|\delta\|_a}{\|A\|_a}}{1-K(A)\dfrac{\|\delta\|_a}{\|A\|_a}}$$

从推论 1 可以看出,若 $K(A)$ 值愈大,则 A^{-1} 与 $(A+\delta)^{-1}$ 的相对误差
$$\frac{\| A^{-1}-(A+\delta)^{-1}\|_a}{\| A^{-1}\|_a}$$
就愈大。$K(A)$ 刻画了矩阵 A 摄动前后其逆之间的相对误差界,称 $K(A)$ 为方阵 A 的条件数,$K(A)$ 较大的方阵 A 通常称为病态的,$K(A)$ 较小的矩阵 A 称为良态的。

推论 2 若 A 是酉阵,且 $\|\delta\|_2<1$ 则有
$$\| F\|_2 \leqslant \frac{\|\delta\|_2}{1-\|\delta\|_2}$$
$$\frac{\| A^{-1}-(A+\delta)^{-1}\|_2}{\| A^{-1}\|_2} \leqslant \frac{\|\delta\|_2}{1-\|\delta\|_2}$$

证明 因为 $A^{-1}=A^H$,且
$$\| A^{-1}\|_2 = \| A^H\|_2 = \| A\|_2 = \sqrt{\rho(A^HA)} = \sqrt{\rho(E)} = 1$$
故
$$\| A^{-1}\delta\|_2 \leqslant \| A^{-1}\|_2 \|\delta\|_2 = \|\delta\|_2$$
由定理 4.3.2
$$\| F\|_2 \leqslant \frac{\|\delta\|_2}{1-\|\delta\|_2}$$
当然也有
$$\frac{\| A^{-1}-(A+\delta)^{-1}\|_2}{\| A^{-1}\|_2} \leqslant \frac{\|\delta\|_2}{1-\|\delta\|_2}$$

4.3.2 线性方程组的摄动

下面讨论线性方程组
$$A\chi = \beta, A \in C^{n\times n}, \beta \in C^n$$
当系数矩阵 A 满秩且有摄动 δ,从而使方程组变成
$$(A+\delta)\chi = \beta$$
或当 β 有摄动变为 β^*,即方程组变成
$$A\chi = \beta^*$$
时,方程组解的误差估计问题。

设 $\| A\|_a$ 是与向量范数 $\|\chi\|_a$ 相容的算子范数,则有下面定理

定理 4.3.3 设 A 可逆,$\beta\neq 0$,若 χ,χ^* 分别满足
$$A\chi = \beta, A\chi^* = \beta^*$$
则有
$$\frac{\|\chi-\chi^*\|_a}{\|\chi\|_a} \leqslant K(A)\frac{\|\beta-\beta^*\|_a}{\|\beta\|_a} \tag{4.19}$$

证明 因 $\chi-\chi^* = A^{-1}(\beta-\beta^*)$

故
$$\|\chi-\chi^*\|_a=\|A^{-1}(\beta-\beta^*)\|_a\leqslant\|A^{-1}\|_a\|\beta-\beta^*\|_a$$
又
$$\|\beta\|_a\leqslant\|A\|_a\|\chi\|_a$$
或
$$\|\chi\|_a\geqslant\frac{\|\beta\|_a}{\|A\|_a}$$
从而
$$\frac{\|\chi-\chi^*\|_a}{\|\chi\|_a}\leqslant\frac{\|A^{-1}\|_a\|A\|_a\|\beta-\beta^*\|_a}{\|\beta\|_a}$$
$$=K(A)\frac{\|\beta-\beta^*\|_a}{\|\beta\|_a}$$

定理4.3.4　设A可逆,$\beta\neq0$,若方程组$A\chi=\beta$的系数矩阵A有摄动δ,且$\|A^{-1}\delta\|_a<1$,而χ^*满足
$$(A+\delta)\chi^*=\beta$$
则
$$\frac{\|\chi-\chi^*\|_a}{\|\chi\|_a}\leqslant\frac{K(A)\dfrac{\|\delta\|_a}{\|A\|_a}}{1-K(A)\dfrac{\|\delta\|_a}{\|A\|_a}}$$

证明　由定理4.3.2知,当$\|A^{-1}\delta\|<1$时,$A+\delta$可逆,故方程组有惟一解,并记为χ^*。又因
$$E+F=(E+A^{-1}\delta)^{-1}$$
故有
$$\chi-\chi^*=[A^{-1}-(A+\delta)^{-1}]\beta=[A^{-1}-(E+A^{-1}\delta)^{-1}\cdot A^{-1}]\beta$$
$$=[E-(E+A^{-1}\delta)^{-1}]A^{-1}\beta=-F\chi$$
$$\|\chi-\chi^*\|_a\leqslant\|F\|_a\|\chi\|_a$$
$$\frac{\|\chi-\chi^*\|_a}{\|\chi\|_a}\leqslant\frac{K(A)\dfrac{\|\delta\|_a}{\|A\|_a}}{1-K(A)\dfrac{\|\delta\|_a}{\|A\|_a}}$$

以上两个定理分别给出了由系数矩阵的相对摄动$\dfrac{\|\delta\|_a}{\|A\|_a}$及$\beta$的相对摄动$\dfrac{\|\beta-\beta^*\|_a}{\|\beta\|_a}$引起的解的相对摄动的估计式。

习 题 4

1. 证明:对任意$\chi\in C^n$,有

(1) $\|\chi\|_2\leqslant\|\chi\|_1\leqslant\sqrt{n}\|\chi\|_2$

(2) $\|\chi\|_\infty\leqslant\|\chi\|_1\leqslant n\|\chi\|_\infty$

(3) $\|\chi\|_\infty\leqslant\|\chi\|_2\leqslant\sqrt{n}\|\chi\|_\infty$

2. 证明:在R^n中当且仅当χ,ζ线性相关而且$\chi^T\zeta\geqslant0$时才有
$$\|\chi+\zeta\|_2=\|\chi\|_2+\|\zeta\|_2$$

3. 对任何$\chi,\zeta\in C^n$,总有

$$\zeta^{H}\chi+\chi^{H}\zeta=\frac{1}{2}[\,\|\chi+\zeta\|_2^2-\|\chi-\zeta\|_2^2\,]$$

4. 设$\|\chi\|_a$,$\|\chi\|_b$是C^n上两个向量范数,a_1,a_2是两个正实数,证明

(1)$\max\{\|\chi\|_a,\|\chi\|_b\}=\|\chi\|_c$

(2)$a_1\|\chi\|_a+a_2\|\chi\|_b=\|\chi\|_d$

都是C^n中的向量范数。

5. 设$a_1,a_2,\cdots,a_n$是正实数,证明:对于任意的$\chi=(\xi_1,\xi_2,\cdots,\xi_n)\in C^n$

$$\|\chi\|=\left(\sum_{i=1}^{n}a_i|\xi_i|^2\right)^{\frac{1}{2}}$$

是C^n中的向量范数。

6. 设$\|A\|_a$是$C^{n\times n}$的方阵范数,B,C都是n阶可逆矩阵,且$\|B^{-1}\|_a$及$\|C^{-1}\|_a$都小于或等于1,证明对任何$A\in C^{n\times n}$

$$\|A\|_b=\|BAC\|_a$$

定义了$C^{n\times n}$上的一个方阵范数。

7. 设$\|A\|_a$是$C^{n\times n}$的方阵范数,D是n阶可逆矩阵,证明对任何$A\in C^{n\times n}$

$$\|A\|_b=\|D^{-1}AD\|_a$$

是$C^{n\times n}$的方阵范数。

8. 对任意算子范数$\|A\|$,证明

(1)$\|E\|=1$,E为n阶单位矩阵

(2)若A可逆,则$\|A^{-1}\|\geqslant\|A\|^{-1}$

9. 若U为正交矩阵,证明

(1)$\|U\|_2=1$

(2)若$A\in R^{n\times n}$,则$\|A\|_2=\|AU\|_2$

10. 证明:

$$\frac{1}{\sqrt{n}}\|A\|_F\leqslant\|A\|_2\leqslant\|A\|_F$$

11. 设$A\in C^{n\times n}$,λ是A的特征量,证明

$$\frac{1}{\|A^{-1}\|_2}\leqslant|\lambda|\leqslant\|A\|_2$$

12. 设$A,B\in R^{n\times n}$,$\|A\|$为$R^{n\times n}$的算子范数,$K(A)$表示A的条件数,证明

$$K(AB)\leqslant K(A)\cdot K(B)$$

13. 若A为正交矩阵,对于方阵的2-范数,证明:$K(A)=1$。

14. (1)设矩阵

$$A=\begin{bmatrix}1&-4&-1&-4\\2&0&5&-4\\-1&1&-2&3\\-1&4&-1&6\end{bmatrix}$$

求$\|A\|_1$和$\|A\|_\infty$。

(2)设矩阵

$$B=\begin{bmatrix}\frac{1}{2} & 0 & 0\\ 0 & -1 & 0\\ 0 & -1 & 1\end{bmatrix}$$

求 $\|B\|_2$, $\|B\|_\infty$, $\|B^{-1}\|_\infty$。

15. 已给 $A=\begin{pmatrix}2 & 1\\ 1 & 3\end{pmatrix}$, $\delta=\begin{pmatrix}0 & 0.5\\ 0.2 & 0.3\end{pmatrix}$, 估计 $\dfrac{\|A^{-1}-(A+\delta)^{-1}\|_\infty}{\|A^{-1}\|_\infty}$

第 5 章 矩阵分析及其应用

在线性代数课程中，主要讨论矩阵的代数运算，完全没有涉及本章将要介绍的矩阵分析的理论。矩阵分析理论的建立，同数学分析一样，也是以极限理论为基础而形成的。其内容丰富，是研究数值方法，其他数学分枝以及许多科技问题的重要工具。本章先讨论矩阵序列的极限运算，然后论述矩阵序列和矩阵级数的收敛定理，引入矩阵的微分和积分的概念及其性质，由矩阵幂级数引入矩阵函数的概念，诸如 e^{A}，$\sin\boldsymbol{A}$，$\cos\boldsymbol{A}$ 等。

5.1 向量和矩阵的极限

5.1.1 向量序列极限

在上一章，我们已经知道向量极限的概念，为统一起见，重新叙述一下。

定义 5.1 设给定 C^n 中向量序列 $\{\boldsymbol{\chi}^{(k)}\}$，其中 $\boldsymbol{\chi}^{(k)}=(x_1^{(k)},x_2^{(k)},\cdots,x_n^{(k)})$，如果每一个分量 $x_i^{(k)}(i=1,2,\cdots,n)$ 当 $k\to\infty$ 时都有极限 x_i，即

$$\lim_{k\to\infty}x_i^{(k)}=x_i \qquad i=1,2,\cdots,n$$

则称向量序列 $\{\boldsymbol{\chi}^{(k)}\}$ 有极限 $\boldsymbol{\chi}_0=(x_1,x_2,\cdots,x_n)$，或称 $\{\boldsymbol{\chi}^{(k)}\}$ 收敛于 $\boldsymbol{\chi}_0$，记为

$$\lim_{k\to\infty}\boldsymbol{\chi}^{(k)}=\boldsymbol{\chi}_0$$

或简记为

$$\boldsymbol{\chi}^{(k)}\to\boldsymbol{\chi}_0$$

若在 $k\to\infty$ 时，数列 $\{x_i^{(k)}\}(i=1,2,\cdots,n)$ 中，至少有一个极限不存在，便称向量序列 $\{\boldsymbol{\chi}^{(k)}\}$ 是发散的。

由向量序列极限定义易知，向量序列 $\{\boldsymbol{\chi}^{(k)}\}$ 的收敛于 $\boldsymbol{\chi}_0$ 的充分必要条件是向量序列 $\{\boldsymbol{\chi}^{(k)}-\boldsymbol{\chi}_0\}$ 收敛于零向量。

并且在第 4.1 节里证明了定理 4.1.2，C^n 中向量序列 $\{\boldsymbol{\chi}^{(k)}\}$ 收敛于向量 $\boldsymbol{\chi}_0=(x_1,x_2,\cdots,x_n)$ 的充分必要条件是对任意一种向量范数 $\|\cdot\|$，序列 $\|\boldsymbol{\chi}^{(k)}-\boldsymbol{\chi}_0\|$ 收敛于零。

5.1.2　方阵序列极限

定义 5.2　对于复方阵序列$\{\boldsymbol{A}_k\}$，其中

$$\boldsymbol{A}_k=\begin{bmatrix} a_{11}^{(k)} & a_{12}^{(k)} & \cdots & a_{1n}^{(k)} \\ a_{21}^{(k)} & a_{22}^{(k)} & \cdots & a_{2n}^{(k)} \\ \cdots & \cdots & \cdots & \cdots \\ a_{n1}^{(k)} & a_{n2}^{(k)} & \cdots & a_{nn}^{(k)} \end{bmatrix}$$

若在$k\to\infty$时，n^2个复数序列$\{a_{ij}^{(k)}\}$都分别收敛于a_{ij}，即

$$\lim_{k\to\infty}a_{ij}^{(k)}=a_{ij}(i,j=1,2,\cdots,n)$$

则称方阵序列$\{\boldsymbol{A}_k\}$收敛于方阵

$$\boldsymbol{A}=\begin{bmatrix} a_{11} & a_{12} & \cdots & a_{1n} \\ a_{21} & a_{22} & \cdots & a_{2n} \\ \cdots & \cdots & \cdots & \cdots \\ a_{n1} & a_{n2} & \cdots & a_{nn} \end{bmatrix}$$

并称$\boldsymbol{A}$是$\{\boldsymbol{A}_k\}$在$k\to\infty$的极限，记作

$$\lim_{k\to\infty}\boldsymbol{A}_k=\boldsymbol{A}$$

即

$$\lim_{k\to\infty}\boldsymbol{A}_k=\lim_{k\to\infty}\begin{bmatrix} a_{11}^{(k)} & a_{12}^{(k)} & \cdots & a_{1n}^{(k)} \\ a_{21}^{(k)} & a_{22}^{(k)} & \cdots & a_{2n}^{(k)} \\ \cdots & \cdots & \cdots & \cdots \\ a_{n1}^{(k)} & a_{n2}^{(k)} & \cdots & a_{nn}^{(k)} \end{bmatrix}$$

$$=\begin{bmatrix} \lim\limits_{k\to\infty}a_{11}^{(k)} & \lim\limits_{k\to\infty}a_{12}^{(k)} & \cdots & \lim\limits_{k\to\infty}a_{1n}^{(k)} \\ \lim\limits_{k\to\infty}a_{21}^{(k)} & \lim\limits_{k\to\infty}a_{22}^{(k)} & \cdots & \lim\limits_{k\to\infty}a_{2n}^{(k)} \\ \cdots & \cdots & \cdots & \cdots \\ \lim\limits_{k\to\infty}a_{n1}^{(k)} & \lim\limits_{k\to\infty}a_{n2}^{(k)} & \cdots & \lim\limits_{k\to\infty}a_{nn}^{(k)} \end{bmatrix}$$

$$=\begin{bmatrix} a_{11} & a_{12} & \cdots & a_{1n} \\ a_{21} & a_{22} & \cdots & a_{2n} \\ \cdots & \cdots & \cdots & \cdots \\ a_{n1} & a_{n2} & \cdots & a_{nn} \end{bmatrix}$$

若$k\to\infty$时，$\{\boldsymbol{A}_k\}$不收敛，则称方阵序列$\{\boldsymbol{A}_k\}$是发散的。

由上述定义可知：方阵序列收敛的充要条件是n^2个数值序列$\{a_{ij}^{(k)}\}(i,j=1,2,\cdots,n)$都收敛；发散的充分必要条件是这$n^2$个数值序列中至少有一个是发散的。

方阵序列$\{\boldsymbol{A}_k\}$的收敛性虽然由定义归结为n^2个数值序列的收敛性，但借助于方阵范数就可与n^2个数值序列的收敛问题等价。

定理 5.1.1　$C^{n\times n}$中的矩阵序列$\{\boldsymbol{A}_k\}$收敛于方阵$\boldsymbol{A}$的充分必要条件是，对任意一种方阵

范数 $\|\cdot\|$,序列 $\{\|A_k-A\|\}$ 收敛于0

证明 由上一章定理4.2.3,对于方阵范数 $\|\cdot\|$,存在常数 $k_2\geqslant k_1>0$,使

$$k_1\|B\|_{m\infty}\leqslant\|B\|\leqslant k_2\|B\|_{m\infty}$$

对一切 $B\in C^{n\times n}$ 都成立,$\|B\|_{m\infty}=n\max\limits_{i,j}|b_{ij}|$,从而

$$k_1\|A_k-A\|_{m\infty}\leqslant\|A_k-A\|\leqslant k_2\|A_k-A\|_{m\infty}\tag{5.1}$$

也成立,又由于方阵序列 $\{A_k\}$ 收敛于 A,当且仅当

$$\lim_{k\to\infty}a_{ij}^{(k)}=a_{ij}\quad i,j=1,2,\cdots,n$$

当且仅当 $$\lim_{k\to\infty}|a_{ij}^{(k)}-a_{ij}|=0\quad i,j=1,2,\cdots,n$$

当且仅当 $$\lim_{k\to\infty}n\max_{i,j}|a_{ij}^{(k)}-a_{ij}|=0$$

当且仅当 $$\lim_{k\to\infty}\|A_k-A\|_{m\infty}=0$$

由(5.1)式,当且仅当

$$\lim_{k\to\infty}\|A_k-A\|=0$$

$C^{n\times n}$ 中收敛的方阵序列有如下性质:

(1)若 $\lim\limits_{k\to\infty}A_k=A$,则对 $C^{n\times n}$ 中任意方阵范数 $\|\cdot\|$,$\|A_k\|$ 有界。

(2)若 $\lim\limits_{k\to\infty}A_k=A$,$\lim\limits_{k\to\infty}B_k=B$

且 $\lim\limits_{k\to\infty}a_k=a$,$\lim\limits_{k\to\infty}b_k=b$,$\{a_k\}$,$\{b_k\}$ 是数列,

则 $$\lim_{k\to\infty}(a_kA_k+b_kB_k)=aA+bB\tag{5.2}$$

(3)若 $\lim\limits_{k\to\infty}A_k=A$,$\lim\limits_{k\to\infty}B_k=B$

则 $$\lim_{k\to\infty}A_kB_k=\lim_{k\to\infty}A_k\cdot\lim_{k\to\infty}B_k=AB\tag{5.3}$$

(4)$\lim\limits_{k\to\infty}A_k=A$,且 A_k^{-1} 及 A^{-1} 都存在,则

$$\lim_{k\to\infty}A_k^{-1}=A^{-1}\tag{5.4}$$

证明 (1)因为存在常数 $k_2\geqslant k_1>0$,使

$$k_1\|A\|_{m\infty}\leqslant\|A\|\leqslant k_2\|A\|_{m\infty}$$

而 $\|A\|_{m\infty}=n\max\limits_{i,j}|a_{ij}|$ 是一个固定的常数,又

$$\|A_k\|_{m\infty}=\|A_k-A+A\|_{m\infty}\leqslant\|A_k-A\|_{m\infty}+\|A\|_{m\infty}$$

所以

$$\lim_{k\to\infty}\|A_k\|_{m\infty}\leqslant\lim_{k\to\infty}\|A_k-A\|_{m\infty}+\|A\|_{m\infty}=\|A\|_{m\infty}$$

当然 $$\|A_k\|\leqslant k_2\|A_k\|_{m\infty}<k_2\|A\|_{m\infty}+1\quad(\text{充分大的 }k)$$

(2)由于对任意方阵范数 $\|\cdot\|$ 有

$$\begin{aligned}&\|a_kA_k+b_kB_k-aA-bB\|\\ \leqslant&\|a_kA_k-a_kA+a_kA-aA\|+\|b_kB_k-b_kB+b_kB-bB\|\\ \leqslant&|a_k|\,\|A_k-A\|+|a_k-a|\,\|A\|+|b_k|\,\|B_k-B\|+|b_k-b|\,\|B\|\end{aligned}$$

注意到 $\{a_k\}$,$\{b_k\}$ 有界,$|a_k-a|\to0$,$\|A_k-A\|\to0$,$|b_k-b|\to0$,$\|B_k-B\|\to0$,所以上述不等式右端,当 $k\to\infty$ 时的极限是零,从而

$$\|a_kA_k+b_kB_k-aA-bB\|\to0$$

由定理5.1.1有

$$\lim_{k\to\infty}(a_kA_k+b_kB_k)=aA+bB$$

(3)事实上,对 $C^{n\times n}$ 的任何一种范数 $\|\cdot\|$,有

$$\begin{aligned}\|A_kB_k-AB\| &\leqslant \|A_kB_k-A_kB\|+\|A_kB-AB\|\\ &\leqslant \|A_k\|\,\|B_k-B\|+\|A_k-A\|\,\|B\|\end{aligned}$$

由(1),$\|A_k\|$ 有界,又 $\|B_k-B\|\to0$,$\|A_k-A\|\to0$,上述不等式右端,当 $k\to\infty$ 时的极限是零,从而

$$\|A_kB_k-AB\|\to0$$

由定理5.1.1,有

$$\lim_{k\to\infty}A_kB_k=AB$$

由性质3,显然可得

$$\lim_{k\to\infty}PA_kQ=PAQ$$

其中 P,Q 为确定数值矩阵。

(4)留作证明。

为了证明方阵序列的两个收敛定理,下面先计算 Jordan 块的正整数次幂。

设

$$J(\lambda_0,t)=\begin{bmatrix}\lambda_0 & & & & \\ 1 & \lambda_0 & & & \\ & \ddots & \ddots & & \\ & & \ddots & \ddots & \\ & & & 1 & \lambda_0\end{bmatrix}_{t\times t}$$

是 t 阶 Jordan 块,并记 t 阶矩阵

$$H=\begin{bmatrix}0 & & & & \\ 1 & 0 & & & \\ & \ddots & \ddots & & \\ & & \ddots & \ddots & \\ & & & 1 & 0\end{bmatrix}_{t\times t}$$

则有　$J(\lambda_0,t)=\lambda_0E+H$　(E 是 t 阶单位矩阵)

由于

$$H^m=\begin{bmatrix} & 0 & & & & & \\ m\text{个}\left\{\begin{matrix}\\ \\ \end{matrix}\right. & \vdots & \ddots & & & & \\ & 0 & & \ddots & & & \\ & 1 & 0 & & \ddots & & \\ & & \ddots & \ddots & & \ddots & \\ & & & \ddots & \ddots & & \ddots \\ & & & & 1 & 0 & \cdots & 0\end{bmatrix}_{t\times t}$$

及 $H^t=\mathbf{0}$,便有

$$J^k(\lambda_0,t)=(\lambda_0E+H)^k$$

$$= (\lambda_0 \boldsymbol{E})^k + C_k^1 (\lambda_0 \boldsymbol{E})^{k-1} \boldsymbol{H} + C_k^2 (\lambda_0 \boldsymbol{E})^{k-2} H^2 + \cdots + C_k^{t-1} (\lambda_0 \boldsymbol{E})^{k-t+1} \boldsymbol{H}^{t-1}$$

$$= \lambda_0^k \boldsymbol{E} + k\lambda_0^{k-1} \boldsymbol{H} + C_k^2 \lambda_0^{k-2} \boldsymbol{H}^2 + \cdots + C_k^{t-1} (\lambda_0 \boldsymbol{E})^{k-t+1} \boldsymbol{H}^{t-1}$$

$$= \begin{bmatrix} \lambda_0^k & k\lambda_0^{k-1} & \frac{k(k-1)}{2!}\lambda_0^{k-2} & \cdots & C_k^{t-1}\lambda_0^{k-t+1} \\ & \lambda_0^k & k\lambda_0^{k-1} & \ddots & \vdots \\ & & \lambda_0^k & \ddots & \vdots \\ & & & \ddots & \vdots \\ & & & & C_k^2\lambda_0^{k-2} \\ & & & & k\lambda_0^{k-1} \\ & & & & \lambda_0^k \end{bmatrix}_{t\times t}^{\mathrm{T}}$$

同理,对数值变量 x,由

$$\boldsymbol{J}(\lambda_0, t)x = \lambda_0 x \boldsymbol{E} + x\boldsymbol{H}$$

可得 $$[\boldsymbol{J}(\lambda_0, t)x]^k = (\lambda_0 x\boldsymbol{E} + x\boldsymbol{H})^k$$

$$= \begin{bmatrix} (\lambda_0 x)^k & [(\lambda_0 x)^k]'_{\lambda_0} & \frac{1}{2!}[(\lambda_0 x)^k]''_{\lambda_0} & \cdots & \frac{1}{(t-1)!}[(\lambda_0 x)^k]^{(t-1)}_{\lambda_0} \\ & (\lambda_0 x)^k & [(\lambda_0 x)^k]'_{\lambda_0} & \ddots & \vdots \\ & & (\lambda_0 x)^k & \ddots & \frac{1}{2!}[(\lambda_0 x)^k]''_{\lambda_0} \\ & & & \ddots & [(\lambda_0 x)^k]'_{\lambda_0} \\ & & & & (\lambda_0 x)^k \end{bmatrix}_{t\times t}^{\mathrm{T}}$$

定理 5.1.2 矩阵 $\boldsymbol{A} \in C^{n\times n}$ 的方幂 $E, \boldsymbol{A}, \boldsymbol{A}^2, \cdots, \boldsymbol{A}^k, \cdots$ 所构成的矩阵序列 $\{\boldsymbol{A}^k\}$ 收敛于零矩阵的充分必要条件是 $\boldsymbol{A}$ 的特征值的模都小于 1。

证明 设 $\boldsymbol{A}$ 的 Jordan 标准形为

$$\boldsymbol{J} = \begin{bmatrix} \boldsymbol{J}_1(\lambda_1) & & & \\ & \boldsymbol{J}_2(\lambda_2) & & \\ & & \ddots & \\ & & & \boldsymbol{J}_p(\lambda_p) \end{bmatrix}$$

$$= \mathrm{diag}[\boldsymbol{J}_1(\lambda_1), \boldsymbol{J}_2(\lambda_2), \cdots, \boldsymbol{J}_p(\lambda_p)]$$

这里

$$\boldsymbol{J}_i(\lambda_i) = \begin{bmatrix} \lambda_i & & & \\ 1 & \lambda_i & & \\ & \ddots & \ddots & \\ & & \ddots & \ddots \\ & & 1 & \lambda_i \end{bmatrix}_{t_i \times t_i}$$

为 t_i 阶 Jordan 块,也就是说,存在可逆矩阵 $\boldsymbol{T}$,使

$$\boldsymbol{A} = \boldsymbol{TJT}^{-1}$$

所以

$$A^k = TJ^kT^{-1}$$

故 $A^k \to 0$ 的充分必要条件是 $J^k \to 0$，而由

$$J^k = \mathrm{diag}[J_1^k(\lambda_1), J_2^k(\lambda_2), \cdots, J_p^k(\lambda_p)]$$

显然可知，$J^k \to 0$ 的充分必要条件是

$$J_i^k(\lambda_i) \to 0 \quad (i = 1,2,\cdots,p)$$

但

$$J_i^k(\lambda_i) = \begin{bmatrix} \lambda_i^k & k\lambda_i^{k-1} & \cdots & \frac{k(k-1)\cdots(k-t_i+1)}{(t_i-1)!}\lambda_i^{k-t_i+1} \\ & \lambda_i^k & k\lambda_i^{k-1} & \ddots \\ & & \lambda_i^k & k\lambda_i^{k-1} \\ & & \ddots & \\ & & & \lambda_i^k \end{bmatrix}^{\mathrm{T}}$$

因此，当 $|\lambda_i| < 1$，且 $k \to \infty$ 时

$$(\lambda_i^k)^{(S)} \to 0 \quad (s = 0,1,2,\cdots,t_{i-1})$$

故有

$$A^k \to 0$$

反之，若有某一特征值 $|\lambda_i| \geq 1$，则

$$\lambda_i^k \not\to 0$$

当然

$$A^k \not\to 0$$

命题　设 $\|A\|_a$ 是相容于向量范数 $\|\chi\|_a$ 的方阵范数，则 $\rho(A) \leq \|A\|_a$。

证明　设 λ_0 是方阵 A 的任一特征值，χ 是 λ_0 对应的特征向量，则

$$A\chi = \lambda_0\chi$$

那么

$$\|\lambda_0\chi\|_a = |\lambda_0| \ \|\chi\|_a \leq \|A\|_a \|\chi\|_a$$

$$|\lambda_0| \leq \|A\|_a$$

定理 5.1.3　$A^k \to 0$ 的充分必要条件是至少存在一种方阵范数 $\|\cdot\|$，使 $\|A\| < 1$。

5.2　函数矩阵的微分和积分

本节所研究的内容：是用矩阵来描述微积分中的若干结果，它在实用上很方便。我们着重讨论在工程实际中常见的三个问题，即是函数矩阵关于自变量的微分和积分；纯量函数关于矩阵的微分；向量函数关于向量的微分。

5.2.1　函数矩阵对自变量的微分与积分

定义 5.3　设矩阵

$$A(z)=\begin{bmatrix} a_{11}(z) & a_{12}(z) & \cdots & a_{1n}(z) \\ a_{21}(z) & a_{22}(z) & \cdots & a_{2n}(z) \\ \cdots & \cdots & \cdots & \cdots \\ a_{n1}(z) & a_{n2}(z) & \cdots & a_{nn}(z) \end{bmatrix}$$

其中每个元素 $a_{ij}(z)$ 都是复变量函数,称 $\boldsymbol{A}(z)$ 为函数矩阵。

定义 5.4 若函数矩阵 $\boldsymbol{A}(z)=(a_{ij}(z))_{m\times n}$ 的每个元素 $a_{ij}(z)$ 都是复变量 z 的函数,且都在 $z=z_0$ 或变量 z 的某个区域 D 上可微,则称此函数矩阵 $\boldsymbol{A}(z)$ 在 $z=z_0$ 或区域 D 上是可微的,并规定 $\boldsymbol{A}(z)$ 对 z 的导数为

$$\begin{aligned}\frac{\mathrm{d}}{\mathrm{d}z}\boldsymbol{A}(z) &= \left(\frac{\mathrm{d}}{\mathrm{d}z}a_{ij}(z)\right)_{m\times n} \\ &= \begin{bmatrix} \frac{\mathrm{d}}{\mathrm{d}z}a_{11}(z) & \frac{\mathrm{d}}{\mathrm{d}z}a_{12}(z) & \cdots & \frac{\mathrm{d}}{\mathrm{d}z}a_{1n}(z) \\ \frac{\mathrm{d}}{\mathrm{d}z}a_{21}(z) & \frac{\mathrm{d}}{\mathrm{d}z}a_{22}(z) & \cdots & \frac{\mathrm{d}}{\mathrm{d}z}a_{2n}(z) \\ \cdots & \cdots & \cdots & \cdots \\ \frac{\mathrm{d}}{\mathrm{d}z}a_{m1}(z) & \frac{\mathrm{d}}{\mathrm{d}z}a_{m2}(z) & \cdots & \frac{\mathrm{d}}{\mathrm{d}z}a_{mn}(z) \end{bmatrix}\end{aligned}$$

单元函数矩阵有以下性质:

性质 1 若函数矩阵 $\boldsymbol{A}(z)$,$\boldsymbol{B}(z)$ 是可微的,则它们的和也可微,且

$$\frac{\mathrm{d}}{\mathrm{d}z}[\boldsymbol{A}(z)+\boldsymbol{B}(z)]=\frac{\mathrm{d}}{\mathrm{d}z}\boldsymbol{A}(z)+\frac{\mathrm{d}}{\mathrm{d}z}\boldsymbol{B}(z) \tag{5.5}$$

性质 2 设函数矩阵 $\boldsymbol{A}(z)$,$\boldsymbol{B}(z)$ 分别是 $m\times n$ 及 $n\times s$ 阶矩阵,且 $\boldsymbol{A}(z)$,$\boldsymbol{B}(z)$ 都可微,

$$\frac{\mathrm{d}}{\mathrm{d}z}[\boldsymbol{A}(z)\boldsymbol{B}(z)]=\left[\frac{\mathrm{d}}{\mathrm{d}z}\boldsymbol{A}(z)\right]\boldsymbol{B}(z)+\boldsymbol{A}(z)\left[\frac{\mathrm{d}}{\mathrm{d}z}\boldsymbol{B}(z)\right] \tag{5.6}$$

性质 3 设函数矩阵 $\boldsymbol{A}(u)=(a_{ij}(u))_{m\times n}$ 及变量 z 的函数 $u=f(z)$ 都可微,则

$$\frac{\mathrm{d}}{\mathrm{d}z}\boldsymbol{A}[f(z)]=\frac{\mathrm{d}}{\mathrm{d}u}\boldsymbol{A}(u)\cdot\frac{\mathrm{d}}{\mathrm{d}z}f(z) \tag{5.7}$$

性质 4 若 n 阶函数矩阵 $\boldsymbol{A}(z)$ 可逆,且 $\boldsymbol{A}(z)$ 及其逆阵 $\boldsymbol{A}^{-1}(z)$ 都可微,则

$$\frac{\mathrm{d}}{\mathrm{d}z}\boldsymbol{A}^{-1}(z)=-\boldsymbol{A}^{-1}(z)\left[\frac{\mathrm{d}}{\mathrm{d}z}\boldsymbol{A}(z)\right]\boldsymbol{A}^{-1}(z) \tag{5.8}$$

证明性质 2 设 $\boldsymbol{A}(z)\boldsymbol{B}(z)=\boldsymbol{C}(z)$

$$\left[\frac{\mathrm{d}}{\mathrm{d}z}\boldsymbol{A}(z)\right]\boldsymbol{B}(z)=\boldsymbol{H}(z)$$

$$\boldsymbol{A}(z)\frac{\mathrm{d}}{\mathrm{d}z}\boldsymbol{B}(z)=\boldsymbol{D}(z)$$

元素 $c_{ij}(z)=\sum_{k=1}^{n}a_{ik}(z)b_{kj}(z) \quad i=1,\cdots,m \quad j=1,\cdots,s$

那么

$$\begin{aligned}\frac{\mathrm{d}}{\mathrm{d}z}c_{ij}(z) &= \sum_{k=1}^{n}\frac{\mathrm{d}}{\mathrm{d}z}[a_{ik}(z)b_{kj}(z)] \\ &= \sum_{k=1}^{n}\left[\frac{\mathrm{d}}{\mathrm{d}z}a_{ik}(z)\right]b_{kj}(z)+\sum_{k=1}^{n}a_{ik}(z)\frac{\mathrm{d}}{\mathrm{d}z}b_{kj}(z)\end{aligned}$$

$$=h_{ij}(z)+\mathrm{d}_{ij}(z)$$

其中 $c_{ij}(z),h_{ij}(z),\mathrm{d}_{ij}(z)$ 分别是函数矩阵 $\boldsymbol{C}(z),\boldsymbol{H}(z),\boldsymbol{D}(z)$ 的元素,可得

$$\begin{aligned}\frac{\mathrm{d}}{\mathrm{d}z}[\boldsymbol{A}(z)\boldsymbol{B}(z)]&=\frac{\mathrm{d}}{\mathrm{d}z}\boldsymbol{C}(z)\\&=\boldsymbol{H}(z)+\boldsymbol{D}(z)\\&=\left[\frac{\mathrm{d}}{\mathrm{d}z}\boldsymbol{A}(z)\right]\boldsymbol{B}(z)+\boldsymbol{A}(z)\frac{\mathrm{d}}{\mathrm{d}z}\boldsymbol{B}(z)\end{aligned}$$

这里需注意的是,由于矩阵的乘法不满足交换律,所以上式中乘积的顺序一般是不能交换的。

若 $\boldsymbol{K}$ 是一个常数矩阵,则有

$$\frac{\mathrm{d}}{\mathrm{d}z}[\boldsymbol{K}\cdot\boldsymbol{A}(z)]=\boldsymbol{K}\frac{\mathrm{d}}{\mathrm{d}z}\boldsymbol{A}(z)$$

$$\frac{\mathrm{d}}{\mathrm{d}z}[\boldsymbol{A}(z)\cdot\boldsymbol{K}]=\left[\frac{\mathrm{d}}{\mathrm{d}z}\boldsymbol{A}(z)\right]\cdot\boldsymbol{K}$$

这两个式子也不能交换顺序。又如

$$\begin{aligned}\frac{\mathrm{d}}{\mathrm{d}z}[\boldsymbol{A}^2(z)]&=\left[\frac{\mathrm{d}}{\mathrm{d}z}\boldsymbol{A}(z)\right]\boldsymbol{A}(z)+\boldsymbol{A}(z)\frac{\mathrm{d}}{\mathrm{d}z}\boldsymbol{A}(z)\\&\neq2\boldsymbol{A}(z)\frac{\mathrm{d}}{\mathrm{d}z}\boldsymbol{A}(z)\end{aligned}$$

证明性质 3,因为

$$\frac{\mathrm{d}}{\mathrm{d}z}a_{ij}[f(z)]=\frac{\mathrm{d}}{\mathrm{d}u}a_{ij}(u)\frac{\mathrm{d}}{\mathrm{d}z}f(z)$$

由此立刻得出

$$\frac{\mathrm{d}}{\mathrm{d}z}\boldsymbol{A}[f(z)]=\frac{\mathrm{d}}{\mathrm{d}u}\boldsymbol{A}(u)\frac{\mathrm{d}}{\mathrm{d}z}f(z)$$

证明性质 4,因为

$$\boldsymbol{A}^{-1}(z)\cdot\boldsymbol{A}(z)=\boldsymbol{E}$$

所以

$$\frac{\mathrm{d}}{\mathrm{d}z}[\boldsymbol{A}^{-1}\boldsymbol{A}(z)]=\frac{\mathrm{d}\boldsymbol{A}^{-1}(z)}{\mathrm{d}z}\boldsymbol{A}(z)+\boldsymbol{A}^{-1}(z)\frac{\mathrm{d}}{\mathrm{d}z}\boldsymbol{A}(z)=0$$

$$\frac{\mathrm{d}}{\mathrm{d}z}[\boldsymbol{A}^{-1}(z)]=-\boldsymbol{A}^{-1}(z)\left[\frac{\mathrm{d}}{\mathrm{d}z}\boldsymbol{A}(z)\right]\boldsymbol{A}^{-1}(z)$$

例 1 求二次型 $\boldsymbol{\chi}^{\mathrm{T}}\boldsymbol{A}\boldsymbol{\chi}$ 对变量 t 的导数。

其中

$$\boldsymbol{\chi}=\begin{bmatrix}x_1(t)\\x_2(t)\\\vdots\\x_n(t)\end{bmatrix};\boldsymbol{A}=(a_{ij})_{n\times n},a_{ij}=a_{ji}$$

解
$$\begin{aligned}\frac{\mathrm{d}}{\mathrm{d}t}[\boldsymbol{\chi}^{\mathrm{T}}\boldsymbol{A}\boldsymbol{\chi}]&=\left(\frac{\mathrm{d}}{\mathrm{d}t}\boldsymbol{\chi}^{\mathrm{T}}\right)\boldsymbol{A}\boldsymbol{\chi}+\boldsymbol{\chi}^{\mathrm{T}}\boldsymbol{A}\frac{\mathrm{d}}{\mathrm{d}t}\boldsymbol{\chi}\\&=\boldsymbol{\chi}^{\mathrm{T}}\boldsymbol{A}^{\mathrm{T}}\frac{\mathrm{d}}{\mathrm{d}t}\boldsymbol{\chi}+\boldsymbol{\chi}^{\mathrm{T}}\boldsymbol{A}\frac{\mathrm{d}}{\mathrm{d}t}\boldsymbol{\chi}=2\boldsymbol{\chi}^{\mathrm{T}}\boldsymbol{A}\frac{\mathrm{d}}{\mathrm{d}t}\boldsymbol{\chi}\end{aligned}$$

类似地定义函数矩阵的积分。

定义 5.5 若函数矩阵 $\boldsymbol{A}(t)=(a_{ij}(t))$ 的每个元素都是实变数 t 的函数，且都在 $[a,b]$ 上可积，则称函数矩阵 $\boldsymbol{A}(t)$ 在 $[a,b]$ 上是可积的，并规定

$$\int_a^b \boldsymbol{A}(t)\mathrm{d}t=\begin{bmatrix}\int_a^b a_{11}(t)\mathrm{d}t & \cdots & \int_a^b a_{1n}(t)\mathrm{d}t\\ \cdots & \cdots & \cdots\\ \int_a^b a_{m1}(t)\mathrm{d}t & \cdots & \int_a^b a_{mn}(t)\mathrm{d}t\end{bmatrix}$$

为 $\boldsymbol{A}(t)$ 在 $[a,b]$ 上的定积分，而

$$\int \boldsymbol{A}(t)\mathrm{d}t=\begin{bmatrix}\int a_{11}(t)\mathrm{d}t & \cdots & \int a_{1n}(t)\mathrm{d}t\\ \cdots & \cdots & \cdots\\ \int a_{m1}(t)\mathrm{d}t & \cdots & \int a_{mn}(t)\mathrm{d}t\end{bmatrix}$$

称为 $\boldsymbol{A}(t)$ 的不定积分。

易证矩阵的积分有以下性质：

性质 1 对任何函数 $\boldsymbol{A}(t)$，有

$$\int \boldsymbol{A}^{\mathrm{T}}(t)\mathrm{d}t=\left[\int \boldsymbol{A}(t)\mathrm{d}t\right]^{\mathrm{T}} \tag{5.9}$$

性质 2 对函数矩阵 $\boldsymbol{A}(t)$，$\boldsymbol{B}(t)$ 及 $a,b\in R$，有

$$\int [a\boldsymbol{A}(t)+b\boldsymbol{B}(t)]\mathrm{d}t=a\int \boldsymbol{A}(t)\mathrm{d}t+b\int \boldsymbol{B}(t)\mathrm{d}t \tag{5.10}$$

性质 3 对函数矩阵 $\boldsymbol{A}(t)$ 及常矩阵 $\boldsymbol{B}$，$\boldsymbol{C}$，有

$$\int \boldsymbol{A}(t)\boldsymbol{B}\mathrm{d}t=\left[\int \boldsymbol{A}(t)\mathrm{d}t\right]\boldsymbol{B} \tag{5.11}$$

$$\int \boldsymbol{C}\boldsymbol{A}(t)\mathrm{d}t=\boldsymbol{C}\int \boldsymbol{A}(t)\mathrm{d}t \tag{5.12}$$

性质 4 对于函数矩阵 $\boldsymbol{A}(t)$，$\boldsymbol{B}(t)$，有

$$\int \left[\boldsymbol{A}(t)\frac{\mathrm{d}}{\mathrm{d}t}\boldsymbol{B}(t)\right]\mathrm{d}t=\boldsymbol{A}(t)\boldsymbol{B}(t)-\int \left[\frac{\mathrm{d}}{\mathrm{d}t}\boldsymbol{A}(t)\right]\boldsymbol{B}(t)\mathrm{d}t \tag{5.13}$$

下面只证性质 4，设

$$\boldsymbol{A}(t)=(a_{ij}(t))_{m\times n},\boldsymbol{B}(t)=(b_{ij}(t))_{n\times s}$$

则 $\boldsymbol{A}(t)\cdot\frac{\mathrm{d}}{\mathrm{d}t}\boldsymbol{B}(t)$ 的 i 行 j 列元素为

$$\sum_{k=1}^{n}a_{ik}(t)\frac{\mathrm{d}}{\mathrm{d}t}b_{kj}(t)$$

所以

$$\begin{aligned}&\int \left[\sum_{k=1}^{n}a_{ik}(t)\frac{\mathrm{d}}{\mathrm{d}t}b_{kj}(t)\right]\mathrm{d}t\\ &=\sum_{k=1}^{n}\int a_{ik}(t)\frac{\mathrm{d}}{\mathrm{d}t}b_{kj}(t)\mathrm{d}t\\ &=\sum_{k=1}^{n}\left\{a_{ik}(t)b_{kj}(t)-\int \left[\frac{\mathrm{d}}{\mathrm{d}t}a_{ik}(t)\right]b_{kj}(t)\mathrm{d}t\right\}\end{aligned}$$

$$= \sum_{k=1}^{n} a_{ik}(t)b_{kj}(t) - \sum_{k=1}^{n}\int\left[\frac{\mathrm{d}}{\mathrm{d}t}a_{ik}(t)\right]b_{kj}(t)\,\mathrm{d}t$$

故
$$\int \boldsymbol{A}(t)\frac{\mathrm{d}}{\mathrm{d}t}\boldsymbol{B}(t)\,\mathrm{d}t = \boldsymbol{A}(t)\boldsymbol{B}(t) - \int\left[\frac{\mathrm{d}}{\mathrm{d}t}\boldsymbol{A}(t)\right]\boldsymbol{B}(t)\,\mathrm{d}t$$

5.2.2* 复合矩阵 $\boldsymbol{A}(X)$ 对矩阵 $\boldsymbol{X}$ 的微分法

设有 $m\times n$ 阶矩阵

$$\boldsymbol{X} = \begin{bmatrix} x_{11} & x_{12} & \cdots & x_{1n} \\ x_{21} & x_{22} & \cdots & x_{2n} \\ \cdots & \cdots & \cdots & \cdots \\ x_{m1} & x_{m2} & \cdots & x_{mn} \end{bmatrix}$$

而 $p\times q$ 阶矩阵 $\boldsymbol{A}(\boldsymbol{X})$ 是以 $\boldsymbol{X}$ 为变元的函数矩阵

$$\boldsymbol{A}(\boldsymbol{X}) = \begin{bmatrix} a_{11}(\boldsymbol{X}) & a_{12}(\boldsymbol{X}) & \cdots & a_{1q}(\boldsymbol{X}) \\ a_{21}(\boldsymbol{X}) & a_{22}(\boldsymbol{X}) & \cdots & a_{2q}(\boldsymbol{X}) \\ \cdots & \cdots & \cdots & \cdots \\ a_{p1}(\boldsymbol{X}) & a_{p2}(\boldsymbol{X}) & \cdots & a_{pq}(\boldsymbol{X}) \end{bmatrix}$$

现在讨论 $\boldsymbol{A}(\boldsymbol{X})$ 对 $\boldsymbol{X}$ 的微分法

定义 5.6　设 $\boldsymbol{X}=(x_{ij})$ 是 $m\times n$ 阶矩阵，$\boldsymbol{A}(\boldsymbol{X})$ 是以 $\boldsymbol{X}$ 为变元的 $p\times q$ 阶矩阵，则称 $np\times mq$ 阶矩阵

$$\begin{bmatrix} \frac{\partial \boldsymbol{A}(\boldsymbol{X})}{\partial x_{11}} & \frac{\partial \boldsymbol{A}(\boldsymbol{X})}{\partial x_{21}} & \cdots & \frac{\partial \boldsymbol{A}(\boldsymbol{X})}{\partial x_{m1}} \\ \cdots & \cdots & \cdots & \cdots \\ \frac{\partial \boldsymbol{A}(\boldsymbol{X})}{\partial x_{1n}} & \frac{\partial \boldsymbol{A}(\boldsymbol{X})}{\partial x_{2n}} & \cdots & \frac{\partial \boldsymbol{A}(\boldsymbol{X})}{\partial x_{mn}} \end{bmatrix}$$

为函数矩阵 $\boldsymbol{A}(\boldsymbol{X})$ 对矩阵 $\boldsymbol{X}$ 的导数，记为

$$\frac{\mathrm{d}}{\mathrm{d}\boldsymbol{X}}\boldsymbol{A}(\boldsymbol{X}) = \begin{bmatrix} \frac{\partial \boldsymbol{A}(\boldsymbol{X})}{\partial x_{11}} & \cdots & \frac{\partial \boldsymbol{A}(\boldsymbol{X})}{\partial x_{m1}} \\ \cdots & \cdots & \cdots \\ \frac{\partial \boldsymbol{A}(\boldsymbol{X})}{\partial x_{1n}} & \cdots & \frac{\partial \boldsymbol{A}(\boldsymbol{X})}{\partial x_{mn}} \end{bmatrix}$$

其中
$$\frac{\partial \boldsymbol{A}(\boldsymbol{X})}{\partial x_{ij}} = \begin{bmatrix} \frac{\partial a_{11}(\boldsymbol{X})}{\partial x_{ij}} & \cdots & \frac{\partial a_{1q}(\boldsymbol{X})}{\partial x_{ij}} \\ \cdots & \cdots & \cdots \\ \frac{\partial a_{p1}(\boldsymbol{X})}{\partial x_{ij}} & \cdots & \frac{\partial a_{pq}(\boldsymbol{X})}{\partial x_{ij}} \end{bmatrix}$$

定义的 $\boldsymbol{X}$ 及 $\boldsymbol{A}(\boldsymbol{X})$ 可以是一阶矩阵（标量），也可以是向量或矩阵，所以矩阵对于矩阵的导数的一般运算公式是比较复杂的，现仅讨论几种常用的特殊情况。

(1) $\boldsymbol{A}(\boldsymbol{X})$ 是 1 级方阵函数 $f(\boldsymbol{X})$，对矩阵 $\boldsymbol{X}$ 的导数：

$$\frac{\mathrm{d}}{\mathrm{d}\boldsymbol{X}}f(\boldsymbol{X}) = \begin{bmatrix} \frac{\partial f}{\partial x_{11}} & \cdots & \frac{\partial f}{\partial x_{m1}} \\ \cdots & \cdots & \cdots \\ \frac{\partial f}{\partial x_{1n}} & \cdots & \frac{\partial f}{\partial x_{mn}} \end{bmatrix}$$

是 $n \times m$ 阶矩阵，特别当 $\boldsymbol{X} = (x_1, \cdots, x_n)$

$$\frac{\mathrm{d}}{\mathrm{d}\boldsymbol{X}}f(\boldsymbol{X}) = \begin{bmatrix} \frac{\partial f}{\partial x_1} \\ \vdots \\ \frac{\partial f}{\partial x_n} \end{bmatrix}$$

$$\frac{\mathrm{d}}{\mathrm{d}\boldsymbol{X}^{\mathrm{T}}}f(\boldsymbol{X}) = \left(\frac{\partial f}{\partial x_1}, \cdots, \frac{\partial f}{\partial x_n}\right)$$

函数 $f(\boldsymbol{X})$ 对 $\boldsymbol{X}$ 的导数有以下基本性质：

性质 1 $\frac{\mathrm{d}}{\mathrm{d}\boldsymbol{X}^{\mathrm{T}}}f(\boldsymbol{X}) = \left[\frac{\mathrm{d}}{\mathrm{d}\boldsymbol{X}}f(\boldsymbol{X})\right]^{\mathrm{T}}$ (5.14)

性质 2 对数值函数 $f(\boldsymbol{X})$, $g(\boldsymbol{X})$ 及任意常数

$$\frac{\mathrm{d}}{\mathrm{d}\boldsymbol{X}}[af(\boldsymbol{X}) + bg(\boldsymbol{X})] = a\frac{\mathrm{d}}{\mathrm{d}\boldsymbol{X}}f(\boldsymbol{X}) + b\frac{\mathrm{d}}{\mathrm{d}\boldsymbol{X}}g(\boldsymbol{X}) \tag{5.15}$$

性质 3 $\frac{\mathrm{d}}{\mathrm{d}\boldsymbol{X}}[f(\boldsymbol{X}) \cdot g(\boldsymbol{X})] = g(\boldsymbol{X})\frac{\mathrm{d}}{\mathrm{d}\boldsymbol{X}}f(\boldsymbol{X}) + f(\boldsymbol{X})\frac{\mathrm{d}}{\mathrm{d}\boldsymbol{X}}g(\boldsymbol{X})$ (5.16)

下面只证性质 3，注意到 $\frac{\mathrm{d}}{\mathrm{d}\boldsymbol{X}}f(\boldsymbol{X})$ 及 $\frac{\mathrm{d}}{\mathrm{d}\boldsymbol{X}}g(\boldsymbol{X})$ 的 i 行 j 列元素分别是 $\frac{\partial f}{\partial x_{ji}}$, $\frac{\partial g}{\partial x_{ji}}$，而 $\frac{\mathrm{d}}{\mathrm{d}\boldsymbol{X}}[f(\boldsymbol{X}) \cdot g(\boldsymbol{X})]$ 的 i 行 j 列处元素是

$$\frac{\partial}{\partial x_{ji}}[f(\boldsymbol{X}) \cdot g(\boldsymbol{X})] = \frac{\partial f}{\partial x_{ji}}g(\boldsymbol{X}) + f(\boldsymbol{X})\frac{\partial g}{\partial x_{ji}}$$

故有

$$\frac{\mathrm{d}}{\mathrm{d}\boldsymbol{X}}[f(\boldsymbol{X})]g(\boldsymbol{X}) = \left[\frac{\mathrm{d}}{\mathrm{d}\boldsymbol{X}}f(\boldsymbol{X})\right]g(\boldsymbol{X}) + f(\boldsymbol{X})\frac{\mathrm{d}}{\mathrm{d}\boldsymbol{X}}g(\boldsymbol{X})$$

特殊情况下，当 $f(\boldsymbol{X}) = g(\boldsymbol{X})$ 时

$$\frac{\mathrm{d}}{\mathrm{d}\boldsymbol{X}}f^2(\boldsymbol{X}) = 2f(\boldsymbol{X})\frac{\mathrm{d}}{\mathrm{d}\boldsymbol{X}}f(\boldsymbol{X})$$

一般地有

$$\frac{\mathrm{d}}{\mathrm{d}\boldsymbol{X}}f^n(\boldsymbol{X}) = nf^{n-1}(\boldsymbol{X})\frac{\mathrm{d}}{\mathrm{d}\boldsymbol{X}}f(\boldsymbol{X})$$

例 2 设 $\boldsymbol{A} = (a_{ij}) \in C^{m \times n}$, $\boldsymbol{X} = (x_{ij}) \in C^{n \times m}$，证明

$$\frac{\mathrm{d}}{\mathrm{d}\boldsymbol{X}}\mathrm{tr}(\boldsymbol{AX}) = \frac{\mathrm{d}}{\mathrm{d}\boldsymbol{X}}\mathrm{tr}(\boldsymbol{XA}) = \boldsymbol{A}$$

$$\frac{\mathrm{d}}{\mathrm{d}\boldsymbol{X}}\mathrm{tr}(\boldsymbol{BX}^{\mathrm{T}}) = \frac{\mathrm{d}}{\mathrm{d}\boldsymbol{X}}\mathrm{tr}(\boldsymbol{XB}^{\mathrm{T}}) = \boldsymbol{B}^{\mathrm{T}}$$

证明 先证

$$\frac{\mathrm{d}}{\mathrm{d}\boldsymbol{X}}\mathrm{tr}(\boldsymbol{AX}) = \boldsymbol{A}$$

因为 $\mathrm{tr}(\boldsymbol{AX}) = \sum_{i=1}^{n} a_{1i}x_{i1} + \sum_{i=1}^{n} a_{2i}x_{i2} + \cdots + \sum_{i=1}^{n} a_{mi}x_{im}$

$$\frac{\partial}{\partial x_{ij}}\mathrm{tr}(\boldsymbol{AX}) = a_{ji}$$

所以
$$\frac{\mathrm{d}}{\mathrm{d}\boldsymbol{X}}\mathrm{tr}(\boldsymbol{AX}) = \boldsymbol{A}$$

再由
$$\mathrm{tr}(\boldsymbol{AX}) = \mathrm{tr}(\boldsymbol{XA})$$
$$\mathrm{tr}(\boldsymbol{XB}^{\mathrm{T}}) = \mathrm{tr}(\boldsymbol{XB}^{\mathrm{T}})^{\mathrm{T}} = \mathrm{tr}(\boldsymbol{BX}^{\mathrm{T}})$$

立即有

$$\frac{\mathrm{d}}{\mathrm{d}\boldsymbol{X}}\mathrm{tr}(\boldsymbol{XA}) = \boldsymbol{A}$$

$$\frac{\mathrm{d}}{\mathrm{d}\boldsymbol{X}}\mathrm{tr}(\boldsymbol{XB}^{\mathrm{T}}) = \frac{\mathrm{d}}{\mathrm{d}\boldsymbol{X}}\mathrm{tr}(\boldsymbol{BX}^{\mathrm{T}}) = \boldsymbol{B}^{\mathrm{T}}$$

特别当 $X \in C^{n\times n}$时,有

$$\frac{\mathrm{d}}{\mathrm{d}\boldsymbol{X}}\mathrm{tr}\boldsymbol{X} = \frac{\mathrm{d}}{\mathrm{d}\boldsymbol{X}}\mathrm{tr}(\boldsymbol{XE}) = \boldsymbol{E}$$

$$\frac{\mathrm{d}}{\mathrm{d}\boldsymbol{X}}\mathrm{tr}\boldsymbol{X}^{\mathrm{T}} = \frac{\mathrm{d}}{\mathrm{d}\boldsymbol{X}}\mathrm{tr}(\boldsymbol{EX}^{\mathrm{T}}) = \boldsymbol{E}$$

这里 $\boldsymbol{E}$ 是 n 阶单位矩阵。

例3　设 $\boldsymbol{A},\boldsymbol{B}$ 是 $m\times n$ 阶常数矩阵,$\boldsymbol{X}$ 为 $n\times m$ 阶矩阵,证明

$$\frac{\mathrm{d}}{\mathrm{d}\boldsymbol{X}}\mathrm{tr}(\boldsymbol{AXBX}) = \frac{\mathrm{d}}{\mathrm{d}\boldsymbol{X}}\mathrm{tr}(\boldsymbol{XAXB}) = \boldsymbol{AXB} + \boldsymbol{BXA}$$

证明　因为

$$\begin{aligned}\frac{\partial}{\partial x_{ij}}\mathrm{tr}(\boldsymbol{AXBX}) &= \mathrm{tr}\,\frac{\partial}{\partial x_{ij}}(\boldsymbol{AXBX}) \\ &= \mathrm{tr}\left[\frac{\partial \boldsymbol{AX}}{\partial x_{ij}}\boldsymbol{BX} + \boldsymbol{AX}\frac{\partial \boldsymbol{BX}}{\partial x_{ij}}\right] \\ &= \mathrm{tr}[\boldsymbol{AE}_{ij}\boldsymbol{BX} + \boldsymbol{AXBE}_{ij}] \\ &= \mathrm{tr}(\boldsymbol{AE}_{ij}\cdot\boldsymbol{BX}) + \mathrm{tr}(\boldsymbol{AXBE}_{ij}) \\ &= \mathrm{tr}(\boldsymbol{BX}\cdot\boldsymbol{AE}_{ij}) + \mathrm{tr}(\boldsymbol{AXBE}_{ij}) \\ &= (\boldsymbol{BXA})_{ji} + (\boldsymbol{AXB})_{ji}\end{aligned}$$

$(\boldsymbol{BXA})_{ji}$表示 $\boldsymbol{BXA}$ 的第 j 行 i 列处元素,所以

$$\frac{\mathrm{d}}{\mathrm{d}\boldsymbol{X}}\mathrm{tr}(\boldsymbol{AXBX}) = \boldsymbol{BXA} + \boldsymbol{AXB}$$

同理可证

$$\frac{\mathrm{d}}{\mathrm{d}\boldsymbol{X}}\mathrm{tr}(\boldsymbol{XAXB}) = \boldsymbol{BXA} + \boldsymbol{AXB}$$

例4　设 $\boldsymbol{X}$ 为 n 阶方阵,k 为正整数,证明:当 $\det\boldsymbol{X}\neq 0$ 时,有

$$\frac{\mathrm{d}}{\mathrm{d}\boldsymbol{X}}(\det\boldsymbol{X}^k) = k\det\boldsymbol{X}^k\cdot\boldsymbol{X}^{-1}$$

证明 把 $\det\boldsymbol{X}$ 按第 j 行展开得

$$\det\boldsymbol{X} = x_{j1}X_{j1} + x_{j2}X_{j2} + \cdots + x_{jn}X_{jn}$$

这里 X_{jk} 是 x_{jk} 的代数余子式，由此有

$$\frac{\partial\det\boldsymbol{X}}{\partial x_{ji}} = X_{ji}$$

即

$$\frac{\mathrm{d}}{\mathrm{d}\boldsymbol{X}}\det\boldsymbol{X} = \begin{bmatrix} X_{11} & X_{21} & \cdots & X_{n1} \\ X_{12} & X_{22} & \cdots & X_{n2} \\ X_{1n} & X_{2n} & \cdots & X_{nn} \end{bmatrix} = \boldsymbol{X}^*$$

$$= (\det\boldsymbol{X})\cdot\boldsymbol{X}^{-1}$$

从而

$$\frac{\mathrm{d}}{\mathrm{d}\boldsymbol{X}}(\det\boldsymbol{X}^k) = \frac{\mathrm{d}}{\mathrm{d}\boldsymbol{X}}(\det\boldsymbol{X})^k$$

$$= k(\det\boldsymbol{X})^{k-1}\frac{\mathrm{d}}{\mathrm{d}\boldsymbol{X}}(\det\boldsymbol{X})$$

$$= k\det\boldsymbol{X}^k\cdot\boldsymbol{X}^{-1}$$

(2) $A(X)$ 是向量函数 $f(\boldsymbol{\chi})$，对向量 $\boldsymbol{\chi}$ 的导数；

$$f(\boldsymbol{\chi}) = \begin{bmatrix} f_1(\boldsymbol{\chi}) \\ \vdots \\ f_m(\boldsymbol{\chi}) \end{bmatrix}, \quad \boldsymbol{\chi} = \begin{bmatrix} x_1 \\ \vdots \\ x_n \end{bmatrix}$$

则由定义 5.6 有

$$\frac{\mathrm{d}}{\mathrm{d}\boldsymbol{\chi}}f(\boldsymbol{\chi}) = \begin{bmatrix} \frac{\partial f_1}{\partial x_1} & \cdots & \frac{\partial f_1}{\partial x_2} & \frac{\partial f_1}{\partial x_n} \\ \frac{\partial f_2}{\partial x_1} & \cdots & \frac{\partial f_2}{\partial x_2} & \frac{\partial f_2}{\partial x_n} \\ \cdots & \cdots & \cdots & \cdots \\ \frac{\partial f_m}{\partial x_1} & \cdots & \frac{\partial f_m}{\partial x_2} & \frac{\partial f_m}{\partial x_n} \end{bmatrix}$$

通常称此矩阵为 Jacobi 矩阵。

例 5 设 $\boldsymbol{\chi} = (\xi_1, \cdots, \xi_n)^{\mathrm{T}}$，求 $\frac{\mathrm{d}\boldsymbol{\chi}}{\mathrm{d}\boldsymbol{\chi}}$

解 $$\frac{\mathrm{d}\boldsymbol{\chi}}{\mathrm{d}\boldsymbol{\chi}} = \left(\frac{\partial\boldsymbol{\chi}}{\partial\xi_1}, \cdots, \frac{\partial\boldsymbol{\chi}}{\partial\xi_n}\right) = \begin{bmatrix} \frac{\partial\xi_1}{\partial\xi_1} & \cdots & \frac{\partial\xi_1}{\partial\xi_n} \\ \frac{\partial\xi_n}{\partial\xi_1} & \cdots & \frac{\partial\xi_n}{\partial\xi_n} \end{bmatrix}$$

$$= \begin{pmatrix} 1 & \cdots & 0 \\ & \ddots & \\ 0 & \cdots & 1 \end{pmatrix} = \boldsymbol{E}$$

同样由定义5.6可以得出

$$\frac{d}{d\boldsymbol{\chi}}f^{T}(\boldsymbol{\chi}),\quad \frac{d}{d\boldsymbol{\chi}^{T}}f(\boldsymbol{\chi}),\quad \frac{d}{d\boldsymbol{\chi}^{T}}f^{T}(\boldsymbol{\chi})$$

关于向量对向量的导数$\frac{d}{d\boldsymbol{\chi}}f(\boldsymbol{\chi})$有以下性质:

性质1 $\frac{d}{d\boldsymbol{\chi}^{T}}f^{T}(\boldsymbol{\chi})=\left[\frac{d}{d\boldsymbol{\chi}}f(\boldsymbol{\chi})\right]^{T}$　　(5.17)

性质2 对于任意 m 维列向量$f(\boldsymbol{\chi})$,$g(\boldsymbol{\chi})$及任意常数 a,b 有

$$\frac{d}{d\boldsymbol{\chi}}[af(\boldsymbol{\chi})+bg(\boldsymbol{\chi})]=a\frac{d}{d\boldsymbol{\chi}}f(\boldsymbol{\chi})+b\frac{d}{d\boldsymbol{\chi}}g(\boldsymbol{\chi}) \tag{5.18}$$

性质3 对于 $s\times m$ 阶常数矩阵 $\boldsymbol{A}$ 有

$$\frac{d}{d\boldsymbol{\chi}}[\boldsymbol{A}\cdot f(\boldsymbol{\chi})]=\boldsymbol{A}\cdot\frac{d}{d\boldsymbol{\chi}}f(\boldsymbol{\chi})$$

性质4 若$f(\boldsymbol{\chi})$,$g(\boldsymbol{\chi})$都是 m 维列向量,则

$$\frac{d}{d\boldsymbol{\chi}}[f^{T}(\boldsymbol{\chi})\cdot g(\boldsymbol{\chi})]=f^{T}(\boldsymbol{\chi})\frac{dg(\boldsymbol{\chi})}{d\boldsymbol{\chi}}+g^{T}(\boldsymbol{\chi})\frac{df(\boldsymbol{\chi})}{d\boldsymbol{\chi}}$$

性质1,2,易于证明,下面只证性质3,4。

设
$$\boldsymbol{A}=\begin{bmatrix}a_{11}\cdots a_{1m}\\ \cdots\cdots\\ a_{s1}\cdots a_{sm}\end{bmatrix}$$

则

$$\boldsymbol{A}\cdot f(\boldsymbol{\chi})=\begin{bmatrix}a_{11}f_1(\boldsymbol{\chi})+a_{12}f_2(\boldsymbol{\chi})+\cdots+a_{1m}f_m(\boldsymbol{\chi})\\ \cdots\cdots\cdots\cdots\cdots\cdots\\ a_{s1}f_1(\boldsymbol{\chi})+a_{s2}f_2(\boldsymbol{\chi})+\cdots+a_{sm}f_m(\boldsymbol{\chi})\end{bmatrix}$$

所以

$$\frac{d}{d\boldsymbol{\chi}}[\boldsymbol{A}\cdot f(\boldsymbol{\chi})]=\begin{bmatrix}\sum_{i=1}^{m}\frac{\partial}{\partial x_1}a_{1i}f_i(\boldsymbol{\chi})\cdots\sum_{i=1}^{m}\frac{\partial}{\partial x_n}a_{1i}f_i(\boldsymbol{\chi})\\ \cdots\cdots\cdots\cdots\cdots\cdots\\ \sum_{i=1}^{m}\frac{\partial}{\partial x_1}a_{si}f_i(\boldsymbol{\chi})\cdots\sum_{i=1}^{m}\frac{\partial}{\partial x_n}a_{si}f_i(\boldsymbol{\chi})\end{bmatrix}$$

$$=\begin{pmatrix}a_{11}\cdots a_{1m}\\ a_{s1}\cdots a_{sm}\end{pmatrix}\begin{bmatrix}\frac{\partial}{\partial x_1}f_1(\boldsymbol{\chi})\cdots\frac{\partial}{\partial x_n}f_1(\boldsymbol{\chi})\\ \vdots\qquad\qquad\vdots\\ \frac{\partial}{\partial x_1}f_m(\boldsymbol{\chi})\cdots\frac{\partial}{\partial x_n}f_m(\boldsymbol{\chi})\end{bmatrix}$$

$$=\boldsymbol{A}\cdot\frac{d}{d\boldsymbol{\chi}}f(\boldsymbol{\chi})$$

故性质3成立,对于性质4,因为

$$f(\boldsymbol{\chi}) = \begin{bmatrix} f_1(\boldsymbol{\chi}) \\ \vdots \\ f_m(\boldsymbol{\chi}) \end{bmatrix} \quad g(\boldsymbol{\chi}) = \begin{bmatrix} g_1(\boldsymbol{\chi}) \\ \vdots \\ g_m(\boldsymbol{\chi}) \end{bmatrix} \quad \frac{\mathrm{d}f}{\mathrm{d}\boldsymbol{\chi}} = \begin{bmatrix} \frac{\mathrm{d}f_1}{\mathrm{d}\boldsymbol{\chi}} \\ \vdots \\ \frac{\mathrm{d}f_m}{\mathrm{d}\boldsymbol{\chi}} \end{bmatrix}$$

又

$$f^T \cdot g = f_1(\boldsymbol{\chi})g_1(\boldsymbol{\chi}) + \cdots + f_m(\boldsymbol{\chi})g_m(\boldsymbol{\chi})$$

所以

$$\frac{\mathrm{d}}{\mathrm{d}\boldsymbol{\chi}}[f^{\mathrm{T}} \cdot g] = \frac{\mathrm{d}}{\mathrm{d}\boldsymbol{\chi}}[f_1(\boldsymbol{\chi})g_1(\boldsymbol{\chi}) + \cdots + f_m(\boldsymbol{\chi})g_m(\boldsymbol{\chi})]$$

由(5.15)式及(5.16)式,上式为

$$\begin{aligned} & f_1(\boldsymbol{\chi})\frac{\mathrm{d}g_1(\boldsymbol{\chi})}{\mathrm{d}\boldsymbol{\chi}} + \cdots + f_m(\boldsymbol{\chi})\frac{\mathrm{d}g_m(\boldsymbol{\chi})}{\mathrm{d}\boldsymbol{\chi}} + \\ & g_1(\boldsymbol{\chi})\frac{\mathrm{d}f_1(\boldsymbol{\chi})}{\mathrm{d}\boldsymbol{\chi}} + \cdots + g_m(\boldsymbol{\chi})\frac{\mathrm{d}f_m(\boldsymbol{\chi})}{\mathrm{d}\boldsymbol{\chi}} \\ & = (f_1(\boldsymbol{\chi}),\cdots,f_m(\boldsymbol{\chi}))\begin{bmatrix} \frac{\mathrm{d}g_1(\boldsymbol{\chi})}{\mathrm{d}\boldsymbol{\chi}} \\ \vdots \\ \frac{\mathrm{d}g_m(\boldsymbol{\chi})}{\mathrm{d}\boldsymbol{\chi}} \end{bmatrix} + (g_1(\boldsymbol{\chi}),\cdots,g_m(\boldsymbol{\chi}))\begin{bmatrix} \frac{\mathrm{d}f_1(\boldsymbol{\chi})}{\mathrm{d}\boldsymbol{\chi}} \\ \vdots \\ \frac{\mathrm{d}f_m(\boldsymbol{\chi})}{\mathrm{d}\boldsymbol{\chi}} \end{bmatrix} \\ & = f^{\mathrm{T}}\frac{\mathrm{d}g(\boldsymbol{\chi})}{\mathrm{d}\boldsymbol{\chi}} + g^{\mathrm{T}}\frac{\mathrm{d}f(\boldsymbol{\chi})}{\mathrm{d}\boldsymbol{\chi}} \end{aligned}$$

例 6 设 $\boldsymbol{A}$ 为 n 阶常数矩阵,求 $f(\boldsymbol{\chi}) = \boldsymbol{\chi}^{\mathrm{T}}\boldsymbol{A}\boldsymbol{\chi}$ 对 $\boldsymbol{\chi}$ 的导数。

解

$$\begin{aligned} \frac{\mathrm{d}}{\mathrm{d}\boldsymbol{\chi}}(\boldsymbol{\chi}^{\mathrm{T}}\boldsymbol{A}\boldsymbol{\chi}) &= \boldsymbol{\chi}^{\mathrm{T}}\frac{\mathrm{d}\boldsymbol{A}\boldsymbol{\chi}}{\mathrm{d}\boldsymbol{\chi}} + (\boldsymbol{A}\boldsymbol{\chi})^{\mathrm{T}}\frac{\mathrm{d}\boldsymbol{\chi}}{\mathrm{d}\boldsymbol{\chi}} \\ &= \boldsymbol{\chi}^{\mathrm{T}}\boldsymbol{A} + \boldsymbol{\chi}^{\mathrm{T}}\boldsymbol{A}^{\mathrm{T}} \end{aligned}$$

特别当 $\boldsymbol{A}$ 为实对称矩阵时,则有

$$\frac{\mathrm{d}}{\mathrm{d}\boldsymbol{\chi}}(\boldsymbol{\chi}^{\mathrm{T}}\boldsymbol{A}\boldsymbol{\chi}) = 2\boldsymbol{\chi}^{\mathrm{T}}\boldsymbol{A}$$

5.3 方阵的幂级数

5.3.1 方阵级数收敛定义及判断

定义 5.7 对于任意的 n 阶复方阵序列 $\{\boldsymbol{A}_k\}$,称 $\sum_{k=0}^{\infty}\boldsymbol{A}_k$ 为方阵级数,记 $\boldsymbol{S}_N = \sum_{k=0}^{N}\boldsymbol{A}_k$,若方阵序列 $\{\boldsymbol{S}_N\}$ 收敛且

$$\lim_{N\to\infty}\boldsymbol{S}_N = \boldsymbol{S}$$

则称方阵级数 $\sum_{k=0}^{\infty} \boldsymbol{A}_k$ 收敛，且称该方阵级数的和为 $\boldsymbol{S}$，记

$$\boldsymbol{S} = \sum_{k=0}^{\infty} \boldsymbol{A}_k$$

不收敛的方阵级数称为发散。

如果记方阵 $\boldsymbol{A}_k$ 第 i 行 j 列元素为 $(A_k)_{ij}$，方阵 $\boldsymbol{S}$ 的 i 行 j 列元素为 $(S)_{ij}$，则由定义 5.7 及定义 5.2 知，方阵级数 $\sum_{k=0}^{\infty} \boldsymbol{A}_k$ 收敛于 $\boldsymbol{S}$ 的充分必要条件是，对方阵序列 $\{\boldsymbol{S}_N\}$

$$\lim_{N\to\infty} \boldsymbol{S}_N = S, \boldsymbol{S}_N = \sum_{k=0}^{N} \boldsymbol{A}_k$$

的充分必要条件是 n^2 个数值序列 $\{(S_N)_{ij}\}$

$$\lim_{N\to\infty} (S_N)_{ij} = (S)_{ij} \quad \begin{matrix} i = 1,2,\cdots,n \\ j = 1,2,\cdots,n \end{matrix}$$

也即 n^2 个数值级数

$$\sum_{k=0}^{\infty} (A_k)_{ij} \quad (i,j = 1,2,\cdots,n)$$

都收敛，当且仅当这 n^2 个数值级数中至少有一个发散时，方阵级数 $\sum_{k=0}^{\infty} \boldsymbol{A}_k$ 发散。

定义 5.8　若方阵级数 $\sum_{k=0}^{\infty} \boldsymbol{A}_k$ 所对应的 n^2 个数值级数

$$\sum_{k=0}^{\infty} (A_k)_{ij} \quad (i,j = 1,2,\cdots,n)$$

都绝对收敛，则称该方阵级数绝对收敛。

由数项级数，方阵级数的收敛及绝对收敛定义和数项级数收敛及绝对收敛的性质可以得到下述方阵级数的收敛和绝对收敛性质。

性质 1　若方阵级数 $\sum_{k=0}^{\infty} \boldsymbol{A}_k$ 绝对收敛，则它一定收敛，并且任意调换各项的次序所得的新级数仍收敛，且其和不变。

性质 2　方阵级数绝对收敛的充分必要条件是对于任意一种方阵范数 $\|\cdot\|$，级数 $\sum_{k=0}^{\infty} \|\boldsymbol{A}_k\|$ 收敛。

性质 3　对于确定的数字矩阵 $\boldsymbol{P},\boldsymbol{Q} \in C^{n\times n}$，若方阵级数 $\sum_{k=0}^{\infty} \boldsymbol{A}_k$ 收敛（绝对收敛），则方阵级数 $\sum_{k=0}^{\infty} \boldsymbol{P}\boldsymbol{A}_k\boldsymbol{Q}$ 也收敛（绝对收敛），且

$$\sum_{k=0}^{\infty} \boldsymbol{P}\boldsymbol{A}_k\boldsymbol{Q} = \boldsymbol{P}\left(\sum_{k=0}^{\infty} \boldsymbol{A}_k\right)\boldsymbol{Q}$$

证明性质 2　若 $\sum_{k=0}^{\infty} \|\boldsymbol{A}_k\|$ 收敛，由于对任意的方阵范数 $\|\cdot\|$ 及方阵范数 $\|\cdot\|_1$，必存在 $k_2 \geqslant k_1 > 0$，使

$$k_1 \|\boldsymbol{A}_k\| \leqslant \|\boldsymbol{A}_k\|_1 \leqslant k_2 \|\boldsymbol{A}_k\|$$

对任意$A_k \in C^{n\times n}$都成立，所以由比较法则，级数$\sum\limits_{k=0}^{\infty} \| A_k \|_1$也收敛，但

$$\| A_k \|_1 = \max_j \sum_{i=1}^{n} |(A_k)_{ij}|$$

因此
$$|(A_k)_{ij}| \leqslant \| A_k \|_1 \quad (i,j = 1,\cdots,n)$$
由比较法则可知级数

$$\sum_{k=0}^{\infty} |(A_k)_{ij}| \quad (i,j = 1,2,\cdots,n)$$

都收敛，从而方阵级数

$$\sum_{k=0}^{\infty} A_k$$

绝对收敛。

反之，若方阵级数

$$\sum_{k=0}^{\infty} A_k$$

绝对收敛，则级数

$$\sum_{k=0}^{\infty} |(A_k)_{ij}| \quad (i,j = 1,2,\cdots n)$$

都收敛，当然n^2个收敛级数的和仍收敛，故级数

$$\sum_{k=0}^{\infty} \left(\sum_{i=1}^{n} \sum_{j=1}^{n} |(A_k)_{ij}| \right)$$

也收敛，而

$$\| A_k \|_1 = \max_j \sum_{i=1}^{n} |(A_k)_{ij}| \leqslant \sum_{j=1}^{n} \sum_{i=1}^{n} |(A_k)_{ij}|$$

故由比较法则知级数

$$\sum_{k=0}^{\infty} \| A_k \|_1$$

收敛，由范数等价性知级数

$$\sum_{k=0}^{\infty} \| A_k \|$$

也收敛。

证明 3　若$\sum\limits_{k=0}^{\infty} A_k$收敛，令

$$S_N = \sum_{k=0}^{N} A_k \qquad S = \sum_{k=0}^{\infty} A_k$$

则有

$$\lim_{N\to\infty} S_N = S$$

从而

$$\lim_{N\to\infty} \sum_{k=0}^{N} PA_kQ = \lim_{N\to\infty} P\left(\sum_{k=0}^{N} A_k \right) Q$$

$$=P(\lim_{N\to\infty}\sum_{k=0}^{N}A_k)Q = PSQ$$

即

$$\sum_{k=0}^{\infty}PA_kQ$$

收敛，且$\sum_{k=0}^{\infty}PA_kQ = P(\sum_{k=0}^{\infty}A_k)Q$（显然，对于$P\in C^{s\times n}$，$Q\in C^{n\times s}$上述结论仍成立）。

若$\sum_{k=0}^{\infty}A_k$绝对收敛，由性质2，对任意方阵范数$\|\cdot\|$，级数$\sum_{k=0}^{\infty}\|A_k\|$收敛，由于

$$\|PA_kQ\| \leqslant \|P\|\ \|A_k\|\ \|Q\| = \|P\|\ \|Q\|\ \|A_k\|$$

所以级数$\sum_{k=0}^{\infty}\|PA_kQ\|$收敛，从而$\sum_{k=0}^{\infty}PA_kQ$绝对收敛。

5.3.2　方阵幂级数收敛定义及判断

下面讨论一类重要的方阵级数——方阵幂级数。

对于任意方阵$A\in C^{n\times n}$及复数域上数列$\{a_k\}$，称方阵级数

$$\sum_{k=0}^{\infty}a_kA^k$$

为方阵A的幂级数。

类似前面定义，$A\in C^{n\times n}$，方阵幂级数$\sum_{k=0}^{\infty}a_kA^k$收敛充分必要条件为$n^2$个数项级数$\sum_{k=0}^{\infty}a_k(A^k)_{ij}$收敛，$i,j=1,2,\cdots,n$；方阵幂级数$\sum_{k=0}^{\infty}a_kA^k$绝对收敛的充分必要条件为对任意一种方阵范数$\|A\|$，级数$\sum_{k=0}^{\infty}\|a_kA^k\|$收敛。

为了得到判断方阵幂级数收敛和发散的方法，先证明下面定理。

定理5.3.1　设$A\in C^{n\times n}$的谱半径为$\rho(A)$，则对任意给定的$\varepsilon>0$，总存在一方阵范数$\|A\|_*$，使

$$\|A\|_* < \rho(A)+\varepsilon$$

证明　对于$A\in C^{n\times n}$，必有可逆阵P，使

$$P^{-1}AP = J = \begin{bmatrix} \lambda_1 & 1 & & & & & & \\ & \ddots & \ddots & & & & & \\ & & \ddots & 1 & & & & \\ & & & \lambda_1 & 0 & & & \\ & & & & \ddots & \ddots & & \\ & & & & & \lambda_s & 1 & \\ & & & & & & \ddots & 1 \\ & & & & & & & \lambda_s \end{bmatrix}_{n\times n}^{\mathrm{T}}$$

为Jordan标准形，$\lambda_1,\cdots,\lambda_s$是$A$的特征值，故

$$|\lambda_i| \leqslant \rho(A)\quad (i=1,\cdots,s)$$

令
$$D = \mathrm{diag}(1,\varepsilon/2,\varepsilon^2/4,\cdots,\varepsilon^{n-1}/2^{n-1})$$

$$D^{-1}JD = D^{-1}P^{-1}APD = \begin{bmatrix} \lambda_1 & \varepsilon/2 & & & & & & \\ & \ddots & \ddots & & & & & \\ & & \ddots & \varepsilon/2 & & & & \\ & & & \lambda_1 & 0 & & & \\ & & & & \ddots & \ddots & & \\ & & & & & \lambda_s & \varepsilon/2 & \\ & & & & & & \ddots & \varepsilon/2 \\ & & & & & & & \lambda_s \end{bmatrix}^{\mathrm{T}}$$

若对任意的 $B \in C^{n\times n}$,定义
$$\| B \|_* = \| D^{-1}P^{-1}BPD \|_\infty$$
易证 $\| B \|_*$ 是 $C^{n\times n}$ 中的方阵范数,对此方阵范数有
$$\| A \|_* = \| D^{-1}P^{-1}APD \|_\infty = \| D^{-1}JD \|_\infty$$
$$\leqslant \max_i | \lambda_i | + \frac{\varepsilon}{2} < \rho(A) + \varepsilon$$

定理 5.3.2　设复变幂级数 $\sum_{k=0}^{\infty} a_k z^k$ 的收敛半径为 R,$A \in C^{n\times n}$ 的谱半径为 $\rho(A)$,则

(1) 当 $\rho(A) < R$ 时,方阵幂级数 $\sum_{k=0}^{\infty} a_k A^k$ 绝对收敛;

(2) 当 $\rho(A) > R$ 时,方阵幂级数 $\sum_{k=0}^{\infty} a_k A^k$ 发散。

证明　(1)因为 $\rho(A) < R$,故存在 $\varepsilon > 0$,使
$$\rho(A) + \varepsilon < R$$
那么级数
$$\sum_{k=0}^{\infty} | a_k | (\rho(A) + \varepsilon)^k$$
收敛,对于上述 $\varepsilon > 0$,由定理 5.3.1,存在一方阵范数 $\| \cdot \|_*$,使
$$\| A \|_* < \rho(A) + \varepsilon$$
所以
$$\| a_k A^k \|_* = | a_k | \ \| A^k \|_* \leqslant | a_k | \ \| A \|_*^k < | a_k | (\rho(A) + \varepsilon)^k$$
故级数 $\sum_{k=0}^{\infty} \| a_k A^k \|_*$ 收敛,由性质 2 知级数
$$\sum_{k=0}^{\infty} a_k A^k$$
绝对收敛。

(2)若 $\rho(A) > R$,设 $A\chi = \lambda_i \chi$ 且
$$\rho(A) = | \lambda_i |, \chi^{\mathrm{H}}\chi = 1$$
若方阵级数
$$\sum_{k=0}^{\infty} a_k A^k$$

收敛，则级数

$$\boldsymbol{\chi}^{\mathrm{H}}\left(\sum_{k=0}^{\infty}a_k\boldsymbol{A}^k\right)\boldsymbol{\chi} = \sum_{k=0}^{\infty}a_k\boldsymbol{\chi}^{\mathrm{H}}\boldsymbol{A}^k\boldsymbol{\chi} = \sum_{k=0}^{\infty}a_k\boldsymbol{\chi}^{\mathrm{H}}\lambda_i^k\boldsymbol{\chi} = \sum_{k=0}^{\infty}a_k\lambda_i^k$$

也收敛，这与假设矛盾，故当 $\rho(\boldsymbol{A})>R$ 时，方阵级数

$$\sum_{k=0}^{\infty}a_k\boldsymbol{A}^k$$

发散。

推论1　若复变幂级数

$$\sum_{k=0}^{\infty}a_k(z-\lambda_0)^k$$

的收敛半径是 R，则对于 $\boldsymbol{A}\in C^{n\times n}$，当其特征值 $\lambda_1,\lambda_2,\cdots,\lambda_n$

$$|\lambda_i-\lambda_0|<R\quad(i=1,2,\cdots,n)$$

时，方阵幂级数

$$\sum_{k=0}^{\infty}a_k(\boldsymbol{A}-\lambda_0\boldsymbol{E})^k$$

绝对收敛，若有某一 λ_j，使

$$|\lambda_j-\lambda_0|>R$$

则上述方阵幂级数发散。

证明　令 $\boldsymbol{B}=\boldsymbol{A}-\lambda_0\boldsymbol{E}$

则

$$\rho(\boldsymbol{B})=\max_j\{|\lambda_j-\lambda_0|\}$$

及

$$\sum_{k=0}^{\infty}a_k(\boldsymbol{A}-\lambda_0\boldsymbol{E})^k=\sum_{k=0}^{\infty}a_k\boldsymbol{B}^k$$

由定理5.3.2知，当 $\rho(\boldsymbol{B})=\max\limits_i|\lambda_i-\lambda_0|<R$ 时该级数收敛。当有某 λ_j，使 $|\lambda_j-\lambda_0|>R$ 时，便有 $\rho(\boldsymbol{A}-\lambda_0\boldsymbol{E})>R$，故该级数发散。

推论2　若复变幂级数

$$\sum_{k=0}^{\infty}a_kz^k$$

在整个复平面都收敛，则对任意的 $\boldsymbol{A}\in C^{n\times n}$，方阵幂级数

$$\sum_{k=0}^{\infty}a_k\boldsymbol{A}^k$$

都收敛。

5.4 方阵函数

5.4.1 方阵函数 $f(\boldsymbol{A})$ 定义

最简单的方阵函数是矩阵多项式 $\boldsymbol{B}=f(\boldsymbol{A})=a_0\boldsymbol{E}+a_1\boldsymbol{A}+\cdots+a_n\boldsymbol{A}^n$，其中 $\boldsymbol{A}\in C^{n\times n}$，$a_i\in\mathbf{C}$。

在上节讨论的基础上，本节利用复变幂级数的和函数定义方阵幂级数和函数——方阵函数。

在复变函数论中已知

$$e^Z=1+z+\frac{1}{2!}z^2+\cdots+\frac{1}{n!}z^n+\cdots$$

$$\sin z=z-\frac{1}{3!}z^3+\frac{1}{5!}z^5-\frac{1}{7!}z^7+\cdots$$

$$\cos z=1-\frac{1}{2!}z^2+\frac{1}{4!}z^4-\frac{1}{6!}z^6+\cdots$$

在整个复平面上都成立，这样由定理 5.3.2 知，对任意方阵 $\boldsymbol{A}\in C^{n\times n}$，方阵幂级数

$$\boldsymbol{E}+\boldsymbol{A}+\frac{1}{2!}\boldsymbol{A}^2+\cdots+\frac{1}{n!}\boldsymbol{A}^n+\cdots$$

$$\boldsymbol{A}-\frac{1}{3!}\boldsymbol{A}^3+\frac{1}{5!}\boldsymbol{A}^5-\frac{1}{7!}\boldsymbol{A}^7+\cdots$$

$$\boldsymbol{E}-\frac{1}{2!}\boldsymbol{A}^2+\frac{1}{4!}\boldsymbol{A}^4-\frac{1}{6!}\boldsymbol{A}^6+\cdots$$

都收敛，即它们的和都存在，分别用 $e^{\boldsymbol{A}}$，$\sin\boldsymbol{A}$，$\cos\boldsymbol{A}$ 表示其和，即

$$e^{\boldsymbol{A}}=\boldsymbol{E}+\boldsymbol{A}+\frac{1}{2!}\boldsymbol{A}^2+\cdots+\frac{1}{n!}\boldsymbol{A}^n+\cdots$$

$$\sin\boldsymbol{A}=\boldsymbol{A}-\frac{1}{3!}\boldsymbol{A}^3+\frac{1}{5!}\boldsymbol{A}^5-\frac{1}{7!}\boldsymbol{A}^7+\cdots$$

$$\cos\boldsymbol{A}=E-\frac{1}{2!}\boldsymbol{A}^2+\frac{1}{4!}\boldsymbol{A}^4-\frac{1}{6!}\boldsymbol{A}^6+\cdots$$

并分别称为方阵 $\boldsymbol{A}$ 的指数函数，正弦函数及余弦函数。同样由

$$\ln(1+z)=\sum_{k=1}^{\infty}\frac{(-1)^{k-1}}{k}z^k\quad |z|<1$$

及

$$(1+z)^a=\sum_{k=0}^{\infty}\frac{a(a-1)\cdots(a-k+1)}{k!}z^k\quad |z|<1$$

可以定义方阵函数 $\ln(\boldsymbol{E}+\boldsymbol{A})$ 及 $(\boldsymbol{E}+\boldsymbol{A})^a$（$a$ 为任意实数）：

$$\ln(\boldsymbol{E}+\boldsymbol{A})=\sum_{k=1}^{\infty}\frac{(-1)^{k-1}}{k}\boldsymbol{A}^k$$

$$(\boldsymbol{E}+\boldsymbol{A})^a=\sum_{k=0}^{\infty}\frac{a(a-1)\cdots(a-k+1)}{k!}\boldsymbol{A}^k$$

但这两个方阵函数只对 $\rho(\boldsymbol{A})<1$ 的方阵 $\boldsymbol{A}$ 有意义。

5.4.2　用方阵 A 的若当形计算方阵函数 $f(A)$

问题是对于给定的方阵 $A \in C^{n\times n}$，如何求出方阵函数 e^A，$\sin A$，$\cos A$ 等。解决这一问题的方法有多种，下面先介绍利用方阵 A 的若当标准形计算方阵函数，为此先证明两个有关定理。

定理 5.4.1　若方阵 $X \in C^{n\times n}$ 的幂级数 $\sum_{k=0}^{\infty} a_k X^k$ 收敛，并记

$$f(X) = \sum_{k=0}^{\infty} a_k X^k$$

则当

$$X = \mathrm{diag}(X_1, X_2, \cdots, X_t)$$

时，有

$$\begin{aligned} f(X) &= f(\mathrm{diag}(X_1, X_2, \cdots, X_t)) \\ &= \mathrm{diag}(f(X_1), f(X_2), \cdots, f(X_t)) \end{aligned}$$

证明

$$\begin{aligned} f(X) &= f(\mathrm{diag}(X_1, X_2, \cdots, X_t)) \\ &= \lim_{N\to\infty} \sum_{k=0}^{N} \mathrm{diag}(a_k X_1^k, a_k X_2^k, \cdots, a_k X_t^k) \\ &= \mathrm{diag}\left(\lim_{N\to\infty} \sum_{k=0}^{N} a_k X_1^k, \lim_{N\to\infty} \sum_{k=0}^{N} a_k X_2^k, \cdots, \lim_{N\to\infty} \sum_{k=0}^{N} a_k X_t^k\right) \\ &= \mathrm{diag}(f(X_1), f(X_2), \cdots, f(X_t)) \end{aligned}$$

定理 5.4.2　任给收敛半径为 R 的复变幂级数

$$f(z) = \sum_{k=0}^{\infty} a_k z^k$$

及一 n 阶 Jordan 块

$$J_0 = \begin{bmatrix} \lambda_0 & & & & \\ 1 & \lambda_0 & & & \\ & 1 & \ddots & & \\ & & \ddots & \ddots & \\ & & & 1 & \lambda_0 \end{bmatrix}_{n\times n}$$

则当 $|\lambda_0| < R$ 时，级数

$$\sum_{k=0}^{\infty} a_k J_0^k$$

绝对收敛，且

$$f(J_0) = \sum_{k=0}^{\infty} a_k J_0^k$$

$$= \begin{bmatrix} f(\lambda_0) & & & & \\ f'(\lambda_0) & f(\lambda_0) & \ddots & & \\ \frac{1}{2!}f''(\lambda_0) & f'(\lambda_0) & \ddots & \ddots & \\ \vdots & \ddots & \ddots & \ddots & \ddots \\ \frac{1}{(n-1)!}f^{(n-1)}(\lambda_0) & \cdots & \frac{1}{2!}f''(\lambda_0) & f'(\lambda_0) & f(\lambda_0) \end{bmatrix}$$

证明 记

$$f_N(z)=\sum_{k=0}^{N}a_kz^k,f_N(\boldsymbol{J}_0)=\sum_{k=0}^{N}a_k\boldsymbol{J}_0^k$$

由于

$$f_N(\boldsymbol{J}_0)=\begin{bmatrix} f_N(\lambda_0) & & & & \\ f'_N(\lambda_0) & f_N(\lambda_0) & \ddots & & \\ \frac{1}{2!}f''_N(\lambda_0) & f'_N(\lambda_0) & \ddots & \ddots & \\ \vdots & & \ddots & \ddots & \ddots \\ \frac{1}{(n-1)!}f_N^{(n-1)}(\lambda_0) & \cdots & \frac{1}{2!}f''_N(\lambda_0) & f'_N(\lambda_0) & f_N(\lambda_0) \end{bmatrix}$$

这里

$$\begin{cases} f_N(\lambda_0)=\sum_{k=0}^{N}a_k\lambda_0^k \\ f'_N(\lambda_0)=\sum_{k=0}^{N}ka_k\lambda_0^{k-1} \\ f''_N(\lambda_0)=\sum_{k=0}^{N}k(k-1)a_k\lambda_0^{k-2} \\ \cdots\cdots\cdots\cdots\cdots\cdots \\ f_N^{(n-1)}(\lambda_0)=\sum_{k=0}^{N}k(k-1)\cdots(k-n+2)a_k\lambda_0^{k-n+1} \end{cases} \tag{5.19}$$

注意到 $|z|<R$ 时,级数 $\sum_{k=0}^{\infty}a_kz^k$ 绝对收敛,且收敛于 $f(z)$,故 $f(z)$ 为 z 的解析函数,它在 $|z|<R$ 内任意次可微,且

$$f^{(l)}(z)=\sum_{k=0}^{\infty}k(k-1)\cdots(k-l+1)a_kz^{k-l}\quad(l=1,2,\cdots)$$

在 $|z|<R$ 内都成立,从而(5.19)式中各式在 $N\to\infty$ 的极限都存在,且

$$\lim_{N\to\infty}f_N(\lambda_0)=\lim_{N\to\infty}\sum_{k=0}^{N}a_k\lambda_0^k=f(\lambda_0)$$

$$\lim_{N\to\infty}f'_N(\lambda_0)=\lim_{N\to\infty}\sum_{k=0}^{N}ka_k\lambda_0^{k-1}=f'(\lambda_0)$$

$$\cdots\cdots\cdots\cdots\cdots\cdots\cdots\cdots\cdots\cdots$$

$$\lim_{N\to\infty}f_N^{(n-1)}(\lambda_0)=\lim_{N\to\infty}\sum_{k=0}^{N}k(k-1)\cdots(k-n+2)a_k\lambda_0^{k-n+1}=f^{(n-1)}(\lambda_0)$$

于是有

$$f(\boldsymbol{J}_0)=\sum_{k=0}^{\infty}a_k\boldsymbol{J}_0^k=\lim_{N\to\infty}\sum_{k=0}^{N}a_k\boldsymbol{J}_0^k=\lim_{N\to\infty}f_N(\boldsymbol{J}_0)$$

$$
= \lim_{N\to\infty}\begin{bmatrix} f_N(\lambda_0) & & & & \\ f'_N(\lambda_0) & f_N(\lambda_0) & \ddots & & \\ \frac{1}{2!}f''_N(\lambda_0) & f'_{N}{++}(\lambda_0) & \ddots & \ddots & \\ \vdots & & \ddots & \ddots & \ddots \\ \frac{1}{(n-1)!}f_N^{(n-1)}(\lambda_0) & \cdots & \frac{1}{2!}f''_N(\lambda_0) & f'_N(\lambda_0) & f_N(\lambda_0) \end{bmatrix}
$$

$$
= \begin{bmatrix} f(\lambda_0) & & & & \\ f'(\lambda_0) & f(\lambda_0) & \ddots & & \\ \frac{1}{2!}f''(\lambda_0) & f'(\lambda_0) & \ddots & \ddots & \\ \vdots & & \ddots & \ddots & \ddots \\ \frac{1}{(n-1)!}f^{(n-1)}(\lambda_0) & \cdots & \frac{1}{2!}f''(\lambda_0) & f'(\lambda_0) & f(\lambda_0) \end{bmatrix}
$$

从而定理得证。

有了上面的准备,现在讨论如何用$\boldsymbol{A}$的标准形计算方阵函数$f(\boldsymbol{A})$。

(1)当$\boldsymbol{A}$与对角形相似时,即存在可逆阵$\boldsymbol{P}$,使

$$
\boldsymbol{A} = \boldsymbol{P}[\mathrm{diag}(\lambda_1,\lambda_2,\cdots,\lambda_n)]\boldsymbol{P}^{-1}
$$

则对于复变幂级数

$$
f(z) = \sum_{k=0}^{\infty} a_k z^k \qquad |z| < R
$$

当$\rho(\boldsymbol{A})<R$时,矩阵幂级数

$$
f(\boldsymbol{A}) = \sum_{k=0}^{\infty} a_k \boldsymbol{A}^k
$$

收敛,且

$$
\begin{aligned}
f(\boldsymbol{A}) &= f(\boldsymbol{P}\mathrm{diag}(\lambda_1,\lambda_2,\cdots,\lambda_n)\boldsymbol{P}^{-1}) \\
&= \sum_{k=0}^{\infty} a_k[\boldsymbol{P}\mathrm{diag}(\lambda_1,\lambda_2,\cdots,\lambda_n)\boldsymbol{P}^{-1})]^k \\
&= \boldsymbol{P}\{\sum_{k=0}^{\infty} a_k[\mathrm{diag}(\lambda_1,\lambda_2,\cdots,\lambda_n)]^k\}\boldsymbol{P}^{-1} \\
&= \boldsymbol{P}[\mathrm{diag}(\sum_{k=0}^{\infty} a_k\lambda_1^k, \sum_{k=0}^{\infty} a_k\lambda_2^k,\cdots, \sum_{k=0}^{\infty} a_k\lambda_n^k)]\boldsymbol{P}^{-1} \\
&= \boldsymbol{P}[\mathrm{diag}(f(\lambda_1), f(\lambda_2),\cdots, f(\lambda_n))]\boldsymbol{P}^{-1}
\end{aligned}
$$

分别以$\mathrm{e}^{\boldsymbol{A}}$,$\sin\boldsymbol{A}$,$\cos\boldsymbol{A}$代入,便有

$$
\mathrm{e}^{\boldsymbol{A}} = \boldsymbol{P}[\mathrm{diag}(\mathrm{e}^{\lambda_1},\mathrm{e}^{\lambda_2},\cdots,\mathrm{e}^{\lambda_n})]\boldsymbol{P}^{-1} \tag{5.20}
$$

$$
\sin\boldsymbol{A} = \boldsymbol{P}[\mathrm{diag}(\sin\lambda_1,\sin\lambda_2,\cdots,\sin\lambda_n)]\boldsymbol{P}^{-1} \tag{5.21}
$$

$$
\cos\boldsymbol{A} = \boldsymbol{P}[\mathrm{diag}(\cos\lambda_1,\cos\lambda_2,\cdots,\cos\lambda_n)]\boldsymbol{P}^{-1} \tag{5.22}
$$

从而

$$
\mathrm{e}^{\boldsymbol{A}}\text{ 的特征值为 }\mathrm{e}^{\lambda_1},\mathrm{e}^{\lambda_2},\cdots,\mathrm{e}^{\lambda_n}
$$

$$\sin\boldsymbol{A} \text{ 的特征值为 } \sin\lambda_1,\sin\lambda_2,\cdots,\sin\lambda_n$$
$$\cos\boldsymbol{A} \text{ 的特征值为 } \cos\lambda_1,\cos\lambda_2,\cdots,\cos\lambda_n$$

例 1 设 $\boldsymbol{A}=\begin{bmatrix}0 & 1\\ 0 & -2\end{bmatrix}$

求 $e^{\boldsymbol{A}},\sin\boldsymbol{A},\cos\boldsymbol{A}$。

解 因为

$$|\lambda\boldsymbol{E}-\boldsymbol{A}|=\lambda(\lambda+2)$$

所以 $\boldsymbol{A}$ 的特征值是 $\lambda_1=0,\lambda_2=-2$。

对 $\lambda_1=0$,求得特征向量 $\boldsymbol{\chi}_1=\begin{bmatrix}1\\0\end{bmatrix}$

对 $\lambda_2=-2$,求得特征向量 $\boldsymbol{\chi}_2=\begin{bmatrix}1\\-2\end{bmatrix}$

从而求得

$$\boldsymbol{P}=\begin{bmatrix}1 & 1\\ 0 & -2\end{bmatrix}\quad \boldsymbol{P}^{-1}=\begin{bmatrix}1 & \frac{1}{2}\\ 0 & -\frac{1}{2}\end{bmatrix}$$

因此

$$e^{A}=\begin{bmatrix}1 & 1\\ 0 & -2\end{bmatrix}\begin{bmatrix}1 & \\ & e^{-2}\end{bmatrix}\begin{bmatrix}1 & \frac{1}{2}\\ 0 & -\frac{1}{2}\end{bmatrix}=\begin{bmatrix}1 & \frac{1}{2}(1-e^{-2})\\ 0 & e^{-2}\end{bmatrix}$$

$$\sin\boldsymbol{A}=\begin{bmatrix}1 & 1\\ 0 & -2\end{bmatrix}\begin{bmatrix}\sin 0 & \\ & \sin(-2)\end{bmatrix}\begin{bmatrix}1 & \frac{1}{2}\\ 0 & -\frac{1}{2}\end{bmatrix}=\begin{bmatrix}0 & -\frac{1}{2}\sin 2\\ 0 & \sin 2\end{bmatrix}$$

$$\cos\boldsymbol{A}=\begin{bmatrix}1 & 1\\ 0 & -2\end{bmatrix}\begin{bmatrix}\cos 0 & \\ & \cos(-2)\end{bmatrix}\begin{bmatrix}1 & \frac{1}{2}\\ 0 & -\frac{1}{2}\end{bmatrix}=\begin{bmatrix}1 & \frac{1}{2}(1-\cos 2)\\ 0 & \cos 2\end{bmatrix}$$

在实用上遇到的方阵函数往往不是常数矩阵 $\boldsymbol{A}$ 的函数,而是变量 t 的函数矩阵 $\boldsymbol{A}t$ 的函数,即尚须计算方阵函数 $e^{\boldsymbol{A}t},\sin\boldsymbol{A}t,\cos\boldsymbol{A}t$,计算方法也与上面一样,即

$$\begin{aligned}f(\boldsymbol{A}t)&=f(\boldsymbol{P}\mathrm{diag}(\lambda_1 t,\lambda_2 t,\cdots,\lambda_n t)\boldsymbol{P}^{-1})\\&=\sum_{k=0}^{\infty}a_k[\boldsymbol{P}\mathrm{diag}(\lambda_1 t,\lambda_2 t,\cdots,\lambda_n t)\boldsymbol{P}^{-1}]^k\\&=\boldsymbol{P}\left\{\sum_{k=0}^{\infty}a_k[\mathrm{diag}(\lambda_1 t,\lambda_2 t,\cdots,\lambda_n t)]^k\right\}\boldsymbol{P}^{-1}\\&=\boldsymbol{P}\mathrm{diag}(f(\lambda_1 t),f(\lambda_2 t),\cdots,f(\lambda_n t))\boldsymbol{P}^{-1}\end{aligned}$$

从而

$$e^{At}=\boldsymbol{P}\mathrm{diag}(e^{\lambda_1 t},e^{\lambda_2 t},\cdots,e^{\lambda_n t})\boldsymbol{P}^{-1}\tag{5.23}$$

$$\sin \boldsymbol{A}t = \boldsymbol{P}\mathrm{diag}(\sin\lambda_1 t,\sin\lambda_2 t,\cdots,\sin\lambda_n t)\boldsymbol{P}^{-1} \tag{5.24}$$

$$\cos \boldsymbol{A}t = \boldsymbol{P}\mathrm{diag}(\cos\lambda_1 t,\cos\lambda_2 t,\cdots,\cos\lambda_n t)\boldsymbol{P}^{-1} \tag{5.25}$$

(2)当 $\boldsymbol{A}$ 不与对角形矩阵相似时,这时存在可逆阵 $\boldsymbol{P}$,使

$$\boldsymbol{A} = \boldsymbol{P}\begin{bmatrix} \boldsymbol{J}_1(\lambda_1) & & & \\ & \boldsymbol{J}_2(\lambda_2) & & \\ & & \ddots & \\ & & & \boldsymbol{J}_s(\lambda_s) \end{bmatrix}\boldsymbol{P}^{-1}$$

其中

$$\boldsymbol{J}_i(\lambda_i) = \begin{bmatrix} \lambda_i & & & \\ 1 & \lambda_i & & \\ & \ddots & \ddots & \\ & & 1 & \lambda_i \end{bmatrix}_{m_i \times m_i}$$

为 m_i 阶 Jordan 块,且 $m_1 + m_2 + \cdots + m_s = n$,由定理 5.4.1 及定理 5.4.2

$$\begin{aligned} f(\boldsymbol{A}) &= \boldsymbol{P}f(\mathrm{diag}(\boldsymbol{J}_1(\lambda_1),\boldsymbol{J}_2(\lambda_2),\cdots,\boldsymbol{J}_s(\lambda_s)))\boldsymbol{P}^{-1} \\ &= \boldsymbol{P}\mathrm{diag}(f(\boldsymbol{J}_1),f(\boldsymbol{J}_2),\cdots,f(\boldsymbol{J}_s))\boldsymbol{P}^{-1} \end{aligned}$$

及

$$f(\boldsymbol{J}_i) = \begin{bmatrix} f(\lambda_i) & & & & \\ f'(\lambda_i) & f(\lambda_i) & & & \\ \frac{1}{2!}f''(\lambda_i) & f'(\lambda_i) & \ddots & & \\ \vdots & & \ddots & \ddots & \\ \frac{1}{(m_i-1)!}f^{(m_i-1)}(\lambda_i) & \cdots & \frac{1}{2!}f''(\lambda_i) & f'(\lambda_i) & f(\lambda_i) \end{bmatrix}$$

便可计算出 $f(\boldsymbol{A})$

例 2　设

$$\boldsymbol{A} = \begin{bmatrix} 0 & 1 & 0 \\ 0 & 0 & 1 \\ 2 & 3 & 0 \end{bmatrix}$$

求 e^{A}。

解　因为 $\boldsymbol{A}$ 的特征矩阵

$$(\lambda\boldsymbol{E} - \boldsymbol{A}) = \begin{bmatrix} \lambda & -1 & 0 \\ 0 & \lambda & -1 \\ -2 & -3 & \lambda \end{bmatrix} \cong \begin{bmatrix} 1 & & \\ & 1 & \\ & & (\lambda-2)(\lambda+1)^2 \end{bmatrix}$$

故 $\boldsymbol{A}$ 的 Jordan 标准形为

$$\boldsymbol{J} = \begin{bmatrix} 2 & & \\ & -1 & \\ & 1 & -1 \end{bmatrix}$$

下面求 $\boldsymbol{P}$,使 $\boldsymbol{P}^{-1}\boldsymbol{A}\boldsymbol{P} = \boldsymbol{J}$ 或 $\boldsymbol{A}\boldsymbol{P} = \boldsymbol{P}\boldsymbol{J}$,令

$$\boldsymbol{P} = (\boldsymbol{\chi}_1,\boldsymbol{\chi}_2,\boldsymbol{\chi}_3)$$

则

$$\boldsymbol{A}(\boldsymbol{\chi}_1,\boldsymbol{\chi}_2,\boldsymbol{\chi}_3)=(\boldsymbol{\chi}_1,\boldsymbol{\chi}_2,\boldsymbol{\chi}_3)\begin{bmatrix}2 & & \\ & -1 & \\ & 1 & -1\end{bmatrix}$$

$$(\boldsymbol{A}\boldsymbol{\chi}_1,\boldsymbol{A}\boldsymbol{\chi}_2,\boldsymbol{A}\boldsymbol{\chi}_3)=(2\boldsymbol{\chi}_1,-\boldsymbol{\chi}_2+\boldsymbol{\chi}_3,-\boldsymbol{\chi}_3)$$

可得下列方程组

$$(2\boldsymbol{E}-\boldsymbol{A})\boldsymbol{\chi}_1=0$$
$$(\boldsymbol{E}+\boldsymbol{A})\boldsymbol{\chi}_2=\boldsymbol{\chi}_3$$
$$(\boldsymbol{E}+\boldsymbol{A})\boldsymbol{\chi}_3=0$$

解出 $\quad \boldsymbol{\chi}_1=\begin{bmatrix}1\\2\\4\end{bmatrix}\quad \boldsymbol{\chi}_2=\begin{bmatrix}1\\0\\-1\end{bmatrix}\quad \boldsymbol{\chi}_3=\begin{bmatrix}1\\-1\\1\end{bmatrix}$

可求出

$$\boldsymbol{P}=\begin{bmatrix}1 & 1 & 1\\2 & 0 & -1\\4 & -1 & 1\end{bmatrix}\qquad \boldsymbol{P}^{-1}=\frac{1}{9}\begin{bmatrix}1 & 2 & 1\\6 & 3 & -3\\2 & -5 & 2\end{bmatrix}$$

$$\boldsymbol{A}=\boldsymbol{P}\begin{bmatrix}2 & & \\ & -1 & \\ & 1 & -1\end{bmatrix}\boldsymbol{P}^{-1}$$

那么

$$\mathrm{e}^{A}=\frac{1}{9}\begin{bmatrix}1 & 1 & 1\\2 & 0 & -1\\4 & -1 & 1\end{bmatrix}\begin{bmatrix}\mathrm{e}^2 & & \\ & \mathrm{e}^{-1} & \\ & \mathrm{e}^{-1} & \mathrm{e}^{-1}\end{bmatrix}\begin{bmatrix}1 & 2 & 1\\6 & 3 & -3\\2 & -5 & 2\end{bmatrix}$$

$$=\frac{1}{9}\begin{bmatrix}\mathrm{e}^2+14\mathrm{e}^{-1} & 2\mathrm{e}^2+\mathrm{e}^{-1} & \mathrm{e}^2-4\mathrm{e}^{-1}\\2\mathrm{e}^2-8\mathrm{e}^{-1} & 4\mathrm{e}^2+2\mathrm{e}^{-1} & 2\mathrm{e}^2+\mathrm{e}^{-1}\\4\mathrm{e}^2+2\mathrm{e}^{-1} & 8\mathrm{e}^2-5\mathrm{e}^{-1} & 4\mathrm{e}^2+2\mathrm{e}^{-1}\end{bmatrix}$$

因为

$$\boldsymbol{A}t=\begin{bmatrix}0 & t & 0\\0 & 0 & t\\2t & 3t & 0\end{bmatrix}=\boldsymbol{P}\begin{bmatrix}2t & & \\ & -t & \\ & t & -t\end{bmatrix}\boldsymbol{P}^{-1}$$

而 $\quad \boldsymbol{J}_1(2)t=2t\quad \boldsymbol{J}_2(-1)t=\begin{bmatrix}-t & \\ t & -t\end{bmatrix}$

所以

$$\mathrm{e}^{J_1(2)t}=\mathrm{e}^{2t}\quad \mathrm{e}^{J_2(-1)t}=\begin{bmatrix}\mathrm{e}^{-t} & \\ t\mathrm{e}^{-t} & \mathrm{e}^{-t}\end{bmatrix}$$

$$\mathrm{e}^{At}=\frac{1}{9}\begin{bmatrix}1 & 1 & 1\\2 & 0 & -1\\4 & -1 & 1\end{bmatrix}\begin{bmatrix}\mathrm{e}^{2t} & & \\ & \mathrm{e}^{-t} & \\ & t\mathrm{e}^{-t} & \mathrm{e}^{-t}\end{bmatrix}\begin{bmatrix}1 & 2 & 1\\6 & 3 & -3\\2 & -5 & 2\end{bmatrix}$$

$$
=\frac{1}{9}\begin{bmatrix} e^{2t}+(8+6t)e^{-t} & 2e^{2t}+(3t-2)e^{-t} & e^{2t}-(1+3t)e^{-t} \\ 2e^{2t}-(2+6t)e^{-t} & 4e^{2t}+(5-3t)e^{-t} & 2e^{2t}+(3t-2)e^{-t} \\ 4e^{2t}+(6t-4)e^{-t} & 8e^{2t}+(3t-8)e^{-t} & 4e^{2t}+(5-3t)e^{-t} \end{bmatrix}
$$

5.4.3　用 $f(z)$ 在 $\boldsymbol{A}$ 上的谱值计算方阵函数 $f(\boldsymbol{A})$

为了避免计算 $\boldsymbol{P}$ 及 $\boldsymbol{J}$，现在另觅途径。首先让我们分析一下，如何对 $f(\boldsymbol{A})=\sum_{k=0}^{\infty}a_k\boldsymbol{A}^k$ 加以变形，以达到求出 $f(\boldsymbol{A})$ 的目的。

设 $h(\lambda)$ 是有限次多项式，$m(\lambda)$ 是方阵 $\boldsymbol{A}$ 的最小多项式（不妨设 $\deg[m(\lambda)]=t$），用 $m(\lambda)$ 去除 $h(\lambda)$，其商为 $g(\lambda)$，余式为 $r(\lambda)$，便有

$$h(\lambda)=m(\lambda)g(\lambda)+r(\lambda)$$

这里 $\deg[r(\lambda)]\leqslant t-1$，或 $r(\lambda)=0$，由 $m(A)=0$，有

$$h(\boldsymbol{A})=m(\boldsymbol{A})g(\boldsymbol{A})+r(\boldsymbol{A})$$

上式说明方阵 $\boldsymbol{A}$ 的任意一个多项式 $h(\boldsymbol{A})$ 总可以表示为 $\boldsymbol{A}$ 的次数不超过 $t-1$ 的多项式 $r(\boldsymbol{A})$（其中 t 是 $\boldsymbol{A}$ 的最小多项式 $m(\lambda)$ 的次数）。具体地说，方阵 $\boldsymbol{A}$ 的任何有限次多项式 $h(\boldsymbol{A})$ 都可以被 $\boldsymbol{E},\boldsymbol{A},\cdots,\boldsymbol{A}^{t-1}$ 线性表示，且 $\boldsymbol{E},\boldsymbol{A},\cdots,\boldsymbol{A}^{t-1}$ 是线性无关的（否则与 $m(\lambda)$ 是 $\boldsymbol{A}$ 的最小多项式矛盾），所以上述表示法中的 $r(\boldsymbol{A})$ 还是惟一的。

既然方阵函数 $f(\boldsymbol{A})=\sum_{k=0}^{\infty}a_k\boldsymbol{A}^k$ 的幂级数表达式收敛，而 $\boldsymbol{A}^k(k\geqslant t)$ 又可表示为 $\boldsymbol{A}$ 的次数不超过 $t-1$ 的多项式，则可望把 $f(\boldsymbol{A})$ 表示成次数不超过 $t-1$ 的方阵多项式 $T(\boldsymbol{A})$。先给定义。

定义 5.9　设 n 阶方阵 $\boldsymbol{A}$ 的最小多项式为

$$m(\lambda)=(\lambda-\lambda_1)^{t_1}(\lambda-\lambda_2)^{t_2}\cdots(\lambda-\lambda_s)^{t_s}$$

其中 $\lambda_1,\lambda_2,\cdots,\lambda_s$ 是 $\boldsymbol{A}$ 的互不相同的特征根。如果复函数 $f(z)$ 及其各阶导数 $f^{(l)}(z)$ 在 $z=\lambda_i(i=1,2,\cdots,s)$ 处的导数值，即

$$f^{(l)}(\lambda_i)=\left.\frac{\mathrm{d}^l f(z)}{\mathrm{d}z^l}\right|_{z=\lambda_i}\qquad\begin{pmatrix}i=1,2,\cdots,s\\ l=0,1,\cdots,t_i-1\end{pmatrix}$$

均为有限值，便称函数 $f(z)$ 在方阵 $\boldsymbol{A}$ 的谱上给定，并称这些值为 $f(z)$ 在 $\boldsymbol{A}$ 上的谱值。

定理 5.4.3　设 $\boldsymbol{A}\in C^{n\times n}$ 的最小多项式为

$$m(\lambda)=(\lambda-\lambda_1)^{t_1}(\lambda-\lambda_2)^{t_2}\cdots(\lambda-\lambda_s)^{t_s}$$

其中 $t_1+t_2+\cdots+t_s=t,\lambda_i\neq\lambda_j(i\neq j,i,j=1,2,\cdots,s)$，而方阵函数 $f(\boldsymbol{A})$ 是收敛的方阵幂级数 $\sum_{k=0}^{\infty}a_k\boldsymbol{A}^k$ 的和函数，即

$$f(\boldsymbol{A})=\sum_{k=0}^{\infty}a_k\boldsymbol{A}^k$$

设 $T(\lambda)=b_0+b_1\lambda+\cdots+b_{t-1}\lambda^{t-1}$，使 $f^{(l)}(\lambda_i)=T^{(l)}(\lambda_i)\qquad\begin{pmatrix}i=1,2,\cdots,s\\ l=0,1,\cdots,t_i-1\end{pmatrix}$

则

$$T(\boldsymbol{A})=f(\boldsymbol{A})=\sum_{k=0}^{\infty}a_k\boldsymbol{A}^k$$

证明略

步骤:1. 设 $\boldsymbol{A}$ 的最小多项式 $m(\lambda)=(\lambda-\lambda_1)^{t_1}\cdots(\lambda-\lambda_s)^{t_s}, t_1+\cdots+t_s=t$

2. 设 $T(\lambda)=b_0+b_1\lambda+\cdots+b_{t-1}\lambda^{t-1}$

3. 令 $f^{(l)}(\lambda_i)=T^{(l)}(\lambda_i)\quad\begin{bmatrix} i=1,2,\cdots,s \\ l=0,1,\cdots,t_i-1\end{bmatrix}$

则可得以下方程组:

$$\begin{cases} b_0+b_1\lambda_1+b_2\lambda_1^2+\cdots+b_{t-1}\lambda_1^{t-1}=f(\lambda_1) \\ \quad b_1+2b_2\lambda_1+\cdots+(t-1)b_{t-1}\lambda_1^{t-2}=f'(\lambda_1) \\ \qquad (t_1-1)!b_{t_1-1}+\cdots+(t-1)\cdots(t-t_1+1)b_{t-1}\lambda_1^{t-t_1}=f^{(t_1-1)}(\lambda_1) \\ \cdots\cdots\cdots\cdots\cdots\cdots \\ b_0+b_1\lambda_s+b_2\lambda_s^2+\cdots+b_{t-1}\lambda_s^{t-1}=f(\lambda_s) \\ \quad b_1+2b_2\lambda_s+\cdots+(t-1)b_{t-1}\lambda_s^{t-2}=f'(\lambda_s) \\ \qquad (t_s-1)!b_{t_s-1}+\cdots+(t-1)\cdots(t-t_s+1)b_{t-1}\lambda_s^{t-t_s}=f^{(t_s-1)}(\lambda_s) \end{cases} \tag{5.26}$$

解出此方程组,便可得到 $b_0,b_1,\cdots,b_{t-1}$(可证明此方程组有惟一解),于是有

$$f(\boldsymbol{A})=b_0\boldsymbol{E}+b_1\boldsymbol{A}+\cdots+b_{t-1}\boldsymbol{A}^{t-1} \tag{5.27}$$

对于方阵函数 $f(\boldsymbol{A}z)$ 其中 $\boldsymbol{A}\in C^{n\times n}, z\in\mathbf{C}$,依照上面推导过程,可得

$$f(\boldsymbol{A}z)=b_0(z)\boldsymbol{E}+b_1(z)\boldsymbol{A}+\cdots+b_{t-1}(z)\boldsymbol{A}^{t-1} \tag{5.28}$$

例 3 设 $\boldsymbol{A}=\begin{bmatrix} 0 & 1 \\ 0 & -2\end{bmatrix}$ 计算 $e^{\boldsymbol{A}z}$。

解 因为

$$|\lambda\boldsymbol{E}-\boldsymbol{A}|=\begin{vmatrix} \lambda & -1 \\ 0 & \lambda+2\end{vmatrix}=\lambda(\lambda+2)\quad \lambda_1=0\quad \lambda_2=-2$$

所以 $\boldsymbol{A}$ 的最小多项式 $m(\lambda)=\lambda^2+2\lambda$,故设

$$e^{\boldsymbol{A}z}=b_0(z)\boldsymbol{E}+b_1(z)\boldsymbol{A}$$

由此得方程组

$$\begin{cases} b_0(z)+b_1(z)\lambda_1=e^{\lambda_1 z} \\ b_0(z)+b_1(z)\lambda_2=e^{\lambda_2 z}\end{cases} \quad 或 \quad \begin{cases} b_0(z)=e^0 \\ b_0(z)-2b_1(z)=e^{-2z}\end{cases}$$

解方程组,求出

$$b_0(z)=1\quad b_1(z)=\frac{1}{2}(1-e^{-2z})$$

所以

$$e^{\boldsymbol{A}z}=\boldsymbol{E}+\frac{1}{2}(1-e^{-2z})\boldsymbol{A}=\begin{bmatrix} 1 & \frac{1}{2}(1-e^{-2z}) \\ 0 & e^{-2z}\end{bmatrix}$$

例 4 设 $\boldsymbol{A}=\begin{bmatrix} 2 & 1 & 4 \\ 0 & 2 & 0 \\ 0 & 3 & 1\end{bmatrix}$ 计算 $e^{\boldsymbol{A}z}$, $\sin\boldsymbol{A}z$。

解 记 $f_1(\boldsymbol{A}z)=e^{\boldsymbol{A}z}\qquad f_1(\lambda z)=e^{\lambda z}$

$f_2(\boldsymbol{A}z)=\sin\boldsymbol{A}z\qquad f_2(\lambda z)=\sin\lambda z$

因为

$$\begin{vmatrix} \lambda-2 & -1 & -4 \\ 0 & \lambda-2 & 0 \\ 0 & -3 & \lambda-1 \end{vmatrix} = (\lambda-2)^2(\lambda-1) \quad \lambda_1 = 2, \lambda_2 = 1$$

容易验证$(\boldsymbol{A}-2\boldsymbol{E})(\boldsymbol{A}-\boldsymbol{E}) \neq 0$，所以$\boldsymbol{A}$的最小多项式

$$m(\lambda) = (\lambda-2)^2(\lambda-1)$$

可设

$$e^{\boldsymbol{A}z} = b_0(z)\boldsymbol{E} + b_1(z)\boldsymbol{A} + b_2(z)\boldsymbol{A}^2$$

由此可得线性方程组

$$\begin{cases} b_0(z) + b_1(z)\lambda_1 + b_2(z)\lambda_1^2 = e^{\lambda_1 z} \\ b_1(z) + 2b_2(z)\lambda_1 = ze^{\lambda_1 z} \\ b_0(z) + b_1(z)\lambda_2 + b_2(z)\lambda_2^2 = e^{\lambda_2 z} \end{cases} \quad 或 \quad \begin{cases} b_0(z) + 2b_1(z) + 4b_2(z) = e^{2z} \\ b_1(z) + 4b_2(z) = ze^{2z} \\ b_0(z) + b_1(z) + b_2(z) = e^{z} \end{cases}$$

解出此方程组，得

$$b_0 = 4e^z - 3e^{2z} + 2ze^{2z}$$

$$b_1 = -4e^z + 4e^{2z} - 3ze^{2z}$$

$$b_2 = e^z - e^{2z} + ze^{2z}$$

所以

$$\begin{aligned} e^{\boldsymbol{A}z} &= (4e^e - 3e^{2z} + 2ze^{2z})\boldsymbol{E} + (-4e^z + 4e^{2z} - 3ze^{2z})\boldsymbol{A} + (e^z - e^{2z} + ze^{2z})\boldsymbol{A}^2 \\ &= \begin{bmatrix} e^{2t} & 12e^z - 12e^{2z} + 13ze^{ze} & -4e^z + 4e^{2z} \\ 0 & e^{2z} & 0 \\ 0 & -3e^z + 3e^{2z} & e^z \end{bmatrix} \end{aligned}$$

类似地，可设

$$\sin\boldsymbol{A}z = b_0(z)\boldsymbol{E} + b_1(z)\boldsymbol{A} + b_2(z)\boldsymbol{A}^2$$

可得方程组

$$\begin{cases} b_0(z) + 2b_1(z) + 4b_2(z) = \sin 2z \\ b_1(z) + 4b_2(z) = z\cos 2z \\ b_0(z) + b_1(z) + b_2(z) = \sin z \end{cases}$$

解出此方程组，得

$$b_0 = 4\sin z - 3\sin 2z + 2z\cos 2z$$

$$b_1 = -4\sin z + 4\sin 2z - 3z\cos 2z$$

$$b_2 = \sin z - \sin 2z + z\cos 2z$$

于是

$$\sin\boldsymbol{A}z = \begin{bmatrix} \sin 2z & 12\sin z - 12\sin 2z + 13z\cos 2z & -4\sin z + 4\sin 2z \\ 0 & \sin 2z & 0 \\ 0 & -3\sin z + 3\sin 2z & \sin z \end{bmatrix}$$

例 5　设$\boldsymbol{A} = \begin{bmatrix} 5 & -4 \\ 4 & -3 \end{bmatrix}$　计算$\boldsymbol{A}^{100}$。

解 设$f(\lambda)=\lambda^{100}$ $f(\boldsymbol{A})=\boldsymbol{A}^{100}$

因为

$$|\lambda\boldsymbol{E}-\boldsymbol{A}|=(\lambda-1)^2 \quad \lambda_1=1$$

由于$\lambda-1$不是$\boldsymbol{A}$的化零多项式，所以$\boldsymbol{A}$的最小多项式为

$$m(\lambda)=(\lambda-1)^2$$

故可设

$$\boldsymbol{A}^{100}=a_0\boldsymbol{E}+a_1\boldsymbol{A}$$

由此可得方程组

$$\begin{cases}a_0+a_1=1\\ a_1=100\end{cases}$$

解得 $$a_1=100 \quad a_0=-99$$

于是

$$\boldsymbol{A}^{100}=-99\boldsymbol{E}+100\boldsymbol{A}=\begin{bmatrix}401 & -400\\ 400 & -399\end{bmatrix}$$

例6 设 $\boldsymbol{A}=\begin{bmatrix}-2 & 2 & -2 & 4\\ -1 & 2 & -1 & 1\\ 0 & 0 & 1 & 0\\ -2 & 1 & -1 & 4\end{bmatrix}$ 计算$\cos\pi\boldsymbol{A}$。

解 设$f(\lambda)=\cos\pi\lambda$，$f(\boldsymbol{A})=\cos\pi\boldsymbol{A}$，经过计算可知$\boldsymbol{A}$的最小多项式

$$m(\lambda)=(\lambda-1)^2(\lambda-2) \quad \lambda_1=1,\lambda_2=2$$

可设 $$T(\lambda)=b_0+b_1\lambda+b_2\lambda^2$$

可得方程组

$$\begin{cases}b_0+b_1+b_2=\cos\pi=-1\\ b_1+2b_2=-\pi\sin\pi=0\\ b_0+2b_1+4b_2=\cos2\pi=1\end{cases}$$

解出 $$b_0=1,b_1=-4,b_2=2$$

于是

$$\cos\pi\boldsymbol{A}=\boldsymbol{E}-4\boldsymbol{A}+2\boldsymbol{A}^2=\begin{bmatrix}-3 & 0 & 0 & 4\\ 0 & -1 & 0 & 0\\ 0 & 0 & -1 & 0\\ -2 & 0 & 0 & 3\end{bmatrix}$$

5.5 常用方阵函数的一些性质

本节主要讨论常用方阵函数$e^{\boldsymbol{A}}$，$\sin\boldsymbol{A}$，$\cos\boldsymbol{A}$的一些性质。虽然这些矩阵函数有些性质与普通复变函数一样，但由于矩阵相乘的不可交换性，从而使得方阵函数的某些性质与一般复变函数的性质也有一些不同的地方，必须注意这些不同点。对于方阵函数，不可随便套用普通函

数的性质。

性质1　对任意的 $\boldsymbol{A}\in C^{n\times n}$,都有

$$\frac{\mathrm{d}}{\mathrm{d}z}\mathrm{e}^{\boldsymbol{A}z}=\boldsymbol{A}\cdot\mathrm{e}^{\boldsymbol{A}z}=\mathrm{e}^{\boldsymbol{A}z}\cdot\boldsymbol{A} \tag{5.29}$$

证明　因为

$$\mathrm{e}^{\boldsymbol{A}z}=\sum_{k=0}^{\infty}\frac{1}{k!}(\boldsymbol{A}z)^k=\sum_{k=0}^{\infty}\frac{1}{k!}\boldsymbol{A}^kz^k$$

$$(\mathrm{e}^{\boldsymbol{A}z})_{ij}=\sum_{k=0}^{\infty}\frac{1}{k!}(\boldsymbol{A}^k)_{ij}z^k$$

对任何 z 值都是收敛的,因而可以逐项微分

$$\begin{aligned}\frac{\mathrm{d}}{\mathrm{d}z}\mathrm{e}^{\boldsymbol{A}z}&=\sum_{k=1}^{\infty}\frac{1}{(k-1)!}\boldsymbol{A}^kz^{k-1}\\&=\sum_{k=0}^{\infty}\frac{1}{k!}\boldsymbol{A}^{k+1}z^k\\&=\begin{cases}\boldsymbol{A}\sum\limits_{k=0}^{\infty}\dfrac{1}{k!}\boldsymbol{A}^kz^k=\boldsymbol{A}\mathrm{e}^{\boldsymbol{A}z}\\\left(\sum\limits_{k=0}^{\infty}\dfrac{1}{k!}\boldsymbol{A}^kz^k\right)\cdot\boldsymbol{A}=\mathrm{e}^{\boldsymbol{A}z}\cdot\boldsymbol{A}\end{cases}\end{aligned}$$

性质2　若 $\boldsymbol{A},\boldsymbol{B}\in C^{n\times n}$,且 $\boldsymbol{AB}=\boldsymbol{BA}$,则

$$\mathrm{e}^{\boldsymbol{A}z}\cdot\boldsymbol{B}=\boldsymbol{B}\mathrm{e}^{\boldsymbol{A}z} \tag{5.30}$$

证明

$$\begin{aligned}\mathrm{e}^{\boldsymbol{A}z}\cdot\boldsymbol{B}&=\left(\sum_{k=1}^{\infty}\frac{1}{k!}\boldsymbol{A}^kz^k\right)\cdot\boldsymbol{B}\\&=\sum_{k=1}^{\infty}\frac{1}{k!}z^k\boldsymbol{A}^k\boldsymbol{B}\\&=\sum_{k=1}^{\infty}\frac{1}{k!}z^k\boldsymbol{B}\boldsymbol{A}^k\\&=\boldsymbol{B}\left(\sum_{k=1}^{\infty}\frac{1}{k!}z^k\boldsymbol{A}^k\right)\\&=\boldsymbol{B}\mathrm{e}^{\boldsymbol{A}z}\end{aligned}$$

性质3　若 $\boldsymbol{A},\boldsymbol{B}\in C^{n\times n}$,且 $\boldsymbol{AB}=\boldsymbol{BA}$,则

$$\mathrm{e}^{\boldsymbol{A}}\cdot\mathrm{e}^{\boldsymbol{B}}=\mathrm{e}^{\boldsymbol{B}}\cdot\mathrm{e}^{\boldsymbol{A}}=\mathrm{e}^{\boldsymbol{A}+\boldsymbol{B}} \tag{5.31}$$

证明　令

$$C(z)=\mathrm{e}^{(\boldsymbol{A}+\boldsymbol{B})z}\cdot\mathrm{e}^{-\boldsymbol{A}z}\cdot\mathrm{e}^{-\boldsymbol{B}z}$$

由性质1和性质2有

$$\frac{\mathrm{d}}{\mathrm{d}z}\boldsymbol{C}(z)=(\boldsymbol{A}+\boldsymbol{B})\mathrm{e}^{(\boldsymbol{A}+\boldsymbol{B})z}\cdot\mathrm{e}^{-\boldsymbol{A}z}\cdot\mathrm{e}^{-\boldsymbol{B}z}+$$

$$\begin{aligned}&e^{(A+B)z}\cdot(-A)e^{-Az}\cdot e^{-Bz}+e^{(A+B)z}\cdot e^{-Az}\cdot(-B)e^{-Bz}\\&=(A+B)e^{(A+B)z}\cdot e^{-Az}\cdot e^{-Bz}-Ae^{(A+B)z}\cdot e^{-Az}e^{-Bz}-Be^{(A+B)z}\cdot e^{-Az}\cdot e^{-Bz}\\&=(A+B-A-B)e^{(A+B)z}\cdot e^{-Az}\cdot e^{-Bz}=\mathbf{0}\end{aligned}$$

故有

$$\frac{\mathrm{d}}{\mathrm{d}z}C(z)_{ij}=0$$

这说明 $C(z)$ 的各元素与 z 无关,为常数,所以

$$C(1)=C(0)$$

注意到对于零方阵 $\mathbf{0}$

$$e^{0}=\operatorname{diag}(e^{0},e^{0},\cdots e^{0})=E$$

所以

$$C(0)=e^{(A+B)0}\cdot e^{-A0}\cdot e^{-B0}=E$$

从而

$$C(1)=e^{(A+B)}\cdot e^{-A}\cdot e^{-B}=E \tag{5.32}$$

若取 $B=-A$,由(5.31)式

$$e^{-A}\cdot e^{A}=E$$

从而对任意方阵 A,有

$$(e^{A})^{-1}=e^{-A}$$

这样就有

$$e^{A+B}e^{-A}e^{-B}=e^{A+B}(e^{A})^{-1}(e^{B})^{-1}=E$$

也即

$$e^{A+B}=e^{B}\cdot e^{A}$$

而

$$e^{A+B}=e^{B+A}=e^{A}e^{B}$$

所以

$$e^{A+B}=e^{A}\cdot e^{B}=e^{B}\cdot e^{A}$$

由上面的证明过程可得如下两个结果

(1) $e^{\mathbf{0}}=E$ (5.33)

对任意的 $A\in C^{n\times n}$,e^{A} 都可逆,且

(2) $(e^{A})^{-1}=e^{-A}$ (5.34)

这里需注意的是:当 $AB\neq BA$ 时,性质3:$e^{A+B}=e^{A}\cdot e^{B}=e^{B}\cdot e^{A}$ 不一定成立

例如 令 $A=\begin{bmatrix}1&1\\0&0\end{bmatrix}$, $B=\begin{bmatrix}1&-1\\0&0\end{bmatrix}$

易知 $A^2=A,B^2=B$。从而可得

$$A=A^2=A^3=\cdots\qquad B=B^2=B^3=\cdots$$

于是得

$$e^{A}=E+(e-1)A=\begin{bmatrix}e&e-1\\0&1\end{bmatrix}$$

$$e^{\boldsymbol{B}} = \boldsymbol{E} + (e-1)\boldsymbol{B} = \begin{bmatrix} e & 1-e \\ 0 & 1 \end{bmatrix}$$

因此

$$e^{\boldsymbol{A}} \cdot e^{\boldsymbol{B}} = \begin{bmatrix} e^2 & -(e-1)^2 \\ 0 & 1 \end{bmatrix}, e^{\boldsymbol{B}} \cdot e^{\boldsymbol{A}} = \begin{bmatrix} e^2 & (e-1)^2 \\ 0 & 1 \end{bmatrix}$$

又由　$\boldsymbol{A}+\boldsymbol{B}=\begin{bmatrix} 2 & 0 \\ 0 & 0 \end{bmatrix}$,可得$(\boldsymbol{A}+\boldsymbol{B})^2=2(\boldsymbol{A}+\boldsymbol{B})$,$(\boldsymbol{A}+\boldsymbol{B})^k=2^{k-1}(\boldsymbol{A}+\boldsymbol{B})(k=1,2,\cdots$,由此容易推出

$$e^{\boldsymbol{A}+\boldsymbol{B}} = \boldsymbol{E} + \frac{1}{2}(e^2-1)(\boldsymbol{A}+\boldsymbol{B}) = \begin{bmatrix} e^2 & 0 \\ 0 & 1 \end{bmatrix}$$

可见 $e^{\boldsymbol{A}} \cdot e^{\boldsymbol{B}}$,$e^{\boldsymbol{B}} \cdot e^{\boldsymbol{A}}$ 及 $e^{\boldsymbol{A}+\boldsymbol{B}}$互不相等。

利用绝对收敛级数的性质,容易推得

性质 4　对任意 $\boldsymbol{A} \in C^{n \times n}$,有

$$e^{i\boldsymbol{A}} = \cos\boldsymbol{A} + i\sin\boldsymbol{A} \tag{5.35}$$

$$\cos\boldsymbol{A} = \frac{1}{2}(e^{i\boldsymbol{A}} + e^{-i\boldsymbol{A}}) \tag{5.36}$$

$$\sin\boldsymbol{A} = \frac{1}{2i}(e^{i\boldsymbol{A}} - e^{-i\boldsymbol{A}}) \tag{5.37}$$

$$\cos(-\boldsymbol{A}) = \cos\boldsymbol{A} \tag{5.38}$$

$$\sin(-\boldsymbol{A}) = -\sin\boldsymbol{A} \tag{5.39}$$

性质 5　对任意的 $\boldsymbol{A},\boldsymbol{B} \in C^{n \times n}$,且 $\boldsymbol{AB}=\boldsymbol{BA}$,有

$$\cos(\boldsymbol{A}+\boldsymbol{B}) = \cos\boldsymbol{A}\cos\boldsymbol{B} - \sin\boldsymbol{A}\sin\boldsymbol{B} \tag{5.40}$$

$$\sin(\boldsymbol{A}+\boldsymbol{B}) = \sin\boldsymbol{A}\cos\boldsymbol{B} + \cos\boldsymbol{A}\sin\boldsymbol{B} \tag{5.41}$$

性质 6　对任意 $\boldsymbol{A} \in C^{n \times n}$

$$\sin^2\boldsymbol{A} + \cos^2\boldsymbol{A} = \boldsymbol{E} \tag{5.42}$$

性质 7　对任意 $\boldsymbol{A} \in C^{n \times n}$

$$\sin(\boldsymbol{A} + 2\pi\boldsymbol{E}) = \sin\boldsymbol{A} \tag{5.43}$$

$$\cos(\boldsymbol{A} + 2\pi\boldsymbol{E}) = \cos\boldsymbol{A} \tag{5.44}$$

由前面性质 3,我们知道对任意矩阵 $\boldsymbol{A}$,$e^{\boldsymbol{A}}$ 总是可逆的,但 $\sin\boldsymbol{A}$ 与 $\cos\boldsymbol{A}$ 却不一定可逆,尽管 $\boldsymbol{A}$ 是可逆的。例如给定的 $\boldsymbol{A}$ 的特征值有 π,且 $\boldsymbol{A}$ 的特征值都不为 0,则 $\sin\boldsymbol{A}$ 必有一特征值 $\sin\pi=0$,故 $\sin\boldsymbol{A}$ 不可逆,同理当 $\boldsymbol{A}$ 有一特征值 $=\frac{\pi}{2}$时,$\cos\boldsymbol{A}$ 也不可逆。

5.6 方阵函数在微分方程组中的应用

5.6.1 解一阶线性常系数齐次微分方程组

设有一阶线性常系数齐次微分方程组

$$\begin{cases} \dfrac{dx_1}{dz} = a_{11}x_1 + a_{12}x_2 + \cdots + a_{1n}x_n \\ \dfrac{dx_2}{dz} = a_{21}x_1 + a_{22}x_2 + \cdots + a_{2n}x_n \\ \cdots\cdots\cdots\cdots\cdots\cdots\cdots\cdots \\ \dfrac{dx_n}{dz} = a_{n1}x_1 + a_{n2}x_2 + \cdots + a_{nn}x_n \end{cases} \tag{5.45}$$

其中 $x_i = x_i(z)(i = 1,2,\cdots,n)$ 是自变量 z 的函数，$a_{ij} \in C$ 设

$$\boldsymbol{A} = \begin{bmatrix} a_{11} & a_{12} & \cdots & a_{1n} \\ a_{21} & a_{22} & \cdots & a_{2n} \\ \cdots & \cdots & \cdots & \cdots \\ a_{n1} & a_{n2} & \cdots & a_{nn} \end{bmatrix}, \quad \boldsymbol{\chi}(z) = \begin{bmatrix} x_1(z) \\ x_2(z) \\ \vdots \\ x_n(z) \end{bmatrix}$$

则上述微分方程组可写为矩阵形式

$$\frac{d\boldsymbol{\chi}}{dz} = \boldsymbol{A\chi}$$

求方程组(5.45)满足初始条件

$$\boldsymbol{\chi}(0) = \begin{bmatrix} x_1(0) \\ x_2(0) \\ \vdots \\ x_n(0) \end{bmatrix} = \begin{bmatrix} c_1 \\ c_2 \\ \vdots \\ c_n \end{bmatrix} \tag{5.46}$$

的解。

假设

$$\boldsymbol{\chi}(z) = \begin{bmatrix} x_1(z) \\ x_2(z) \\ \vdots \\ x_n(z) \end{bmatrix}$$

是(5.45)的解，将 $x_i(z)(i = 1,2,\cdots,n)$ 在 $z = 0$ 处展成幂级数

$$x_i(z) = x_i(0) + x_i'(0)z + x_i''(0)z^2/2! + \cdots$$

从而有

$$\boldsymbol{\chi}(z) = \boldsymbol{\chi}(0) + \boldsymbol{\chi}'(0)z + \boldsymbol{\chi}''(0)z^2/2! + \cdots$$

其中

$$\boldsymbol{\chi}'(0) = \frac{\mathrm{d}\boldsymbol{\chi}}{\mathrm{d}z}\bigg|_{z=0} = \begin{bmatrix} x_1'(0) \\ x_2'(0) \\ \vdots \\ x_n'(0) \end{bmatrix},\quad \boldsymbol{\chi}''(0) = \frac{\mathrm{d}^2\boldsymbol{\chi}}{\mathrm{d}z^2}\bigg|_{z=0} = \begin{bmatrix} x_1''(0) \\ x_2''(0) \\ \vdots \\ x_n''(0) \end{bmatrix}$$

但由

$$\frac{\mathrm{d}\boldsymbol{\chi}}{\mathrm{d}z} = \boldsymbol{A}\boldsymbol{\chi}$$

$$\frac{\mathrm{d}^2\boldsymbol{\chi}}{\mathrm{d}z^2} = \boldsymbol{A}^2\boldsymbol{\chi}$$

$$\frac{\mathrm{d}^3\boldsymbol{\chi}}{\mathrm{d}z^3} = \boldsymbol{A}^3\boldsymbol{\chi}$$

及

$$\boldsymbol{\chi}'(0) = \boldsymbol{A}\boldsymbol{\chi}(0)$$
$$\boldsymbol{\chi}''(0) = \boldsymbol{A}^2\boldsymbol{\chi}(0)$$
$$\cdots\cdots\cdots\cdots\cdots$$

从而

$$\begin{aligned} \boldsymbol{\chi} &= \boldsymbol{\chi}(0) + \boldsymbol{\chi}'(0)z + \boldsymbol{\chi}''(0)z^2/2! + \cdots \\ &= \boldsymbol{\chi}(0) + \boldsymbol{A}\boldsymbol{\chi}(0)z + \boldsymbol{A}^2\boldsymbol{\chi}(0)z^2/2! + \cdots \\ &= \mathrm{e}^{\boldsymbol{A}z}\cdot\boldsymbol{\chi}(0) \end{aligned}$$

这说明微分方程组

$$\frac{\mathrm{d}\boldsymbol{\chi}}{\mathrm{d}z} = \boldsymbol{A}\boldsymbol{\chi}$$

满足初始条件

$$\boldsymbol{\chi}(0) = \begin{bmatrix} c_1 \\ c_2 \\ \vdots \\ c_n \end{bmatrix}$$

的解必有

$$\boldsymbol{\chi} = \mathrm{e}^{\boldsymbol{A}z}\boldsymbol{\chi}(0)$$

的形式。可以证明它确实是解,由于

$$\begin{aligned} \frac{\mathrm{d}\boldsymbol{\chi}}{\mathrm{d}z} &= \frac{\mathrm{d}}{\mathrm{d}z}(\mathrm{e}^{\boldsymbol{A}z}\boldsymbol{\chi}(0)) \\ &= \left(\frac{\mathrm{d}}{\mathrm{d}z}(\mathrm{e}^{\boldsymbol{A}z})\right)\boldsymbol{\chi}(0) + \mathrm{e}^{\boldsymbol{A}z}\left[\frac{\mathrm{d}}{\mathrm{d}z}\boldsymbol{\chi}(0)\right] \\ &= \boldsymbol{A}\mathrm{e}^{\boldsymbol{A}z}\cdot\boldsymbol{\chi}(0) = \boldsymbol{A}\boldsymbol{\chi} \end{aligned}$$

这样便证明了如下的定理

定理 5.6.1　满足初始条件

$$\boldsymbol{\chi}(0)=\begin{bmatrix}c_1\\c_2\\\vdots\\c_n\end{bmatrix}$$

的一阶线性常系数齐次微分方程组

$$\frac{d\boldsymbol{\chi}}{dz}=\boldsymbol{A\chi}$$

有且有惟一解　$\boldsymbol{\chi}=e^{\boldsymbol{A}z}\cdot\boldsymbol{\chi}(0)$。

对于初值问题

$$\begin{cases}\dfrac{d\boldsymbol{\chi}}{dz}=\boldsymbol{A\chi}\\ \boldsymbol{\chi}|_{z=z_0}=\boldsymbol{\chi}(z_0)\end{cases}$$

可将 $x_i(z)(i=1,2,\cdots,n)$ 在 $z=z_0$ 处展成幂级数。

$$x_i(z)=x_i(z_0)+x_i'(z_0)(z-z_0)+x_i''(z_0)(z-z_0)^2/2!+\cdots$$

便可得到该初值问题的惟一解

$$\boldsymbol{\chi}(z)=e^{A(z-z_0)}\boldsymbol{\chi}(z_0)$$

由此看出,解线性常系数齐次微分方程组,实际上只需求出 $e^{\boldsymbol{A}z}$ 或 $e^{A(z-z_0)}$ 即可。

5.6.2　解一阶线性常系数非齐次方程组

定理 5.6.2　线性常系数非齐次微分方程组

$$\begin{cases}\dfrac{d\boldsymbol{\chi}}{dz}=\boldsymbol{A\chi}+\boldsymbol{\phi}(z)\\ \boldsymbol{\chi}|_{z=z_0}=\boldsymbol{\chi}(z_0)\end{cases}$$

的解为

$$\boldsymbol{\chi}=e^{\boldsymbol{A}(z-z_0)}\boldsymbol{\chi}(z_0)+\int_{z_0}^{z}e^{-\boldsymbol{A}(\tau-z)}\boldsymbol{\phi}(\tau)d\tau$$

其中

$$\boldsymbol{A}=\begin{bmatrix}a_{11}&a_{12}&\cdots&a_{1n}\\a_{21}&a_{22}&\cdots&a_{2n}\\\vdots&\vdots&&\vdots\\a_{n1}&a_{n2}&\cdots&a_{nn}\end{bmatrix},\quad \boldsymbol{\chi}(z)=\begin{bmatrix}x_1(z)\\x_2(z)\\\vdots\\x_n(z)\end{bmatrix}\quad \boldsymbol{\phi}(z)=\begin{bmatrix}F_1(z)\\F_2(z)\\\vdots\\F_n(z)\end{bmatrix}\quad \boldsymbol{\chi}(z_0)=\begin{bmatrix}c_1\\c_2\\\vdots\\c_n\end{bmatrix}$$

证明　可将方程组改写成

$$\frac{d\boldsymbol{\chi}}{dz}-\boldsymbol{A\chi}=\boldsymbol{\phi}(z)$$

两端同乘以 $e^{-\boldsymbol{A}z}$

$$e^{-\boldsymbol{A}z}\cdot\left(\frac{d\boldsymbol{\chi}}{dz}-\boldsymbol{A\chi}\right)=e^{-\boldsymbol{A}z}\cdot\boldsymbol{\phi}(z)$$

在 $[z_0,z]$ 上对上式积分,得

$$e^{-\boldsymbol{A}z}\boldsymbol{\chi}-e^{-\boldsymbol{A}z_0}\boldsymbol{\chi}(z_0)=\int_{z_0}^{z}e^{-\boldsymbol{A}\tau}\boldsymbol{\phi}(\tau)d\tau$$

所以

$$\boldsymbol{\chi} = e^{\boldsymbol{A}(z-z_0)}\boldsymbol{\chi}(z_0) + \int_{z_0}^{z} e^{-\boldsymbol{A}(\tau-z)}\boldsymbol{\phi}(\tau)\,d\tau$$

习 题 5

1. 构造一个 2×2 阶的可逆矩阵序列,其收敛于不可逆的极限。
2. 证明:当且仅当 $\boldsymbol{A}=\boldsymbol{E}$ 时,有 $\lim\limits_{n\to\infty}\boldsymbol{A}^n=\boldsymbol{E}$。
3. 计算下面级数的和

$$\sum_{k=0}^{\infty}\begin{bmatrix}0.2 & 0.7\\0.3 & 0.6\end{bmatrix}^k$$

4. 证明:若 $\boldsymbol{A}\in C^{n\times n}$,$\rho(\boldsymbol{A})<1$,则 $\sum\limits_{k=0}^{\infty}k\boldsymbol{A}^k=\boldsymbol{A}(\boldsymbol{E}-\boldsymbol{A})^{-2}$
5. 计算

$$\sum_{k=0}^{\infty}\frac{k}{10^k}\begin{bmatrix}1 & 2\\8 & 1\end{bmatrix}^k$$

6. 设函数矩阵

$$\boldsymbol{A}(t)=\begin{bmatrix}\cos t & \sin t\\-\sin t & \cos t\end{bmatrix}$$

求 $\frac{d}{dt}\boldsymbol{A}(t)$,$\frac{d}{dt}[\det\boldsymbol{A}(t)]$,$\det[\frac{d}{dt}\boldsymbol{A}(t)]$,$\frac{d}{dt}\boldsymbol{A}^{-1}(t)$。

7. 设函数矩阵

$$\boldsymbol{A}(t)=\begin{bmatrix}\sin t & -\cos t\\-\cos t & \sin t\end{bmatrix}$$

求 $\int_0^t\boldsymbol{A}(t)\,dt$,$\frac{d}{dt}\int_0^{t^2}\boldsymbol{A}(t)\,dt$。

8. 设函数矩阵

$$\boldsymbol{A}(t)=\begin{bmatrix}e^{2t} & te^t & 1\\e^{-t} & 2e^{2t} & 0\\3t & 0 & 0\end{bmatrix}$$

求 $\int\boldsymbol{A}(t)\,dt$,$\int_0^t\boldsymbol{A}(t)\,dt$。

9. 假设下列各式中的乘积都有意义,证明:

(1) $\frac{d}{d\boldsymbol{X}}\mathrm{tr}(\boldsymbol{AXB})=\boldsymbol{BA}$

(2) $\frac{d}{d\boldsymbol{X}}\mathrm{tr}(\boldsymbol{AX}^T\boldsymbol{B})=(\boldsymbol{BA})^T$

(3) $\frac{d}{d\boldsymbol{X}}\mathrm{tr}(\boldsymbol{X}^2)=2\boldsymbol{X}$

(4) $\frac{d}{d\boldsymbol{X}}\mathrm{tr}(\boldsymbol{X}^T\boldsymbol{X}) = \frac{d}{d\boldsymbol{X}}\mathrm{tr}(\boldsymbol{X}\boldsymbol{X}^T) = 2\boldsymbol{X}^T$

(5) $\frac{d}{d\boldsymbol{X}}\mathrm{tr}(\boldsymbol{A}\boldsymbol{X}\boldsymbol{B}\boldsymbol{X}^T) = \frac{d}{d\boldsymbol{X}}\mathrm{tr}(\boldsymbol{B}\boldsymbol{X}^T\boldsymbol{A}\boldsymbol{X}) = \boldsymbol{B}\boldsymbol{X}^T\boldsymbol{A} + \boldsymbol{B}^T\boldsymbol{X}^T\boldsymbol{A}^T$

10. 设$\boldsymbol{\chi},\boldsymbol{\alpha},\boldsymbol{\zeta}$都是维数相同的列向量，且$\boldsymbol{\alpha},\boldsymbol{\zeta}$都是与$\boldsymbol{\chi}$无关的固定向量，证明

$$\frac{d}{d\boldsymbol{\chi}}(\boldsymbol{\chi} - \boldsymbol{\zeta})^T \cdot \boldsymbol{\alpha} = \boldsymbol{\alpha}^T$$

11. 证明，对任何矩阵$\boldsymbol{A}$都有

(1) $\sin\boldsymbol{A}\ \cos\boldsymbol{A} = \cos\boldsymbol{A}\ \sin\boldsymbol{A}$

(2) $\sin^2\boldsymbol{A} + \cos^2\boldsymbol{A} = \boldsymbol{E}$

(3) $e^{\boldsymbol{A}+2\pi i\boldsymbol{E}} = e^{\boldsymbol{A}}$

(4) $\sin(\boldsymbol{A} + 2\pi\boldsymbol{E}) = \sin\boldsymbol{A}$

12. 证明公式

$$e^{\begin{bmatrix} 0 & a \\ -a & 0 \end{bmatrix}} = \begin{bmatrix} \cos a & \sin a \\ -\sin a & \cos a \end{bmatrix}$$

13. 设$\boldsymbol{A} = \begin{bmatrix} \sigma & \omega \\ -\omega & \sigma \end{bmatrix}$，利用上题结果求$e^{\boldsymbol{A}}$。

14. 设矩阵

$$\boldsymbol{A} = \begin{bmatrix} 0 & 1 \\ -1 & 2 \end{bmatrix}$$

求$\boldsymbol{A}^{100} + 3\boldsymbol{A}^{23} + \boldsymbol{A}^{20}$。

15. 设矩阵

$$\boldsymbol{A} = \begin{bmatrix} 2 & 2 & 1 \\ 1 & 3 & 1 \\ 1 & 2 & 2 \end{bmatrix}$$

求$\boldsymbol{A}^{1000}$。

16. 已知四阶矩阵$\boldsymbol{A}$的特征值是$\pi, -\pi, 0, 0$。求$\sin\boldsymbol{A}, \cos\boldsymbol{A}$。

17. 设$f(\lambda) = \frac{1}{\lambda}$，求$f(\boldsymbol{A})$，其中

(1) $\boldsymbol{A} = \begin{bmatrix} 2 & & & \\ 1 & 2 & & \\ & 1 & 2 & \\ & & 1 & 2 \end{bmatrix}$　　(2) $\boldsymbol{A} = \begin{bmatrix} 2 & & & \\ 1 & 2 & & \\ & & 3 & \\ & & & 1 \end{bmatrix}$

18. 设矩阵　$\boldsymbol{A} = \begin{bmatrix} 1 & 2 & 3 & 4 \\ & 1 & 2 & 3 \\ & & 1 & 2 \\ & & & 1 \end{bmatrix}$

求$\sqrt{\boldsymbol{A}}$。

19. 对下列方阵$\boldsymbol{A}$，求方阵函数$e^{\boldsymbol{A}z}$。

（1）　$\boldsymbol{A}=\begin{bmatrix}0 & 1 & 0\\ 0 & 0 & 1\\ -6 & -11 & -6\end{bmatrix}$

（2）　$\boldsymbol{A}=\begin{bmatrix}3 & & & \\ & -2 & & \\ & 1 & -2 & \\ & & 1 & -2\end{bmatrix}$

（3）　$\boldsymbol{A}=\begin{bmatrix}0 & 1\\ -2 & -3\end{bmatrix}$

20. 求线性常系数齐次微分方程组

$$\begin{cases}\dfrac{\mathrm{d}x_1}{\mathrm{d}z}=-7x_1-7x_2+5x_3\\ \dfrac{\mathrm{d}x_2}{\mathrm{d}z}=-8x_1-8x_2-5x_3\\ \dfrac{\mathrm{d}x_3}{\mathrm{d}z}=-5x_2\end{cases}$$

满足初始条件 $x_1(0)=3,x_2(0)=-2,x_3(0)=1$ 的解。

21. 求常系数非齐次微分方程组

$$\begin{cases}\dfrac{\mathrm{d}x_1}{\mathrm{d}z}=-6x_1+x_2+2u(z)\\ \dfrac{\mathrm{d}x_2}{\mathrm{d}z}=-11x_1+x_3+6u(z)\\ \dfrac{\mathrm{d}x_3}{\mathrm{d}z}=-6x_1+2u(z)\end{cases}$$

满足初始条件 $x_1(0)=2,x_2(0)=4,x_3(0)=-2$ 的解，其中

$$u(z)=\begin{cases}1 & z\geqslant 0\\ 0 & z<0\end{cases}$$

第6章 矩阵分解

本章首先讨论以 Gauss 消去法为根据导出的矩阵的各种分解，特别是三角（或 ***LU***）分解。然后论述与之可以媲美的是20世纪60年代以后由 Given 与 Householder 变换发展起来的矩阵的 ***QR*** 分解。所有这些分解在《计算数学》中都已扮演着十分重要的角色，尤其是以 ***QR*** 分解所建立的 ***QR*** 方法，已对《数值线性代数》理论在近代的发展起了关键作用。最后介绍在广义逆矩阵等理论中，经常遇到的矩阵的满秩分解和奇异值分解，它与 ***QR*** 方法都是求解各类最小二乘问题和最优化问题等的主要数学工具。

6.1 Gauss 消去法与矩阵的三角分解

6.1.1 Gauss 消去法的矩阵表示

读者已经学习过解 n 元线性方程组

$$\begin{cases} a_{11}x_1 + a_{12}x_2 + \cdots + a_{1n}x_n = b_1 \\ a_{21}x_1 + a_{22}x_2 + \cdots + a_{2n}x_n = b_2 \\ \cdots\cdots\cdots\cdots\cdots\cdots\cdots\cdots\cdots \\ a_{n1}x_1 + a_{n2}x_2 + \cdots + a_{nn}x_n = b_n \end{cases} \tag{6.1}$$

的 Gauss 主元素消去法，写成矩阵形式，即

$$\boldsymbol{A\chi} = \boldsymbol{\beta} \tag{6.2}$$

其中 $\boldsymbol{A} = (a_{ij})_{n\times n}$，$\boldsymbol{\chi} = (x_1, x_2, \cdots, x_n)^T$，$\boldsymbol{\beta} = (b_1, b_2, \cdots, b_n)^T$。这种方法的基本思想是化系数矩阵 $\boldsymbol{A}$ 为上三角阵，或化增广矩阵 $(\boldsymbol{A}|\boldsymbol{\beta})$ 为上阶梯形矩阵以求其解。这种消去法有三种形式，即按自然顺序（按主对角元的顺序）选主元素法，按列选主元素法以及总体选主元素法。这些方法各有千秋，不可偏废。

为了建立矩阵的三角分解理论，我们使用矩阵理论描写以上所说的消元法的消元过程，并假定化 $\boldsymbol{A}$ 为上三角矩阵的过程未用列交换，即采用按自然顺序选主元进行消元。

设 $\boldsymbol{A}^{(0)} = \boldsymbol{A}$，其元素 $a_{ij}^{(0)} = a_{ij}(i,j = 1,2,\cdots,n)$。记 $\boldsymbol{A}$ 的 k 阶顺序主子式为

$$\Delta_k = \det A\begin{bmatrix}1 & 2\cdots k\\ 1 & 2\cdots k\end{bmatrix} \quad k = 1,2,\cdots,n-1 \tag{6.3}$$

且假定$\Delta_1 = a_{11}^{(0)} \neq 0$,则可以作一系列行初等变换,即第一行的$\left(-\dfrac{a_{i1}}{a_{11}}\right)$倍加到第$i$行上,$(i=2,3,\cdots,n)$,可以把第一列除$a_{11}$以外的元变为0,即令

$$L_1^{-1} = \begin{bmatrix} 1 & & \\ -\dfrac{a_{21}}{a_{11}^{(0)}} & 1 & \\ \vdots & & \ddots \\ -\dfrac{a_{n1}}{a_{11}^{(0)}} & \cdots & \cdots 1 \end{bmatrix}$$

去左乘以A^0,于是有

$$L_1^{-1}A^{(0)} = \begin{bmatrix} a_{11}^{(0)} & a_{12}^{(0)} & \cdots a_{1n}^{(0)} \\ 0 & a_{22}^{(1)} & \cdots a_{2n}^{(1)} \\ \vdots & \vdots & \vdots \\ 0 & a_{n2}^{(1)} & \cdots a_{nn}^{(1)} \end{bmatrix} = A^{(1)} \tag{6.4}$$

即

$$A^{(0)} = L_1 A^{(1)}$$

其中

$$L_1 = \begin{bmatrix} 1 & & & \\ \dfrac{a_{21}^{(0)}}{a_{11}^{(0)}} & 1 & & \\ \vdots & & \ddots & \\ \dfrac{a_{n1}^{(0)}}{a_{11}^{(0)}} & \cdots & 0 & 1 \end{bmatrix} \tag{6.5}$$

因为上述的初等变换不改变矩阵A的行列式的值,所以由$A^{(1)}$得A的二阶顺序主子式是

$$\Delta_2 = a_{11}^{(0)} a_{22}^{(1)} \tag{6.6}$$

设$a_{22}^{(1)} \neq 0$,如此继续做下去,直到第$r-1$步,得到

$$A^{(r-1)} = \begin{bmatrix} a_{11}^{(0)} & \cdots & a_{1r-1}^{(0)} & a_{1r}^{(0)} & \cdots & a_{1n}^{(0)} \\ 0 & a_{22}^{(1)} & \vdots & & & \\ & & a_{r-1\,r-1}^{(r-2)} & a_{r-1r}^{(r-2)} & \cdots & a_{r-1n}^{(r-2)} \\ & & 0 & a_{rr}^{(r-1)} & \cdots & a_{rn}^{(r-1)} \\ \vdots & \vdots & \vdots & \vdots & & \vdots \\ 0 & & 0 & a_{nr}^{(r-1)} & \cdots & a_{nn}^{(r-1)} \end{bmatrix}$$

对于第r步,假定$a_{rr}^{(r-1)} \neq 0$,同样令

$$
\boldsymbol{L}_r = \begin{bmatrix} 1 & & & & & & \\ & \ddots & & & & & \\ & & 1 & & & & \\ & & & 1 & & & \\ & & & \dfrac{a_{(r+1)r}^{(r-1)}}{a_{rr}^{(r-1)}} & 1 & & \\ \vdots & \ddots & & & & & \\ & & & \dfrac{a_{nr}^{(r-1)}}{a_{rr}^{(r-1)}} & & & 1 \end{bmatrix} \tag{6.7}
$$

于是有

$$
\boldsymbol{L}_r^{-1}\boldsymbol{A}^{(r-1)} = \begin{bmatrix} a_{11}^{(0)} & \cdots & a_{1r}^{(0)} & a_{1r+1}^{(0)} & \cdots & a_{1n}^{(0)} \\ 0 & \ddots & \vdots & & & \\ \vdots & & a_{rr}^{(r-1)} & a_{r\,r+1}^{(r-1)} & \cdots & a_{rn}^{(r-1)} \\ \vdots & & 0 & a_{r+1\,r+1}^{(r)} & \cdots & a_{(r+1)n}^{(r)} \\ \vdots & & 0 & \cdots & & \\ \vdots & & \vdots & \vdots & & \\ 0 & & 0 & a_{n(r+1)}^{(r)} & \cdots & a_{nn}^{(r)} \end{bmatrix} = \boldsymbol{A}^{(r)} \tag{6.8}
$$

$\boldsymbol{A}^{(r)}$的前 r 个列，主元素 $a_{ii}^{(i-1)}\,(i=1,2,\cdots,r)$以下的元素全为0，(6.8)式还可以写为

$$
\boldsymbol{A}^{(r-1)} = \boldsymbol{L}_r\boldsymbol{A}^{(r)} \tag{6.9}
$$

由$\boldsymbol{A}^{(r)}$易得$\boldsymbol{A}$的 r 阶顺序主子式是

$$
\Delta r = a_{11}^{(0)}a_{22}^{(1)}\cdots a_{rr}^{(r-1)} \tag{6.10}
$$

这种对$\boldsymbol{A}$的元素进行的消元过程叫 Gauss 消元过程。如果它可以一直进行下去，则最后在第 $n-1$ 步便有

$$
\Delta_{n-1} = a_{11}^{(0)}a_{22}^{(1)}\cdots a_{n-1\,n-1}^{(n-2)} \tag{6.11}
$$

而且由于假定 $a_{n-1\,n-1}^{(n-2)}\neq 0$，从而可得上三角阵

$$
\boldsymbol{A}^{(n-1)} = \begin{bmatrix} a_{11}^{(0)} & a_{22}^{(0)} & \cdots & a_{1n}^{(0)} \\ & a_{22}^{(1)} & \cdots & a_{2n}^{(1)} \\ & & \ddots & \vdots \\ & & & a_{nn}^{(n-1)} \end{bmatrix} \tag{6.12}
$$

Gauss 消元过程能够进行到底当且仅当 $a_{11}^{(0)},a_{22}^{(1)},\cdots,a_{n-1\,n-1}^{(n-2)}$都不为0，但根据归纳法和式(6.10)，这个条件相当于

$$
\Delta r \neq 0, r = 1,2,\cdots,n-1 \tag{6.13}
$$

由于 Gauss 顺序消元过程的特点是未用列的互换，由此要求条件(6.13)是合理的。

6.1.2 矩阵的三角(*LU*)分解

当条件(6.13)满足时，由式(6.9)有

$$
\boldsymbol{A} = \boldsymbol{A}^{(0)} = \boldsymbol{L}_1\boldsymbol{A}^{(1)} = \boldsymbol{L}_1\boldsymbol{L}_2\boldsymbol{A}^{(2)}
$$

$$= \cdots = L_1 L_2 \cdots L_{n-1} A^{(n-1)}$$

使用矩阵乘法,可以得到

$$L = L_1 L_2 \cdots L_{n-1} = \begin{bmatrix} 1 & & & \\ \dfrac{a_{21}^{(0)}}{a_{11}^{(0)}} & 1 & & \\ \vdots & \ddots & \ddots & \\ \dfrac{a_{1n}^{(0)}}{a_{11}^{(0)}} & \cdots & \dfrac{a_{n\,n-1}^{(n-2)}}{a_{n-1\,n-1}^{(n-2)}} & 1 \end{bmatrix}$$

这是一个对角元素都是1的下三角矩阵,称为单位下三角矩阵。

若令

$$A^{(n-1)} = U$$

则得

$$A = LU$$

于是A分解成一个单位下三角矩阵与一个上三角矩阵U的乘积。

定义6.1 如果方阵A可分解成一个下三角矩阵L和一个上三角矩阵U的乘积,则称A可做三角分解或LU分解。

下面研究方阵的三角分解的存在性和惟一性问题。

首先指出,一个方阵的LU分解并不惟一。这是因为如果$A=LU$是A的一个三角分解。令D是对角元素都不为0的对角矩阵,则$A=LU=LDD^{-1}U=\hat{L}\hat{U}$。由于上(下)三角矩阵的乘积仍是上(下)三角矩阵,因此$\hat{L}=LD$,$\hat{U}=D^{-1}U$也分别是下,上三角矩阵。从而$A=\hat{L}\hat{U}$也是A的一个三角分解。这说明,一般的矩阵的三角分解不是惟一的。有下面定理。

定理6.1.1 设$A=(a_{ij})$是n阶方阵,则当且仅当A的顺序主子式$\Delta_k=\det A\begin{bmatrix} 1 & 2\cdots k \\ 1 & 2\cdots k \end{bmatrix}\neq 0$ $(k=1,2,\cdots,n-1)$时,A可以惟一地分解为

$$A = LDU$$

其中L,U分别是单位下,上三角矩阵,D是对角矩阵

$$D = \mathrm{diag}(d_1, d_2, \cdots, d_n)$$

其中

$$d_k = \frac{\Delta_k}{\Delta_{k-1}} \quad k = 1,2,\cdots n, \Delta_0 = 1$$

证明略。

推论 n阶非奇异方阵A有三角分解$A=LU$的充分必要条件是A的顺序主子式$\Delta_k=\det A\begin{bmatrix} 1 & 2\cdots k \\ 1 & 2\cdots k \end{bmatrix}\neq 0$,$(k=1,2,\cdots n-1)$。

证明略。

例1 求矩阵 $A=\begin{bmatrix} 2 & -1 & 3 \\ 1 & 2 & 1 \\ 2 & 4 & 2 \end{bmatrix}$

的LDU分解。

解 因为 $\Delta_1=2,\Delta_2=5,\Delta_3=0$，所以 A 有惟一的 LDU 分解，由公式(6.3)有

$$L_1^{-1}=\begin{bmatrix}1&0&0\\-\frac{1}{2}&1&0\\-1&0&1\end{bmatrix}$$

再由公式(6.4)得

$$L_1^{-1}A^{(0)}=\begin{bmatrix}1&0&0\\-\frac{1}{2}&1&0\\-1&0&1\end{bmatrix}\begin{bmatrix}2&-1&3\\1&2&1\\2&4&2\end{bmatrix}=\begin{bmatrix}2&-1&3\\0&\frac{5}{2}&-\frac{1}{2}\\0&5&-1\end{bmatrix}=A^{(1)}$$

即
$$A^{(0)}=L_1A^1$$

再由 $A^{(1)}$，做 L_2^{-1}

$$L_2^{-1}=\begin{bmatrix}1&0&0\\0&1&0\\0&-2&1\end{bmatrix}$$

使用(6.8)

$$L_2^{-1}A^{(1)}=\begin{bmatrix}1&0&0\\0&1&0\\0&-2&1\end{bmatrix}\begin{bmatrix}2&-1&3\\0&\frac{5}{2}&-\frac{1}{2}\\0&5&-1\end{bmatrix}=\begin{bmatrix}2&-1&3\\0&\frac{5}{2}&-\frac{1}{2}\\0&0&0\end{bmatrix}$$

$$=\begin{bmatrix}2&0&0\\0&\frac{5}{2}&0\\0&0&0\end{bmatrix}\begin{bmatrix}1&-\frac{1}{2}&\frac{3}{2}\\0&1&-\frac{1}{5}\\0&0&1\end{bmatrix}=A^{(2)}$$

于是得 $A^{(0)}=A$ 的 LDU 分解是

$$A=L_1L_2A^{(2)}$$

$$=\begin{bmatrix}1&0&0\\\frac{1}{2}&1&0\\1&0&1\end{bmatrix}\begin{bmatrix}1&0&0\\0&1&0\\0&2&1\end{bmatrix}\begin{bmatrix}2&0&0\\0&\frac{5}{2}&0\\0&0&0\end{bmatrix}\begin{bmatrix}1&-\frac{1}{2}&\frac{3}{2}\\0&1&-\frac{1}{5}\\0&0&1\end{bmatrix}$$

$$=\begin{bmatrix}1&0&0\\\frac{1}{2}&1&0\\1&2&1\end{bmatrix}\begin{bmatrix}2&0&0\\0&\frac{5}{2}&0\\0&0&0\end{bmatrix}\begin{bmatrix}1&-\frac{1}{2}&\frac{3}{2}\\0&1&-\frac{1}{5}\\0&0&1\end{bmatrix}$$

矩阵 A 的 LDU 分解与 LU 两种分解都需要假设 A 的前 $n-1$ 阶顺序主子式非零，如果这个条件不满足，可以给 A 左(或右)乘以置换矩阵 P，就可以把 A 的行(或列)的次序重新排列，使之满足这个条件。从而就有如下的带行交换的矩阵分解定理。

定理 6.1.2 设 A 是 n 阶非奇异矩阵，则存在置换矩阵 P，使 PA 的 n 个顺序主子式非零。

该定理的证明可在《计算方法》的书中找到。

推论 设 $\boldsymbol{A}$ 是 n 阶非奇异矩阵,则存在置换矩阵 $\boldsymbol{P}$,使

$$\boldsymbol{PA} = \boldsymbol{L}\tilde{\boldsymbol{U}} = \boldsymbol{LDU}$$

其中 $\boldsymbol{L},\boldsymbol{U}$ 分别是下、上单位三角阵,$\tilde{\boldsymbol{U}}$ 是上三角阵,$\boldsymbol{D}$ 是对角阵。

如果方程组(6.2)的系数矩阵 $\boldsymbol{A}$ 非奇异,且 $\Delta_k \neq 0,(k=1,2,\cdots,n-1)$,则由定理6.1.1的推论知,存在有 $\boldsymbol{A}$ 的三角分解 $\boldsymbol{A}=\boldsymbol{LU}$。于是便得与(6.2)同解的具有以下三角矩阵为系数矩阵的两个方程组

$$\begin{cases}\boldsymbol{U\chi} = \boldsymbol{\zeta} \\ \boldsymbol{L\zeta} = \boldsymbol{\beta}\end{cases} \tag{6.14}$$

由方程组(6.14)先解出 $\boldsymbol{\zeta}$,再代入第一个方程组解出 $\boldsymbol{\chi}$。这就是解线性方程组(6.2)的三角分解法。

如果方程组(6.2)中 $\boldsymbol{A}$ 的顺序主子式不满足全不为零的条件时,可按定理6.1.2的推论考虑与其同解的方程组

$$\boldsymbol{PA\chi} = \boldsymbol{P\beta} \tag{6.15}$$

于是我们仍可用三角分解法(或Gauss消去法)来求其解。

6.1.3 分块矩阵的拟 *LU* 与拟 *LDU* 分解

将矩阵 $\boldsymbol{A}$ 分解成两个拟三角矩阵和一个拟对角矩阵的乘积,这种分解式无疑对处理高阶方阵分解问题带来方便,并能减少计算工作量,这里我们只限于参加运算的矩阵分成 2×2 块的情况。但反复使用所得结果,很容易推出 3×3 块或更多的情况下的公式。

设 $\boldsymbol{A}\in R^{n\times n}$,把 $\boldsymbol{A}$ 分块为

$$\boldsymbol{A} = \begin{bmatrix}\boldsymbol{A}_{11} & \boldsymbol{A}_{12} \\ \underbrace{\boldsymbol{A}_{21}}_{n_1} & \underbrace{\boldsymbol{A}_{22}}_{n_2}\end{bmatrix}\begin{matrix}\}n_1 \\ \}n_2\end{matrix} \quad n_1+n_2=n$$

首先,如果 $\boldsymbol{A}_{11}$ 非奇异,则用非奇异下三角矩阵

$$\begin{bmatrix}\boldsymbol{E}_{n1} & \boldsymbol{0} \\ -\boldsymbol{A}_{21}\boldsymbol{A}_{11}^{-1} & \boldsymbol{E}_{n2}\end{bmatrix}$$

左乘 $\boldsymbol{A}$ 得

$$\begin{bmatrix}\boldsymbol{E}_{n1} & \boldsymbol{0} \\ -\boldsymbol{A}_{21}\boldsymbol{A}_{11}^{-1} & \boldsymbol{E}_{n2}\end{bmatrix}\begin{bmatrix}\boldsymbol{A}_{11} & \boldsymbol{A}_{12} \\ \boldsymbol{A}_{21} & \boldsymbol{A}_{22}\end{bmatrix} = \begin{bmatrix}\boldsymbol{A}_{11} & \boldsymbol{A}_{12} \\ \boldsymbol{0} & \boldsymbol{A}_{22}-\boldsymbol{A}_{21}\boldsymbol{A}_{11}^{-1}\boldsymbol{A}_{12}\end{bmatrix} \tag{6.16}$$

这相当于对 $\boldsymbol{A}$ 进行 n_1 个倍加初等行变换,故得 $\boldsymbol{A}$ 的拟 $\boldsymbol{LU}$ 分解式

$$\boldsymbol{A} = \begin{bmatrix}\boldsymbol{A}_{11} & \boldsymbol{A}_{12} \\ \boldsymbol{A}_{21} & \boldsymbol{A}_{22}\end{bmatrix} = \begin{bmatrix}\boldsymbol{E}_{n1} & \boldsymbol{0} \\ \boldsymbol{A}_{21}\boldsymbol{A}_{11}^{-1} & \boldsymbol{E}_{n2}\end{bmatrix}\begin{bmatrix}\boldsymbol{A}_{11} & \boldsymbol{A}_{12} \\ \boldsymbol{0} & \boldsymbol{A}_{22}-\boldsymbol{A}_{21}\boldsymbol{A}_{11}^{-1}\boldsymbol{A}_{12}\end{bmatrix} \tag{6.17}$$

更进一步,由 $\boldsymbol{A}_{11}$ 非奇异,可得

$$\boldsymbol{A} = \begin{bmatrix}\boldsymbol{A}_{11} & \boldsymbol{A}_{12} \\ \boldsymbol{A}_{21} & \boldsymbol{A}_{22}\end{bmatrix} = \begin{bmatrix}\boldsymbol{E}_{n1} & \boldsymbol{0} \\ \boldsymbol{A}_{21}\boldsymbol{A}_{11}^{-1} & \boldsymbol{E}_{n2}\end{bmatrix}\begin{bmatrix}\boldsymbol{A}_{11} & \boldsymbol{0} \\ \boldsymbol{0} & \boldsymbol{A}_{22}-\boldsymbol{A}_{21}\boldsymbol{A}_{11}^{-1}\boldsymbol{A}_{12}\end{bmatrix}\begin{bmatrix}\boldsymbol{E}_{n_1} & \boldsymbol{A}_{11}^{-1}\boldsymbol{A}_{12} \\ \boldsymbol{0} & \boldsymbol{E}_{n_2}\end{bmatrix} \tag{6.18}$$

(6.18)式就是分块矩阵 $\boldsymbol{A}$ 的拟 $\boldsymbol{LDU}$ 分解。

如果 $\boldsymbol{A}_{22}$ 是非奇异矩阵，与推导(6.18)式过程一样可得分块矩阵 $\boldsymbol{A}$ 的另一个拟 $\boldsymbol{LDU}$ 分解

$$\boldsymbol{A}=\begin{bmatrix}\boldsymbol{A}_{11} & \boldsymbol{A}_{12}\\ \boldsymbol{A}_{21} & \boldsymbol{A}_{22}\end{bmatrix}=\begin{bmatrix}\boldsymbol{E}_{n_1} & \boldsymbol{A}_{12}\boldsymbol{A}_{22}^{-1}\\ \boldsymbol{0} & \boldsymbol{E}_{n_2}\end{bmatrix}\begin{bmatrix}\boldsymbol{A}_{11}-\boldsymbol{A}_{12}\boldsymbol{A}_{22}^{-1}\boldsymbol{A}_{22} & \boldsymbol{0}\\ \boldsymbol{0} & \boldsymbol{A}_{22}\end{bmatrix}\begin{bmatrix}\boldsymbol{E}_{n1} & \boldsymbol{0}\\ \boldsymbol{A}_{22}^{-1}\boldsymbol{A}_{21} & \boldsymbol{E}_{n2}\end{bmatrix}\tag{6.19}$$

从(6.18)式和(6.19)式可以看出，当 $\boldsymbol{A}_{11}$ 可逆（或 $\boldsymbol{A}_{22}$ 可逆时），$\boldsymbol{A}$ 非奇异的充分必要条件是 $\boldsymbol{A}_{22}-\boldsymbol{A}_{21}\boldsymbol{A}_{11}^{-1}\boldsymbol{A}_{12}$（或 $\boldsymbol{A}_{11}-\boldsymbol{A}_{12}\boldsymbol{A}_{22}^{-1}\boldsymbol{A}_{21}$）非奇异。于是有以下结论：

$$\det\boldsymbol{A}=\det\boldsymbol{A}_{11}\cdot\det(\boldsymbol{A}_{22}-\boldsymbol{A}_{21}\boldsymbol{A}_{11}^{-1}\boldsymbol{A}_{12}),\det\boldsymbol{A}_{11}\neq\boldsymbol{0}$$

$$\det\boldsymbol{A}=\det\boldsymbol{A}_{22}\cdot\det(\boldsymbol{A}_{11}-\boldsymbol{A}_{12}\boldsymbol{A}_{22}^{-1}\boldsymbol{A}_{21}),\det\boldsymbol{A}_{22}\neq\boldsymbol{0}$$

例 2 设 $\boldsymbol{A}\in R^{m\times n},\boldsymbol{B}\in R^{n\times m}$，则有

$$\det(\boldsymbol{E}_m+\boldsymbol{AB})=\det(\boldsymbol{E}_n+\boldsymbol{BA})$$

特别是对于 $\boldsymbol{\alpha}\in R^{1\times n},\boldsymbol{\beta}\in R^{n\times 1}$，有 $\det(\boldsymbol{E}_n+\boldsymbol{\beta\alpha})=1+\boldsymbol{\alpha\beta}$

证明 分别用(6.18)式与(6.19)式来计算下面的 $m+n$ 阶方阵

$$\begin{bmatrix}\boldsymbol{E}_n & \boldsymbol{B}\\ -\boldsymbol{A} & \boldsymbol{E}_m\end{bmatrix}$$

的行列式，便有

$$\det\begin{bmatrix}\boldsymbol{E}_n & \boldsymbol{B}\\ -\boldsymbol{A} & \boldsymbol{E}_m\end{bmatrix}=\det(\boldsymbol{E}_n+\boldsymbol{BA})=\det(\boldsymbol{E}_m+\boldsymbol{AB})$$

类似地又有

$$\det\begin{bmatrix}\boldsymbol{E}_1 & \boldsymbol{\beta}\\ -\boldsymbol{\alpha} & \boldsymbol{E}_m\end{bmatrix}=\det(\boldsymbol{E}_n+\boldsymbol{\beta\alpha})=\det(1+\boldsymbol{\alpha\beta})=1+\boldsymbol{\alpha\beta}$$

例 2 的结果在系统理论中经常碰到。

6.2 单纯矩阵的谱分解

定义 6.2 若 n 级方阵 $\boldsymbol{A}$ 相似于对角阵，称 $\boldsymbol{A}$ 为单纯矩阵。

定理 6.2.1 设 n 阶方阵 $\boldsymbol{A}$ 是单纯矩阵，$\lambda_1,\cdots,\lambda_k\in\mathbf{C}$ 是 $\boldsymbol{A}$ 的互异特征根，$m_1,\cdots,m_k$ 分别是 $\lambda_1,\cdots,\lambda_k$ 的重数。则存在 $\boldsymbol{S}_1,\cdots,\boldsymbol{S}_k\in C^{n\times n}$，使得

(1) $\boldsymbol{A}=\sum\limits_{i=1}^{k}\lambda_i\boldsymbol{S}_i$ (6.20)

(2) $\boldsymbol{S}_i\boldsymbol{S}_j=\begin{cases}\boldsymbol{S}_i & i=j\\ \boldsymbol{0} & i\neq j\end{cases},\quad i,j=1,2,\cdots,k$

(3) $\sum\limits_{i=1}^{k}\boldsymbol{S}_i=\boldsymbol{E}_n$

(4) $\boldsymbol{S}_i\boldsymbol{A}=\boldsymbol{AS}_i=\lambda_i\boldsymbol{S}_i\qquad i=1,2,\cdots,k$

(5) $\mathrm{rank}\boldsymbol{S}_i=m_i\qquad i=1,2,\cdots,k$

(6) 满足以上性质的 $\boldsymbol{S}_1,\cdots,\boldsymbol{S}_k$ 是惟一的。

证明 (1)设$A=T\Lambda T^{-1}$其中Λ是以A的特征值为对角元的对角矩阵,T与T^{-1}按相应的互异特征值分块为

令

$$T=(T_1\ T_2\cdots T_k)$$

$$T^{-1}=\begin{bmatrix}\widetilde{T}_1^T\\ \widetilde{T}_2^T\\ \vdots\\ \widetilde{T}_k^T\end{bmatrix}$$

由T^{-1}的结构知

$$\widetilde{T}_i^T T_j=\begin{cases}E_{mi} & i=j\\ O_{m_i\times m_j} & i\neq j\end{cases}$$

于是

$$A=T\Lambda T^{-1}=(T_1T_2\cdots T_k)\begin{bmatrix}\lambda_1\widetilde{T}_1^T\\ \lambda_2\widetilde{T}_2^T\\ \vdots\\ \lambda_k\widetilde{T}_k^T\end{bmatrix}$$

$$=\sum_{i=1}^{k}\lambda_iT_i\widetilde{T}_i^T=\sum_{i=1}^{k}\lambda_iS_i$$

式中 $S_i=T_i\widetilde{T}_i^T\quad(i=1,2,\cdots,k)$。

(6.20)式称为单纯矩阵A的谱分解,$S_1,\cdots,S_k$称为A的谱族。

(2)$S_iS_j=T_i\widetilde{T}_i^TT_j\widetilde{T}_j^T$

$$i=j\text{时}\quad 上式=T_iE_{mi}\widetilde{T}_i^T=S_i$$

$$i\neq j\text{时}\quad 上式=T_i0\widetilde{T}_j^T=0$$

(3) $$\sum_{i=1}^{k}S_i=T_1\widetilde{T}_1^T+T_2\widetilde{T}_2^T+\cdots+T_k\widetilde{T}_k^T=(T_1T_2\cdots T_k)\begin{bmatrix}\widetilde{T}_1^T\\ \vdots\\ \widetilde{T}_k^T\end{bmatrix}=E_n$$

(4)$S_iA=S_i\sum_{l=1}^{k}\lambda_lS_l=\lambda_iS_iS_i=\lambda_iS_i=AS_i$

(5)由$S_i=T_i\widetilde{T}_i^T$

T_i是秩为m_i的$n\times m_i$的矩阵,$\widetilde{T}_i^T$是秩为m_i的$m_i\times n$的矩阵,所以存在n级可逆阵P,Q,使$PT_i=\begin{bmatrix}E_{m_i}\\ 0\end{bmatrix}$,$\widetilde{T}_i^TQ=(E_{m_i},0)$,即$PS_iQ=\begin{bmatrix}E_{m_i} & 0\\ 0 & 0\end{bmatrix}$

于是 $\operatorname{rank}\boldsymbol{S}_i = m_i \quad i=1,2,\cdots,k$

(6)若另有 $\tilde{\boldsymbol{S}}_1,\cdots,\tilde{\boldsymbol{S}}_k$ 也满足上述要求,由

$$\lambda_j\boldsymbol{S}_i\tilde{\boldsymbol{S}}_j = \boldsymbol{S}_i(\lambda_j\tilde{\boldsymbol{S}}_j) = \boldsymbol{S}_i(\boldsymbol{A}\tilde{\boldsymbol{S}}_j) = (\boldsymbol{S}_i\boldsymbol{A})\tilde{\boldsymbol{S}}_j$$

$$= (\boldsymbol{A}\boldsymbol{S}_i)\tilde{\boldsymbol{S}}_j = \lambda_i\boldsymbol{S}_i\tilde{\boldsymbol{S}}_j$$

故 $(\lambda_i - \lambda_j)\boldsymbol{S}_i\tilde{\boldsymbol{S}}_j = \boldsymbol{0}$ 当 $i \neq j$ 时,$\boldsymbol{S}_i\tilde{\boldsymbol{S}}_j = \boldsymbol{0}$

于是

$$\boldsymbol{S}_i = \boldsymbol{S}_i\boldsymbol{E}_n = \boldsymbol{S}_i\sum_{j=1}^{k}\tilde{\boldsymbol{S}}_j = \boldsymbol{S}_i\tilde{\boldsymbol{S}}_i$$

$$= \left(\sum_{j=1}^{k}\boldsymbol{S}_j\right)\tilde{\boldsymbol{S}}_i = \boldsymbol{E}_n\tilde{\boldsymbol{S}}_i = \tilde{\boldsymbol{S}}_i$$

即 $\boldsymbol{A}$ 的谱族惟一。

推论 设$f(\lambda) = a_0 + a_1\lambda + \cdots + a_m\lambda^m$,$\boldsymbol{A}$ 是 n 阶单纯矩阵,且 $\boldsymbol{A}$ 的谱分解为 $\boldsymbol{A} = \sum_{i=1}^{k}\lambda_i\boldsymbol{S}_i$,则

$$f(\boldsymbol{A}) = \sum_{i=1}^{k}f(\lambda_i)\boldsymbol{S}_i$$

6.3 矩阵的最大秩分解

上面介绍的是 n 阶方阵的分解,下面介绍长矩阵的分解。

本节将给出矩阵 $\boldsymbol{A} \in C^{m\times n}$ 分解为两个与 $\boldsymbol{A}$ 同秩的因子积的具体方法,并讨论不同分解之间的关系。它们在广义逆矩阵的讨论中,将是十分重要的。

定理 6.3.1 设矩阵 $\boldsymbol{A} = (a_{ij})_{m\times n}$,且 $\operatorname{rank}\boldsymbol{A} = r \leqslant \min(m,n)$,则经过有限次初等行变换可把 $\boldsymbol{A}$ 化成

$$\tilde{\boldsymbol{A}}_r = \begin{bmatrix} & & (k_1) & & (k_2) & & (k_r) & \\ 0\cdots0 & & 1 & *\cdots* & 0 & *\cdots* & 0 & *\cdots* \\ 0\cdots0 & & 0 & 0\cdots0 & 1 & *\cdots* & 0 & *\cdots* \\ \cdots & \cdots & \cdots & \cdots & \cdots & \cdots & \cdots & \cdots \\ 0 & 0 & 0 & 0\cdots0 & 0 & 0\cdots0 & 1 & *\cdots* \\ 0 & 0 & 0 & 0\cdots0 & 0 & 0\cdots0 & 0 & 0\cdots0 \\ \cdots & \cdots & \cdots & \cdots & \cdots & \cdots & \cdots & \cdots \\ 0 & 0 & 0 & 0\cdots0 & 0 & 0\cdots0 & 0 & 0\cdots0 \end{bmatrix} \begin{matrix} \\ \left.\begin{matrix} \\ \\ \\ \\ \end{matrix}\right\} r\text{ 行} \\ \left.\begin{matrix} \\ \\ \\ \end{matrix}\right\} m-r\text{ 行} \end{matrix}$$

其中 $1 \leqslant k_1 < k_2 < \cdots < k_r \leqslant n$,$*$ 号的元素可以不是零,$\tilde{\boldsymbol{A}}r$ 中第 k_i 个列向量为 $\boldsymbol{\varepsilon}_i$

$$\boldsymbol{\varepsilon}_i = \begin{bmatrix} 0 \\ \vdots \\ 0 \\ 1 \\ \vdots \\ 0 \end{bmatrix} \text{第 } i \text{ 个分量为 } 1,(i=1,2,\cdots r)$$

证明 设 $\mathrm{rank}\boldsymbol{A}=r\geqslant 1$

$$\boldsymbol{A} = \begin{bmatrix} a_{11} & a_{12} & \cdots & a_{1n} \\ a_{21} & a_{22} & \cdots & a_{2n} \\ \cdots & \cdots & \cdots & \cdots \\ a_{m1} & a_{m2} & \cdots & a_{mn} \end{bmatrix} = (\alpha_1,\alpha_2,\cdots,\alpha_n)$$

如果 $\boldsymbol{A}$ 的第一个非0列向量是

$$\boldsymbol{\alpha}_{k_1} = \begin{bmatrix} a_{1k_1} \\ a_{2k_1} \\ \vdots \\ a_{mk_1} \end{bmatrix} \neq 0$$

不妨设 $a_{1k_1}\neq 0$（通过互换行，把非零元对调到第一行即成），把第一行的$\left(-\dfrac{a_{jk_1}}{a_{1k_1}}\right)$倍加到第 j 行上，再把第一行乘以 $1/a_{1k_1}$ 可得

$$\widetilde{\boldsymbol{A}}_1 = \begin{bmatrix} & (k_1) & \\ 0\cdots 0 & 1 & *\cdots * \\ 0\cdots 0 & 0 & *\cdots * \\ \cdots & \cdots & \cdots \\ 0\cdots 0 & 0 & *\cdots * \end{bmatrix} \quad \text{令 } \boldsymbol{A}_1 = \begin{bmatrix} *\cdots * \\ \cdots \\ *\cdots * \end{bmatrix}_{(m-1)\times(n-k_1)}$$

若 $\boldsymbol{A}_1=0$，则定理得证。若 $\boldsymbol{A}_1\neq 0$，可再用上述方法将 $\widetilde{\boldsymbol{A}}_1$ 化为

$$\widetilde{\boldsymbol{A}}_2 = \begin{bmatrix} 0\cdots 0 & \overset{(k_1)}{1} & *\cdots * & \overset{(k_2)}{0} & *\cdots * \\ 0\cdots 0 & 0 & 0\cdots 0 & 1 & *\cdots * \\ 0\cdots 0 & 0 & 0\cdots 0 & 0 & *\cdots * \\ \cdots & \cdots & \cdots & \cdots & \cdots \\ 0\cdots 0 & 0 & 0\cdots 0 & 0 & *\cdots * \end{bmatrix}$$

如此进行下去，经过有限次初等行变换后就能把 $\boldsymbol{A}$ 变为 $\widetilde{\boldsymbol{A}}_r$。

引理 设列分块矩阵 $\boldsymbol{A}=(\boldsymbol{\alpha}_1,\cdots,\boldsymbol{\alpha}_n)$ 经过一次行初等变换化为 $\boldsymbol{A}_1=(\widetilde{\boldsymbol{\alpha}}_1,\cdots,\widetilde{\boldsymbol{\alpha}}_n)$，那么 $k_1\boldsymbol{\alpha}_1+\cdots+k_n\boldsymbol{\alpha}_n=0$ 的充分必要条件是 $k_1\widetilde{\boldsymbol{\alpha}}_1+\cdots+k_n\widetilde{\boldsymbol{\alpha}}_n=0$，其中 $k_1,\cdots,k_n$ 是数。

定理 6.3.2 设 $\boldsymbol{A}=(a_{ij})_{m\times n}$，$\mathrm{rank}\boldsymbol{A}=r\leqslant\min(m,n)$ 则可将 $\boldsymbol{A}$ 做满秩分解（或称 $\boldsymbol{A}$ 的最大秩分解）

$$A = CD$$

其中 C 是 $m\times r$ 阶矩阵，D 是 $r\times n$ 阶矩阵，且 $\operatorname{rank}C=\operatorname{rank}D=r$。

证明 由定理6.3.1，A 经过有限次行初等变换可化为 $\tilde{A}_r$，则 $\tilde{A}_r$ 则中的第 $k_1,k_2,\cdots,k_r$ 列向量 $\varepsilon_1,\varepsilon_2,\cdots,\varepsilon_r$ 线性无关，因此对 $\tilde{A}_r$ 中任意一列向量，有

$$\tilde{\alpha}_j = \begin{bmatrix} l_{1j} \\ l_{rj} \\ 0 \\ \vdots \\ 0 \end{bmatrix} = l_{1j}\varepsilon_1 + l_{2j}\varepsilon_2 + \cdots + l_{rj}\varepsilon_r \quad j=1,2,\cdots,n$$

于是由引理，对矩阵 A 的第 j 个列向量有 $\alpha_j = l_{1j}\alpha_{k1} + l_{2j}\alpha_{k2} + \cdots + l_{rj}\alpha_{kr}$

取
$$C = (\alpha_{k1},\alpha_{k2},\cdots,\alpha_{kr}) \quad \operatorname{rank}C = r$$

取 $\tilde{A}_r$ 中的前 r 行作为 D，即

$$D = \begin{bmatrix} 0\cdots0 & 1 & *\cdots* & 0 & *\cdots* & 0 & *\cdots* \\ 0\cdots0 & 0 & 0\cdots0 & 1 & *\cdots* & 0 & *\cdots* \\ \cdots & \cdots & \cdots & \cdots & \cdots & \cdots & \cdots \\ 0\cdots0 & 0 & 0\cdots0 & 0 & 0\cdots0 & 1 & *\cdots* \end{bmatrix}_{r\times n}$$

当然 $\operatorname{rank}D=r$，且 D 中第 j 个列向量

$$\beta_j = \begin{bmatrix} l_{1j} \\ \vdots \\ l_{rj} \end{bmatrix} \quad j=1,2,\cdots,n$$

于是

$$C\beta_j = (\alpha_{k_1},\alpha_{k_2},\cdots,\alpha_{k_r})\begin{bmatrix} l_{1j} \\ \vdots \\ l_{rj} \end{bmatrix}$$
$$= l_{1j}\alpha_{k_1} + l_{2j}\alpha_{k_2} + \cdots + l_{rj}\alpha_{k_r} = \alpha_j$$

所以

$$CD = C(\beta_1,\beta_2,\cdots,\beta_n) = (C\beta_1, C\beta_2,\cdots,C\beta_n)$$
$$= (\alpha_1,\alpha_2,\cdots,\alpha_n) = A$$

当然，如果 $\operatorname{rank}A=k=\min(m,n)$，则 A 已经是最大秩分解了。

例1 求矩阵

$$A = \begin{bmatrix} 2 & 0 & 1 & 4 \\ 0 & 1 & 0 & 2 \\ 2 & -1 & 1 & 2 \end{bmatrix}$$

的最大秩分解。

解 对 A 进行初等行变换

$$A = \begin{bmatrix} 2 & 0 & 1 & 4 \\ 0 & 1 & 0 & 2 \\ 2 & -1 & 1 & 2 \end{bmatrix} \to \begin{bmatrix} 2 & 0 & 1 & 4 \\ 0 & 1 & 0 & 2 \\ 0 & -1 & 0 & -2 \end{bmatrix}$$

$$\rightarrow\begin{bmatrix}2 & 0 & 1 & 4\\0 & 1 & 0 & 2\\0 & 0 & 0 & 0\end{bmatrix}\rightarrow\begin{bmatrix}1 & 0 & \frac{1}{2} & 2\\0 & 1 & 0 & 2\\0 & 0 & 0 & 0\end{bmatrix}=\tilde{\boldsymbol{A}}_2$$

所以取 $\boldsymbol{A}$ 的前 2 列做 $\boldsymbol{C}$

$$\boldsymbol{C}=\begin{bmatrix}2 & 0\\0 & 1\\2 & -1\end{bmatrix}\quad \mathrm{rank}\boldsymbol{C}=2$$

取 $\tilde{\boldsymbol{A}}_2$ 的前 2 行做 $\boldsymbol{D}$,

$$\boldsymbol{D}=\begin{bmatrix}1 & 0 & \frac{1}{2} & 2\\0 & 1 & 0 & 2\end{bmatrix}\quad \mathrm{rank}\boldsymbol{D}=2$$

而且 $\boldsymbol{A}=\boldsymbol{CD}$

上面两个定理对初等列变换也成立,因此也可用初等列变换来求 $\boldsymbol{A}$ 的满秩分解。

例 2 将例 1 中的 $\boldsymbol{A}$ 用初等列变换求 $\boldsymbol{A}$ 的最大秩分解。

$$\boldsymbol{A}=\begin{bmatrix}2 & 0 & 1 & 4\\0 & 1 & 0 & 2\\2 & -1 & 1 & 2\end{bmatrix}\rightarrow\begin{bmatrix}1 & 0 & 1 & 4\\0 & 1 & 0 & 2\\1 & -1 & 1 & 2\end{bmatrix}\rightarrow\begin{bmatrix}1 & 0 & 0 & 0\\0 & 1 & 0 & 2\\1 & -1 & 0 & -2\end{bmatrix}$$

$$\rightarrow\begin{bmatrix}1 & 0 & 0 & 0\\0 & 1 & 0 & 0\\1 & -1 & 0 & 0\end{bmatrix}=\approx{\boldsymbol{A}}_r$$

所以 $\boldsymbol{A}$ 的前两行是线性无关的,取 $\boldsymbol{A}$ 的前 2 行做

$$\tilde{\boldsymbol{D}}=\begin{bmatrix}2 & 0 & 1 & 4\\0 & 1 & 0 & 2\end{bmatrix}\quad \mathrm{rank}\boldsymbol{D}=2$$

取 $\approx{\boldsymbol{A}}_r$ 的前 2 列做 $\tilde{\boldsymbol{C}}$

$$\tilde{\boldsymbol{C}}=\begin{bmatrix}1 & 0\\0 & 1\\1 & -1\end{bmatrix}\quad \mathrm{rank}\boldsymbol{C}=2$$

且 $\boldsymbol{A}=\tilde{\boldsymbol{C}}\tilde{\boldsymbol{D}}$

由此可见矩阵 $\boldsymbol{A}$ 的最大秩分解不是惟一的,但最大秩分解之间,有如下的关系。

定理 6.3.3 设 $\boldsymbol{A}=(a_{ij})_{m\times n}$,且 $\mathrm{rank}\boldsymbol{A}=r\leqslant\min(m,n)$。若 $\boldsymbol{A}=\boldsymbol{CD}=\tilde{\boldsymbol{C}}\tilde{\boldsymbol{D}}$ 均为 $\boldsymbol{A}$ 的最大秩分解,则

①存在 r 阶可逆阵 $\boldsymbol{Q}$,使得

$$\boldsymbol{C}=\tilde{\boldsymbol{C}}\boldsymbol{Q},\quad \boldsymbol{D}=\boldsymbol{Q}^{-1}\tilde{\boldsymbol{D}}\tag{6.21}$$

②$$\boldsymbol{D}^{\mathrm{H}}(\boldsymbol{DD}^{\mathrm{H}})^{-1}(\boldsymbol{C}^{\mathrm{H}}\boldsymbol{C})^{-1}\boldsymbol{C}^{\mathrm{H}}=\tilde{\boldsymbol{D}}^{\mathrm{H}}(\tilde{\boldsymbol{D}}\tilde{\boldsymbol{D}}^{\mathrm{H}})^{-1}(\tilde{\boldsymbol{C}}^{\mathrm{H}}\tilde{\boldsymbol{C}})^{-1}\tilde{\boldsymbol{C}}^{\mathrm{H}}\tag{6.22}$$

证明 注意到 $\mathrm{rank}(\boldsymbol{AA}^{\mathrm{H}})=\mathrm{rank}(\boldsymbol{A}^{\mathrm{H}}\boldsymbol{A})=\mathrm{rank}(\boldsymbol{A})$ 所以 $\boldsymbol{DD}^{\mathrm{H}}$ 及 $\boldsymbol{C}^{\mathrm{H}}\boldsymbol{C}$ 都是 r 阶可逆方阵

①由于 $CD=\tilde{C}\tilde{D}$

就有
$$CDD^H=\tilde{C}\tilde{D}D^H$$
$$C=\tilde{C}\tilde{D}D^H(DD^H)^{-1} \tag{6.23}$$

令 $\tilde{D}D^H(DD^H)^{-1}=Q_1$，即得
$$C=\tilde{C}Q_1 \tag{6.24}$$

同理可得
$$D=Q_2\tilde{D} \tag{6.25}$$

其中
$$Q_2=(C^HC)^{-1}C^H\tilde{C}$$

将(6.24)式、(6.25)式代入 $CD=\tilde{C}\tilde{D}$，得
$$\tilde{C}Q_1Q_2\tilde{D}=\tilde{C}\tilde{D}$$
$$\tilde{C}^H\tilde{C}Q_1Q_2\tilde{D}\tilde{D}^H=\tilde{C}^H\tilde{C}\tilde{D}\tilde{D}^H$$

由于 $\tilde{C}^H\tilde{C}$ 与 $\tilde{D}\tilde{D}^H$ 皆可逆，故
$$Q_1Q_2=E$$

故令 $Q_1=Q\quad Q_2=Q^{-1}$，即
$$C=\tilde{C}Q\qquad D=Q^{-1}\tilde{D}$$

②由(6.21)式　$C=\tilde{C}Q\qquad D=Q^{-1}\tilde{D}$

那么
$$\begin{aligned}&D^H(DD^H)^{-1}(C^HC)^{-1}C^H\\&=(Q^{-1}\tilde{D})^H[Q^{-1}\tilde{D}(Q^{-1}\tilde{D})^H]^{-1}[(\tilde{C}Q)^H\tilde{C}Q]^{-1}(\tilde{C}Q)^H\\&=\tilde{D}^H(Q^H)^{-1}Q^H(\tilde{D}\tilde{D}^H)^{-1}QQ^{-1}(\tilde{C}^H\tilde{C})^{-1}(Q^H)^{-1}Q^H\tilde{C}^H\\&=\tilde{D}^H(\tilde{D}\tilde{D}^H)^{-1}(\tilde{C}^H\tilde{C})^{-1}\tilde{C}^H\end{aligned}$$

(6.22)式得证。

(6.22)式表明，矩阵 A 的最大秩分解虽不惟一，但由最大秩分解所做出的这种形式的乘积
$$D^H(DD^H)^{-1}(C^HC)^{-1}C^H$$
是相同的。这个乘积表达式正是后面将讨论的矩阵 A 的广义逆矩阵中的 Moore-Penrose 广义逆。

6.4　矩阵的 QR 分解

矩阵的 QR 分解，在解决最小二乘问题，特征值计算、广义逆矩阵的计算方面，都是十分重

要的，从而成为有名的 QR 算术。这里只给出分解定理。

定理 6.4.1 设 $\boldsymbol{A}\in C^{m\times n}$，rank$\boldsymbol{A}=r$，则 $\boldsymbol{A}$ 可分解为

$$\boldsymbol{A}=\boldsymbol{QR}$$

其中 $\boldsymbol{Q}\in C^{m\times r}$，且 $\boldsymbol{Q}^{\mathrm{H}}\boldsymbol{Q}=\boldsymbol{E}_r$，$\boldsymbol{R}\in C^{r\times n}$，rank$\boldsymbol{R}=r$

矩阵 $\boldsymbol{A}$ 的这种分解称为 $\boldsymbol{QR}$ 分解。

证明 设 $\boldsymbol{A}=\boldsymbol{CD}$ 是 $\boldsymbol{A}$ 的最大秩分解，对于 $\boldsymbol{C}$ 的 r 个线性无关的列向量用 Gram-Schmidt 标准正交化方法

$$\boldsymbol{C}=(\boldsymbol{v}_1\ \boldsymbol{v}_2\cdots\boldsymbol{v}_r)$$

注意到第2章的(2.4)式子

$$(\boldsymbol{v}_1\ \boldsymbol{v}_2\cdots\boldsymbol{v}_r)=(\boldsymbol{\alpha}_1^0,\boldsymbol{\alpha}_2^0,\cdots,\boldsymbol{\alpha}_r^0)\begin{bmatrix}k_{11}&k_{12}&\cdots&k_{1r}\\0&k_{22}&\cdots&k_{2r}\\\vdots&\vdots&&\vdots\\0&0&\cdots&k_{rr}\end{bmatrix}$$

其中 $\boldsymbol{\alpha}_1^0,\cdots,\boldsymbol{\alpha}_r^0$ 是两两正交的单位向量，$k_{11},\cdots,k_{rr}$ 皆大于0。

$$\boldsymbol{C}=\boldsymbol{QK}\quad \boldsymbol{K}=\begin{bmatrix}k_{11}&k_{12}&\cdots&k_{1r}\\&k_{22}&\cdots&k_{2r}\\&&\ddots&\\&&&k_r\end{bmatrix}$$

$$\boldsymbol{Q}=(\boldsymbol{\alpha}_1^0,\cdots,\boldsymbol{\alpha}_r^0),\boldsymbol{Q}^{\mathrm{H}}\boldsymbol{Q}=\boldsymbol{E}_r$$

令 $\boldsymbol{KD}=\boldsymbol{R}$，有

$$\boldsymbol{A}=\boldsymbol{QR}$$

由上述定理6.4.1知，$\boldsymbol{A}$ 的 $\boldsymbol{QR}$ 分解是一种特殊的最大秩分解。

推论1 若 $\boldsymbol{A}\in C^{m\times r}$，rank$\boldsymbol{A}=r$，则 $\boldsymbol{A}$ 可惟一分解为

$$\boldsymbol{A}=\boldsymbol{QR}$$

其中 $\boldsymbol{Q}\in C^{m\times r}$，且 $\boldsymbol{Q}^{\mathrm{H}}\boldsymbol{Q}=\boldsymbol{E}_r$，$\boldsymbol{R}\in C^{r\times r}$ 为具正对角元素的上三角阵。

证明 将 $\boldsymbol{A}$ 的列向量正交化、标准化，可得

$$\boldsymbol{A}=\boldsymbol{QR}$$

其中 $\boldsymbol{Q},\boldsymbol{R}$ 皆满足命题条件，下证惟一性，设 $\boldsymbol{A}$ 有两种上述分解

$$\boldsymbol{A}=\boldsymbol{QR}=\boldsymbol{Q}_1\boldsymbol{R}_1$$

则

$$\boldsymbol{Q}=\boldsymbol{Q}_1\boldsymbol{R}_1\boldsymbol{R}^{-1}=\boldsymbol{Q}_1\boldsymbol{K}$$

其中 $\boldsymbol{K}=\boldsymbol{R}_1\boldsymbol{R}^{-1}$ 是具正对角元素的 r 级上三角阵

由于

$$\boldsymbol{Q}^{\mathrm{H}}\boldsymbol{Q}=\boldsymbol{K}^{\mathrm{H}}\boldsymbol{Q}_1^{\mathrm{H}}\boldsymbol{Q}_1\boldsymbol{K}=\boldsymbol{K}^{\mathrm{H}}\boldsymbol{K}=\boldsymbol{E}r$$

这就说明 $\boldsymbol{K}$ 是酉阵，则 $\boldsymbol{K}=\boldsymbol{E}$

所以

$$\boldsymbol{R}_1=\boldsymbol{R}\qquad \boldsymbol{Q}_1=\boldsymbol{Q}$$

推论2 若 $\boldsymbol{A}\in C^{r\times n}$，rank$\boldsymbol{A}=r$，则 $\boldsymbol{A}$ 可惟一地分解为

$$\boldsymbol{A}=\boldsymbol{LQ}$$

其中 $\boldsymbol{Q}\in C^{r\times n}$，$\boldsymbol{QQ}^{\mathrm{H}}=\boldsymbol{E}_r$，$\boldsymbol{L}\in C^{r\times r}$ 为具有正对角元素的下三角阵。

证明 $A^H \in C^{n\times r}$，由推论1，A^H 有分解

$$A^H = Q_1 R_1$$

其中 $Q_1 \in C^{n\times r}$，且 $Q_1^H Q_1 = E_r$，$R_1 \in C^{r\times r}$为具正对角元的上三角阵。那么

$$A = R_1^H Q_1^H$$

令 $R_1^H = L, Q_1^H = Q$ 正为所求。

由以上结果知，A 的 QR 分解中的矩阵 Q，显然是次酉阵。

例 1 用 QR 方法解线性方程组

$$A\chi = \beta$$

其中

$$\chi = \begin{bmatrix} x_1 \\ x_2 \\ x_3 \end{bmatrix} \quad A = \begin{bmatrix} 1 & 1 & 2 \\ 1 & 2 & 1 \\ 1 & 1 & 3 \\ 2 & 3 & 3 \end{bmatrix} \quad \beta = \begin{bmatrix} 1 \\ 0 \\ 2 \\ 1 \end{bmatrix}$$

解 设 $A = (\alpha_1\ \alpha_2\ \alpha_3)$

$$\alpha_1 = (1\ 1\ 1\ 2)^T \quad \alpha_2 = (1\ 2\ 1\ 3)^T \quad \alpha_3 = (2\ 1\ 3\ 3)^T$$

将 $\alpha_1, \alpha_2, \alpha_3$ 标准正交化为

$$\beta_1 = \left(\frac{1}{\sqrt{7}}\ \ \frac{1}{\sqrt{7}}\ \ \frac{1}{\sqrt{7}}\ \ \frac{2}{\sqrt{7}}\right)^T$$

$$\beta_2 = \left(-\frac{3}{\sqrt{35}}\ \ \frac{4}{\sqrt{35}}\ \ -\frac{3}{\sqrt{35}}\ \ \frac{1}{\sqrt{35}}\right)^T$$

$$\beta_3 = \left(\frac{-2}{\sqrt{15}}, \frac{1}{\sqrt{15}}, \frac{3}{\sqrt{15}}, \frac{-1}{\sqrt{15}}\right)$$

于是令

$$Q = \begin{bmatrix} \frac{1}{\sqrt{7}} & -\frac{3}{\sqrt{35}} & \frac{-2}{\sqrt{15}} \\ \frac{1}{\sqrt{7}} & \frac{4}{\sqrt{35}} & \frac{1}{\sqrt{15}} \\ \frac{1}{\sqrt{7}} & -\frac{3}{\sqrt{35}} & \frac{3}{\sqrt{15}} \\ \frac{2}{\sqrt{7}} & \frac{1}{\sqrt{35}} & \frac{-1}{\sqrt{15}} \end{bmatrix}$$

得

$$R = Q^H A = \begin{bmatrix} \sqrt{7} & \frac{10}{\sqrt{7}} & \frac{12}{\sqrt{7}} \\ 0 & \frac{5}{\sqrt{35}} & -\frac{8}{\sqrt{35}} \\ 0 & 0 & \frac{3}{\sqrt{15}} \end{bmatrix}$$

$$R^{-1}=\begin{bmatrix}\frac{1}{\sqrt{7}} & \frac{-10}{\sqrt{35}} & -\frac{140}{7\sqrt{15}}\\ 0 & \frac{7}{\sqrt{35}} & \frac{8}{\sqrt{15}}\\ 0 & 0 & \frac{5}{\sqrt{15}}\end{bmatrix}$$

所以 $\boldsymbol{A\chi}=\boldsymbol{\beta}$ 即 $\boldsymbol{QR\chi}=\boldsymbol{\beta}$,那么

$$\boldsymbol{\chi}=\boldsymbol{R}^{-1}\boldsymbol{Q}^{\mathrm{H}}\boldsymbol{\beta}=(-1,4,1)^{\mathrm{T}}$$

6.5* 矩阵的奇异值分解

矩阵的约当标准形的重要性已为人们所公认,但它有两点局限,一是它只是方阵的一种分解;二是虽然约当标准形是一种特殊的下三角阵,但它仍不能像对角阵那样方便。人们的研究突破了这两点,获得了新的矩阵的奇异值分解,它在现代矩阵理论中的重要性是不言而喻的。近年来,古典控制中的频率法,正是由于有了矩阵奇异值分解的帮助而得到了新的发展,这里只给出分解定理。

定理 6.5.1 设 $\boldsymbol{A}\in C^{m\times n}$,则

a)$\boldsymbol{A}^{\mathrm{H}}\boldsymbol{A},\boldsymbol{A}\boldsymbol{A}^{H}$ 的特征值均为非负实数。

b)$\boldsymbol{A}^{\mathrm{H}}\boldsymbol{A}$ 与 $\boldsymbol{A}\boldsymbol{A}^{\mathrm{H}}$ 的非零特征值相同。

证明 a)$\boldsymbol{A}^{\mathrm{H}}\boldsymbol{A},\boldsymbol{A}\boldsymbol{A}^{H}$ 均为埃尔米特阵,故它们特征值皆为实数,设 λ 是 $\boldsymbol{A}^{\mathrm{H}}\boldsymbol{A}$ 的特征值,$\boldsymbol{\xi}$ 是 $\boldsymbol{A}^{\mathrm{H}}\boldsymbol{A}$ 对应于 λ 的特征向量,故

$$\boldsymbol{A}^{\mathrm{H}}\boldsymbol{A}\boldsymbol{\xi}=\lambda\boldsymbol{\xi}$$

又
$$0\leqslant(\boldsymbol{A\xi}\ \boldsymbol{A\xi})=(\boldsymbol{\xi},\boldsymbol{A}^{\mathrm{H}}\boldsymbol{A\xi})=(\boldsymbol{\xi}\ \lambda\boldsymbol{\xi})=\lambda(\boldsymbol{\xi}\ \boldsymbol{\xi})$$

而
$$(\boldsymbol{\xi}\ \boldsymbol{\xi})>0,\text{故 }\lambda\geqslant 0$$

同理可证明 $\boldsymbol{A}\boldsymbol{A}^{\mathrm{H}}$ 的特征值为非负实数。

b)$\boldsymbol{A}\in C^{m\times n}$,不妨设 $m\leqslant n$,rank$\boldsymbol{A}=r$,那么存在可逆阵 $\boldsymbol{P}$、$\boldsymbol{Q}$,使

$$\boldsymbol{PAQ}=\begin{bmatrix}\boldsymbol{E}r & \boldsymbol{0}\\ \boldsymbol{0} & \boldsymbol{0}\end{bmatrix}$$

令
$$\boldsymbol{Q}^{-1}\boldsymbol{A}^{\mathrm{H}}\boldsymbol{P}^{-1}=\begin{bmatrix}\boldsymbol{B}_1 & \boldsymbol{B}_2\\ \boldsymbol{B}_2 & \boldsymbol{B}_4\end{bmatrix}_{n\times m}\quad \boldsymbol{B}_1\text{ 是 }r\text{ 级方阵}$$

那么
$$\boldsymbol{PAQQ}^{-1}\boldsymbol{A}^{\mathrm{H}}\boldsymbol{P}^{-1}=\boldsymbol{PAA}^{\mathrm{H}}\boldsymbol{P}^{-1}=\begin{bmatrix}\boldsymbol{B}_1 & \boldsymbol{B}_2\\ \boldsymbol{0} & \boldsymbol{0}\end{bmatrix}_{m\times m}$$

$$\boldsymbol{Q}^{-1}\boldsymbol{A}^{\mathrm{H}}\boldsymbol{P}^{-1}\boldsymbol{PAQ}=\boldsymbol{Q}^{-1}\boldsymbol{A}^{\mathrm{H}}\boldsymbol{AQ}=\begin{bmatrix}\boldsymbol{B}_1 & \boldsymbol{0}\\ \boldsymbol{B}_3 & \boldsymbol{0}\end{bmatrix}_{n\times n}$$

所以

$$|\lambda\boldsymbol{E}_m-\boldsymbol{AA}^{\mathrm{H}}|=|\lambda\boldsymbol{E}_m-\begin{bmatrix}\boldsymbol{B}_1 & \boldsymbol{B}_2\\ \boldsymbol{0} & \boldsymbol{0}\end{bmatrix}|=\lambda^{m-r}|\lambda\boldsymbol{E}_r-\boldsymbol{B}_1|$$

$$|\lambda \boldsymbol{E}_n - \boldsymbol{A}^{\mathrm{H}}\boldsymbol{A}| = \left|\lambda \boldsymbol{E}_n - \begin{bmatrix} \boldsymbol{B}_1 & \boldsymbol{0} \\ \boldsymbol{B}_3 & \boldsymbol{0} \end{bmatrix}\right| = \lambda^{n-r} |\lambda \boldsymbol{E}_r - \boldsymbol{B}_1|$$

$$|\lambda \boldsymbol{E}_m - \boldsymbol{A}\boldsymbol{A}^{\mathrm{H}}| = \lambda^{m-n} |\lambda \boldsymbol{E}_n - \boldsymbol{A}^{\mathrm{H}}\boldsymbol{A}|$$

这个等式说明 $\boldsymbol{AA}^{\mathrm{H}}$ 与 $\boldsymbol{A}^{\mathrm{H}}\boldsymbol{A}$ 有完全相同的非零特征值。

定义 6.2 设 $\boldsymbol{A} \in C^{m \times n}$，$\mathrm{rank}\boldsymbol{A} = r$，$\boldsymbol{A}^{\mathrm{H}}\boldsymbol{A}$ 的特征值为

$$\lambda_1 \geqslant \lambda_2 \geqslant \cdots \geqslant \lambda_r > \lambda_{r+1} = \cdots = \lambda_n = 0$$

则称 $\sigma_i = \sqrt{\lambda_i}$，$(i=1,2,\cdots,r)$ 为矩阵 $\boldsymbol{A}$ 的正奇异值（$\sqrt{\lambda_1},\cdots,\sqrt{\lambda_n}$ 称为奇异值）。

由此定义可知，$\boldsymbol{A}$ 与 $\boldsymbol{A}^{\mathrm{H}}$ 有相同的正奇值。

例 1 设

$$\boldsymbol{A} = \begin{bmatrix} 1 & 2 \\ 0 & 0 \\ 0 & 0 \end{bmatrix}$$

求 $\boldsymbol{A}$ 的正奇异值。

解 由于

$$\boldsymbol{AA}^{\mathrm{H}} = \begin{bmatrix} 1 & 2 \\ 0 & 0 \\ 0 & 0 \end{bmatrix}\begin{bmatrix} 1 & 0 & 0 \\ 2 & 0 & 0 \end{bmatrix} = \begin{bmatrix} 5 & 0 & 0 \\ 0 & 0 & 0 \\ 0 & 0 & 0 \end{bmatrix}$$

显然，$\boldsymbol{AA}^{\mathrm{H}}$ 的正特征值为 5，所以 $\boldsymbol{A}$ 的正奇值为$\sqrt{5}$

定义 6.3 设 $\boldsymbol{A},\boldsymbol{B} \in C^{m \times n}$，若存在 m 阶酉阵 $\boldsymbol{S}$ 及 n 阶酉矩阵 $\boldsymbol{T}$，使得

$$\boldsymbol{A} = \boldsymbol{SBT}$$

则称 $\boldsymbol{A}$ 与 $\boldsymbol{B}$ 酉等价。

定理 6.5.2 若 $\boldsymbol{A},\boldsymbol{B} \in C^{m \times n}$ 是酉等价，则 $\boldsymbol{A}$ 与 $\boldsymbol{B}$ 有相同的正奇值。

证明 因为 $\boldsymbol{A},\boldsymbol{B}$ 酉等价，所以存在 m 阶及 n 阶酉阵 $\boldsymbol{S},\boldsymbol{T}$ 使

$$\boldsymbol{A} = \boldsymbol{SBT}$$

那么

$$\boldsymbol{AA}^{\mathrm{H}} = \boldsymbol{SBTT}^{\mathrm{H}}\boldsymbol{B}^{\mathrm{H}}\boldsymbol{S}^{\mathrm{H}} = \boldsymbol{SBB}^{\mathrm{H}}\boldsymbol{S}^{\mathrm{H}}$$

这说明 $\boldsymbol{AA}^{\mathrm{H}}$ 与 $\boldsymbol{BB}^{\mathrm{H}}$ 是酉相似的，它们有相同的特征值，故 $\boldsymbol{A}$ 与 $\boldsymbol{B}$ 有相同的正奇异值。

定理 6.5.3 设 $\boldsymbol{A} \in C^{m \times n}$，$\mathrm{rank}\boldsymbol{A} = r$，则存在 m 阶酉矩阵 $\boldsymbol{V}$ 及 n 阶酉矩阵 $\boldsymbol{U}$，使得

$$\boldsymbol{A} = \boldsymbol{V}\begin{bmatrix} \boldsymbol{\Delta}_r & \boldsymbol{0} \\ \boldsymbol{0} & \boldsymbol{0} \end{bmatrix}\boldsymbol{U}^{\mathrm{H}} \tag{6.26}$$

其中 $\boldsymbol{\Delta}_r = \mathrm{diag}(\sigma_1\ \sigma_2 \cdots \sigma_r)$，$\sigma_1 \geqslant \sigma_2 \geqslant \cdots \geqslant \sigma_r > 0$，是 $\boldsymbol{A}$ 的正奇异值。

证明 由于 $\boldsymbol{A}^{\mathrm{H}}\boldsymbol{A}$ 是正定或半正定的 Hermite 阵，且

$$\mathrm{rank}\boldsymbol{A}^{\mathrm{H}}\boldsymbol{A} = \mathrm{rank}\boldsymbol{A} = r$$

所以存在 n 阶酉阵 $\boldsymbol{U}$，使

$$\boldsymbol{U}^{\mathrm{H}}\boldsymbol{A}^{\mathrm{H}}\boldsymbol{AU} = \begin{bmatrix} \lambda_1 & & & & \\ & \ddots & & & \\ & & \lambda_r & & \\ & & & \ddots & \\ & & & & 0 \end{bmatrix}$$

其中$\lambda_1 \geqslant \lambda_2 \geqslant \cdots \geqslant \lambda_r > 0$是$\boldsymbol{A}^{\mathrm{H}}\boldsymbol{A}$的$r$个正特征值。

令
$$\boldsymbol{U} = (\boldsymbol{\xi}_1 \cdots \boldsymbol{\xi}_r \boldsymbol{\xi}_{r+1} \cdots \boldsymbol{\xi}_n) = (\boldsymbol{U}_1, \boldsymbol{U}_2)$$

由$\boldsymbol{A}^{\mathrm{H}}\boldsymbol{A}$的$n$个单位正交特征向量构成

$$\boldsymbol{A}^{\mathrm{H}}\boldsymbol{A}\boldsymbol{\xi}_i = \lambda_i \boldsymbol{\xi}_i \quad i = 1, \cdots, r$$

$$\boldsymbol{A}^{\mathrm{H}}\boldsymbol{A}\boldsymbol{\xi}_j = 0 \quad j = r+1, \cdots, n$$

其中
$$\boldsymbol{U}_1 = (\boldsymbol{\xi}_1, \cdots, \boldsymbol{\xi}_r), \boldsymbol{U}_2 = (\boldsymbol{\xi}_{r+1}, \cdots, \boldsymbol{\xi}_n)$$

$$\sigma_i = \sqrt{\lambda_i} \quad i = 1, 2, \cdots, r$$

$$\boldsymbol{\Delta}_r = \mathrm{diag}(\sigma_1\ \sigma_2 \cdots \sigma_r)$$

则有

$$\boldsymbol{U}_1^{\mathrm{H}}\boldsymbol{A}^{\mathrm{H}}\boldsymbol{A}\boldsymbol{U}_1 = \begin{bmatrix} \boldsymbol{\xi}_1^{\mathrm{H}} \\ \vdots \\ \boldsymbol{\xi}_r^{\mathrm{H}} \end{bmatrix} (\boldsymbol{A}^{\mathrm{H}}\boldsymbol{A}\boldsymbol{\xi}_1, \cdots, \boldsymbol{A}^{\mathrm{H}}\boldsymbol{A}\boldsymbol{\xi}_r)$$

$$= \begin{bmatrix} \boldsymbol{\xi}_1^{\mathrm{H}} \\ \vdots \\ \boldsymbol{\xi}_r^{\mathrm{H}} \end{bmatrix} (\lambda_1\boldsymbol{\xi}_1, \cdots, \lambda_r\boldsymbol{\xi}_r)$$

$$= \begin{bmatrix} \lambda_1 & & \\ & \ddots & \\ & & \lambda_r \end{bmatrix} = \boldsymbol{\Delta}_r^2$$

因为$\boldsymbol{\Delta}_r$是r阶实可逆阵,故有

$$\boldsymbol{\Delta}_r^{-1}\boldsymbol{U}_1^{\mathrm{H}}\boldsymbol{A}^{\mathrm{H}}\boldsymbol{A}\boldsymbol{U}_1\boldsymbol{\Delta}_r^{-1} = (\boldsymbol{A}\boldsymbol{U}_1\boldsymbol{\Delta}_r^{-1})^{\mathrm{H}}(\boldsymbol{A}\boldsymbol{U}_1\boldsymbol{\Delta}_r^{-1}) = \boldsymbol{E}_r$$

令
$$\boldsymbol{V}_1 = \boldsymbol{A}\boldsymbol{U}_1\boldsymbol{\Delta}_r^{-1}$$

则
$$\boldsymbol{V}_1^{\mathrm{H}}\boldsymbol{V}_1 = \boldsymbol{E}_r$$

把$\boldsymbol{V}_1$的r个列向$\boldsymbol{\eta}_1 \cdots \boldsymbol{\eta}_r$扩充为$C^m$的标准正交基

$$\boldsymbol{\eta}_1, \cdots, \boldsymbol{\eta}_r, \boldsymbol{\eta}_{r+1}, \cdots, \boldsymbol{\eta}_m$$

并令
$$\boldsymbol{V}_1 = (\boldsymbol{\eta}_1, \cdots, \boldsymbol{\eta}_r) \quad \boldsymbol{V}_2 = (\boldsymbol{\eta}_{r+1}, \cdots, \boldsymbol{\eta}_m)$$

$$\boldsymbol{V} = (\boldsymbol{V}_1, \boldsymbol{V}_2)$$

则$\boldsymbol{V}$是m阶酉阵,并注意到

$$\boldsymbol{U}_2^{\mathrm{H}}\boldsymbol{A}^{\mathrm{H}}\boldsymbol{A}\boldsymbol{U}_2 = \boldsymbol{U}_2^{\mathrm{H}}(\boldsymbol{A}^{\mathrm{H}}\boldsymbol{A}\boldsymbol{\xi}_{r+1}, \cdots, \boldsymbol{A}^{\mathrm{H}}\boldsymbol{A}\boldsymbol{\xi}_n) = \boldsymbol{0}$$

所以
$$\boldsymbol{A}\boldsymbol{U}_2 = \boldsymbol{0}$$

于是

$$\boldsymbol{V}\begin{bmatrix} \boldsymbol{\Delta}_r & \boldsymbol{0} \\ \boldsymbol{0} & \boldsymbol{0} \end{bmatrix}\boldsymbol{U}^{\mathrm{H}} = (\boldsymbol{V}_1, \boldsymbol{V}_2)\begin{bmatrix} \boldsymbol{\Delta}_r & \boldsymbol{0} \\ \boldsymbol{0} & \boldsymbol{0} \end{bmatrix}\begin{bmatrix} \boldsymbol{U}_1^{\mathrm{H}} \\ \boldsymbol{U}_2^{\mathrm{H}} \end{bmatrix}$$

$$= \boldsymbol{V}_1\boldsymbol{\Delta}_r\boldsymbol{U}_1^{\mathrm{H}} = \boldsymbol{A}\boldsymbol{U}_1\boldsymbol{\Delta}_r^{-1}\boldsymbol{\Delta}_r\boldsymbol{U}_1^{\mathrm{H}}$$

$$= \boldsymbol{A}\boldsymbol{U}_1\boldsymbol{U}_1^{\mathrm{H}} = \boldsymbol{A}\boldsymbol{U}_1\boldsymbol{U}_1^{\mathrm{H}} + \boldsymbol{A}\boldsymbol{U}_2\boldsymbol{U}_2^{\mathrm{H}}$$

$$= \boldsymbol{A}(\boldsymbol{U}_1\boldsymbol{U}_1^{\mathrm{H}} + \boldsymbol{U}_2\boldsymbol{U}_2^{\mathrm{H}}) = \boldsymbol{A}\boldsymbol{U}\boldsymbol{U}^{\mathrm{H}} = \boldsymbol{A}$$

这就证明了

$$A = V\begin{bmatrix} \Delta_r & 0 \\ 0 & 0 \end{bmatrix}U^H$$

上式称为 A 的奇异值分解，它表明 A 与一个长方形对角阵酉等价。

在定理的证明中还得到一个与 A 的奇异值有关的最大秩分解

$$A = CD \qquad C = V_1$$

其中

$$C = AU_1\Delta_r^{-1} \qquad D = \Delta_r U_1^H$$

例 2 求例 1 中矩阵 A 的奇值分解

解 由例 1 已知 A 的正奇值 $\sigma_1 = \sqrt{5}$，所以 $\Delta = (\sqrt{5})$

因为 $A = \begin{bmatrix} 1 & 2 \\ 0 & 0 \\ 0 & 0 \end{bmatrix}$ 所以 $A^H A = \begin{bmatrix} 1 & 2 \\ 2 & 4 \end{bmatrix}$

则 $A^H A$ 的特征值 $\lambda_1 = 5, \lambda_2 = 0$

对应的单位特征向量分别为

$$\chi_1 = \frac{1}{\sqrt{5}}\begin{bmatrix} 1 \\ 2 \end{bmatrix}, \chi_2 = \frac{1}{\sqrt{5}}\begin{bmatrix} -2 \\ 1 \end{bmatrix}$$

则

$$U = (\chi_1, \chi_2) = \frac{1}{\sqrt{5}} = \begin{bmatrix} 1 & -2 \\ 2 & 1 \end{bmatrix}$$

$$V_1 = AU, \Delta_r^{-1} = \begin{bmatrix} 1 & 2 \\ 0 & 0 \\ 0 & 0 \end{bmatrix}\frac{1}{\sqrt{5}}\begin{bmatrix} 1 \\ 2 \end{bmatrix}\frac{1}{\sqrt{5}} = \begin{bmatrix} 1 \\ 0 \\ 0 \end{bmatrix}$$

故可取

$$V_2 = \begin{bmatrix} 0 & 0 \\ 1 & 0 \\ 0 & 1 \end{bmatrix}$$

于是

$$A = \begin{bmatrix} 1 & 0 & 0 \\ 0 & 1 & 0 \\ 0 & 0 & 1 \end{bmatrix}\begin{bmatrix} \sqrt{5} & 0 \\ 0 & 0 \\ 0 & 0 \end{bmatrix}\begin{bmatrix} \frac{1}{\sqrt{5}} & \frac{2}{\sqrt{5}} \\ -\frac{2}{\sqrt{5}} & \frac{1}{\sqrt{5}} \end{bmatrix}$$

习 题 6

1. 用三角分解法求解线性方程组 $\begin{cases} x_1 + x_2 + 2x_3 + 3x_4 = 1 \\ 3x_1 - x_2 - x_3 - 2x_4 = -4 \\ 2x_1 + 3x_2 - x_3 - x_4 = -6 \\ x_1 + 2x_2 + 3x_3 - x_4 = -4 \end{cases}$

2. 求单纯矩阵 $A = \begin{bmatrix} -29 & 6 & 18 \\ -20 & 5 & 12 \\ -40 & 8 & 25 \end{bmatrix}$

的谱分解。

3. 求下列矩阵的最大秩分解

(1) $A=\begin{bmatrix}1&2&3&0\\0&2&1&1\\-2&3&2&5\end{bmatrix}$ (2) $B=\begin{bmatrix}1&-1&1&1\\-1&1&-1&-1\\-1&-1&1&1\\1&1&-1&-1\end{bmatrix}$

4. 求3题所给矩阵 $\boldsymbol{B}$ 的 $\boldsymbol{QR}$ 分解。

5. 求3题所给矩阵 $\boldsymbol{A},\boldsymbol{B}$ 的奇异值分解。

第 7 章 广义逆矩阵及其应用

当 n 阶方阵 A 可逆时，线性方程组

$$\boldsymbol{A\chi} = \boldsymbol{\beta} \tag{1}$$

的解存在，且惟一，即 $\boldsymbol{\chi} = \boldsymbol{A}^{-1}\boldsymbol{\beta}$。这一事实可否推广到一般的线性方程组

$$\boldsymbol{A}_{m\times n}\boldsymbol{\chi} = \boldsymbol{\beta} \tag{2}$$

上去，使得其解 $\boldsymbol{\chi} = \boldsymbol{G}_{n\times m}\boldsymbol{\beta}$?

1920 年摩勒(E. N. Moore)首先引进了广义逆矩阵这一概念，其后 30 年未能引起人们的重视。到了 1950 年后，电子计算机的出现，推动了计算科学的发展，1953 年彭罗司(R. Penrose)以更明确的形式给出 Moore 广义逆的定义之后，广义逆阵的研究才进入了一个新的时期。由于广义逆矩阵在数理统计、系统理论、优化计算和控制论等许多领域中的重要应用逐渐为人们所认识，因而大大推动了对广义逆矩阵的理论与应用的研究，使得这一学科得到迅速发展。本章着重介绍应用最多的两类广义逆矩阵 $\boldsymbol{A}^{-}$ 和 $\boldsymbol{A}^{+}$。

7.1 广义逆矩阵及其分类

定义 7.1 设 $\boldsymbol{A}$ 是任意的 $m\times n$ 阶矩阵，如果存在 $n\times m$ 阶矩阵 $\boldsymbol{G}$ 满足 Penrose-Moore 方程

(1) $\boldsymbol{AGA} = \boldsymbol{A}$;

(2) $\boldsymbol{GAG} = \boldsymbol{G}$;

(3) $(\boldsymbol{GA})^{\mathrm{H}} = \boldsymbol{GA}$;

(4) $(\boldsymbol{AG})^{\mathrm{H}} = \boldsymbol{AG}$。

的全部或一部分，则称 $\boldsymbol{G}$ 为 $\boldsymbol{A}$ 的广义逆矩阵。

按照这一定义，广义逆矩阵可以分为满足一个方程的广义逆矩阵，满足其中两个或三个、四个方程的广义逆矩阵，一共有

$$C_4^1 + C_4^2 + C_4^3 + C_4^4 = 15$$

即 15 类广义逆矩阵。

如果 $\boldsymbol{G}$ 是满足第 i 个方程的广义逆矩阵，就记为

$$G = A^{(i)} \quad (i = 1,2,3,4)$$

如果 G 是满足第 i,j 两个方程，或满足第 i,j,k 三个方程的，记

$$G = A^{(i,j)} \text{ 或 } G = A^{(i,j,k)} \quad (i,j,k = 1,2,3,4)$$

满足四个方程的广义逆矩阵记为

$$G = A^{(1,2,3,4)}$$

下面我们将会看到，除了 $A^{(1,2,3,4)}$ 是惟一确定之外（并记 $A^{+} = A^{(1,2,3,4)}$），其余各类广义逆矩阵都不是惟一确定的，每一种广义逆矩阵都包含着一类矩阵，为了表示这种情况，把满足前面所述相应条件的一切广义逆矩阵分别记为

$$A\{i\},A\{i,j\},A\{i,j,k\}$$

从而相应的有　　$A^{(i)} \in A\{i\},A^{(i,j)} \in A\{i,j\},A^{(i,j,k)} \in A\{i,j,k\}$

在上述15种广义逆矩阵中，应用较多的是以下5种。

(1) $A\{1\}$，其中任意一个固定的广义逆矩阵记为 A^{-}；

(2) $A\{1,2\}$，其中任意一个固定的广义逆矩阵记为 A_r^{-}；

(3) $A\{1,3\}$，其中任意一个固定的广义逆矩阵记为 A_m^{-}；

(4) $A\{1,4\}$，其中任意一个固定的广义逆矩阵记为 A_l^{-}；

(5) A^{+}

因为 A^{+} 满足全部四个方程，显然有

$$A^{+} \in A\{1\},A^{+} \in A\{1,2\},A^{+} \in A\{1,3\},A^{+} \in A\{1,4\}$$

因此 A^{+} 在广义逆阵中占有十分重要的位置。

7.2　广义逆矩阵 A^{-}

广义逆矩阵 A^{-} 起源于线性方程组

$$A_{m\times n}\chi = \beta \tag{2}$$

的求解问题。我们知道方程组(2)有解的充分必要条件是

$$\text{rank}(A) = \text{rank}(A,\beta)$$

自然会想到它的解是否也能用某个 $n\times m$ 矩阵 G 表示为 $\chi = G\beta$ 呢？如果它的解能表示为 $\chi = G\beta$，那么矩阵 G 如何求，以及 G 有什么性质？

首先由方程组的理论可以知道，若方程组(2)有解的话，解一般不是惟一的，因此表示解 $\chi = G\beta$ 的矩阵 G 如果存在的话，显然在一般情况下也不是惟一的。

我们把使方程组(2)有解的一切 $\beta \in C^{m\times 1}$ 所成的集合记为 $R(A)$，即

$$R(A) = \{\beta \mid \text{rank}A = \text{rank}(A,\beta),\beta \in C^{m\times 1}\}$$

则对任何的 $\beta \in R(A)$，必存在 $\sigma \in C^{n}$ 使

$$A\sigma = \beta$$

反过来，对任意 $\sigma \in C^{n}$，$A\sigma \in R(A)$。

定理 7.2.1　对任意的 $\beta \in R(A)$，存在 $n\times m$ 阶矩阵 G 使 $G\beta$ 都是方程组 $A\chi = \beta$ 的解的充分必要条件是 G 满足

$$AGA = A$$

证明 先证必要性。若对一切$\boldsymbol{\beta}\in R(\boldsymbol{A})$,$\boldsymbol{G\beta}$都是$\boldsymbol{A\chi}=\boldsymbol{\beta}$的解,由于对任意的$\boldsymbol{\sigma}\in C^n$,$\boldsymbol{A\sigma}\in R(\boldsymbol{A})$,那么$\boldsymbol{GA\sigma}$是$\boldsymbol{A\chi}=\boldsymbol{A\sigma}$的一个解,则

$$\boldsymbol{AGA\sigma}=\boldsymbol{A\sigma}$$

注意到$\boldsymbol{\sigma}$的任意性,故有

$$\boldsymbol{AGA}=\boldsymbol{A}$$

再证充分性。对任意的$\boldsymbol{\beta}\in R(\boldsymbol{A})$,设$\boldsymbol{\sigma}\in C^n$是方程组$\boldsymbol{A\chi}=\boldsymbol{\beta}$的解,那么

$$\boldsymbol{A\sigma}=\boldsymbol{\beta} \tag{$*$}$$

又因为 $\boldsymbol{AGA}=\boldsymbol{A}$ 所以($*$)式两端左乘以$\boldsymbol{AG}$

$$\boldsymbol{AGA\sigma}=\boldsymbol{AG\beta}=\boldsymbol{A\sigma}=\boldsymbol{\beta}$$

说明$\boldsymbol{G\beta}$是$\boldsymbol{A\chi}=\boldsymbol{\beta}$的解。

下面给出求一般$\boldsymbol{A}^-$的方法

定理 7.2.2 设$\boldsymbol{A}\in C^{m\times n}$,且$\mathrm{rank}(\boldsymbol{A})=r$,存在$m$阶可逆阵$\boldsymbol{P}$及$n$阶可逆阵$\boldsymbol{Q}$,使

$$\boldsymbol{PAQ}=\begin{bmatrix}\boldsymbol{E}_r & \boldsymbol{0}\\ \boldsymbol{0} & \boldsymbol{0}\end{bmatrix}$$

则$n\times m$阶矩阵$\boldsymbol{G}$使得$\boldsymbol{AGA}=\boldsymbol{A}$的充分必要条件是

$$\boldsymbol{G}=\boldsymbol{Q}\begin{bmatrix}\boldsymbol{E}_r & \boldsymbol{G}_{12}\\ \boldsymbol{G}_{21} & \boldsymbol{G}_{22}\end{bmatrix}\boldsymbol{P}$$

其中$\boldsymbol{G}_{12},\boldsymbol{G}_{21},\boldsymbol{G}_{22}$分别是$r\times(m-r)$,$(n-r)\times r$,$(n-r)\times(m-r)$阶任意矩阵。

证明 先证必要性,由条件有m阶及n阶可逆阵$\boldsymbol{P},\boldsymbol{Q}$,使

$$\boldsymbol{PAQ}=\begin{bmatrix}\boldsymbol{E}_r & \boldsymbol{0}\\ \boldsymbol{0} & \boldsymbol{0}\end{bmatrix}$$

那么

$$\boldsymbol{A}=\boldsymbol{P}^{-1}\begin{bmatrix}\boldsymbol{E}_r & \boldsymbol{0}\\ \boldsymbol{0} & \boldsymbol{0}\end{bmatrix}\boldsymbol{Q}^{-1}$$

根据$\boldsymbol{G}$应满足的 $\boldsymbol{AGA}=\boldsymbol{A}$,有

$$\boldsymbol{P}^{-1}\begin{bmatrix}\boldsymbol{E}_r & \boldsymbol{0}\\ \boldsymbol{0} & \boldsymbol{0}\end{bmatrix}\boldsymbol{Q}^{-1}\boldsymbol{GP}^{-1}\begin{bmatrix}\boldsymbol{E}_r & \boldsymbol{0}\\ \boldsymbol{0} & \boldsymbol{0}\end{bmatrix}\boldsymbol{Q}^{-1}=\boldsymbol{P}^{-1}\begin{bmatrix}\boldsymbol{E}_r & \boldsymbol{0}\\ \boldsymbol{0} & \boldsymbol{0}\end{bmatrix}\boldsymbol{Q}^{-1}$$

$$\begin{bmatrix}\boldsymbol{E}_r & \boldsymbol{0}\\ \boldsymbol{0} & \boldsymbol{0}\end{bmatrix}\boldsymbol{Q}^{-1}\boldsymbol{GP}^{-1}\begin{bmatrix}\boldsymbol{E}_r & \boldsymbol{0}\\ \boldsymbol{0} & \boldsymbol{0}\end{bmatrix}=\begin{bmatrix}\boldsymbol{E}_r & \boldsymbol{0}\\ \boldsymbol{0} & \boldsymbol{0}\end{bmatrix}$$

再令

$$\boldsymbol{Q}^{-1}\boldsymbol{GP}^{-1}=\begin{bmatrix}\boldsymbol{G}_{11} & \boldsymbol{G}_{12}\\ \boldsymbol{G}_{21} & \boldsymbol{G}_{22}\end{bmatrix}$$

分块如题设要求,代入上式

$$\begin{bmatrix}\boldsymbol{E}_r & \boldsymbol{0}\\ \boldsymbol{0} & \boldsymbol{0}\end{bmatrix}\begin{bmatrix}\boldsymbol{G}_{11} & \boldsymbol{G}_{12}\\ \boldsymbol{G}_{21} & \boldsymbol{G}_{22}\end{bmatrix}\begin{bmatrix}\boldsymbol{E}_r & \boldsymbol{0}\\ \boldsymbol{0} & \boldsymbol{0}\end{bmatrix}=\begin{bmatrix}\boldsymbol{E}_r & \boldsymbol{0}\\ \boldsymbol{0} & \boldsymbol{0}\end{bmatrix}$$

$$\begin{bmatrix}\boldsymbol{G}_{11} & \boldsymbol{0}\\ \boldsymbol{0} & \boldsymbol{0}\end{bmatrix}=\begin{bmatrix}\boldsymbol{E}_r & \boldsymbol{0}\\ \boldsymbol{0} & \boldsymbol{0}\end{bmatrix}$$

所以 $\boldsymbol{G}_{11}=\boldsymbol{E}_r$,于是有

$$Q^{-1}GP^{-1}=\begin{bmatrix}E_r & G_{12}\\ G_{21} & G_{22}\end{bmatrix}$$

得到

$$G=Q\begin{bmatrix}E_r & G_{12}\\ G_{21} & G_{22}\end{bmatrix}P$$

再证充分性,由于

$$G=Q\begin{bmatrix}E_r & G_{12}\\ G_{21} & G_{22}\end{bmatrix}P,\quad A=P^{-1}\begin{bmatrix}E_r & 0\\ 0 & 0\end{bmatrix}Q^{-1}$$

则

$$AGA=P^{-1}\begin{bmatrix}E_r & 0\\ 0 & 0\end{bmatrix}Q^{-1}Q\begin{bmatrix}E_r & G_{12}\\ G_{21} & G_{22}\end{bmatrix}PP^{-1}\begin{bmatrix}E_r & 0\\ 0 & 0\end{bmatrix}Q^{-1}$$

$$=P^{-1}\begin{bmatrix}E_r & 0\\ 0 & 0\end{bmatrix}Q^{-1}=A$$

由定理7.2.2知,对任意的 $m\times n$ 阶矩阵 A,它的 A^- 总是存在的,并可表示为

$$A^-=Q\begin{bmatrix}E_r & G_{12}\\ G_{21} & G_{22}\end{bmatrix}P \tag{7.1}$$

由 G_{12},G_{21},G_{22} 的任意性知 A^- 不惟一,因此 A^- 的全体所成的集合 $A\{1\}$ 是非空集合,当然若 A 是可逆方阵,则 $A^-=A^{-1}$,此时由公式(7.1)得到的 A^{-1} 当然也惟一。

由 A^- 的定义可以导出以下性质:

(1)对任意的 $m\times n$ 阶矩阵 A,$\mathrm{rank}(A^-)\geqslant\mathrm{rank}(A)$;

(2)$(A^-)^{\mathrm H}=(A^{\mathrm H})^-$,$(A^-)^{\mathrm T}=(A^{\mathrm T})^-$;

(3)若 $m=n=r$,则 $A\{1\}$ 只有惟一元素 A^{-1};

(4)AA^-,A^-A 均为幂等矩阵,并且

$$\mathrm{rank}(A)=\mathrm{rank}(AA^-)=\mathrm{rank}(A^-A)$$

(5)$\mathrm{rank}(A)=n$(此时称为列满秩阵或高矩阵)

的充分必要条件是 $A^-A=E_n$,此时 $A^-=(A^{\mathrm H}A)^{-1}A^{\mathrm H}$ 称 A 的一个左逆,记为 $A_{\mathrm L}^{-1}$;

(6)$\mathrm{rank}(A)=m$(此时称为行满秩阵)。

的充分条件是 $AA^-=E_m$,此时 $A^-=A^{\mathrm H}(AA^{\mathrm H})^{-1}$ 称 A 的一个右逆,记为 $A_{\mathrm R}^{-1}$;

(7)对任意非0复数 λ,$B=\lambda A$,则 $B^-=\dfrac{1}{\lambda}A^-$。

证明 性质(1)~(4)留作习题。

证明性质(5)充分性,若 $A^-A=E_n$ 则

$$n=\mathrm{rank}(E_n)\geqslant\mathrm{rank}(A)\geqslant\mathrm{rank}(A^-A)=n$$

所以 $\mathrm{rank}A=n$

必要性,若 $\mathrm{rank}A=n$,则存在 m 阶及 n 阶可逆阵 P、Q,使

$$PAQ=\begin{bmatrix}E_n\\ 0\end{bmatrix}\quad 或\quad A=P^{-1}\begin{bmatrix}E_n\\ 0\end{bmatrix}Q^{-1}$$

由定理7.2.2的(7.1)式知

$$G = Q(E_n \quad G_{12})P$$

G 即 A^-，于是有 $A^-A = E_n$

由于

$$\operatorname{rank}(A^HA) = \operatorname{rank}(A) = n$$

所以 A^HA 是可逆阵，那么

$$(A^HA)^{-1}A^HA = E_n$$

所以，可取

$$A^- = A_L^{-1} = (A^HA)^{-1}A^H \tag{7.2}$$

证明性质(6)仿照上面可证，AA^H 可逆，有

$$AA^H(AA^H)^{-1} = E_m$$

所以，可取

$$A^- = A_R^{-1} = A^H(AA^H)^{-1} \tag{7.3}$$

证明性质(7)可以直接验证其成立。

下面讨论 A^- 的计算方法。

1° **满秩分解法**

对任意 $m\times n$ 矩阵 A，第6章定理6.3.2知 $A = CD$，其中 C 是 $m\times r$ 矩阵，D 是 $r\times n$ 阶矩阵，且 $\operatorname{rank}C = \operatorname{rank}D = \operatorname{rank}A = r$，再由性质(5)，(6)可得

$$A^- = D^-C^- \tag{7.4}$$

如果 A 是实矩阵，由(7.2)，(7.3)及(7.4)式可得

$$A^- = D_R^{-1}C_L^{-1} = D^T(DD^T)^{-1}(C^TC)^{-1}C^T \tag{7.5}$$

例1 设

$$A = \begin{bmatrix} 1 & 2 & 0 \\ 0 & 0 & 2 \\ 2 & 4 & 0 \end{bmatrix}$$

试用满秩分解求广义逆矩阵 A^-。

解 容易得到 A 的满秩分解

$$A = CD$$

其中 $C = \begin{bmatrix} 1 & 0 \\ 0 & 2 \\ 2 & 0 \end{bmatrix}$，$D = \begin{bmatrix} 1 & 2 & 0 \\ 0 & 0 & 1 \end{bmatrix}$

$$D_R^{-1} = D^T(DD^T)^{-1} = \begin{bmatrix} 1 & 0 \\ 2 & 0 \\ 0 & 1 \end{bmatrix}\begin{bmatrix} 5 & 0 \\ 0 & 1 \end{bmatrix}^{-1} = \frac{1}{5}\begin{bmatrix} 1 & 0 \\ 2 & 0 \\ 0 & 5 \end{bmatrix}$$

$$C_L^{-1} = (C^TC)^{-1}C^T = \begin{bmatrix} 5 & 0 \\ 0 & 4 \end{bmatrix}^{-1}\begin{bmatrix} 1 & 0 & 2 \\ 0 & 2 & 0 \end{bmatrix} = \frac{1}{20}\begin{bmatrix} 4 & 0 & 8 \\ 0 & 10 & 0 \end{bmatrix}$$

所以

$$A^- = D_R^{-1}C_L^{-1} = \frac{1}{100}\begin{bmatrix} 1 & 0 \\ 2 & 0 \\ 0 & 5 \end{bmatrix}\begin{bmatrix} 4 & 0 & 8 \\ 0 & 10 & 0 \end{bmatrix} = \frac{1}{100}\begin{bmatrix} 4 & 0 & 8 \\ 8 & 0 & 16 \\ 0 & 50 & 0 \end{bmatrix}$$

应当指出：用满秩分解求广义逆 A^- 比较麻烦，但用此法所求的广义逆正是重要的广义逆-Moore-Penrose 广义逆 A^+。

2°　**初等行、列变换法**

设 $m\times n$ 阶矩阵 A 的秩 $=r$，对 A 做初等行、列变换后，总可以把 A 写成如下分块矩阵形式，即存在 m 阶及 n 阶可逆阵 P、Q，使

$$PAQ=\begin{bmatrix}A_1 & A_2\\ A_3 & A_4\end{bmatrix}$$

其中 A_1 是 $r\times r$ 阶的可逆矩阵，且 A_2,A_3,A_4 是满足 $A_4=A_3A_1^{-1}A_2$ 适当阶数的矩阵，不难验证

$$A^-=Q\begin{bmatrix}A_1^{-1} & 0\\ 0 & 0\end{bmatrix}P \tag{7.6}$$

此时的 A^- 具有反射性，即 $A^-AA^-=A^-\in A\{1,2\}$

例 2　设矩阵

$$A=\begin{bmatrix}0 & 0 & 2\\ 1 & 1 & 0\\ 0 & 0 & 1\\ 1 & 1 & 1\end{bmatrix}$$

试用初等行、列变换法求 A^-。

解　因为 $\mathrm{rank}A=2$，把 A 的第一、三两列对换，得

$$PAQ=\begin{bmatrix}2 & 0 & 0\\ 0 & 1 & 1\\ 1 & 0 & 0\\ 1 & 1 & 1\end{bmatrix}$$

其中　$P=E_4\quad Q=\begin{bmatrix}0 & 0 & 1\\ 0 & 1 & 0\\ 1 & 0 & 0\end{bmatrix}\quad A_1=\begin{bmatrix}2 & 0\\ 0 & 1\end{bmatrix}\quad A_1^{-1}=\begin{bmatrix}\frac{1}{2} & 0\\ 0 & 1\end{bmatrix}$

$$A_2=\begin{bmatrix}0\\ 1\end{bmatrix}\quad A_3=\begin{bmatrix}1 & 0\\ 1 & 1\end{bmatrix}\quad A_4=\begin{bmatrix}0\\ 1\end{bmatrix}$$

所以

$$A^-=\begin{bmatrix}0 & 0 & 1\\ 0 & 1 & 0\\ 1 & 0 & 0\end{bmatrix}\begin{bmatrix}\frac{1}{2} & 0 & 0 & 0\\ 0 & 1 & 0 & 0\\ 0 & 0 & 0 & 0\end{bmatrix}E_4=\begin{bmatrix}0 & 0 & 0 & 0\\ 0 & 1 & 0 & 0\\ \frac{1}{2} & 0 & 0 & 0\end{bmatrix}$$

3°　**初等行变换法**

设 $m\times n$ 阶矩阵 A 的秩等于 r，经过初等行变换总可以把 A 变为如下分块矩阵形式，即存在 m 阶可逆阵 P，使

$$PA=\begin{bmatrix}C\\ B\end{bmatrix}$$

其中 C 是 $r\times n$ 阶行满秩矩阵，B 是 $(m-r)\times n$ 阶矩阵，且满足

$$BC^{-}C=B$$

不难验证

$$A^{-}=(C^{-}\ \mathbf{0})P \tag{7.7}$$

此时的A^{-}具反射性,即$A^{-}AA^{-}=A^{-}\in A\{1,2\}$

例3 设矩阵

$$A=\begin{bmatrix}0&1&0\\0&2&0\\1&0&0\end{bmatrix}$$

求广义逆矩阵A^{-}。

解 因为$\mathrm{rank}A=2$,对A作初等行变换,则有

$$PA=\begin{bmatrix}1&0&0\\0&1&0\\0&2&0\end{bmatrix},\quad P=\begin{bmatrix}0&0&1\\1&0&0\\0&1&0\end{bmatrix}$$

$$C=\begin{bmatrix}1&0&0\\0&1&0\end{bmatrix}\quad B=(0\quad 2\quad 0)$$

由(7.3)式

$$C^{-}=C_R^{-1}=C^{\mathrm{T}}(CC^{\mathrm{T}})^{-1}$$

$$=\begin{bmatrix}1&0\\0&1\\0&0\end{bmatrix}\begin{bmatrix}1&0\\0&1\end{bmatrix}^{-1}=\begin{bmatrix}1&0\\0&1\\0&0\end{bmatrix}$$

且满足 $BC^{-}C=B$。

再由公式(7.7)得

$$A^{-}=\begin{bmatrix}1&0&0\\0&1&0\\0&0&0\end{bmatrix}\begin{bmatrix}0&0&1\\1&0&0\\0&1&0\end{bmatrix}=\begin{bmatrix}0&0&1\\1&0&0\\0&0&0\end{bmatrix}$$

4° 初等列变换法

设$m\times n$阶矩阵A的秩等于r,经过初等列变换总可以把A变成如下分块形式,即存在n阶可逆阵Q,使

$$AQ=(C\ B)$$

其中C是$m\times r$阶的列满秩矩阵,B是$m\times(n-r)$阶矩阵,且满足

$$CC^{-}B=B$$

不难验证

$$A^{-}=Q\begin{bmatrix}C^{-}\\ \mathbf{0}\end{bmatrix} \tag{7.8}$$

此时的A^{-}具反射性,即$A^{-}AA^{-}=A^{-}\in A\{1,2\}$。

例4 设矩阵

$$A=\begin{bmatrix}0&0&1\\1&1&0\\1&1&0\end{bmatrix}$$

试用初等变换法求 A^-。

解　因为 $\text{rank}A=2$，将 A 的第一、三列对换，得

$$AQ=\begin{bmatrix}1&0&0\\0&1&1\\0&1&1\end{bmatrix}\quad Q=\begin{bmatrix}0&0&1\\0&1&0\\1&0&0\end{bmatrix}$$

$$C=\begin{bmatrix}1&0\\0&1\\0&1\end{bmatrix}\quad B=\begin{bmatrix}0\\1\\1\end{bmatrix}$$

$$C^-=C_L^{-1}=(C^TC)^{-1}C^T=\begin{bmatrix}1&0\\0&2\end{bmatrix}^{-1}\begin{bmatrix}1&0&0\\0&1&1\end{bmatrix}$$

$$=\begin{bmatrix}1&0\\0&\frac{1}{2}\end{bmatrix}\begin{bmatrix}1&0&0\\0&1&1\end{bmatrix}=\begin{bmatrix}1&0&0\\0&\frac{1}{2}&\frac{1}{2}\end{bmatrix}$$

且满足　　$CC_L^{-1}B=B$。

再由公式(7.8)得

$$A^-=Q\begin{bmatrix}C^-\\\mathbf{0}\end{bmatrix}=\begin{bmatrix}0&0&1\\0&1&0\\1&0&0\end{bmatrix}\begin{bmatrix}1&0&0\\0&\frac{1}{2}&\frac{1}{2}\\0&0&0\end{bmatrix}$$

$$=\begin{bmatrix}1&0&0\\0&\frac{1}{2}&\frac{1}{2}\\0&0&0\end{bmatrix}$$

7.3　广义逆矩阵 A^+

定理7.3.1　对任意的 $m\times n$ 阶矩阵 A，A^+ 存在且惟一。

证明　先证存在性

当 $A=0$ 时，显然 $A^+=0$

设 $\text{rank}A=r\geq 1$，则 A 具有最大秩分解

$$A=CD$$

其中 C 是 $m\times r$ 阶矩阵，D 是 $r\times n$ 阶矩阵，且 $\text{rank}C=\text{rank}D=r$，那么 C^HC 与 DD^H 都是 $r\times r$ 阶可逆矩阵，下面证明

$$G=D^-C^-=D^H(DD^H)^{-1}(C^HC)^{-1}C^H$$

就是 A^+，只需证明 G 满足 Penrose-Moore 四个方程即可。由7.2节 A^- 的性质(5)，(6)知 $C^-C=E_r$，$DD^-=E_r$。

(1) $AGA=CDD^-C^-CD=CD=A$

(2) $GAG=D^-C^-CDD^-C^-=D^-C^-=G$

(3) $(AG)^H = (CDD^-C^-)^H = (CC^-)^H$

$= [C(C^HC)^{-1}C^H]^H$

$= C(C^HC)^{-1}C^H = AG$

(4) $(GA)^H = (D^-C^-CD)^H = (D^-D)^H$

$= [D^H(DD^H)^{-1}D]^H$

$= D^H(DD^H)^{-1}D = GA$

因此 G 确实是 A^+，这证明了 A^+ 的存在性

再证惟一性，设 A_1^+, A_2^+ 都是 A 的 Penrose-Moore 广义逆，当然 A_1^+ 与 A_2^+ 都满足四个方程，从而

$$\begin{aligned}A_1^+ &= A_1^+AA_1^+ = A_1^+(AA_1^+)^H = A_1^+(A_1^+)^HA^H\\ &= A_1^+(A_1^+)^H(AA_2^+A)^H = A_1^+(A_1^+)^HA^H(A_2^+)^HA^H\\ &= A_1^+(AA_1^+)^H(AA_2^+)^H = A_1^+AA_1^+AA_2^+\\ &= A_1^+AA_2^+\end{aligned}$$

$$\begin{aligned}A_2^+ &= A_2^+AA_2^+ = (A_2^+A)^HA_2^+ = A^H(A_2^+)^HA_2^+\\ &= (AA_1^+A)^H(A_2^+)^HA_2^+ = A^H(A_1^+)^HA^H(A_2^+)^HA_2^+\\ &= (A_1^+A)^H(A_2^+A)^HA_2^+ = A_1^+AA_2^+AA_2^+\\ &= A_1^+AA_2^+\end{aligned}$$

所以 $$A_1^+ = A_2^+$$

定理 7.3.2　对任何 $m \times n$ 阶矩阵 A，都有

(1) $(A^+)^+ = A$

(2) $(A^H)^+ = (A^+)^H$

(3) $(A^T)^+ = (A^+)^T$

(4) $A^+ = (A^HA)^+A^H = A^H(AA^H)^+$

证明　(1)(2)(3)留作习题，证明(4)。

设 $\text{rank}A = r$，$r = 0$ 结论显然成立，设 $r \geqslant 1$，那么 A 有最大秩分解

$$A = CD$$

$$A^HA = D^H(C^HCD) = C_1D_1$$

其中 $C_1 = D^H$ 是 $n \times r$ 阶列满秩阵，$D_1 = C^HCD$，由于 C^HC 是 r 阶可逆阵，故 D_1 是 $r \times n$ 阶行满秩阵，则 C_1D_1 是 A^HA 的最大秩分解，由定理 7.3.1

$$\begin{aligned}(A^HA)^+ &= D_1^-C_1^- = D_1^H(D_1D_1^H)^{-1}(C_1^HC_1)^{-1}C_1^H\\ &= D^HC^HC(C^HCDD^HC^HC)^{-1}(DD^H)^{-1}D\\ &= D^HC^HC(C^HC)^{-1}(DD^H)^{-1}(C^HC)^{-1}(DD^H)^{-1}D\\ &= D^H(DD^H)^{-1}(C^HC)^{-1}(DD^H)^{-1}D\end{aligned}$$

所以 $$\begin{aligned}(A^HA)^+A^H &= D^H(DD^H)^{-1}(C^HC)^{-1}(DD^H)^{-1}DD^HC^H\\ &= D^H(DD^H)^{-1}(C^HC)^{-1}C^H\\ &= D^-C^- = A^+\end{aligned}$$

同理可证 $$A^+ = A^H(AA^H)^+$$

定理 7.3.3　对任何矩阵 $\boldsymbol{A}$，$\boldsymbol{A}$ 是 $m\times n$ 阶矩阵，都有

(1) $(\boldsymbol{A}^H\boldsymbol{A})^+ = \boldsymbol{A}^+(\boldsymbol{A}^H)^+$，$(\boldsymbol{A}\boldsymbol{A}^H)^+ = (\boldsymbol{A}^H)^+\boldsymbol{A}^+$

(2) $(\boldsymbol{A}^H\boldsymbol{A})^+ = \boldsymbol{A}^+(\boldsymbol{A}\boldsymbol{A}^H)^+\boldsymbol{A} = \boldsymbol{A}^H(\boldsymbol{A}\boldsymbol{A}^H)^+(\boldsymbol{A}^H)^+$

(3) 若 $\boldsymbol{A}^H = \boldsymbol{A}$，则有

$$(\boldsymbol{A}^2)^+ = (\boldsymbol{A}^+)^2$$
$$\boldsymbol{A}^2(\boldsymbol{A}^2)^+ = (\boldsymbol{A}^2)^+\boldsymbol{A}^2 = \boldsymbol{A}\boldsymbol{A}^+$$
$$\boldsymbol{A}^+\boldsymbol{A}^2 = \boldsymbol{A}^2\boldsymbol{A}^+$$
$$\boldsymbol{A}\boldsymbol{A}^+ = \boldsymbol{A}^+\boldsymbol{A}$$

(4) $\boldsymbol{A}\boldsymbol{A}^+ = (\boldsymbol{A}\boldsymbol{A}^H)(\boldsymbol{A}\boldsymbol{A}^H)^+ = (\boldsymbol{A}\boldsymbol{A}^H)^+(\boldsymbol{A}\boldsymbol{A}^H)$

$\boldsymbol{A}^+\boldsymbol{A} = (\boldsymbol{A}^H\boldsymbol{A})(\boldsymbol{A}^H\boldsymbol{A})^+ = (\boldsymbol{A}^H\boldsymbol{A})^+(\boldsymbol{A}^H\boldsymbol{A})$

证明　只证(1)，其余留作习题。设 $\boldsymbol{G} = \boldsymbol{A}^+(\boldsymbol{A}^H)^+$ 以下验证 $\boldsymbol{G}$ 对于 $\boldsymbol{A}^H\boldsymbol{A}$ 满足定义 7.1 的四个方程。

$$\begin{aligned}
(\boldsymbol{A}^H\boldsymbol{A})\boldsymbol{G}(\boldsymbol{A}^H\boldsymbol{A}) &= \boldsymbol{A}^H\boldsymbol{A}\boldsymbol{A}^+(\boldsymbol{A}^H)^+\boldsymbol{A}^H\boldsymbol{A} = \boldsymbol{A}^H\boldsymbol{A}\boldsymbol{A}^+(\boldsymbol{A}\boldsymbol{A}^+)^H\boldsymbol{A}\\
&= \boldsymbol{A}^H\boldsymbol{A}\boldsymbol{A}^+\boldsymbol{A}\boldsymbol{A}^+\boldsymbol{A} = \boldsymbol{A}^H\boldsymbol{A}\\
\boldsymbol{G}(\boldsymbol{A}^H\boldsymbol{A})\boldsymbol{G} &= \boldsymbol{A}^+(\boldsymbol{A}^H)^+\boldsymbol{A}^H\boldsymbol{A}\boldsymbol{A}^+(\boldsymbol{A}^H)^+ = \boldsymbol{A}^+(\boldsymbol{A}\boldsymbol{A}^+)^H\boldsymbol{A}\boldsymbol{A}^+(\boldsymbol{A}^H)^+\\
&= \boldsymbol{A}^+\boldsymbol{A}\boldsymbol{A}^+\boldsymbol{A}\boldsymbol{A}^+(\boldsymbol{A}^H)^+ = \boldsymbol{A}^+(\boldsymbol{A}^H)^+\\
[\boldsymbol{G}(\boldsymbol{A}^H\boldsymbol{A})]^H &= [\boldsymbol{A}^+(\boldsymbol{A}^H)^+\boldsymbol{A}^H\boldsymbol{A}]^H = [\boldsymbol{A}^+(\boldsymbol{A}\boldsymbol{A}^+)^H\boldsymbol{A}]^H\\
&= [\boldsymbol{A}^+\boldsymbol{A}\boldsymbol{A}^+\boldsymbol{A}]^H = (\boldsymbol{A}^+\boldsymbol{A})^H = \boldsymbol{A}^+\boldsymbol{A}\\
&= \boldsymbol{A}^+(\boldsymbol{A}\boldsymbol{A}^+)^H\boldsymbol{A} = \boldsymbol{A}^+(\boldsymbol{A}^H)^+\boldsymbol{A}^H\boldsymbol{A} = \boldsymbol{G}\boldsymbol{A}^H\boldsymbol{A}\\
[(\boldsymbol{A}^H\boldsymbol{A})\boldsymbol{G}]^H &= [\boldsymbol{A}^H\boldsymbol{A}\boldsymbol{A}^+(\boldsymbol{A}^+)^H]^H = [\boldsymbol{A}^H(\boldsymbol{A}\boldsymbol{A}^+)^H(\boldsymbol{A}^+)^H]^H\\
&= \boldsymbol{A}^+\boldsymbol{A}\boldsymbol{A}^+\boldsymbol{A} = (\boldsymbol{A}^+\boldsymbol{A})^H(\boldsymbol{A}^+\boldsymbol{A})^H = \boldsymbol{A}^H(\boldsymbol{A}^+)^H\boldsymbol{A}^H(\boldsymbol{A}^+)^H\\
&= \boldsymbol{A}^H(\boldsymbol{A}\boldsymbol{A}^+)^H(\boldsymbol{A}^+)^H = \boldsymbol{A}^H\boldsymbol{A}\boldsymbol{A}^+(\boldsymbol{A}^H)^+ = \boldsymbol{A}^H\boldsymbol{A}\boldsymbol{G}
\end{aligned}$$

于是按定义及惟一性有　$\boldsymbol{G} = (\boldsymbol{A}^H\boldsymbol{A})^+ = \boldsymbol{A}^+(\boldsymbol{A}^H)^+$

下面介绍 $\boldsymbol{A}^+$ 的计算方法

1°　最大秩分解法

设 $m\times n$ 阶矩阵 $\boldsymbol{A}$ 的秩 $=r$，$\boldsymbol{A}$ 的最大秩分解为

$$\boldsymbol{A} = \boldsymbol{C}\boldsymbol{D}$$

其中 $\boldsymbol{C}$ 是 $m\times r$ 阶矩阵，$\boldsymbol{D}$ 是 $r\times n$ 阶矩阵，且 $\text{rank}\boldsymbol{C} = \text{rank}\boldsymbol{D} = \text{rank}\boldsymbol{A} = r$，则

$$\boldsymbol{A}^+ = \boldsymbol{D}^H(\boldsymbol{D}\boldsymbol{D}^H)^{-1}(\boldsymbol{C}^H\boldsymbol{C})^{-1}\boldsymbol{C}^H \tag{7.9}$$

特别当 $\text{rank}\boldsymbol{A} = m$ 时(行满秩阵)

$$\boldsymbol{A}^+ = \boldsymbol{A}^H(\boldsymbol{A}\boldsymbol{A}^H)^{-1} \tag{7.10}$$

当 $\text{rank}A = n$ 时(列满秩阵)

$$\boldsymbol{A}^+ = (\boldsymbol{A}^H\boldsymbol{A})^{-1}\boldsymbol{A}^H \tag{7.11}$$

例 1　设矩阵　$\boldsymbol{A} = \begin{bmatrix} 1 & -1 \\ 2 & -2 \\ 4 & -4 \end{bmatrix}$

求 $\boldsymbol{A}^+$。

解 令 $B=\begin{bmatrix}1\\2\\4\end{bmatrix}$ $\quad C=(1 \quad -1)$

则 $\quad A=BC$

是 A 的最大秩分解，而

$$C^{H}(CC^{H})^{-1}=\begin{pmatrix}1\\-1\end{pmatrix}2^{-1}=\begin{bmatrix}\frac{1}{2}\\-\frac{1}{2}\end{bmatrix}$$

$$(B^{H}B)^{-1}B^{H}=\frac{1}{21}(1\ 2\ 4)=\frac{1}{21}(1\ 2\ 4)$$

所以

$$A^{+}=C^{H}(CC^{H})^{-1}(B^{H}B)^{-1}B^{H}=\frac{1}{42}\begin{bmatrix}1\\-1\end{bmatrix}[1\ 2\ 4]$$

$$=\frac{1}{42}\begin{bmatrix}1 & 2 & 4\\-1 & -2 & -4\end{bmatrix}$$

2° **奇异值分解法**

设 $m\times n$ 阶矩阵 A 的秩等于 r，A 的奇异值分解为

$$A=V\begin{bmatrix}\Delta_r & 0\\0 & 0\end{bmatrix}U^{H}$$

其中 $\Delta_r=\mathrm{diag}(\sqrt{\lambda_1},\cdots,\sqrt{\lambda_r})$，$\lambda_1\geqslant\lambda_2\geqslant\cdots\geqslant\lambda_r>0$ 是 $A^{H}A$ 的正特征值，$U=\{\xi_1\cdots\xi_r\xi_{r+1}\cdots\xi_n)$ 是 $A^{H}A$ 的 n 个单位正交特征向量，$U=(U_1,U_2)\quad U_1=(\xi_1,\cdots,\xi_r)$ 则

$$A^{+}=U_1\Delta_r^{-2}U_1^{H}A^{H} \tag{7.12}$$

这是因为 $\quad A=V_1\Delta_rU_1^{H}$ 是与奇异值有关的最大秩分解，其中 $V_1=AU_1\Delta_r^{-1}$ 于是

$$A^{+}=(\Delta_rU_1^{H})^{H}[\Delta_rU_1^{H}(\Delta_rU_1^{H})^{H}]^{-1}(V_1^{H}V_1)^{-1}V_1^{H}$$

$$=U_1\Delta_r(\Delta_r^{2})^{-1}V_1^{H}$$

由于 $V_1=AU_1\Delta_r^{-1}$，则可得到

$$A^{+}=U_1\Delta_r^{-1}(AU_1\Delta_r^{-1})^{H}$$

$$=U_1\Delta_r^{-1}\Delta_r^{-1}U_1^{H}A^{H}$$

$$=U_1\Delta_r^{-2}U_1^{H}A^{H}$$

例 2 设

$$A=\begin{bmatrix}-1 & 0 & 1\\2 & 0 & -2\end{bmatrix}$$

用奇异值分解法求 A^{+}。

解 $A^{H}A=\begin{bmatrix}-1 & 2\\0 & 0\\1 & -2\end{bmatrix}\begin{pmatrix}-1 & 0 & 1\\2 & 0 & -2\end{pmatrix}=\begin{bmatrix}5 & 0 & -5\\0 & 0 & 0\\-5 & 0 & 5\end{bmatrix}$

$$|\lambda E-A^{H}A|=\lambda^{2}(\lambda-10)$$

因此 $\boldsymbol{A}^{\mathrm{H}}\boldsymbol{A}$ 的特征值 $\lambda_1=10,\lambda_2=\lambda_3=0$

求出对应于 $\lambda_1=10$ 的单位特征向量 $\boldsymbol{\xi}_1=\begin{bmatrix}\frac{1}{\sqrt{2}}\\0\\-\frac{1}{\sqrt{2}}\end{bmatrix}=U_1$

所以

$$A^{+}=\boldsymbol{U}_1\boldsymbol{\Delta}_r^{-2}\boldsymbol{U}_1^{\mathrm{H}}\boldsymbol{A}^{\mathrm{H}}=\begin{bmatrix}\frac{1}{\sqrt{2}}\\0\\-\frac{1}{\sqrt{2}}\end{bmatrix}\frac{1}{10}\left[\frac{1}{\sqrt{2}},0,-\frac{1}{\sqrt{2}}\right]\begin{bmatrix}-1&2\\0&0\\1&-2\end{bmatrix}$$

$$=\frac{1}{10}\begin{bmatrix}-1&2\\0&0\\1&-2\end{bmatrix}$$

3°　**谱分解法**

设 $m\times n$ 阶矩阵 $\boldsymbol{A}$ 的秩等于 r，$\boldsymbol{A}^{\mathrm{H}}\boldsymbol{A}$ 的 S 个互异特征值为 $\lambda_1\cdots,\lambda_S,\boldsymbol{\gamma}_1,\cdots,\boldsymbol{\gamma}_S$ 是它们分别的重数，$\boldsymbol{\gamma}_1+\cdots+\boldsymbol{\gamma}_S=n$，$A^{\mathrm{H}}A$ 的谱分解为

$$\boldsymbol{A}^{\mathrm{H}}\boldsymbol{A}=\sum_{i=1}^{S}\lambda_i\boldsymbol{S}_i$$

则

$$\boldsymbol{A}^{+}=(\boldsymbol{A}^{\mathrm{H}}\boldsymbol{A})^{+}\boldsymbol{A}^{\mathrm{H}}=\sum_{i=1}^{S}\mu_i\frac{p_i(\boldsymbol{A}^{\mathrm{H}}\boldsymbol{A})}{p_i(\lambda_i)}\boldsymbol{A}^{\mathrm{H}}\tag{7.13}$$

其中　$p_i(\lambda)=(\lambda-\lambda_1)\cdots(\lambda-\lambda_{i-1})(\lambda-\lambda_{i+1})\cdots(\lambda-\lambda_S)$

$\mu_i=\frac{1}{\lambda_i}$　$(i=1,2,\cdots,S$，若 $\lambda_i=0$，则 $\mu_i=0)$

证明略。

例 3　设矩阵

$$\boldsymbol{A}=\begin{bmatrix}1&0&0\\0&1&-1\\1&0&0\\2&1&-1\end{bmatrix}$$

利用谱分解法求 $\boldsymbol{A}^{+}$。

解　先求 $\boldsymbol{A}^{\mathrm{H}}\boldsymbol{A}$ 的特征值。

$$\boldsymbol{A}^{\mathrm{H}}\boldsymbol{A}=\begin{bmatrix}6&2&-2\\2&2&-2\\-2&-2&2\end{bmatrix}$$

$$|\lambda\boldsymbol{E}-\boldsymbol{A}^{\mathrm{H}}\boldsymbol{A}|=\lambda(\lambda-2)(\lambda-8)$$

$\boldsymbol{A}^{\mathrm{H}}\boldsymbol{A}$ 的特征值为 $\lambda_1=2,\lambda_2=8,\lambda_3=0$，则 $\mu_1=\frac{1}{2}$，$\mu_2=\frac{1}{8}$，$\mu_3=0$，再构造二次多项式

$$p_1(\lambda) = (\lambda - \lambda_2)(\lambda - \lambda_3)$$
$$p_2(\lambda) = (\lambda - \lambda_1)(\lambda - \lambda_3)$$
$$p_3(\lambda) = (\lambda - \lambda_1)(\lambda - \lambda_2)$$

分别求出

$$p_1(\lambda_1) = -12 \qquad p_2(\lambda_2) = 48$$

因为 $\mu_3 = 0$，故无需求 $p_3(\lambda_3)$，又求出

$$p_1(\boldsymbol{A}^{\mathrm{H}}\boldsymbol{A}) = (\boldsymbol{A}^{\mathrm{H}}\boldsymbol{A} - 8\boldsymbol{E})\boldsymbol{A}^{\mathrm{H}}\boldsymbol{A}$$
$$p_2(\boldsymbol{A}^{\mathrm{H}}\boldsymbol{A}) = (\boldsymbol{A}^{\mathrm{H}}\boldsymbol{A} - 2\boldsymbol{E})\boldsymbol{A}^{\mathrm{H}}\boldsymbol{A}$$

最后求得 $\boldsymbol{A}^+$

$$\begin{aligned}
\boldsymbol{A}^+ &= \sum_{i=1}^{3}\mu_i \frac{p_i(\boldsymbol{A}^{\mathrm{H}}\boldsymbol{A})}{p_i(\lambda_i)}\boldsymbol{A}^{\mathrm{H}} \\
&= \left[\frac{1}{2}\,\frac{\boldsymbol{A}^{\mathrm{H}}\boldsymbol{A} - 8\boldsymbol{E}}{-12}\boldsymbol{A}^{\mathrm{H}}\boldsymbol{A} + \frac{1}{8}\,\frac{\boldsymbol{A}^{\mathrm{H}}\boldsymbol{A} - 2\boldsymbol{E}}{48}\boldsymbol{A}^{\mathrm{H}}\boldsymbol{A}\right]\boldsymbol{A}^{\mathrm{H}} \\
&= \frac{1}{8\times 48}[-16\boldsymbol{A}^{\mathrm{H}}\boldsymbol{A} + 128\boldsymbol{E} + \boldsymbol{A}^{\mathrm{H}}\boldsymbol{A} - 2\boldsymbol{E}]\boldsymbol{A}^{\mathrm{H}}\boldsymbol{A}\boldsymbol{A}^{\mathrm{H}} \\
&= \frac{1}{8\times 16}(42\boldsymbol{E} - 5\boldsymbol{A}^{\mathrm{H}}\boldsymbol{A})\boldsymbol{A}^{\mathrm{H}}\boldsymbol{A}\boldsymbol{A}^{\mathrm{H}} \\
&= \frac{1}{8\times 8}\begin{bmatrix} 6 & -5 & 5 \\ -5 & 16 & 5 \\ 5 & 5 & 16 \end{bmatrix}\boldsymbol{A}^{\mathrm{H}}\boldsymbol{A}\boldsymbol{A}^{\mathrm{H}} \\
&= \frac{1}{8}\begin{bmatrix} 2 & -2 & 2 & 2 \\ -1 & 3 & -1 & 1 \\ 1 & -3 & 1 & -1 \end{bmatrix}
\end{aligned}$$

为了介绍求 $\boldsymbol{A}^+$ 的第 4 种方法，先证明一个引理

引理 对任意的 n 阶 Hermite 矩阵 $\boldsymbol{B}$，恒有

$$\begin{aligned}
\boldsymbol{B}\boldsymbol{B}^+ &= \lim_{\delta\to 0}(\boldsymbol{B} + \delta\boldsymbol{E})^{-1}\boldsymbol{B} \\
&= \lim_{\delta\to 0}\boldsymbol{B}(\boldsymbol{B} + \delta\boldsymbol{E})^{-1}
\end{aligned}$$

证明 因 $\boldsymbol{B}$ 是 Hermite 阵，故 $\boldsymbol{B}$ 的 n 个特征值 $\lambda_1,\cdots,\lambda_n$ 皆为实数，$\boldsymbol{B}+\delta\boldsymbol{E}$ 的特征值为 $\lambda_1+\delta,\cdots,\lambda_n+\delta$，所以对充分小的 $|\delta|>0$，可使 $\lambda_i+\delta\neq 0,(i=1,2,\cdots,n)$，从而 $|\boldsymbol{B}+\delta\boldsymbol{E}|\neq 0$，故 $\boldsymbol{B}+\delta\boldsymbol{E}$ 可逆。设

$$\boldsymbol{B} = \boldsymbol{U}\boldsymbol{\Lambda}\boldsymbol{U}^{\mathrm{H}} \quad \boldsymbol{\Lambda} = \mathrm{diag}(\lambda_1,\cdots,\lambda_n),\ \boldsymbol{U}\text{ 是酉阵。}$$

由定理 7.3.3 $\quad \boldsymbol{B} = \boldsymbol{B}\boldsymbol{B}^+\boldsymbol{B} = \boldsymbol{B}\boldsymbol{B}\boldsymbol{B}^+$

$$\begin{aligned}
(\boldsymbol{B} + \delta\boldsymbol{E})^{-1}\boldsymbol{B} &= (\boldsymbol{B} + \delta\boldsymbol{E})^{-1}\boldsymbol{B}^2\boldsymbol{B}^+ \\
&= \boldsymbol{U}(\boldsymbol{\Lambda} + \delta\boldsymbol{E})^{-1}\boldsymbol{U}^{\mathrm{H}}\boldsymbol{U}\boldsymbol{\Lambda}^2\boldsymbol{U}^{\mathrm{H}}\boldsymbol{B}^+ \\
&= \boldsymbol{U}(\boldsymbol{\Lambda} + \delta\boldsymbol{E})^{-1}\boldsymbol{\Lambda}^2\boldsymbol{U}^{\mathrm{H}}\boldsymbol{B}^+
\end{aligned}$$

于是

$$\lim_{\delta\to 0}(\boldsymbol{B} + \delta\boldsymbol{E})^{-1}\boldsymbol{B} = \lim_{\delta\to 0}[\boldsymbol{U}(\boldsymbol{\Lambda} + \delta\boldsymbol{E})^{-1}\boldsymbol{\Lambda}^2\boldsymbol{U}^{\mathrm{H}}\boldsymbol{B}^+]$$

$$=U\left[\lim_{\delta\to 0}\mathrm{diag}\left(\frac{\lambda_1^2}{\lambda_1+\delta},\cdots,\frac{\lambda_n^2}{\lambda_n+\delta}\right)\right]U^H B^+$$
$$=U\Lambda U^H B^+ = BB^+$$

4°　**极限法**

设 A 是 $m\times n$ 阶矩阵,则

$$A^+ = \lim_{\delta\to 0}(A^H A+\delta E)^{-1}A^H = \lim_{\delta\to 0}A^H(AA^H+\delta E)^{-1} \tag{7.14}$$

证明　因为

$$A^H = A^H(A^H)^+A^H = A^H(A^+)^H A^H = A^H(AA^+)^H = A^H AA^+$$

由引理

$$\begin{aligned}\lim_{\delta\to 0}(A^H A+\delta E)^{-1}A^H &= \lim_{\delta\to 0}(A^H A+\delta E)^{-1}A^H AA^+\\ &= A^H A(A^H A)^+A^+\\ &= A^+AA^+ \qquad \text{(由定理 7.3.3(4))}\\ &= A^+\end{aligned}$$

例 4　设

$$A=\begin{bmatrix}-1 & 0 & 1\\ 2 & 0 & -2\end{bmatrix}$$

用极限法求 A^+

解　因为

$$A^H A=\begin{bmatrix}5 & 0 & -5\\ 0 & 0 & 0\\ -5 & 0 & 5\end{bmatrix}$$

$$A^H A+\delta E=\begin{bmatrix}5+\delta & 0 & -5\\ 0 & \delta & 0\\ -5 & 0 & 5+\delta\end{bmatrix}$$

$$(A^H A+\delta E)^{-1}A^H=\frac{1}{\delta(10+\delta)}\begin{bmatrix}5+\delta & 0 & 5\\ 0 & \delta+10 & 0\\ 5 & 0 & 5+\delta\end{bmatrix}\begin{bmatrix}-1 & 2\\ 0 & 0\\ 1 & -2\end{bmatrix}$$

$$=\frac{1}{10+\delta}\begin{bmatrix}-1 & 2\\ 0 & 0\\ 1 & -2\end{bmatrix}$$

因此

$$A^+=\lim_{\delta\to 0}(A^H A+\delta E)^{-1}A^H=\frac{1}{10}\begin{bmatrix}-1 & 2\\ 0 & 0\\ 1 & -2\end{bmatrix}$$

7.4* 广义逆矩阵的通式

上一节已经详细地讨论了A^+的求法。因为A^+满足 Penrose-Moore 四个方程，所以$A^+\in A\{1\}$，$A^+\in A\{1\ 2\}$，$A^+\in A\{1\ 3\}$，$A^+\in A\{1\ 4\}$。因此只要能由各类广义逆矩阵中某一固定的广义逆矩阵建立各类广义逆矩阵的通式，那么求任一广义逆矩阵A^-，A_r^-，A_m^-，A_l^-也就不困难了。本节就要建立这一通式。

定理 7.4.1 $A\in C^{m\times n}$，$A^-\in A\{1\}$，则$A\{1\}$的一种通式为

$$G = A^- + V - A^-AVAA^- \tag{7.15}$$

其中V是任意一个$n\times m$的矩阵。

证明 先证明$G\in A\{1\}$，事实上

$$\begin{aligned} AGA &= A(A^- + V - A^-AVAA^-)A \\ &= AA^-A + AVA - AA^-AVAA^-A = A \end{aligned}$$

此即$G\in A\{1\}$。

再设对任意$G\in A\{1\}$

$$G = A^- + (G - A^-) - A^-A(G - A^-)AA^-$$

令$V = G - A$，即得

$$G = A^- + V - A^-AVAA^-$$

即任何的$G\in A\{1\}$，都可以表示为(7.15)形式。

定理 7.4.2 设$m\times n$阶矩阵A的秩为$r\geqslant 1$，$A = CD$是A的最大秩分解，如果$\hat{C}C = E_r$，$D\hat{D} = E_r$，则$A\{1,2\}$的一种通式为

$$G = \hat{D}\cdot\hat{C} \tag{7.16}$$

证明 由A^-的性质(5)(6)，这样的$\hat{C}$，$\hat{D}$是存在的，根据(7.2)式、(7.3)式即可求出(但不惟一)，从而对任意的矩阵A，$G = \hat{D}\cdot\hat{C}$是存在的，不难验证

$$AGA = CD\hat{D}\hat{C}CD = CD = A$$

$$GAG = \hat{D}\hat{C}CD\hat{D}\hat{C} = \hat{C}\hat{D} = G$$

故

$$G = \hat{D}\cdot\hat{C} \in A\{1,2\}$$

反之，对任意的$G\in A\{1,2\}$，则有

$$AGA = A$$

即

$$CDGCD = CD$$

两边左乘$\hat{C}$，右乘$\hat{D}$

$$\hat{C}CDGCD\hat{D} = \hat{C}CD\hat{D}$$

$$DGC = E_r$$

上式表明 $DG = \hat{C}_1$，$GC = \hat{D}_1$，使$\hat{C}_1C = D\hat{D}_1 = E_r$

并且

$$\hat{D}_1\hat{C}_1 = GCDG = GAG = G$$

这表明 G 可以表示为(7.16)式形式。

定理 7.4.3　设 A 是 $m\times n$ 阶矩阵,某 $A_m^- \in A\{1,3\}$,则 $A\{1,3\}$ 的一种通式为

$$G = A_m^- + Z(E - AA_m^-) \tag{7.17}$$

其中 Z 是任意的 $n\times m$ 阶矩阵。

证明　由(7.17)式

$$\begin{aligned} AGA &= A[A_m^- + Z(E - AA_m^-)]A \\ &= AA_m^-A + AZA - AZAA_m^-A = A \\ (GA)^H &= A^H(A_m^-)^H + A^H(E - AA_m^-)^H Z^H \\ &= (A_m^-A)^H + A^HZ^H - A^H(A_m^-)^H A^H Z^H \\ &= A_m^-A = [A_m^- + Z(E - AA_m^-)]A = GA \end{aligned}$$

所以 $G\in A\{1,3\}$。

反之,对任意 $G\in A\{1,3\}$,令 $Z = G - A_m^-$,注意到

$$\begin{aligned} A_m^-A &= A_m^-AGA = (A_m^-A)^H(GA)^H = A^H(A_m^-)^H A^H G^H \\ &= (AA_m^-A)^H G^H = A^H G^H = (GA)^H = GA \end{aligned}$$

则

$$G = A_m^- + Z - (G - A_m^-)AA_m^- = A_m^- + Z(E - AA^{-m})$$

这说明 G 可以表示为(7.17)式的形式。

定理 7.4.4　设 A 是 $m\times n$ 阶矩阵,某 $A_l^- \in A\{1,4\}$,则 $A\{1,4\}$ 的一种式通为

$$G = A_l^- + (E - A_l^-A)Z \tag{7.18}$$

其中 Z 为任意的 $n\times m$ 阶矩阵。

证明　由(7.18)式

$$\begin{aligned} AGA &= A[A_l^- + (E - A_l^-A)Z]A \\ &= AA_l^-A + AZA - AA_l^-AZA = A \\ (AG)^H &= [AA_l^- + A(E - A_l^-A)Z]^H \\ &= AA_l^- + Z^HA^H - Z^HA^H \\ &= AA_l^- = A[A_l^- + (E - A_l^-A)Z] = AG \end{aligned}$$

说明 $G\in A\{1,4\}$。

反过来,对任意 $G\in A\{1,4\}$,令 $Z = G - A_l^-$,并注意到

$$\begin{aligned} AA_l^- &= AGAA_l^- = (AG)^H(AA_l^-)^H = G^HA^H(A_l^-)^HA^H \\ &= G^H(AA_l^-A)^H = G^HA^H = AG \end{aligned}$$

则

$$G = A_l^- + Z = A_l^- + Z - A_l^-A(G - A_l^-)$$
$$G = A_l^- + (E - A_l^-A)Z$$

这说明 G 可以表示成(7.18)式的形式。

7.5 广义逆矩阵的应用

7.5.1 相容方程组的通解

已知相容方程组

$$\boldsymbol{A\chi}=\boldsymbol{\beta}$$
$$\boldsymbol{A}\in C^{m\times n},\boldsymbol{\beta}\in C^{m} \tag{7.19}$$

的通解可由它的一个特解及相应齐次线性方程组

$$\boldsymbol{A\chi}=\boldsymbol{0} \tag{7.20}$$

的通解之和给出，而(7.19)的一个特解可由 $\boldsymbol{A}$ 的任意一广义逆 $\boldsymbol{A}^{-}$ 立即得到，所以只需讨论(7.20)方程组的通解。

定理 7.5.1 齐次线性方程组 $\boldsymbol{A\chi}=\boldsymbol{0}$ 的通解是

$$\boldsymbol{\chi}=(\boldsymbol{E}-\boldsymbol{A}^{-}\boldsymbol{A})\boldsymbol{\zeta}$$

其中 $\boldsymbol{\zeta}$ 是任意 n 维向量。

证明 先验证，对任意的 n 维向量 $\boldsymbol{\zeta}$

$$\boldsymbol{A\chi}=\boldsymbol{A}(\boldsymbol{E}-\boldsymbol{A}^{-}\boldsymbol{A})\boldsymbol{\zeta}=(\boldsymbol{A}-\boldsymbol{AA}^{-}\boldsymbol{A})\boldsymbol{\zeta}=\boldsymbol{0}$$

说明 $\boldsymbol{\chi}=(\boldsymbol{E}-\boldsymbol{A}^{-}\boldsymbol{A})\boldsymbol{\zeta}$ 是解。

反之，对 $\boldsymbol{A\chi}=\boldsymbol{0}$ 的任意解 $\boldsymbol{\chi}_0$，有

$$\boldsymbol{\chi}_0=\boldsymbol{\chi}_0-\boldsymbol{A}^{-}\boldsymbol{A\chi}_0=(\boldsymbol{E}-\boldsymbol{A}^{-}\boldsymbol{A})\boldsymbol{\chi}_0$$

故 $\boldsymbol{A\chi}=\boldsymbol{0}$ 的任意解都可写成 $(\boldsymbol{E}-\boldsymbol{A}^{-}\boldsymbol{A})\boldsymbol{\zeta}$ 的形式，故

$$\boldsymbol{\chi}=(\boldsymbol{E}-\boldsymbol{A}^{-}\boldsymbol{A})\boldsymbol{\zeta}$$

是 $\boldsymbol{A\chi}=\boldsymbol{0}$ 的通解。

定理 7.5.2 相容方程组

$$\boldsymbol{A\chi}=\boldsymbol{\beta}\quad(\boldsymbol{A}\in C^{m\times n},\boldsymbol{\beta}\in C^{m})$$

的通解是

$$\boldsymbol{\chi}=\boldsymbol{A}^{-}\boldsymbol{\beta}+(\boldsymbol{E}-\boldsymbol{A}^{-}\boldsymbol{A})\boldsymbol{\zeta}$$

这里 $\boldsymbol{\zeta}$ 是任意的 n 维向量。

7.5.2 相容方程组的最小范数解

对于给定的相容方程组

$$\boldsymbol{A\chi}=\boldsymbol{\beta}\quad(\boldsymbol{A}\in C^{m\times n},\boldsymbol{\beta}\in C^{m})$$

其解一般是不惟一的，而在一些实际中需要在它的一切解中求出 2-范数最小的解，这样的解称为该方程组的最小范数解。

定理 7.5.3 对任意的 $\boldsymbol{G}\in\boldsymbol{A}\{1,3\}$，$\boldsymbol{G\beta}$ 都是相容方程组 $\boldsymbol{A\chi}=\boldsymbol{\beta}$ 的最小范数解，且 $\boldsymbol{A\chi}=\boldsymbol{\beta}$ 的最小范数解是惟一的。

证明 因为线性方程组 $\boldsymbol{A\chi}=\boldsymbol{\beta}$ 的任意解 $\boldsymbol{\chi}$ 可以表示为

$$\boldsymbol{\chi}=\boldsymbol{G\beta}+(\boldsymbol{E}-\boldsymbol{GA})\boldsymbol{\zeta}$$

的形式，取 $\boldsymbol{\beta}=\boldsymbol{A\chi}_0$，则

$$\begin{aligned}\|\boldsymbol{\chi}\|_2^2&=\|\boldsymbol{G\beta}+(\boldsymbol{E}-\boldsymbol{GA})\boldsymbol{\zeta}\|_2^2\\&=[\boldsymbol{G\beta}+(\boldsymbol{E}-\boldsymbol{GA})\boldsymbol{\zeta}]^{\mathrm{H}}[\boldsymbol{G\beta}+(\boldsymbol{E}-\boldsymbol{GA})\boldsymbol{\zeta}]\\&=\|\boldsymbol{G\beta}\|_2^2+\|(\boldsymbol{E}-\boldsymbol{GA})\boldsymbol{\zeta}\|_2^2+(\boldsymbol{G\beta})^{\mathrm{H}}(\boldsymbol{E}-\boldsymbol{GA})\boldsymbol{\zeta}\\&\quad+\boldsymbol{\zeta}^{\mathrm{H}}(\boldsymbol{E}-\boldsymbol{GA})^{\mathrm{H}}(\boldsymbol{G\beta})\end{aligned}$$

而

$$\begin{aligned}(\boldsymbol{G\beta})^{\mathrm{H}}(\boldsymbol{E}-\boldsymbol{GA})\boldsymbol{\zeta}&=(\boldsymbol{GA\chi}_0)^{\mathrm{H}}(\boldsymbol{E}-\boldsymbol{GA})\boldsymbol{\zeta}\\&=\boldsymbol{\chi}_0^{\mathrm{H}}(\boldsymbol{GA})^{\mathrm{H}}(\boldsymbol{E}-\boldsymbol{GA})\boldsymbol{\zeta}\\&=\boldsymbol{\chi}_0^{\mathrm{H}}(\boldsymbol{GA})(\boldsymbol{E}-\boldsymbol{GA})\boldsymbol{\zeta}\\&=\boldsymbol{\chi}_0^{\mathrm{H}}(\boldsymbol{GA}-\boldsymbol{GA})\boldsymbol{\zeta}=0\\\boldsymbol{\zeta}^{\mathrm{H}}(\boldsymbol{E}-\boldsymbol{GA})^{\mathrm{H}}(\boldsymbol{G\beta})&=\boldsymbol{\zeta}^{\mathrm{H}}(\boldsymbol{E}-\boldsymbol{GA})(\boldsymbol{GA\chi}_0)\\&=\boldsymbol{\zeta}^{\mathrm{H}}(\boldsymbol{GA}-\boldsymbol{GA})\boldsymbol{\chi}_0=0\end{aligned}$$

所以

$$\|\boldsymbol{\chi}\|_2^2=\|\boldsymbol{G\beta}\|_2^2+\|(\boldsymbol{E}-\boldsymbol{GA})\boldsymbol{\zeta}\|_2^2\geqslant\|\boldsymbol{G\beta}\|_2^2$$

由此知 $\boldsymbol{G\beta}$ 是 $\boldsymbol{A\chi}=\boldsymbol{\beta}$ 的最小范数解。

设 $\boldsymbol{\chi}_0$ 也是 $\boldsymbol{A\chi}=\boldsymbol{\beta}$ 的最小范数解，则必有

$$\|\boldsymbol{\chi}_0\|_2^2=\|\boldsymbol{G\beta}\|_2^2$$

必有 $\boldsymbol{\zeta}_0\in C^n$，使

$$\boldsymbol{\chi}_0=\boldsymbol{G\beta}+(\boldsymbol{E}-\boldsymbol{GA})\boldsymbol{\zeta}_0$$

由上述证明知

$$\|(\boldsymbol{E}-\boldsymbol{GA})\boldsymbol{\zeta}_0\|_2^2=0$$

从而有

$$(\boldsymbol{E}-\boldsymbol{GA})\boldsymbol{\zeta}_0=0$$

所以

$$\boldsymbol{\chi}_0=\boldsymbol{G\beta}$$

定理 7.5.4 若 $\boldsymbol{D}\in C^{n\times m}$ 对一切 $\boldsymbol{\beta}\in C^m$ 都使 $D\boldsymbol{\beta}$ 是相容方程组 $\boldsymbol{A\chi}=\boldsymbol{\beta}$ 的最小范数解，则 $\boldsymbol{D}\in\boldsymbol{A}\{1,3\}$。

证明 设 $\boldsymbol{A}=(\boldsymbol{\alpha}_1,\boldsymbol{\alpha}_2,\cdots,\boldsymbol{\alpha}_n)$

这里 $\boldsymbol{\alpha}_1,\boldsymbol{\alpha}_2,\cdots,\boldsymbol{\alpha}_n$ 分别是 $\boldsymbol{A}$ 的列向量，当然 $\boldsymbol{\alpha}_i\in R(\boldsymbol{A})$。设 $\boldsymbol{G}\in\boldsymbol{A}\{1,3\}$，则 $\boldsymbol{D\alpha}_i,\boldsymbol{G\alpha}_i$ 都是方程组

$$\boldsymbol{A\chi}=\boldsymbol{\alpha}_i\quad(i=1,2,\cdots,n)$$

的最小范数解，由最小范数解的惟一性，知

$$\boldsymbol{D\alpha}_i=\boldsymbol{G\alpha}_i\quad(i=1,\cdots,n)$$

从而有

$$\boldsymbol{DA}=\boldsymbol{GA}$$

注意到 $\boldsymbol{G}\in\boldsymbol{A}\{1,3\}$

$$\boldsymbol{ADA}=\boldsymbol{AGA}=\boldsymbol{A}$$

$$(\boldsymbol{DA})^{\mathrm{H}}=(\boldsymbol{GA})^{\mathrm{H}}=\boldsymbol{GA}=\boldsymbol{DA}$$

所以 $\boldsymbol{D}\in\boldsymbol{A}\{1,3\}$。

7.5.3 不相容线性方程组 $\boldsymbol{A\chi}=\boldsymbol{\beta}$ 的最小二乘解

在许多实际问题中，例如数据处理问题或与正态分布有关的统计问题等所得到的线性方

程组 $\boldsymbol{A\chi}=\boldsymbol{\beta}$,往往是不相容的,当然不能求得满足方程组的 $\boldsymbol{\chi}$,即它没有通常意义下的解,但是在实际问题中,往往需要求出 $\boldsymbol{\chi}\in C^n$,使

$$\|\boldsymbol{A\chi}-\boldsymbol{\beta}\|_2$$

为最小,并把满足这个要求的 $\boldsymbol{\chi}$ 作为不相容线性方程组 $\boldsymbol{A\chi}=\boldsymbol{\beta}$ 的一个近似解,称为最小二乘解,但需注意的是最小二乘解并不是 $\boldsymbol{A\chi}=\boldsymbol{\beta}$ 的解。

定理 7.5.5 对任何 $\boldsymbol{G}\in\boldsymbol{A}\{1,4\}$,则 $\boldsymbol{\chi}=\boldsymbol{G\beta}$ 是不相容方程组 $\boldsymbol{A\chi}=\boldsymbol{\beta}$ 的最小二乘解。

证明 对任意的 $\boldsymbol{\chi}\in C^n$

$$\begin{aligned}\|\boldsymbol{A\chi}-\boldsymbol{\beta}\|_2^2 &= \|\boldsymbol{A\chi}-\boldsymbol{\beta}+\boldsymbol{AG\beta}-\boldsymbol{AG\beta}\|_2^2\\ &=(\boldsymbol{AG\beta}-\boldsymbol{\beta}+\boldsymbol{A\chi}-\boldsymbol{AG\beta})^{\mathrm H}(\boldsymbol{AG\beta}-\boldsymbol{\beta}+\boldsymbol{A\chi}-\boldsymbol{AG\beta})\\ &=\|\boldsymbol{AG\beta}-\boldsymbol{\beta}\|_2^2+\|\boldsymbol{A\chi}-\boldsymbol{AG\beta}\|_2^2+(\boldsymbol{AG\beta}-\boldsymbol{\beta})^{\mathrm H}(\boldsymbol{A\chi}-\boldsymbol{AG\beta})\\ &\quad+(\boldsymbol{A\chi}-\boldsymbol{AG\beta})^{\mathrm H}(\boldsymbol{AG\beta}-\boldsymbol{\beta})\end{aligned}$$

而

$$\begin{aligned}(\boldsymbol{AG\beta}-\boldsymbol{\beta})^{\mathrm H}(\boldsymbol{A\chi}-\boldsymbol{AG\beta}) &=\boldsymbol{\beta}^{\mathrm H}(\boldsymbol{AG})^{\mathrm H}\boldsymbol{A\chi}-\boldsymbol{\beta}^{\mathrm H}(\boldsymbol{AG})^{\mathrm H}\boldsymbol{AG\beta}-\boldsymbol{\beta}^{\mathrm H}\boldsymbol{A\chi}+\boldsymbol{\beta}^{\mathrm H}\boldsymbol{AG\beta}\\ &=\boldsymbol{\beta}^{\mathrm H}\boldsymbol{A\chi}-\boldsymbol{\beta}^{\mathrm H}\boldsymbol{A\chi}-\boldsymbol{\beta}^{\mathrm H}\boldsymbol{AG\beta}+\boldsymbol{\beta}^{\mathrm H}\boldsymbol{AG\beta}=0\\ (\boldsymbol{A\chi}-\boldsymbol{AG\beta})^{\mathrm H}(\boldsymbol{AG\beta}-\boldsymbol{\beta}) &=[(\boldsymbol{AG\beta}-\boldsymbol{\beta})^{\mathrm H}(\boldsymbol{A\chi}-\boldsymbol{AG\beta})]^{\mathrm H}=0\end{aligned}$$

所以

$$\|\boldsymbol{A\chi}-\boldsymbol{\beta}\|_2^2=\|\boldsymbol{AG\beta}-\boldsymbol{\beta}\|_2^2+\|\boldsymbol{A\chi}-\boldsymbol{AG\beta}\|_2^2\geqslant\|\boldsymbol{AG\beta}-\boldsymbol{\beta}\|_2^2$$

说明 $\boldsymbol{\chi}=\boldsymbol{G\beta}$ 就是 $\boldsymbol{A\chi}=\boldsymbol{\beta}$ 的最小二乘解。

一般说来,最小二乘解不惟一,为求通式,先介绍下面定理。

定理 7.5.6 $\boldsymbol{\zeta}\in C^n$ 是不相容方程组 $\boldsymbol{A\chi}=\boldsymbol{\beta}$ 的最小二乘解的充分必要条件是 $\boldsymbol{\zeta}$ 为方程组

$$\boldsymbol{A\chi}=\boldsymbol{AG\beta}$$

的解,这里 $\boldsymbol{G}\in\boldsymbol{A}\{1,4\}$

证明 因为 $\boldsymbol{\zeta}$ 是不相容方程组 $\boldsymbol{A\chi}=\boldsymbol{\beta}$ 的最小二乘解,对 $\boldsymbol{G}\in\boldsymbol{A}\{1,4\}$ 由定理 7.5.5 知

$$\|\boldsymbol{A\zeta}-\boldsymbol{\beta}\|_2^2=\|\boldsymbol{AG\beta}-\boldsymbol{\beta}\|_2^2$$

而

$$\|\boldsymbol{A\zeta}-\boldsymbol{AG\beta}\|_2^2=0$$

所以

$$\boldsymbol{A\zeta}=\boldsymbol{AG\beta}$$

反过来,若 $\boldsymbol{\zeta}$ 是方程组

$$\boldsymbol{A\chi}=\boldsymbol{AG\beta}$$

的解,则必有

$$\boldsymbol{A\zeta}=\boldsymbol{AG\beta}$$

$$\|\boldsymbol{A\zeta}-\boldsymbol{\beta}\|_2^2=\|\boldsymbol{AG\beta}-\boldsymbol{\beta}\|_2^2$$

这说明 $\boldsymbol{\zeta}$ 是 $\boldsymbol{A\chi}=\boldsymbol{\beta}$ 的最小二乘解。

定理 7.5.7 不相容方程组 $\boldsymbol{A\chi}=\boldsymbol{\beta}$ 的最小二乘解的通式是

$$\boldsymbol{\chi}=\boldsymbol{G\beta}+(\boldsymbol{E}-\boldsymbol{A}^-\boldsymbol{A})\boldsymbol{\zeta}\quad(\boldsymbol{G}\in\boldsymbol{A}\{1,4\})$$

证明 由定理 7.5.6 知 $\boldsymbol{\chi}$ 是方程组 $\boldsymbol{A\chi}=\boldsymbol{\beta}$ 的最小二乘解的充分必要条件为 $\boldsymbol{\chi}$ 是方程组

$$\boldsymbol{A\chi}=\boldsymbol{AG\beta}$$

的解,也即有

$$\boldsymbol{A}(\boldsymbol{\chi}-\boldsymbol{G\beta})=0$$

由定理 7.5.1 知齐次线性方程组 $\boldsymbol{A}(\boldsymbol{\chi}-\boldsymbol{G\beta})=0$ 的通解为

$$\chi - G\beta = (E - A^- A)\zeta$$

这里ζ是任意n维列向量，也即

$$\chi = G\beta + (E - A^- A)\zeta$$

7.5.4　不相容线性方程组的极小最小二乘解

因为最小二乘解一般不是惟一的，通常把它们中2-范数最小的一个称为不相容方程组$A\chi=\beta$的极小最小二乘解（最佳逼近解）。

由定理7.5.6知道，χ是不相容方程组$A\chi=\beta$的最小二乘解的充分必要条件是χ是相容方程组

$$A\chi = AG\beta$$

的解，而该方程组的最小范数解是

$$\chi = D(AG\beta)$$

这里$D\in A\{1,3\}$，从而$\chi=DAG\beta$就是极小最小二乘解。而且这样的解是惟一的。

注意到

$$DAG = A^+$$

（证明留作练习），故有

定理7.5.8　不相容方程组$A\chi=\beta$必有惟一的极小最小二乘解

$$\chi = A^+\beta$$

综上所述，因为$A^+\in A\{1\}$，$A^+\in A\{1\ 3\}$，$A^+\in A\{1\ 4\}$所以对于方程组可得下表：

$A\chi=\beta$ 相容时	$A\chi=\beta$ 不相容时
$\chi=A^+\beta+(E-A^+A)\zeta$ 是其通解	$\chi=A^+\beta+(E-A^+A)\zeta$ 是其最小二乘解通式
$\chi=A^+\beta$ 是其最小范数解	$\chi=A^+\beta$ 是其极小最小二乘解

习　题　7

1. 证明A^-的性质：

(1)对于任意的$m\times n$阶矩阵A，$\text{rank}A^-\geqslant\text{rank}A$；

(2)$(A^-)^H=(A^H)^-$　　$(A^-)^T=(A^T)^-$；

(3)若$m=n=r$，则$A\{1\}$只有惟一元素A^{-1}；

(4)AA^-，A^-A均为幂等矩阵，且

$$\text{rank}AA^- = \text{rank}A^-A = \text{rank}A$$

2. 设A是n阶方阵，证明：总有可逆的A^-存在。

3. 设P是m阶可逆阵，Q是n阶可逆阵，且$B=PAQ$，证明：$Q^{-1}A^-P^{-1}\in B\{1\}$。

4. 设$A\in C^{m\times n}$，$G,D\in A\{1\}$，证明：

$$GAD \in A\{1,2\}$$

5. 设$A^2=A=A^H$，证明：$A=A^+$。

6. 若$A=BC$是A的最大秩分解，证明

$$A^+ = C^+ B^+$$

7. 求下列矩阵

$$A_1 = \begin{bmatrix} 1 & 0 & 2 \\ 0 & 1 & 0 \\ 1 & 0 & 2 \\ 1 & 0 & 2 \end{bmatrix}$$

$$A_2 = \begin{bmatrix} 2 & 1 & 0 & 1 \\ 1 & 0 & 1 & 1 \\ 1 & 0 & 1 & 1 \end{bmatrix}$$

的 $A_1^{(1)}, A_2^{(1)}$。

8. 证明 A^+ 的性质

(1) $(A^+)^+ = A$

(2) $(A^{\mathrm{H}})^+ = (A^+)^{\mathrm{H}}$

(3) $(A^{\mathrm{T}})^+ = (A^+)^{\mathrm{T}}$

9. 设 U 是 m 阶酉阵, V 是 n 阶酉阵, $A \in C^{m \times n}$

证明: $(UAV^{\mathrm{H}})^+ = VA^+U^{\mathrm{H}}$

10. 证明:线性方程组

$$A\chi = \beta \qquad (A \in C^{m\times n}, \beta \in C^m)$$

有解的充分必要条件是 $AA^+\beta = \beta$。

11. 证明:方程组

$$A^{\mathrm{H}}A\chi = A^{\mathrm{H}}\beta \quad (A \in C^{m\times n}, \beta \in C^m)$$

总是相容的。

12. 用各种不同的方法求 A^+

(1) $A = \begin{bmatrix} 1 & 2 \\ 0 & 0 \\ 2 & 4 \end{bmatrix}$

(2) $A = \begin{bmatrix} \mathrm{i} & 0 \\ 1 & \mathrm{i} \\ 0 & 1 \end{bmatrix}$

(3) $A = \begin{bmatrix} 1 & 2 & 1 \\ 0 & 1 & 1 \end{bmatrix}$

(4) $A = \begin{bmatrix} 1 & 0 & 0 \\ 0 & 1 & -1 \\ 1 & 0 & 0 \\ 2 & 1 & -1 \end{bmatrix}$

13. 已知

$$A = \begin{bmatrix} 1 & 2 \\ 0 & 0 \\ 2 & 4 \end{bmatrix} \qquad \beta = \begin{bmatrix} 1 \\ 0 \\ 2 \end{bmatrix}$$

求线性方程组 $\boldsymbol{A}\boldsymbol{\chi}=\boldsymbol{\beta}$ 的通解及极小范数解。

14. 已知

$$\boldsymbol{A}=\begin{bmatrix}1 & 2\\ 0 & 0\\ 2 & 4\end{bmatrix}\quad \boldsymbol{\beta}=\begin{bmatrix}0\\ 1\\ 0\end{bmatrix}$$

求不相容线性方程组 $\boldsymbol{A}\boldsymbol{\chi}=\boldsymbol{\beta}$ 的最小二乘解和极小最小二乘解。

第 8 章

特征值的估计及广义特征值

n 阶方阵 $\boldsymbol{A}$ 的 n 个特征值 $\lambda_1,\lambda_2,\cdots,\lambda_n$ 对应复平面上 n 个点，在没有求出 $\lambda_1,\lambda_2,\cdots,\lambda_n$ 的情况下，对它们的位置给出一个大致的范围，这就是特征值的估计问题。

特征值的估计无论在数学本身或在应用科学中都很重要。例如在线性方程组的迭代法中讨论解的敛散性时，就要估计线性方程组的系数矩阵的特征值是否都在复平面上以原点为中心的单位圆内；在微分方程的稳定性理论中，要估计矩阵的特征值是否有负的实部，即表示特征值的点是否在复平面的左半平面上；在差分方法的稳定性理论、自动控制理论中都要求估计矩阵的特征值是否在复平面上的某一确定的区域内。另一方面计算矩阵的特征值并非易事。而在许多问题中也只要求对特征值的模或表示特征值的点之位置作出大致的估计，而无需求出特征值，这时特征值的估计问题就更加重要了。

8.1 特征值的界的估计

这一节介绍特征值的界的 n 个重要不等式。为了方便，对于给定的 $\boldsymbol{A}\in C^{n\times n}$，令

$$\boldsymbol{B}=(b_{ij})=\frac{1}{2}(\boldsymbol{A}+\boldsymbol{A}^{\mathrm{H}})$$

$$\boldsymbol{C}=(c_{ij})=\frac{1}{2}(\boldsymbol{A}-\boldsymbol{A}^{\mathrm{H}})$$

显然 $\boldsymbol{B}$ 和 $\boldsymbol{C}$ 分别是 Hermite 阵和反 Hermite 阵，此外还假定 $\boldsymbol{A},\boldsymbol{B},\boldsymbol{C}$ 的特征值分别为 $\{\lambda_1,\lambda_2,\cdots,\lambda_n\}$，$\{\mu_1,\mu_2,\cdots,\mu_n\}$，$\{iv_1,iv_2,\cdots,iv_n\}$，且满足 $|\lambda_1|\geqslant|\lambda_2|\geqslant\cdots\geqslant|\lambda_n|$，$\mu_1\geqslant\mu_2\geqslant\cdots\geqslant\mu_n$，$v_1\geqslant v_2\geqslant\cdots\geqslant v_n$。

定理 8.1.1 （Schur 不等式，1909 年）若 $\boldsymbol{A}=(a_{ij})\in C^{n\times n}$ 的特征值为 $\{\lambda_1,\lambda_2,\cdots,\lambda_n\}$，则有

$$\sum_{i=1}^{n}|\lambda_i|^2\leqslant\sum_{i=1}^{n}\sum_{j=1}^{n}|a_{ij}|^2 \tag{8.1}$$

其中等号当且仅当 $\boldsymbol{A}$ 是正规矩阵时成立。

证明 因为 $\boldsymbol{A}$ 酉阵相似于上三角阵，即存在酉阵 $\boldsymbol{U}$ 及上三角阵 $\boldsymbol{T}$，使

$$U^{H}AU=T \qquad U^{H}A^{H}U=T^{H}$$

从而有

$$U^{H}AA^{H}U=TT^{H}$$
$$\mathrm{tr}(AA^{H})=\mathrm{tr}(U^{H}AA^{H}U)=\mathrm{tr}(TT^{H})$$

注意到 T 的主对角元就是 A 的特征值,便有

$$\sum_{i=1}^{n}|\lambda_i|^2=\sum_{i=1}^{n}|t_{ii}|^2\leqslant\sum_{i=1}^{n}\sum_{j=1}^{n}|t_{ij}|^2=\sum_{i=1}^{n}\sum_{j=1}^{n}|a_{ij}|^2$$

上述不等式中的等号成立当且仅当 $t_{ij}=0(i\neq j)$,即当且仅当 A 酉相似于对角阵时成立,又根据第 3 章习题 26 结论当且仅当 A 为正规矩阵。

推论 8.1.1　A 如定理 8.1.1 所设,则有

1. $|\lambda_i|\leqslant n\max\limits_{i,j}|a_{ij}|$　　(8.2)
2. $|\mathrm{Re}(\lambda_i)|\leqslant n\max\limits_{i,j}|b_{ij}|$　　(8.3)
3. $|\mathrm{Im}(\lambda_i)|\leqslant n\max\limits_{i,j}|c_{ij}|$　　(8.4)

证明　根据定理 8.1.1 的证明可得

$$U^{H}BU=U^{H}(A+A^{H})U/2=(T+T^{H})/2$$
$$U^{H}CU=U^{H}(A-A^{H})U/2=(T-T^{H})/2$$

故有

$$\sum_{i=1}^{n}\left|\frac{\lambda_i+\overline{\lambda_i}}{2}\right|^2+\sum_{j=1}^{n}\sum_{i=1}^{j-1}\frac{|t_{ij}|^2}{2}=\sum_{i=1}^{n}\sum_{j=1}^{n}|b_{ij}|^2$$
$$\sum_{i=1}^{n}\left|\frac{\lambda_i-\overline{\lambda_i}}{2}\right|^2+\sum_{j=1}^{n}\sum_{i=1}^{j-1}\frac{|t_{ij}|^2}{2}=\sum_{i=1}^{n}\sum_{j=1}^{n}|c_{ij}|^2$$

亦即

$$\sum_{i=1}^{n}|\mathrm{Re}(\lambda_i)|^2\leqslant\sum_{i=1}^{n}\sum_{j=1}^{n}|b_{ij}|^2\leqslant n^2\max_{i,j}|b_{ij}|^2$$
$$\sum_{i=1}^{n}|\mathrm{Im}(\lambda_i)|^2\leqslant\sum_{i=1}^{n}\sum_{j=1}^{n}|c_{ij}|^2\leqslant n^2\max_{i,j}|c_{ij}|^2$$

又由 Schur 不等式

$$\sum_{i=1}^{n}|\lambda_i|^2\leqslant\sum_{j=1}^{n}\sum_{i=1}^{n}|a_{ij}|^2\leqslant n^2\max_{i,j}|a_{ij}|^2$$

由以上三个不等式显然可推知推论 8.1.2 成立。

推论 8.1.2　若 A 是实矩阵,则更有

$$|\mathrm{Im}(\lambda_i)|\leqslant\sqrt{\frac{n(n-1)}{2}}\max_{i,j}|c_{ij}| \tag{8.5}$$

证明　根据上述推论,已有不等式

$$\sum_{i=1}^{n}|\mathrm{Im}(\lambda_i)|^2\leqslant\sum_{i=1}^{n}\sum_{j=1}^{n}|c_{ij}|^2$$

注意到当 A 是实矩阵时,$C=(A-A^{H})/2$ 的主对角元 $c_{ii}=0(i=1,2,\cdots,n)$ 故上可改写为

$$\sum_{i=1}^{n}|\mathrm{Im}(\lambda_i)|^2\leqslant\sum_{i\neq j}\sum|c_{ij}|^2\leqslant n(n-1)\max_{i,j}|c_{ij}|^2$$

再注意到 $\boldsymbol{A}$ 是实方阵，它的特征多项式是实系数的，那么对于 $\boldsymbol{A}$ 的复特征值是共轭成对出现。不妨设共有 S 对复特征值，这时上面的不等式的左端为

$$\sum_{i=1}^{n} |\operatorname{Im}(\lambda_i)|^2 = 2\sum_{i=1}^{s} |\operatorname{Im}(\lambda_i)|^2$$

从而有

$$2\sum_{i=1}^{s} |\operatorname{Im}(\lambda_i)|^2 \leqslant n(n-1)\max_{i,j}|c_{ij}|^2$$

$$\sum_{i=1}^{s} |\operatorname{Im}(\lambda_i)|^2 \leqslant \frac{n(n-1)}{2}\max_{i,j}|c_{ij}|^2$$

这样便证得

$$|\operatorname{Im}(\lambda_i)| \leqslant \sqrt{\frac{n(n-1)}{2}}\max_{i,j}|c_{ij}|$$

由推论 8.1.1 可以得到结论：Hermite 矩阵的特征值皆实数，这是因为 $c_{ij}=0$，故

$$|\operatorname{Im}(\lambda_i)| = 0$$

且反 Hermite 矩阵的特征值皆虚数，这是因为 $b_{ij}=0$，故

$$|\operatorname{Re}(\lambda_i)| = 0$$

当然由推论 8.1.2 可以得到结论：实对称阵的特征值皆实数。

例 1 估计矩阵 $\boldsymbol{A}=\begin{bmatrix}1 & -0.8\\ 0.5 & 0\end{bmatrix}$ 的特征值上界。

解 应用推论 8.1.1

$$\max_{i,j}|a_{ij}| = 1 \quad \max_{i,j}|b_{ij}| = 1 \quad \max_{i,j}|c_{ij}| = 0.65$$

从而

$$|\lambda| \leqslant 2, |\operatorname{Re}(\lambda)| \leqslant 2, |\operatorname{Im}(\lambda)| \leqslant 1.3$$

若用推论 8.1.2 估计 $\operatorname{Im}(\lambda)$，则

$$|\operatorname{Im}(\lambda)| \leqslant \sqrt{\frac{2\times 1}{2}} \times 0.65 = 0.65$$

实际上 $\boldsymbol{A}$ 的两个特征值 $\lambda_{1,2}=\dfrac{1\pm\sqrt{0.6\mathrm{i}}}{2}$，从而 $|\lambda|\approx 0.63$，$|\operatorname{Re}(\lambda)|=0.5$，$|\operatorname{Im}(\lambda)|\approx 0.39$。

例 1 表明，在估计实矩阵的特征值的虚部上界时，推论 8.1.2 的结果优于推论 8.1.1 的结果。

8.2 圆盘定理

上一节对矩阵 $\boldsymbol{A}$ 的特征值的界做了大致的估计，本节将对矩阵 $\boldsymbol{A}$ 的特征值在复平面上的位置做出更准确的估计，这就是圆盘定理，在此定理之前先给出一个定理。

定理 8.2.1 如果 $\boldsymbol{A}\in C^{n\times n}$，$\boldsymbol{A}=(a_{ij})$ 是行对角占优的，即满足

$$|a_{ii}| > \sum_{\substack{j=1 \\ j\neq i}}^{n} |a_{ij}| \quad (i = 1,2,\cdots,n)$$

则 **A** 是非奇异的。

证明　反证法。若 $\det(\boldsymbol{A}) = 0$，则线性方程组 $\boldsymbol{A\chi} = \boldsymbol{0}$ 有非 **0** 解 $\boldsymbol{\chi} = (x_1, x_2, \cdots, x_n)^{\mathrm{T}}$，设

$$|x_k| = \max_i |x_i|$$

则显然 $x_k \neq 0$。那么便有

$$|a_{kk}||x_k| = |-\sum_{j\neq k}^{n} a_{kj}x_j| \leqslant \sum_{j\neq k}^{n} |a_{kj}||x_j|$$

$$\leqslant |x_k| \sum_{j\neq k}^{n} |a_{kj}|$$

从而推出　$|a_{kk}| \leqslant \sum_{\substack{j=1 \\ j\neq k}}^{n} |a_{ij}|$，这与假设矛盾。

推论 8.2.1　如果 $\boldsymbol{A} \in C^{n\times n}$ 是列对角占优，即满足

$$|a_{jj}| > \sum_{\substack{i=1 \\ i\neq j}}^{n} |a_{ij}| \quad (j = 1,2,\cdots,n)$$

则 **A** 是非奇异的。

定理 8.2.2（Gerschgorin 定理）　设 $\boldsymbol{A} \in C^{n\times n}$，$\boldsymbol{A} = (a_{ij})$ 则它的 n 个特征值都落在复平面上的 n 个圆盘

$$D_i(\boldsymbol{A}) = \{z \mid |z - a_{ii}| \leqslant Ri\}, i = 1,2,\cdots,n \tag{8.6}$$

的并集（$\bigcup_{i=1}^{n} D_i(\boldsymbol{A})$）中，其中 $Ri = \sum_{\substack{j=1 \\ j\neq i}}^{n} |a_{ij}|$。

证明　对于 **A** 的任一特征值 λ_i，都有

$$|\lambda_i \boldsymbol{E} - \boldsymbol{A}| = 0$$

根据定理 8.2.1，矩阵 $(\lambda_i \boldsymbol{E} - \boldsymbol{A})$ 一定不是行对角占优的，即至少存在一个 k，使得

$$|\lambda_i - a_{kk}| \leqslant R_k$$

成立，这表明 $\lambda_i \in D_k(\boldsymbol{A}) \subset \bigcup_{i=1}^{n} D_i(\boldsymbol{A})$。

例 1　估计矩阵

$$\boldsymbol{A} = \begin{bmatrix} 1 & -1/2 & -1/2 & 0 \\ -1/2 & 3/2 & \mathrm{i} & 0 \\ 0 & -\mathrm{i}/2 & 5 & \mathrm{i}/2 \\ -1 & 0 & 0 & 5\mathrm{i} \end{bmatrix}$$

的特征值分布范围。

解　由 A 可知

$$a_{11} = 1, a_{22} = 3/2, a_{33} = 5, a_{44} = 5\mathrm{i}$$

由定理 8.2.2 指定的四个圆盘为

$$D_1(\boldsymbol{A}) = \{z \mid |z - 1| \leqslant 1\}$$

$$D_2(\boldsymbol{A}) = \{z \mid |z - \frac{3}{2}| \leqslant \frac{3}{2}\}$$

$$D_3(\boldsymbol{A}) = \{z \mid |z-5| \leqslant 1\}$$
$$D_4(\boldsymbol{A}) = \{z \mid |z-5\mathrm{i}| \leqslant 1\}$$

$\boldsymbol{A}$ 的 4 个特征值都落在复平面上由图 8.1 所确定的四个圆盘的并集中。

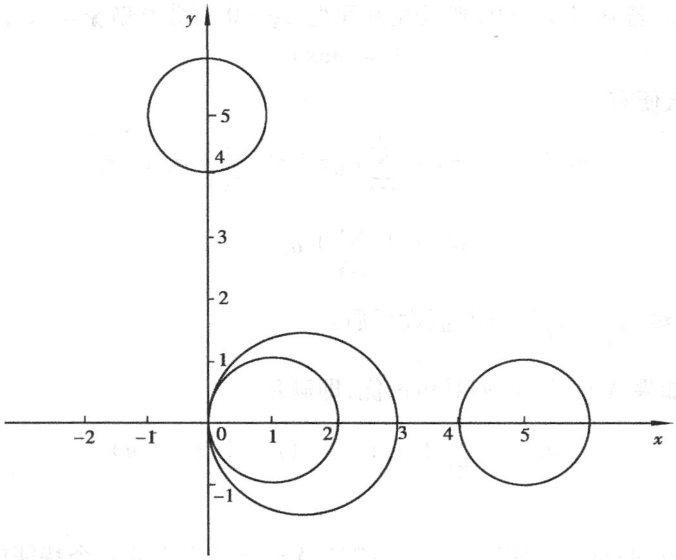

图 8.1

在例 1 中 D_1 与 D_2 重叠在一起(一般地可能两个圆相交),D_1 和 D_2 的并集就构成一个连通域,通常称相交的几个圆盘所构成的连通域为并集 $\bigcup_{i=1}^{n} D_i$ 的一个连通部分,独立的一个圆盘也称为并集的一个连通部分。例 1 中的并集是由 3 个连通部分组成。定理 8.2.2 只说明矩阵 $\boldsymbol{A}$ 的全部特征值在复平面上 n 个圆盘的并集中,并没有说清楚那个连通部分有几个特征值。下面的圆盘定理 2 给出更详细的结果。

定理 8.2.3(圆盘定理 2)　设 $\boldsymbol{G}$ 是 $\boldsymbol{A}$ 的 m 个圆盘组成的任一连通部分,则在 $\boldsymbol{G}$ 中必有且只有 $\boldsymbol{A}$ 的 m 个特征值(主对角线上有相同元素时须重复计算,有相同特征值时也须按重数重复计算)。

上述定理说明,孤立的盘中含有且只含有 $\boldsymbol{A}$ 的一个特征值,两个圆盘构成的连通部分含有 $\boldsymbol{A}$ 的 2 个特征值,但不保证每一个圆盘中都有 $\boldsymbol{A}$ 的 1 个特征值。

例 2　估计矩阵

$$\boldsymbol{A} = \begin{bmatrix} 0 & -0.4 \\ 0.9 & 1 \end{bmatrix}$$

的特征值的分布范围。

解　由定理 8.2.2,$\boldsymbol{A}$ 的特征值分布在复平面上下面两个圆盘中

$$|z-1| \leqslant 0.9, \quad |z| \leqslant 0.4$$

如图 8.2 所示,这里两个圆盘构成一个连通部分。

求出 $\boldsymbol{A}$ 的特征值

$$|\lambda \boldsymbol{E} - \boldsymbol{A}| = \lambda^2 - \lambda + 0.36$$

$\boldsymbol{A}$ 的两个特征值为

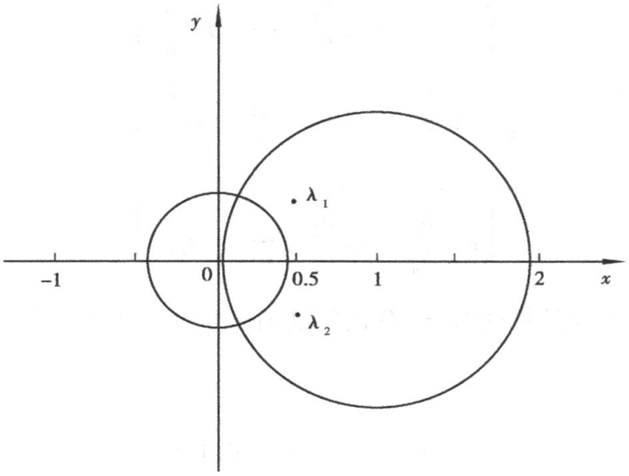

图 8.2

$$\lambda_1 = \frac{1 + \sqrt{0.44}\mathrm{i}}{2}$$

$$\lambda_2 = \frac{1 - \sqrt{0.44}\mathrm{i}}{2}$$

那么 λ_1 与 λ_2 的模为

$$|\lambda_1| = |\lambda_2| = 0.6 > 0.4$$

可见两个特征值都不在圆盘 $|z| \leqslant 0.4$ 中,而同落在圆盘 $|z-1| \leqslant 0.9$ 中。

如果 $\boldsymbol{A}$ 的 n 个圆盘两两互不相交,则 $\boldsymbol{A}$ 有 n 个互异的特征值,从而有

推论 8.2.2　如果方阵 $\boldsymbol{A} \in C^{n\times n}$ 有 n 个两两互不相交的圆盘,则 $\boldsymbol{A}$ 相似于对角阵。

推论 8.2.3　如果方阵 $\boldsymbol{A} \in R^{n\times n}$ 有 n 个两两互不相交的圆盘,则 $\boldsymbol{A}$ 的特征值皆为实数。

证明　实方阵 $\boldsymbol{A}$ 的圆盘的圆心都位于实轴上。由于这些圆盘两两互不相交,所以有 n 个互异特征值分含于每一个圆盘中。实方阵 $\boldsymbol{A}$ 的特征多项式是实系数,它若有复根(虚部不为 0)的话,必是共轭成对的,这与每个圆盘中只有一个特征值矛盾。

为了进一步改善圆盘定理估计特征值的准确性,引进下面的定理。

定理 8.2.4　设 $\boldsymbol{A}$ 是 n 级方阵,$b_1, b_2, \cdots, b_n$ 是一组正数,记

$$r_i = \sum_{\substack{j=1\\ j\neq i}}^{n} |a_{ij}| \frac{b_j}{b_i}, G_i = \{z \mid |z - a_{ii}| \leqslant r_i\} \quad (i = 1, 2, \cdots, n) \tag{8.7}$$

则 $\boldsymbol{A}$ 的特征值都在并集 $\bigcup\limits_{i=1}^{n} G_i$ 中。

证明　记矩阵 $\boldsymbol{B} = \mathrm{diag}(b_1, b_2, \cdots, b_n)$,因 $b_i > 0(i = 1, 2, \cdots, n)$,故 B 是可逆阵,且

$$\boldsymbol{D} = \boldsymbol{B}^{-1}\boldsymbol{A}\boldsymbol{B} = \begin{bmatrix} b_1^{-1} & & & \\ & b_2^{-1} & & \\ & & \ddots & \\ & & & b_n^{-1} \end{bmatrix} \begin{bmatrix} a_{11} & a_{12} & \cdots & a_{1n} \\ a_{21} & a_{22} & \cdots & a_{2n} \\ \vdots & \vdots & & \vdots \\ a_{n1} & a_{n2} & \cdots & a_{nn} \end{bmatrix} \begin{bmatrix} b_1 & & & \\ & b_2 & & \\ & & \ddots & \\ & & & b_n \end{bmatrix}$$

$$=\begin{bmatrix} a_{11} & a_{12}\frac{b_2}{b_1} & \cdots & a_{n1}\frac{b_n}{b_1} \\ a_{21}\frac{b_1}{b_2} & a_{22} & \cdots & a_{2n}\frac{b_n}{b_2} \\ \vdots & \vdots & & \vdots \\ a_{n1}\frac{b_1}{b_n} & a_{n2}\frac{b_2}{b_n} & \cdots & a_{nn} \end{bmatrix}$$

因为 D 与 A 相似,故有相同的特征值,而 D 的特征值由定理 8.2.2 知应在并集 $\bigcup_{i=1}^{n} G_i$ 中。

例 3 估计矩阵

$$A=\begin{bmatrix} 1 & 0.02 & 0.11 \\ 0.01 & 0.9 & 0.14 \\ 0.02 & 0.01 & 0.5 \end{bmatrix}$$

的特征值的分布范围。

解 由定理 8.2.2 及定理 8.2.3,A 的特征值分布在下面三个圆盘

$$D_1: |z-1| \leqslant 0.13$$
$$D_2: |z-0.9| \leqslant 0.15$$
$$D_3: |z-0.5| \leqslant 0.03$$

所组成的并集中,其中 D_1 与 D_2 组成一个连通部分,D_3 是孤立的一个连通部分,那么在$D_1 \cup D_2$ 中有 A 的两个特征值,在 D_3 中有一个 A 的特征值。为了得到更精确的结果,选正实数$b_1=b_2=1,b_3=\frac{1}{10}$,做矩阵 $B=\mathrm{diag}(1,1,\frac{1}{10})$,则

$$D=B^{-1}AB=\begin{bmatrix} 1 & 0.02 & 0.011 \\ 0.01 & 0.9 & 0.014 \\ 0.2 & 0.1 & 0.5 \end{bmatrix}$$

与 A 相似,而 D 的特征值分布在下面三个圆盘

$$G_1: |z-1| \leqslant 0.031$$
$$G_2: |z-0.9| \leqslant 0.024$$
$$G_3: |z-0.5| \leqslant 0.3$$

的并集中。圆盘 G_1,G_2,G_3 是分隔开的,特别 $D_3 \subset G_3$,所以 A 的特征值分布在三个孤立的圆盘 G_1,G_2,D_3 中。

再给一个推论。

推论 8.2.4 设 A 是 n 阶实方阵,且

$$a_{ii} > \sum_{\substack{j=1 \\ j\neq i}}^{n} |a_{ij}| \quad i=1,2,\cdots,n$$

则 A 的所有特征值都分布在复平面的右半平面。

证明 只证明 A 的每个特征值 λ 的实部 $\mathrm{Re}(\lambda)>0$ 即可。

由题设条件矩阵 A 是行对角占优矩阵,因此 A 是非奇异矩阵。设 λ 是 A 的任意一个特征

值 $\lambda = a + bi$，当然 $\lambda \neq 0$，由定理 8.2.2，至少存在某 k，$1 \leqslant k \leqslant n$，使

$$|\lambda - a_{kk}| \leqslant \sum_{\substack{j=1 \\ j \neq k}}^{n} |a_{kj}| < a_{kk}$$

即

$$|a + bi - a_{kk}| < a_{kk}$$

故

$$(a - a_{kk})^2 + b^2 < a_{kk}^2$$

从而有

$$0 < a^2 + b^2 < 2aa_{kk}$$

因此 $\mathrm{Re}(\lambda) = a > 0$。

8.3　谱半径的估计

$n \times n$ 矩阵 $\boldsymbol{A}$ 的谱半径的概念及其估计，对于矩阵的幂级数 $\sum_{k=0}^{\infty} a_k \boldsymbol{A}^k$ 的敛散性的研究以及矩阵迭代敛散性问题的讨论都起着重要的作用。本节在谱半径概念的基础上，讨论谱半径的估计。

如前所述，若以 $\lambda_1, \lambda_2, \cdots, \lambda_n$ 表示 $n \times n$ 矩阵 $\boldsymbol{A}$ 的 n 个特征值，则称

$$\rho(\boldsymbol{A}) = \max_i \{|\lambda_i|, i = 1, 2, \cdots, n\}$$

为矩阵 $\boldsymbol{A}$ 的谱半径。

从几何上说，复平面上以原点为圆心，$\rho(\boldsymbol{A})$ 为半径的圆 $|z| \leqslant \rho(\boldsymbol{A})$ 恰好包含 $\boldsymbol{A}$ 的全部特征值，或者说 $\rho(\boldsymbol{A})$ 是复平面上以原点为圆心能包含 $\boldsymbol{A}$ 的全部特征值的圆的半径之最小值。

需注意，谱半径 $\rho(\boldsymbol{A})$ 一般不是矩阵范数。

例如

$$\boldsymbol{A} = \begin{bmatrix} 0 & 0 \\ 1 & 0 \end{bmatrix} \neq 0$$

但 $\rho(\boldsymbol{A}) = 0$，因此 $\rho(\boldsymbol{A})$ 未必满足矩阵范数正定性条件。

又例如

$$\boldsymbol{A} = \begin{bmatrix} 1 & 4 \\ 0 & 1 \end{bmatrix}, \quad \boldsymbol{B} = \begin{bmatrix} 1 & 0 \\ 1 & 1 \end{bmatrix}$$

易求得 $\rho(\boldsymbol{A}) = \rho(\boldsymbol{B}) = 1$，而

$$\boldsymbol{A} + \boldsymbol{B} = \begin{bmatrix} 2 & 4 \\ 1 & 2 \end{bmatrix}$$

不难求得 $\rho(\boldsymbol{A} + \boldsymbol{B}) = 4$，从而有

$$\rho(\boldsymbol{A} + \boldsymbol{B}) = 4 > 2 = \rho(\boldsymbol{A}) + \rho(\boldsymbol{B})$$

因此 $\rho(\boldsymbol{A} + \boldsymbol{B})$ 未必有三角不等式。

下面介绍估计 $\rho(\boldsymbol{A})$ 的方法。

在前面第 5 章曾介绍一个结论：对于矩阵的算子范数 $\|\boldsymbol{A}\|_a$，总有 $\rho(\boldsymbol{A}) \leqslant \|\boldsymbol{A}\|_a$。事实

上这个结论对矩阵的任意范数 $\|\cdot\|$ 都成立的。

定理 8.3.1 设 $\boldsymbol{A}$ 是 $n\times n$ 矩阵，则对任意一种矩阵范数 $\|\boldsymbol{A}\|$，都有

$$\rho(\boldsymbol{A}) \leqslant \|\boldsymbol{A}\| \tag{8.8}$$

证明 设 $\|\cdot\|$ 是 n 阶矩阵的任意一种范数，由第 4 章定理 4.2.5 知必存在 C^n 上与之相容的向量范数 $\|\boldsymbol{\chi}\|_a = \|\boldsymbol{\chi}\boldsymbol{\alpha}^{\mathrm{T}}\|$，$\boldsymbol{\alpha}$ 是 C^n 中固定非零向量。

设 λ 是 $\boldsymbol{A}$ 的任意一个特征值，$\boldsymbol{\xi}$ 是 λ 对应的 $\boldsymbol{A}$ 的特征向量，那么

$$\boldsymbol{A}\boldsymbol{\xi} = \lambda\boldsymbol{\xi}$$

则

$$\|\boldsymbol{A}\boldsymbol{\xi}\|_a = |\lambda|\ \|\boldsymbol{\xi}\|_a \leqslant \|\boldsymbol{A}\|\ \|\boldsymbol{\xi}\|_a$$

所以

$$|\lambda| \leqslant \|\boldsymbol{A}\|$$

当然

$$\rho(\boldsymbol{A}) \leqslant \|\boldsymbol{A}\|$$

推论 8.3.1 设 $\boldsymbol{A}$ 是 $n\times n$ 矩阵，$\boldsymbol{A}=(a_{ij})$ 则

$$(1)\ \rho(\boldsymbol{A}) \leqslant \|\boldsymbol{A}\|_1 = \max_j \sum_{i=1}^{n} |a_{ij}| \tag{8.9}$$

$$(2)\ \rho(\boldsymbol{A}) \leqslant \|\boldsymbol{A}\|_\infty = \max_i \sum_{j=1}^{n} |a_{ij}| \tag{8.10}$$

$$(3)\ \rho(\boldsymbol{A}) \leqslant \min\{\|\boldsymbol{A}\|_1, \|\boldsymbol{A}\|_\infty\} \tag{8.11}$$

推论 8.3.2 设 $\boldsymbol{A}$ 是 $n\times n$ 矩阵，$\boldsymbol{A}=(a_{ij})$，$b_1,b_2,\cdots,b_n$ 是 n 个正实数，记

$$r_1 = \max_i\left\{\sum_{j=1}^{n} |a_{ij}|\frac{b_j}{b_i}, i=1,2,\cdots,n\right\}$$

$$r_2 = \max_j\left\{\sum_{i=1}^{n} |a_{ij}|\frac{b_j}{b_i}, j=1,2,\cdots,n\right\}$$

则

$$\rho(\boldsymbol{A}) \leqslant \min\{r_1,r_2\}$$

证明 做矩阵 $\boldsymbol{B}$

$$\boldsymbol{B} = \mathrm{diag}(b_1,b_2,\cdots,b_n)$$

则 $\boldsymbol{B}$ 为可逆矩阵，且

$$\boldsymbol{B}^{-1} = \mathrm{diag}(b_1^{-1},b_2^{-1},\cdots,b_n^{-1})$$

从而有

$$\boldsymbol{B}^{-1}\boldsymbol{A}\boldsymbol{B} = \begin{bmatrix} a_{11} & a_{12}\dfrac{b_2}{b_1} & \cdots & a_{1n}\dfrac{b_n}{b_1} \\ a_{21}\dfrac{b_1}{b_2} & a_{22} & \cdots & a_{2n}\dfrac{b_n}{b_2} \\ \vdots & \vdots & & \vdots \\ a_{n1}\dfrac{b_1}{b_n} & a_{n2}\dfrac{b_2}{b_n} & \cdots & a_{nn} \end{bmatrix}$$

因为相似矩阵有相同的特征值，从而上述矩阵与 $\boldsymbol{A}$ 有相同的谱半径，而

$$\|\boldsymbol{B}^{-1}\boldsymbol{A}\boldsymbol{B}\|_\infty = r_1 \qquad \|\boldsymbol{B}^{-1}\boldsymbol{A}\boldsymbol{B}\|_1 = r_2$$

由推论 8.3.1 即得

$$\rho(\boldsymbol{A}) = \rho(\boldsymbol{B}^{-1}\boldsymbol{A}\boldsymbol{B}) \leqslant \min\{r_1,r_2\}$$

定理 8.3.2　设 $\boldsymbol{A}=(a_{ij})$ 是 $n\times n$ 的行(列)对角占优矩阵,则

$$\rho(\boldsymbol{A})\leqslant\max_i\{2|a_{ii}|,i=1,2,\cdots,n\}$$

证明　因为 $\boldsymbol{A}$ 是行对角占优,则

$$|a_{ii}|>\sum_{\substack{j=1\\j\neq i}}^{n}|a_{ij}|\quad i=1,2,\cdots,n$$

$$\begin{aligned}\|\boldsymbol{A}\|_\infty&=\max_i\sum_{j=1}^{n}|a_{ij}|,\quad i=1,2,\cdots,n\\&=\max_i\{|a_{ii}|+\sum_{\substack{j=1\\j\neq i}}^{n}|a_{ij}|,i=1,2,\cdots,n\}\\&\leqslant\max_i\{2|a_{ii}|,i=1,2,\cdots,n\}\end{aligned}$$

对于应用广泛的正规矩阵谱半径的估计,可以得到更精确的结果。

定理 8.3.3　设 $\boldsymbol{A}$ 是 $n\times n$ 的正规矩阵,则

$$\rho(\boldsymbol{A})=\|A\|_2\tag{8.12}$$

证明　设正规矩阵 A 的 n 个特征值为 $\boldsymbol{\lambda}_1,\boldsymbol{\lambda}_2,\cdots,\boldsymbol{\lambda}_n$,且其模满足不等式

$$|\lambda_1|\geqslant|\lambda_2|\geqslant\cdots\geqslant|\lambda_n|$$

因此　$\rho(\boldsymbol{A})=|\lambda_1|$。

又因 $\boldsymbol{A}$ 是正规矩阵,故必存在酉矩阵 $\boldsymbol{P}$,使

$$\boldsymbol{P}^{\mathrm{H}}\boldsymbol{AP}=\mathrm{diag}(\lambda_1,\lambda_2,\cdots,\lambda_n)$$

及

$$\boldsymbol{P}^{\mathrm{H}}\boldsymbol{A}^{\mathrm{H}}\boldsymbol{P}=\mathrm{diag}(\overline{\lambda}_1,\overline{\lambda}_2,\cdots,\overline{\lambda}_n)$$

从而有

$$\boldsymbol{P}^{\mathrm{H}}\boldsymbol{A}^{\mathrm{H}}\boldsymbol{AP}=\mathrm{diag}(\overline{\lambda}_1\lambda_1,\overline{\lambda}_2\lambda_2,\cdots,\overline{\lambda}_n\lambda_n)$$

所以 $\boldsymbol{A}^{\mathrm{H}}\boldsymbol{A}$ 的最大特征值为 $\overline{\lambda}_1\lambda_1=|\lambda_1|^2$,根据矩阵算子范数的求法,有

$$\|\boldsymbol{A}\|_2=\sqrt{|\lambda_1|^2}=|\lambda_1|=\rho(\boldsymbol{A})$$

推论 8.3.3　若 $\boldsymbol{A}=\boldsymbol{A}^{\mathrm{H}}$,则 $\rho(\boldsymbol{A})=\|\boldsymbol{A}\|_2$　(8.13)

推论 8.3.4　若 $\boldsymbol{A}^{-1}=\boldsymbol{A}^{\mathrm{H}}$,则 $\rho(\boldsymbol{A})=1$　(8.14)

这时因为 $\boldsymbol{P}^{\mathrm{H}}\boldsymbol{A}^{\mathrm{H}}\boldsymbol{AP}=\boldsymbol{P}^{\mathrm{H}}\boldsymbol{EP}=\boldsymbol{E}$。

推论 8.3.5　设 $\boldsymbol{A}\in C^{n\times n}$,$\boldsymbol{U}$ 为 $n\times n$ 酉矩阵,则

$$\rho(\boldsymbol{AU})\leqslant\|\boldsymbol{A}\|_2\tag{8.15}$$

8.4* 特征值的摄动

8.4.1 对角矩阵摄动特征值估计

设 $\boldsymbol{D}=\mathrm{diag}(\lambda_1,\lambda_2,\cdots,\lambda_n)$,摄动矩阵 $\boldsymbol{\delta}=(\delta_{ij})\in C^{n\times n}$,根据圆盘定理 1,摄动后的矩阵 $\boldsymbol{D}+\boldsymbol{\delta}$ 的所有特征值包含在如下的 n 个圆盘中

$$D_i: | z - \lambda_i - \delta_{ii} | \leqslant \sum_{\substack{j=1 \\ j \neq i}}^{n} | \delta_{ij} | \quad i = 1,2,\cdots,n$$

而上述圆盘又包括在如下圆盘中

$$G_i: | z - \lambda_i | \leqslant \sum_{j=1}^{n} | \delta_{ij} | \quad i = 1,\cdots,n$$

所以对应矩阵 $\boldsymbol{D}+\boldsymbol{\delta}$ 的特征值 $\tilde{\lambda}$,存在 $\boldsymbol{D}$ 的某个特征值 λ_i,使

$$| \tilde{\lambda} - \lambda_i | \leqslant \| \boldsymbol{\delta} \|_{\infty} \tag{8.16}$$

对角矩阵的特征值的摄动的研究是很简单的。但这种估计不能直接推广到一般的矩阵上,不过可以将它们推广到可以对角化矩阵上。

8.4.2 可对角化矩阵摄动特征值估计

定理 8.4.1 设 $\boldsymbol{A}$ 是 n 阶可对角化矩阵,且 $\boldsymbol{P}^{-1}\boldsymbol{AP} = \boldsymbol{\Lambda} = \mathrm{diag}(\lambda_1, \lambda_2, \cdots, \lambda_n)$。令 $\boldsymbol{\delta} = (\delta_{ij})_{n\times n} \in C^{n\times n}$,若 $\tilde{\lambda}$ 是 $\boldsymbol{A}+\boldsymbol{\delta}$ 的特征值,则存在 $\boldsymbol{A}$ 的某个特征值 λ_i,使

$$| \tilde{\lambda} - \lambda_i | \leqslant \| \boldsymbol{P} \|_{\infty} \| \boldsymbol{P}^{-1} \|_{\infty} \| \boldsymbol{\delta} \|_{\infty} = K_{\infty}(\boldsymbol{P}) \| \boldsymbol{\delta} \|_{\infty}$$

其中 $K_{\infty}(\boldsymbol{P}) = \| \boldsymbol{P} \|_{\infty} \| \boldsymbol{P}^{-1} \|_{\infty}$ 是矩阵 $\boldsymbol{P}$ 关于矩阵范数 $\| \cdot \|_{\infty}$ 的条件数。

证明 因为 $\boldsymbol{A}+\boldsymbol{\delta}$ 与 $\boldsymbol{P}^{-1}(\boldsymbol{A}+\boldsymbol{\delta})\boldsymbol{P} = \boldsymbol{\Lambda} + \boldsymbol{P}^{-1}\boldsymbol{\delta P}$ 有相同的特征值,其中 $\boldsymbol{\Lambda} = \mathrm{diag}(\lambda_1, \cdots, \lambda_n) = \boldsymbol{P}^{-1}\boldsymbol{AP}$,由前面的讨论知道,对于 $\boldsymbol{A}+\boldsymbol{\delta}$ 的特征值 $\tilde{\lambda}$,存在 $\boldsymbol{A}$ 的某个特征值 λ_i,使

$$\begin{aligned} | \tilde{\lambda} - \lambda_i | &\leqslant \| \boldsymbol{P}^{-1}\boldsymbol{\delta P} \|_{\infty} \\ &\leqslant \| \boldsymbol{P}^{-1} \|_{\infty} \| \boldsymbol{P} \|_{\infty} \| \boldsymbol{\delta} \|_{\infty} \\ &= K_{\infty}(\boldsymbol{P}) \| \boldsymbol{\delta} \|_{\infty} \end{aligned} \tag{8.17}$$

定理 8.4.2 设 $\boldsymbol{A}$ 是 n 阶可对角化矩阵,即有 $\boldsymbol{P}^{-1}\boldsymbol{AP} = \boldsymbol{\Lambda} = \mathrm{diag}(\lambda_1, \cdots, \lambda_n)$,$\boldsymbol{\delta} = (\delta_{ij}) \in C^{n\times n}$。$\| \cdot \|$ 是这样的矩阵范数,对任一个对角阵 $\boldsymbol{D} = \mathrm{diag}(d_1, d_2, \cdots, d_n)$ 皆有 $\| \boldsymbol{D} \| = \max\limits_i |d_i|$。若 $\tilde{\lambda}$ 是 $\boldsymbol{A}+\boldsymbol{\delta}$ 的特征值,则存在 $\boldsymbol{A}$ 的某个特征值 λ_i,使

$$\min | \tilde{\lambda} - \lambda_i | \leqslant K(\boldsymbol{P}) \| \boldsymbol{\delta} \| \tag{8.18}$$

其中 $K(\cdot)$ 是关于矩阵范数 $\| \cdot \|$ 的条件数。

证明 因为 $\boldsymbol{A}+\boldsymbol{\delta}$ 与 $\boldsymbol{\Lambda} + \boldsymbol{P}^{-1}\boldsymbol{\delta P}$ 有相同的特征值,故可以考虑后一矩阵。若 $\tilde{\lambda}$ 是 $\boldsymbol{\Lambda}+\boldsymbol{P}^{-1}\boldsymbol{\delta P}$ 的特征值,则 $(\tilde{\lambda}\boldsymbol{E} - \boldsymbol{\Lambda} - \boldsymbol{P}^{-1}\boldsymbol{\delta P})$ 奇异,若 $(\tilde{\lambda}\boldsymbol{E} - \boldsymbol{\Lambda})$ 奇异则 $\boldsymbol{A}$ 有某个特征值 λ_i,使 $\tilde{\lambda} = \lambda_i$,(8.18)式成立;若 $(\tilde{\lambda}\boldsymbol{E} - \boldsymbol{\Lambda})$ 非奇异,那么矩阵

$$(\tilde{\lambda}\boldsymbol{E} - \boldsymbol{\Lambda})^{-1}(\tilde{\lambda}\boldsymbol{E} - \boldsymbol{\Lambda} - \boldsymbol{P}^{-1}\boldsymbol{\delta P}) = \boldsymbol{E} - (\tilde{\lambda}\boldsymbol{E} - \boldsymbol{\Lambda})^{-1}\boldsymbol{P}^{-1}\boldsymbol{\delta P}$$

是奇异的,则 1 是 $(\tilde{\lambda}\boldsymbol{E} - \boldsymbol{\Lambda})^{-1}\boldsymbol{P}^{-1}\boldsymbol{\delta P}$ 的一个特征值,可推出 $\| (\tilde{\lambda}\boldsymbol{E} - \boldsymbol{\Lambda})^{-1}\boldsymbol{P}^{-1}\boldsymbol{\delta P} \| \geqslant 1$,又因为

$$\| (\lambda\boldsymbol{E} - \boldsymbol{\Lambda})^{-1}\boldsymbol{P}^{-1}\boldsymbol{\delta P} \| \leqslant \| (\tilde{\lambda}\boldsymbol{E} - \boldsymbol{\Lambda})^{-1} \| \| \boldsymbol{P}^{-1} \| \| \boldsymbol{P} \| \| \boldsymbol{\delta} \|$$

所以有

$$1 \leqslant \max_i \{ | \tilde{\lambda} - \lambda_i |^{-1} \} \leqslant K(\boldsymbol{P}) \| \boldsymbol{\delta} \|$$

即

$$\min_i |\tilde{\lambda}-\lambda_i| \leqslant K(\boldsymbol{P})\ \|\boldsymbol{\delta}\|$$

矩阵范数 $\|\cdot\|_1$，$\|\cdot\|_2$，$\|\cdot\|_\infty$ 都属于定理8.4.2所规定的矩阵范数的例子，读者可以找出不符合定理所规定的矩阵范数例子。

在实际应用中，矩阵 $\boldsymbol{A}=(a_{ij})_{n\times n}$ 内的数 a_{ij} 往往带有误差，记该误差为 δ_{ij}，称 $\boldsymbol{\delta}=(\delta_{ij})_{n\times n}$ 为矩阵 $\boldsymbol{A}$ 的摄动矩阵。$\boldsymbol{\delta}$ 的存在对计算 $\boldsymbol{A}$ 的特征值产生了影响，其影响的大小由公式

$$\frac{|\tilde{\lambda}-\lambda_i|}{\|\boldsymbol{\delta}\|} \leqslant K(\boldsymbol{P}) \tag{8.19}$$

估计。不等式的左边表示因摄动矩阵 $\boldsymbol{\delta}$ 而产生的特征值的相对误差，条件数 $K(\boldsymbol{P})$ 是该相对误差的上界，其中 $\boldsymbol{P},\lambda_i,\tilde{\lambda}$ 如定理8.4.2所示含义。

推论8.4.1　设 $\boldsymbol{A}\in C^{n\times n}$ 是正规矩阵，$\lambda_1,\lambda_2,\cdots,\lambda_n$ 是 $\boldsymbol{A}$ 的特征值，$\boldsymbol{\delta}\in C^{n\times n}$，若 $\tilde{\lambda}$ 是 $\boldsymbol{A}+\boldsymbol{\delta}$ 的特征值，则存在 $\boldsymbol{A}$ 的某个特征值 λ_i 使

$$|\tilde{\lambda}-\lambda_i| \leqslant \|\boldsymbol{\delta}\|_2 \tag{8.20}$$

证明　因为 $\boldsymbol{A}$ 是正规矩阵，故 $\boldsymbol{A}$ 可以酉相似于对角阵，即 $\boldsymbol{U}^{\mathrm{H}}\boldsymbol{A}\boldsymbol{U}=\boldsymbol{\Lambda}=\mathrm{diag}(\lambda_1,\lambda_2,\cdots,\lambda_n)$，而

$$K_2(\boldsymbol{U}) = \|\boldsymbol{U}^{\mathrm{H}}\|_2\,\|\boldsymbol{U}\|_2 = 1$$

所以存在 $\boldsymbol{A}$ 的某个特征值 λ_i，使

$$|\tilde{\lambda}-\lambda_i| \leqslant \|\boldsymbol{\delta}\|$$

值得指出的是，这里并不要求摄动矩阵 $\boldsymbol{\delta}$ 和摄动后的矩阵 $\boldsymbol{A}+\boldsymbol{\delta}$ 是正规的。

8.4.3　不可对角化矩阵摄动特征值估计

下面讨论 $\boldsymbol{A}$ 不是可对角化矩阵的情形。这时还不知道是否能得到像(8.18)式那样简单的不等式，但可导出单特征值受摄动影响的结果。

定义8.1　设 λ 是矩阵 $\boldsymbol{A}$ 的特征值，如果 $\boldsymbol{\zeta}^{\mathrm{H}}\boldsymbol{A}=\lambda\boldsymbol{\zeta}^{\mathrm{H}}$，$\boldsymbol{\zeta}\neq\boldsymbol{0}$，则称 $\boldsymbol{\zeta}$ 是 $\boldsymbol{A}$ 的对应于 λ 的左特征向量；而 $\boldsymbol{A}\boldsymbol{\chi}=\lambda\boldsymbol{\chi}$，$\boldsymbol{\chi}\neq\boldsymbol{0}$ 所确定的特征向量 $\boldsymbol{\chi}$ 称为右特征向量。

引理　设 $\boldsymbol{A}\in C^{n\times n}$，$\lambda$ 是 $\boldsymbol{A}$ 的单特征值(即一重特征根)。$\boldsymbol{\chi}$ 和 $\boldsymbol{\zeta}\in C^n$ 分别是相应于 λ 的右特征向量与左特征向量，则 $\boldsymbol{\zeta}^{\mathrm{H}}\boldsymbol{\chi}\neq 0$。

证明　设 λ 是 $\boldsymbol{A}$ 的单特征值，那么存在酉阵 $\boldsymbol{U}$，使

$$\boldsymbol{U}^{\mathrm{H}}\boldsymbol{A}\boldsymbol{U} = \begin{bmatrix}\lambda & * \\ 0 & \boldsymbol{B}\end{bmatrix}$$

其中 $\boldsymbol{B}\in C^{(n-1)\times(n-1)}$，当然 λ 不是 $\boldsymbol{B}$ 的特征值。因而

$$\boldsymbol{U}^{\mathrm{H}}\boldsymbol{A}\boldsymbol{U}\boldsymbol{\varepsilon}_1 = \begin{bmatrix}\lambda & * \\ 0 & \boldsymbol{B}\end{bmatrix}\boldsymbol{\varepsilon}_1 = \lambda\boldsymbol{\varepsilon}_1 = \lambda\begin{bmatrix}1\\0\\\vdots\\0\end{bmatrix}$$

其中 $\boldsymbol{\varepsilon}_1=(1\ 0\ \cdots\ 0)^{\mathrm{T}}$，说明 $\boldsymbol{\varepsilon}_1$ 是 $\boldsymbol{U}^{\mathrm{H}}\boldsymbol{A}\boldsymbol{U}$ 相应于 λ 的特征向量，又设 $\boldsymbol{\sigma}$ 是矩阵

$$(U^{H}AU)^{H}=U^{H}A^{H}U=\begin{bmatrix}\bar{\lambda} & 0\\ * & B^{H}\end{bmatrix}$$

对应于特征值$\bar{\lambda}$的特征向量,即$U^{H}A^{H}U\sigma=\bar{\lambda}\sigma$,则$\sigma$的第一个分量不为零。事实上,假设$\sigma$的第一个分量为零,即$\sigma=\begin{bmatrix}0\\ \xi_2\\ \vdots\\ \xi_n\end{bmatrix}$,那么$\begin{bmatrix}\xi_2\\ \vdots\\ \xi_n\end{bmatrix}$是$B^{H}$的对应于$\bar{\lambda}$的特征向量,导致$\lambda$是$B$的特征值。这与$\lambda$为$A$的单特征值的条件矛盾。因此$\sigma^{H}\varepsilon_1\neq 0,(U\sigma)^{H}U\varepsilon_1=\sigma^{H}\varepsilon_1\neq 0$。$U\sigma$和$U\varepsilon_1$分别是$A$的对应于$\lambda$的左特征向量和右特征向量。由于$\lambda$是单特征值,所以$\lambda$的左特征子空间和右特征子空间都是一维的,于是$\lambda$的左、右特征向量可分别表示为$\zeta=k_1U\sigma,\chi=k_2U\varepsilon_1$其中$k_1,k_2$是任意非零常数。因而推出

$$\zeta^{H}\chi\neq 0$$

注意,引理中关于"λ是单特征值"的条件是必要的。例如

$$A=\begin{bmatrix}1 & 1\\ 0 & 1\end{bmatrix}$$

有二重特征值$\lambda=1,\zeta=\begin{bmatrix}0\\ 1\end{bmatrix},\chi=\begin{bmatrix}1\\ 0\end{bmatrix}$分别是$A$的关于$\lambda=1$的左、右特征向量,但$\zeta^{T}\chi=0$。

设λ是A的单特征值,χ是对应于λ的右单位特征向量,$\chi^{H}\chi=1$;ζ是对应于λ的左特征向量,使$\zeta^{H}\chi=1$。又设含参变量t的函数矩阵$A(t)(A(0)=A)$在$t=0$及其邻域内可微。则$A(t)$的特征值是$\lambda(t)$,且$\lambda(0)=\lambda$,其对应于$\lambda(t)$的右单位特征向量是$\chi(t),\chi^{H}(t)\chi(t)\equiv 1$;对应于$\lambda(t)$的左特征向量是$\zeta(t),\zeta^{H}(t)\chi(t)\equiv 1$。显然,在$t=0$及其邻域内$\lambda(t)$连续可微,$\chi(0)=\chi,\zeta(0)=\zeta$。

将恒等式$\zeta^{H}(t)\chi(t)\equiv 1$两边对$t$求导,得到

$$\dot{\zeta}^{H}(t)\chi(t)+\zeta^{H}(t)\dot{\chi}(t)=0$$

因$A(t)\chi(t)=\lambda(t)\chi(t)$,故$\zeta^{H}(t)A(t)\chi(t)=\lambda(t)\zeta^{H}(t)\chi(t)=\lambda(t)$,再将此式两端对$t$求导,便得

$$\begin{aligned}\dot{\lambda}(t)&=\dot{\zeta}^{H}(t)A(t)\chi(t)+\zeta^{H}(t)\dot{A}(t)\chi(t)+\zeta^{H}(t)A(t)\dot{\chi}(t)\\ &=\lambda(t)[\dot{\zeta}^{H}(t)\chi(t)+\zeta^{H}(t)\dot{\chi}(t)]+\zeta^{H}(t)\dot{A}(t)\chi(t)\\ &=\zeta^{H}(t)\dot{A}(t)\chi(t)\end{aligned}$$

令$t=0$,得到

$$\dot{\lambda}(0)=\zeta^{H}(0)\dot{A}(0)\chi(0)=\zeta^{H}\dot{A}(0)\chi \tag{8.21}$$

其中 $\chi^{H}\chi=1,\zeta^{H}\chi=1$。

设χ和ζ分别是对应于λ的右特征向量和左特征向量(它们不一定是单位向量),则在(8.21)式中,以$\chi/\sqrt{\chi^{H}\chi}$代替χ,以$\sqrt{\chi^{H}\chi}\zeta^{H}/\zeta^{H}\chi$代替$\zeta^{H}$,便得到等式

$$\dot{\lambda}(0)\zeta^{H}\chi=\zeta^{H}\dot{A}(0)\chi$$

于是可得下述定理。

定理 8.4.3　设含参变量 t 的函数矩阵 $\boldsymbol{A}(t)$ 在 $t=0$ 及其邻域内可微，$\boldsymbol{A}(0)=\boldsymbol{A}$，且 λ 是 $\boldsymbol{A}$ 的单特征值，$\boldsymbol{\chi}$ 和 $\boldsymbol{\zeta}$ 分别是 $\boldsymbol{A}$ 的对应于 λ 的右特征向量和左特征向量。假设对充分小的 t，$\lambda(t)$ 是 $\boldsymbol{A}(t)$ 的特征值，$\lambda(0)=\lambda$，则

$$\dot{\lambda}(0)=\frac{\boldsymbol{\zeta}^{\mathrm{H}}\dot{\boldsymbol{A}}(0)\boldsymbol{\chi}}{\boldsymbol{\zeta}^{\mathrm{H}}\boldsymbol{\chi}} \tag{8.22}$$

(8.22)式表示 $\boldsymbol{A}$ 的单特征值 λ 相对小参数 t 的变化率。

例如，设 λ 是 $\boldsymbol{A}\in C^{n\times n}$ 的单特征值，$\boldsymbol{A}(t)=\boldsymbol{A}+t\boldsymbol{\delta}$，$t\boldsymbol{\delta}$ 是 $\boldsymbol{A}$ 的小摄动，那么在 $t=0$ 处有

$$\frac{\mathrm{d}\lambda}{\mathrm{d}t}=\frac{\boldsymbol{\zeta}^{\mathrm{H}}\boldsymbol{\delta}\boldsymbol{\chi}}{\boldsymbol{\zeta}^{\mathrm{H}}\boldsymbol{\chi}}$$

又如要考虑 $\boldsymbol{A}=(a_{ij})$ 的单特征值相对 a_{ij} 元的变化率，可以令 $\boldsymbol{A}(t)=\boldsymbol{A}+t\boldsymbol{E}_{ij}$，其中 E_{ij} 是 i 行 j 列处元素为 1，其余全为 0 的方阵。那么在 $t=0$ 处有

$$\frac{\partial\lambda}{\partial a_{ij}}=\frac{\overline{y}_i x_j}{\boldsymbol{\zeta}^{\mathrm{H}}\boldsymbol{\chi}}\quad 1\leqslant i,j\leqslant n$$

其中 x_j 是 $\boldsymbol{\chi}$ 的第 j 个分量 $\overline{y}_i$ 是 $\boldsymbol{\zeta}$ 的第 i 个分量的共轭复数。

8.5* 广义特征值

8.5.1 广义特征值，特征向量定义

在力学、物理学及系统工程理论中，常会遇到广义特征值问题。

定义 8.2　设 $\boldsymbol{A},\boldsymbol{B}$ 都 $n\times n$ 阶矩阵，如果对于一个复数 λ，存在非 0(列)向量 $\boldsymbol{\chi}$，使

$$\boldsymbol{A\chi}=\lambda\boldsymbol{B\chi} \tag{8.23}$$

则称复数 λ 为矩阵 $\boldsymbol{A}$ 相对于矩阵 $\boldsymbol{B}$ 的特征值，或称 λ 为 $\boldsymbol{A}$ 与 $\boldsymbol{B}$ 确定的广义特征值，非零向量 $\boldsymbol{\chi}$ 称为与 λ 相应的广义特征向量。

通常形如(8.23)式的特征值问题称为矩阵 $\boldsymbol{A}$ 相对于矩阵 $\boldsymbol{B}$ 的广义特征值问题。显然在 $\boldsymbol{B}=\boldsymbol{E}$ 时，(8.23)式就化为矩阵 $\boldsymbol{A}$ 的一般特征值问题。因此广义特征值问题是一般特征值问题的推广。

一般矩阵 $\boldsymbol{A}$ 和 $\boldsymbol{B}$ 的广义特征值问题，情况比较复杂。如果 $\boldsymbol{B}$ 是满秩阵时，(8.23)式就可化为

$$\boldsymbol{B}^{-1}\boldsymbol{A\chi}=\lambda\boldsymbol{\chi} \tag{8.24}$$

这样就把广义特征值问题(8.23)式，化为矩阵 $\boldsymbol{B}^{-1}\boldsymbol{A}$ 的一般特征值问题解决。

8.5.2 Hermite 矩阵的广义特征向量的性质

在许多科技问题中，$\boldsymbol{A},\boldsymbol{B}$ 都是 Hermite 矩阵即 $\boldsymbol{A}^{\mathrm{H}}=\boldsymbol{A}$，$\boldsymbol{B}^{\mathrm{H}}=\boldsymbol{B}$，且 $\boldsymbol{B}$ 正定。如果用(8.24)式讨论特征值问题，虽然，$\boldsymbol{A},\boldsymbol{B},\boldsymbol{B}^{-1}$ 都是 Hermite 矩阵，但 $\boldsymbol{B}^{-1}\boldsymbol{A}$ 一般不是 Hermite 矩阵，这样就不能直接利用 Hermite 矩阵特征值问题的结论。通常采取以下方法处理。

由于 $\boldsymbol{B}$ 正定,所以存在满秩阵 $\boldsymbol{P}$,使

$$\boldsymbol{B} = \boldsymbol{P}^{\mathrm{H}}\boldsymbol{P}$$

于是(8.23)式化为

$$\boldsymbol{A\chi} = \lambda \boldsymbol{P}^{\mathrm{H}}\boldsymbol{P\chi} \tag{8.25}$$

若记 $\boldsymbol{\zeta} = \boldsymbol{P\chi}$ 则 $\boldsymbol{P}^{-1}\boldsymbol{\zeta} = \boldsymbol{\chi}$ 代入(8.25)式得

$$\boldsymbol{AP}^{-1}\boldsymbol{\zeta} = \lambda \boldsymbol{P}^{\mathrm{H}}\boldsymbol{\zeta}$$

$$(\boldsymbol{P}^{-1})^{\mathrm{H}}\boldsymbol{AP}^{-1}\boldsymbol{\zeta} = \lambda\boldsymbol{\zeta}$$

若记 $\boldsymbol{T} = (\boldsymbol{P}^{-1})^{\mathrm{H}}\boldsymbol{AP}^{-1}$,就有

$$\boldsymbol{T\zeta} = \lambda\boldsymbol{\zeta} \tag{8.26}$$

显然 $\boldsymbol{T}^{\mathrm{H}} = \boldsymbol{T}$,即 $\boldsymbol{T}$ 为 Hermite 矩阵,从而广义特征值问题(8.23)式就化为等价的 Hermite 矩阵 $\boldsymbol{T}$ 的一般特征值问题(8.26)式。即求数 λ,非零向量 $\boldsymbol{\zeta}$,满足 $\boldsymbol{T\zeta} = \lambda\boldsymbol{\zeta}$。由于 $\boldsymbol{T}$ 是 Hermite 矩阵,所以广义特征值 $\lambda_1,\lambda_2,\cdots,\lambda_n$ 都是实数,并且存在由 n 个单位特征向量构成的标准正交向量系 $\boldsymbol{\zeta}_1,\boldsymbol{\zeta}_2,\cdots,\boldsymbol{\zeta}_n$,有

$$\boldsymbol{\zeta}_i^{\mathrm{H}}\boldsymbol{\zeta}_j = \delta_{ij} = \begin{cases} 1 & i = j \\ 0 & i \neq j \end{cases}$$

由于 $\boldsymbol{\zeta}_i = \boldsymbol{P\chi}_i$,从而有

$$\boldsymbol{\zeta}_i^{\mathrm{H}}\boldsymbol{\zeta}_j = (\boldsymbol{P\chi}_i)^{\mathrm{H}}(\boldsymbol{P\chi}_j) = \boldsymbol{\chi}_i^{\mathrm{H}}\boldsymbol{B\chi}_j$$

所以

$$\boldsymbol{\chi}_i^{\mathrm{H}}\boldsymbol{B\chi}_j = \delta_{ij} \quad (i = 1,2,\cdots,n)$$

这时称 $\boldsymbol{\chi}_1,\boldsymbol{\chi}_2,\cdots,\boldsymbol{\chi}_n$ 为 $\boldsymbol{B}$ 共轭向量系。

定理 8.5.1 设 n 阶方阵 $\boldsymbol{A}^{\mathrm{H}} = \boldsymbol{A}$,$\boldsymbol{B}^{\mathrm{H}} = \boldsymbol{B}$,且 $\boldsymbol{B}$ 是正定的,则 $\boldsymbol{B}$ 共轭向量系 $\boldsymbol{\chi}_1,\boldsymbol{\chi}_2,\cdots,\boldsymbol{\chi}_n$ 具有以下性质:

(1)$\boldsymbol{\chi}_i \neq 0 \quad (i = 1,2,\cdots,n)$;

(2)$\boldsymbol{\chi}_1,\boldsymbol{\chi}_2,\cdots,\boldsymbol{\chi}_n$ 线性无关;

(3)λ_i 与 $\boldsymbol{\chi}_i$ 满足方程

$$\boldsymbol{A\chi}_i = \lambda_i\boldsymbol{B\chi}_i \quad (i = 1,2,\cdots,n)$$

(4)若记 $\boldsymbol{Q} = (\boldsymbol{\chi}_1,\boldsymbol{\chi}_2,\cdots,\boldsymbol{\chi}_n)$,则

$$\boldsymbol{Q}^{\mathrm{H}}\boldsymbol{BQ} = \boldsymbol{E}, \boldsymbol{Q}^{\mathrm{H}}\boldsymbol{AQ} = \mathrm{diag}(\lambda_1,\lambda_2,\cdots,\lambda_n)$$

证明 (1)设 $\boldsymbol{\zeta}_i$ 是 Hermite 矩阵 $\boldsymbol{T} = (\boldsymbol{P}^{-1})^{\mathrm{H}}\boldsymbol{AP}^{-1}$ 的特征值 λ_i 所对应的特征向量,那么由 $\boldsymbol{\zeta}_i \neq \boldsymbol{0}$ 及 $\boldsymbol{\zeta}_i = \boldsymbol{P\chi}_i$(其中 $\boldsymbol{P}$ 可逆),可知

$$\boldsymbol{\chi}_i = \boldsymbol{P}^{-1}\boldsymbol{\zeta}_i \neq \boldsymbol{0} \quad (i = 1,2,\cdots,n)$$

(2)设有 $k_1,k_2,\cdots,k_n \in C$,使得 $\boldsymbol{B}$ 共轭向量系 $\boldsymbol{\chi}_1,\boldsymbol{\chi}_2,\cdots,\boldsymbol{\chi}_n$ 的线性组合等于零向量,即

$$k_1\boldsymbol{\chi}_1 + k_2\boldsymbol{\chi}_2 + \cdots + k_n\boldsymbol{\chi}_n = \boldsymbol{0}$$

用 $\boldsymbol{\chi}_i^{\mathrm{H}}\boldsymbol{B}$ 左乘等式两端,得

$$k_1\boldsymbol{\chi}_i^{\mathrm{H}}\boldsymbol{B\chi}_1 + k_2\boldsymbol{\chi}_i^{\mathrm{H}}\boldsymbol{B\chi}_2 + \cdots + k_i\boldsymbol{\chi}_i^{\mathrm{H}}\boldsymbol{B\chi}_i + \cdots + k_n\boldsymbol{\chi}_i^{\mathrm{H}}\boldsymbol{B\chi}_n = 0$$

注意到

$$\boldsymbol{\chi}_i^{\mathrm{H}}\boldsymbol{B\chi}_j = \delta_{ij} = \begin{cases} 1 & i = j \\ 0 & i \neq j \end{cases}$$

从而有

$$k_i\boldsymbol{\chi}_i^{\mathrm{H}}\boldsymbol{B}\boldsymbol{\chi}_i = k_i = 0 \quad (i = 1,2,\cdots,n)$$

因此$\boldsymbol{\chi}_1,\boldsymbol{\chi}_2,\cdots,\boldsymbol{\chi}_n$线性无关。

(3)设有满秩矩阵$\boldsymbol{P}$,使$\boldsymbol{B}=\boldsymbol{P}^{\mathrm{H}}\boldsymbol{P}$,而$\boldsymbol{T}=(\boldsymbol{P}^{-1})^{\mathrm{H}}\boldsymbol{A}\boldsymbol{P}^{-1}$。$\lambda_i$是$\boldsymbol{T}$的一个特征值,对应的特征向量为$\boldsymbol{\zeta}_i$即

$$\boldsymbol{T}\boldsymbol{\zeta}_i = \lambda_i\boldsymbol{\zeta}_i$$

从而有

$$(\boldsymbol{P}^{-1})^{\mathrm{H}}\boldsymbol{A}\boldsymbol{P}^{-1}\boldsymbol{\zeta}_i = \lambda_i\boldsymbol{\zeta}_i$$

$$\boldsymbol{A}\boldsymbol{P}^{-1}\boldsymbol{\zeta}_i = \lambda_i\boldsymbol{P}^{\mathrm{H}}\boldsymbol{\zeta}_i$$

$$\boldsymbol{A}\boldsymbol{P}^{-1}\boldsymbol{\zeta}_i = \lambda_i\boldsymbol{P}^{\mathrm{H}}\boldsymbol{P}\boldsymbol{P}^{-1}\boldsymbol{\zeta}_i$$

由$\boldsymbol{\chi}_i=\boldsymbol{P}^{-1}\boldsymbol{\zeta}_i$及$\boldsymbol{B}=\boldsymbol{P}^{\mathrm{H}}\boldsymbol{P}$,得

$$\boldsymbol{A}\boldsymbol{\chi} = \lambda_i\boldsymbol{B}\boldsymbol{\chi} \quad (i = 1,2,\cdots,n)$$

所以λ_i是广义特征值问题(8.23)式的广义特征值,而$\boldsymbol{\chi}_1,\boldsymbol{\chi}_2,\cdots,\boldsymbol{\chi}_n$是对应的广义特征向量,且$\boldsymbol{\chi}_1,\boldsymbol{\chi}_2,\cdots,\boldsymbol{\chi}_n$线性无关。

(4)设$\boldsymbol{\chi}_1,\boldsymbol{\chi}_2,\cdots,\boldsymbol{\chi}_n$是$\boldsymbol{B}$共轭向量系,由于它们线性无关,则矩阵

$$\boldsymbol{Q} = (\boldsymbol{\chi}_1,\boldsymbol{\chi}_2,\cdots,\boldsymbol{\chi}_n)$$

是满秩的$n\times n$矩阵,又

$$\boldsymbol{\chi}_i^{\mathrm{H}}\boldsymbol{B}\boldsymbol{\chi}_j = \delta_{ij} = \begin{cases}1 & i = j\\ 0 & i \neq j\end{cases} \quad i,j = 1,2,\cdots,n$$

故

$$\boldsymbol{Q}^{\mathrm{H}}\boldsymbol{B}\boldsymbol{Q} = \begin{bmatrix}\boldsymbol{\chi}_1^{\mathrm{H}}\\ \boldsymbol{\chi}_2^{\mathrm{H}}\\ \vdots\\ \boldsymbol{\chi}_n^{\mathrm{H}}\end{bmatrix}\boldsymbol{B}(\boldsymbol{\chi}_1,\boldsymbol{\chi}_2,\cdots,\boldsymbol{\chi}_n)$$

$$= \begin{bmatrix}\boldsymbol{\chi}_1^{\mathrm{H}}\boldsymbol{B}\boldsymbol{\chi}_1 & \boldsymbol{\chi}_1^{\mathrm{H}}\boldsymbol{B}\boldsymbol{\chi}_2 & \cdots & \boldsymbol{\chi}_1^{\mathrm{H}}\boldsymbol{B}\boldsymbol{\chi}_n\\ \boldsymbol{\chi}_2^{\mathrm{H}}\boldsymbol{B}\boldsymbol{\chi}_1 & \boldsymbol{\chi}_2^{\mathrm{H}}\boldsymbol{B}\boldsymbol{\chi}_2 & \cdots & \boldsymbol{\chi}_2^{\mathrm{H}}\boldsymbol{B}\boldsymbol{\chi}_n\\ \vdots & \vdots & & \vdots\\ \boldsymbol{\chi}_n^{\mathrm{H}}\boldsymbol{B}\boldsymbol{\chi}_1 & \boldsymbol{\chi}_n^{\mathrm{H}}\boldsymbol{B}\boldsymbol{\chi}_2 & \cdots & \boldsymbol{\chi}_n^{\mathrm{H}}\boldsymbol{B}\boldsymbol{\chi}_n\end{bmatrix}$$

$$= \begin{bmatrix}1 & & 0\\ & 1 & \\ & & \ddots & \\ & 0 & & 1\end{bmatrix}$$

$$\boldsymbol{Q}^{\mathrm{H}}\boldsymbol{A}\boldsymbol{Q} = \begin{bmatrix}\boldsymbol{\chi}_1^{\mathrm{H}}\\ \boldsymbol{\chi}_2^{\mathrm{H}}\\ \vdots\\ \boldsymbol{\chi}_n^{\mathrm{H}}\end{bmatrix}(\boldsymbol{A}\boldsymbol{\chi}_1,\boldsymbol{A}\boldsymbol{\chi}_2,\cdots,\boldsymbol{A}\boldsymbol{\chi}_n)$$

$$
=\begin{bmatrix} \boldsymbol{\chi}_1^{\mathrm{H}} \\ \boldsymbol{\chi}_2^{\mathrm{H}} \\ \vdots \\ \boldsymbol{\chi}_n^{\mathrm{H}} \end{bmatrix}(\lambda_1\boldsymbol{B\chi}_1,\lambda_2\boldsymbol{B\chi}_2,\cdots,\lambda_n\boldsymbol{B\chi}_n)
$$

$$
=\begin{bmatrix} \lambda_1\boldsymbol{\chi}_1^{\mathrm{H}}\boldsymbol{B\chi}_1 & \lambda_2\boldsymbol{\chi}_1^{\mathrm{H}}\boldsymbol{B\chi}_2 & \cdots & \lambda_n\boldsymbol{\chi}_1^{\mathrm{H}}\boldsymbol{B\chi}_n \\ \lambda_1\boldsymbol{\chi}_2^{\mathrm{H}}\boldsymbol{B\chi}_1 & \lambda_2\boldsymbol{\chi}_2^{\mathrm{H}}\boldsymbol{B\chi}_2 & \cdots & \lambda_n\boldsymbol{\chi}_2^{\mathrm{H}}\boldsymbol{B\chi}_n \\ \vdots & \vdots & & \vdots \\ \lambda_1\boldsymbol{\chi}_n^{\mathrm{H}}\boldsymbol{B\chi}_1 & \lambda_2\boldsymbol{\chi}_n^{\mathrm{H}}\boldsymbol{B\chi}_2 & \cdots & \lambda_n\boldsymbol{\chi}_n^{\mathrm{H}}\boldsymbol{B\chi}_n \end{bmatrix}
$$

$$
=\begin{bmatrix} \lambda_1 & & & 0 \\ & \lambda_2 & & \\ & & \ddots & \\ 0 & & & \lambda_n \end{bmatrix}
$$

习 题 8

1. 证明:实对称矩阵 $\boldsymbol{A}$ 的所有特征值在区间 $[a,b]$ 上的充分必要条件是对任何 $\lambda_0<a$，$\boldsymbol{A}-\lambda_0\boldsymbol{E}$是正定矩阵;而对任何 $\lambda_0>b$，$\boldsymbol{A}-\lambda_0\boldsymbol{E}$ 是负定矩阵。

2. 设 $\boldsymbol{A},\boldsymbol{B}$ 都是实对称矩阵，$\boldsymbol{A}$ 的一切特征值在区间 $[a,b]$ 上，$\boldsymbol{B}$ 的一切特征值在区间 $[c,d]$ 上，试利用 1 题的结论证明：$\boldsymbol{A}+\boldsymbol{B}$ 的特征值必在区间 $[a+c,b+d]$ 上。

3. 设 $\boldsymbol{P}$ 是酉矩阵，$\boldsymbol{A}=\mathrm{diag}(a_1,a_2,\cdots,a_n)$，试证明：$\boldsymbol{PA}$ 的特征值 μ 恒满足不等式

$$m\leqslant|\mu|\leqslant M$$

其中 $m=\min\limits_i(|a_i|,i=1,2,\cdots,n\}$，$M=\max\limits_i\{|a_i|,i=1,2,\cdots,n\}$。

(提示:记属于 μ 的特征向量 $\boldsymbol{\chi}\neq\boldsymbol{0}$，即 $\boldsymbol{PA\chi}=\mu\boldsymbol{\chi}$，注意到 $|\mu|^2\boldsymbol{\chi}^{\mathrm{H}}\boldsymbol{\chi}=\bar{\mu}\mu\boldsymbol{\chi}^{\mathrm{H}}\boldsymbol{\chi}=\boldsymbol{\chi}^{\mathrm{H}}\boldsymbol{A}^{\mathrm{H}}\boldsymbol{A\chi}$，可推得 $m\leqslant|\mu|\leqslant M$)。

4. 用圆盘定理估计矩阵

$$
\boldsymbol{A}=\begin{bmatrix} 1 & 0.1 & 0.2 & 0.3 \\ 0.5 & 3 & 0.1 & 0.2 \\ 1 & 0.3 & -1 & 0.5 \\ 0.2 & -0.3 & -0.1 & -4 \end{bmatrix}
$$

的特征值的分布范围，并在复平面作出示意图。

5. 用圆盘定理估计矩阵

$$
\begin{bmatrix} \mathrm{i} & 0.03 & 0.4 \\ 0.02 & 0 & 1 \\ 0.001 & 0.05 & 2 \end{bmatrix}
$$

的特征值的分布范围。然后适当选择一组正实数 b_1,b_2,b_3，利用推论 8.3.1 对 $\boldsymbol{A}$ 的特征值作更精确的估计(要求 $\boldsymbol{A}$ 的三个圆盘互不相交)。

6. 以 2×2 矩阵为例，举例说明：圆盘定理中两个圆盘构成连通部分，可以在每个圆中各有一个特征值。

7. 证明矩阵

$$\boldsymbol{A}=\begin{bmatrix}\frac{1}{4} & \frac{1}{4} & \frac{1}{4} & \frac{1}{4}\\ \frac{1}{5} & \frac{2}{5} & \frac{1}{5} & \frac{1}{5}\\ \frac{1}{6} & \frac{1}{6} & \frac{3}{6} & \frac{1}{6}\\ \frac{1}{7} & \frac{1}{7} & \frac{1}{7} & \frac{3}{7}\end{bmatrix}$$

的谱半径 $\rho(\boldsymbol{A})<1$。

8. 证明矩阵

$$\boldsymbol{B}=\begin{bmatrix}\frac{1}{4} & \frac{1}{4} & \frac{1}{4} & \frac{1}{4}\\ \frac{1}{5} & \frac{2}{5} & \frac{1}{5} & \frac{1}{5}\\ \frac{1}{6} & \frac{1}{6} & \frac{3}{6} & \frac{1}{6}\\ \frac{1}{7} & \frac{1}{7} & \frac{1}{7} & \frac{4}{7}\end{bmatrix}$$

的谱半径 $\rho(\boldsymbol{B})=1$。

9. 设 λ 和 μ 是 $\boldsymbol{A}$ 的不同特征值，$\boldsymbol{\chi}$ 是对应于 λ 的右特征向量，$\boldsymbol{\zeta}$ 是对应于 μ 的左特征向量，证明：$\boldsymbol{\chi}$ 和 $\boldsymbol{\zeta}$ 是正交的。

10. 设 $\boldsymbol{A}$ 是任意 n 级方阵，证明：$\rho(\boldsymbol{A}^{\mathrm{H}}\boldsymbol{A})=\rho(\boldsymbol{A}\boldsymbol{A}^{\mathrm{H}})=\|\boldsymbol{A}\|_2^2$

第 9 章

矩阵的 Kronecker 积

矩阵的 Kronecker 积，又称为矩阵的直积或张量积，最初起源于群论，物理上用来研究粒子理论。现在它已成功地应用到矩阵论的各个领域中。本章将介绍 Kronecker 积的基本性质，并用它来求解线性矩阵方程和微分方程。

9.1 Kronecker 积的基本性质

9.1.1 Kronecker 积定义

定义 9.1 设 $\boldsymbol{A}=(a_{ij})\in C^{m\times n}$，$\boldsymbol{B}=(b_{ij})\in C^{r\times s}$，$\boldsymbol{A}$ 和 $\boldsymbol{B}$ 的 kronecker 积定义为

$$\boldsymbol{A}\otimes\boldsymbol{B}=\begin{bmatrix} a_{11}\boldsymbol{B} & a_{12}\boldsymbol{B} & \cdots & a_{1n}\boldsymbol{B} \\ a_{21}\boldsymbol{B} & a_{22}\boldsymbol{B} & \cdots & a_{2n}\boldsymbol{B} \\ \vdots & \vdots & & \vdots \\ a_{m1}\boldsymbol{B} & a_{m2}\boldsymbol{B} & \cdots & a_{mn}\boldsymbol{B} \end{bmatrix} \tag{9.1}$$

以后把 Kronecker 积简称为 K 积。$\boldsymbol{A}\otimes\boldsymbol{B}$ 是 $mr\times ns$ 矩阵，共有 mn 个子块，第 (i,j) 位置上是 $r\times s$ 型的子矩阵块 $a_{ij}\boldsymbol{B}$，K 积 $\boldsymbol{A}\otimes\boldsymbol{B}$ 对任何类型的矩阵 $\boldsymbol{A}$ 与 $\boldsymbol{B}$ 都可以定义，仅就此点看，它就比一般的矩阵乘积要优越。

例如，设

$$\boldsymbol{A}=\begin{bmatrix} a_{11} & a_{12} \\ a_{21} & a_{22} \end{bmatrix} \qquad \boldsymbol{B}=\begin{bmatrix} b_{11} & b_{12} \\ b_{21} & b_{22} \end{bmatrix}$$

则

$$\boldsymbol{A}\otimes\boldsymbol{B}=\begin{bmatrix} a_{11}\boldsymbol{B} & a_{12}\boldsymbol{B} \\ a_{21}\boldsymbol{B} & a_{22}\boldsymbol{B} \end{bmatrix}$$

$$
=\left[\begin{array}{cc:cc}
a_{11}b_{11} & a_{11}b_{12} & a_{12}b_{11} & a_{12}b_{12} \\
a_{11}b_{21} & a_{11}b_{22} & a_{12}b_{21} & a_{12}b_{22} \\
\hdashline
a_{21}b_{11} & a_{21}b_{12} & a_{22}b_{11} & a_{22}b_{12} \\
a_{21}b_{21} & a_{21}b_{22} & a_{22}b_{21} & a_{22}b_{22}
\end{array}\right]
$$

显然 K 积的交换律不成立，从 K 积的定义可得到下列结果：

(1) $\boldsymbol{E}\otimes\boldsymbol{A}=\mathrm{diag}(\boldsymbol{A}\ \boldsymbol{A}\ \cdots\ \boldsymbol{A})$

(2) $\boldsymbol{A}\otimes\boldsymbol{E}=\begin{bmatrix} a_{11}\boldsymbol{E} & a_{12}\boldsymbol{E} & \cdots & a_{1n}\boldsymbol{E} \\ a_{21}\boldsymbol{E} & a_{22}\boldsymbol{E} & \cdots & a_{2n}\boldsymbol{E} \\ \vdots & \vdots & & \vdots \\ a_{m1}\boldsymbol{E} & a_{m2}\boldsymbol{E} & \cdots & a_{mn}\boldsymbol{E} \end{bmatrix}$

(3) $\boldsymbol{E}_{mn}=\boldsymbol{E}_m\otimes\boldsymbol{E}_n=\boldsymbol{E}_n\otimes\boldsymbol{E}_m$

(4) $\boldsymbol{O}_{mn}=\boldsymbol{O}_m\otimes\boldsymbol{O}_n$，$\boldsymbol{O}_{mn}$ 是 mn 阶零矩阵

9.1.2　Kronecker 积的性质

矩阵乘法的某些性质对 K 积同样成立，但有些性质有变动。K 积有许多好的性质是通常的矩阵乘积所没有的，正因为如此，K 积在应用上有它的独到之处。

定理 9.1.1　设 μ 是任一常数，则

$$(\mu\boldsymbol{A})\otimes\boldsymbol{B}=\boldsymbol{A}\otimes(\mu\boldsymbol{B})=\mu(\boldsymbol{A}\otimes\boldsymbol{B}) \tag{9.2}$$

证明　$\boldsymbol{A}\otimes(\mu\boldsymbol{B})$ 的第 (i,j) 位置上的矩阵子块是 $a_{ij}(\mu\boldsymbol{B})=\mu(a_{ij}\boldsymbol{B})$，它正是 $\mu(\boldsymbol{A}\otimes\boldsymbol{B})$ 及 $\mu\boldsymbol{A}\otimes\boldsymbol{B}$ 的第 (i,j) 位置上的矩阵子块。

定理 9.1.2　K 积对加法是可分配的，即

$$(\boldsymbol{A}+\boldsymbol{B})\otimes\boldsymbol{C}=\boldsymbol{A}\otimes\boldsymbol{C}+\boldsymbol{B}\otimes\boldsymbol{C} \tag{9.3}$$

$$\boldsymbol{A}\otimes(\boldsymbol{B}+\boldsymbol{C})=\boldsymbol{A}\otimes\boldsymbol{B}+\boldsymbol{A}\otimes\boldsymbol{C} \tag{9.4}$$

证明：只证(9.3)式

$(\boldsymbol{A}+\boldsymbol{B})\otimes\boldsymbol{C}$ 的第 (i,j) 位置上的矩阵子块是

$$(a_{ij}+b_{ij})\boldsymbol{C}$$

而矩阵 $\boldsymbol{A}\otimes\boldsymbol{C}+\boldsymbol{B}\otimes\boldsymbol{C}$ 的第 (i,j) 位置上是 $a_{ij}\boldsymbol{C}+b_{ij}\boldsymbol{C}$，$(a_{ij}+b_{ij})\boldsymbol{C}=a_{ij}C+b_{ij}\boldsymbol{C}$。

定理 9.1.3　K 积有结合律，即

$$\boldsymbol{A}\otimes(\boldsymbol{B}\otimes\boldsymbol{C})=(\boldsymbol{A}\otimes\boldsymbol{B})\otimes\boldsymbol{C} \tag{9.5}$$

留给读者证明。

定理 9.1.4　K 积的转置规则是

$$(\boldsymbol{A}\otimes\boldsymbol{B})^{\mathrm{T}}=\boldsymbol{A}^{\mathrm{T}}\otimes\boldsymbol{B}^{\mathrm{T}} \tag{9.6}$$

证明　$(\boldsymbol{A}\otimes\boldsymbol{B})^{\mathrm{T}}$ 的第 (i,j) 位置上的矩阵子块是 $a_{ji}\boldsymbol{B}^{\mathrm{T}}$，它与 $\boldsymbol{A}^{\mathrm{T}}\otimes\boldsymbol{B}^{\mathrm{T}}$ 的第 (i,j) 位置上的矩阵子块相等。

定理 9.1.5　K 积混合积的规则是

$$(\boldsymbol{A}\otimes\boldsymbol{B})(\boldsymbol{C}\otimes\boldsymbol{D})=\boldsymbol{AC}\otimes\boldsymbol{BD} \tag{9.7}$$

证明　(9.7)式的左端第 (i,j) 位置的子块是 $\boldsymbol{A}\otimes\boldsymbol{B}$ 的第 i 行子块与 $\boldsymbol{C}\otimes\boldsymbol{D}$ 的第 j 列子块对

应相乘之和 $\sum_k a_{ik}c_{kj}\boldsymbol{BD}$。而(9.7)式的右端第$(i,j)$位置的子块是 $\boldsymbol{AC}$ 的第(i,j)位置元素与 $\boldsymbol{BD}$ 之积,即 $\sum_k a_{ik}c_{kj}\boldsymbol{BD}$,,故(9.7)式成立。

例 1　设有两个线性变换

$$\boldsymbol{\chi} = \boldsymbol{A\sigma} \qquad \boldsymbol{\zeta} = \boldsymbol{B\omega}$$

其中 $\boldsymbol{A} \in C^{m\times n}$,$\boldsymbol{B} \in C^{r\times s}$,令 $\boldsymbol{\mu} = \boldsymbol{\chi}\otimes\boldsymbol{\zeta}$,$\boldsymbol{v} = \boldsymbol{\sigma}\otimes\boldsymbol{\omega}$,求 $\boldsymbol{\mu}$ 与 $\boldsymbol{v}$ 之间的线性变换。

解　应用定理9.1.5,得

$$\boldsymbol{\chi}\otimes\boldsymbol{\zeta} = \boldsymbol{A\sigma}\otimes\boldsymbol{B\omega} = (\boldsymbol{A}\otimes\boldsymbol{B})(\boldsymbol{\sigma}\otimes\boldsymbol{\omega})$$

于是 $\boldsymbol{\mu}$ 与 $\boldsymbol{v}$ 之间的线性变换是

$$\boldsymbol{\mu} = (\boldsymbol{A}\otimes\boldsymbol{B})\boldsymbol{v}$$

定理9.1.6　K积的求逆规则是,设 $\boldsymbol{A} \in C^{m\times m}$,$\boldsymbol{B} \in C^{n\times n}$ 可逆,则

$$(\boldsymbol{A}\otimes\boldsymbol{B})^{-1} = \boldsymbol{A}^{-1}\otimes\boldsymbol{B}^{-1} \tag{9.8}$$

证明　由(9.7)式,得

$$(\boldsymbol{A}\otimes\boldsymbol{B})(\boldsymbol{A}^{-1}\otimes\boldsymbol{B}^{-1}) = \boldsymbol{AA}^{-1}\otimes\boldsymbol{BB}^{-1} = \boldsymbol{E}_{mn}$$

定理9.1.7　设 $f(z)$ 是任意一个解析函数,$\boldsymbol{A} \in C^{n\times n}$,则

$$f(\boldsymbol{E}_m\otimes\boldsymbol{A}) = \boldsymbol{E}_m\otimes f(\boldsymbol{A}) \tag{9.9}$$

$$f(\boldsymbol{A}\otimes\boldsymbol{E}_m) = f(\boldsymbol{A})\otimes\boldsymbol{E}_m \tag{9.10}$$

证明　因为 $f(z)$ 解析,故它可表示为收敛的幂级数:$f(\boldsymbol{A}) = \sum_{k=0}^{\infty} a_k\boldsymbol{A}^k$,利用 Cayley-Hamilton 定理将 $f(\boldsymbol{A})$ 化为 $n-1$ 次矩阵多项式

$$f(\boldsymbol{A}) = \sum_{k=0}^{n-1} c_k\boldsymbol{A}^k$$

则得

$$\begin{aligned}f(\boldsymbol{E}_m\otimes\boldsymbol{A}) &= \sum_{k=0}^{n-1} c_k(\boldsymbol{E}_m\otimes\boldsymbol{A})^k\\&= \sum_{k=0}^{n-1}\boldsymbol{E}_m\otimes c_k\boldsymbol{A}^k\\&= \boldsymbol{E}_m\otimes\sum_{k=0}^{n-1} c_k\boldsymbol{A}^k = \boldsymbol{E}_m\otimes f(\boldsymbol{A})\end{aligned}$$

类似证明(9.10)式。

上述定理的一个重要应用是用于指数函数 $f(z) = \mathrm{e}^z$ 上,得

$$\mathrm{e}^{\boldsymbol{E}_m\otimes\boldsymbol{A}} = \boldsymbol{E}_m\otimes\mathrm{e}^{\boldsymbol{A}} \tag{9.11}$$

$$\mathrm{e}^{\boldsymbol{A}\otimes\boldsymbol{E}_m} = \mathrm{e}^{\boldsymbol{A}}\otimes\boldsymbol{E}_m \tag{9.12}$$

定理9.1.8　设 $\boldsymbol{A} \in C^{m\times m}$,$\boldsymbol{B} \in C^{n\times n}$,则

$$T_r(\boldsymbol{A}\otimes\boldsymbol{B}) = T_r(\boldsymbol{A})T_r(\boldsymbol{B}) \tag{9.13}$$

证明　
$$\begin{aligned}T_r(\boldsymbol{A}\otimes\boldsymbol{B}) &= T_r(a_{11}\boldsymbol{B}) + T_r(a_{22}\boldsymbol{B}) + \cdots + T_r(a_{mm}\boldsymbol{B})\\&= a_{11}T_r\boldsymbol{B} + a_{22}T_r\boldsymbol{B} + \cdots + a_{mm}T_r\boldsymbol{B}\\&= T_r(\boldsymbol{A})T_r(\boldsymbol{B})\end{aligned}$$

对于一般的矩阵乘积

$$T_r(\boldsymbol{AB}) \neq T_r(\boldsymbol{A})T_r(\boldsymbol{B})$$

9.2　Kronecker 积的特征值

9.2.1　介绍 Vec 算符

设 $m \times n$ 型矩阵

$$\boldsymbol{A} = \begin{bmatrix} a_{11} & a_{12} & \cdots & a_{1n} \\ a_{21} & a_{22} & \cdots & a_{2n} \\ \vdots & \vdots & & \vdots \\ a_{m1} & a_{m2} & \cdots & a_{mn} \end{bmatrix}$$

记 $\boldsymbol{A}$ 的列向量为 $\boldsymbol{A}_{c1},\boldsymbol{A}_{c2},\cdots,\boldsymbol{A}_{cn}$，记 $\boldsymbol{A}$ 的行向量的转置所成的列向量为 $\boldsymbol{A}_{1r},\boldsymbol{A}_{2r},\cdots,\boldsymbol{A}_{mr}$，即

$$\boldsymbol{A}_{cj} = \begin{bmatrix} a_{1j} \\ a_{2j} \\ \vdots \\ a_{mj} \end{bmatrix} \quad j = 1,2,\cdots,n$$

$$\boldsymbol{A}_{ir} = \begin{bmatrix} a_{i1} \\ a_{i2} \\ \vdots \\ a_{in} \end{bmatrix} \quad i = 1,2,\cdots,m \tag{9.14}$$

于是有

$$\boldsymbol{A} = (\boldsymbol{A}_{c1},\boldsymbol{A}_{c2},\cdots,\boldsymbol{A}_{cn}) = (\boldsymbol{A}_{1r},\boldsymbol{A}_{2r},\cdots,\boldsymbol{A}_{mr})^{\mathrm{T}} \tag{9.15}$$

现在引进一个算符——V_{ec}算符，称它为向量化算符，把它和 K 积配合起来很有用。

定义 9.2　设 $m \times n$ 型矩阵 $\boldsymbol{A} = (\boldsymbol{A}_{c1},\boldsymbol{A}_{c2},\cdots,\boldsymbol{A}_{cn})$，$V_{ec}$算符定义为

$$V_{ec}\boldsymbol{A} = \begin{bmatrix} \boldsymbol{A}_{c1} \\ \boldsymbol{A}_{c2} \\ \vdots \\ \boldsymbol{A}_{cn} \end{bmatrix} \tag{9.16}$$

从定义看，$V_{ec}\boldsymbol{A}$ 是 mn 维列向量。V_{ec}算符作用在矩阵 $\boldsymbol{A}$ 上，就是把 $\boldsymbol{A}$ 的列向量按照在 $\boldsymbol{A}$ 中排列的次序排成列向量。V_{ec}算符是线性的，即对任意常 a,b，有

$$V_{ec}(a\boldsymbol{A} + b\boldsymbol{B}) = aV_{ec}\boldsymbol{A} + bV_{ec}\boldsymbol{B} \tag{9.17}$$

再则，如果矩阵 $\boldsymbol{A}_1,\boldsymbol{A}_2,\cdots,\boldsymbol{A}_k \in C^{m \times n}$作为线性空间中的向量是线性无关的，则 $V_{ec}\boldsymbol{A}_1,V_{ec}\boldsymbol{A}_2,\cdots,V_{ec}\boldsymbol{A}_k$ 作为 C^{mn}中的向量也是线性无关的，反之亦真。下面定理 9.2.1 说明了 V_{ec}算符和 K 积的密切关系。

9.2.2　Vec 算符与 K 积的关系

定理 9.2.1　设 $\boldsymbol{A} \in C^{m \times n}$，$\boldsymbol{D} \in C^{n \times r}$，$\boldsymbol{B} \in C^{r \times s}$，则

$$V_{ec}(\boldsymbol{ADB}) = (\boldsymbol{B}^{\mathrm{T}} \otimes \boldsymbol{A}) V_{ec}\boldsymbol{D} \tag{9.18}$$

证明 现仅就$\boldsymbol{A},\boldsymbol{D},\boldsymbol{B} \in C^{n\times n}$的情况证明,对于一般情况可以类似证明。

对$j=1,2,\cdots,n$列向量$(\boldsymbol{ADB})_{cj}$能表示为

$$(\boldsymbol{ADB})_{cj} = \sum_{k=1}^{n} (\boldsymbol{AD})_{ck} b_{kj} = \sum_{k=1}^{n} (b_{kj}\boldsymbol{A})\boldsymbol{D}_{ck}$$

因此

$$\begin{aligned}(\boldsymbol{ADB})_{cj} &= [b_{1j}\boldsymbol{A}, b_{2j}\boldsymbol{A}, \cdots, b_{nj}\boldsymbol{A}] V_{ec}\boldsymbol{D} \\ &= [(\boldsymbol{B}_{cj})^{T} \otimes \boldsymbol{A}] V_{ec}\boldsymbol{D} = [(\boldsymbol{B}^{T})_{jr} \otimes \boldsymbol{A}] V_{ec}\boldsymbol{D}\end{aligned}$$

例1 已知矩阵方程为

$$\begin{bmatrix} a_{11} & a_{12} \\ a_{21} & a_{22} \end{bmatrix}\begin{bmatrix} x_1 & x_3 \\ x_2 & x_4 \end{bmatrix} = \begin{bmatrix} c_{11} & c_{12} \\ c_{21} & c_{22} \end{bmatrix}$$

这可写成

$$\boldsymbol{AXE} = \boldsymbol{C}$$

因
$$V_{ec}(\boldsymbol{AXE}) = (\boldsymbol{E} \otimes \boldsymbol{A}) V_{ec}\boldsymbol{X} = V_{ec}\boldsymbol{C}$$

故原方程可化为下述方程

$$\begin{bmatrix} a_{11} & a_{12} & 0 & 0 \\ a_{21} & a_{22} & 0 & 0 \\ 0 & 0 & a_{11} & a_{12} \\ 0 & 0 & a_{21} & a_{22} \end{bmatrix}\begin{bmatrix} x_1 \\ x_2 \\ x_3 \\ x_4 \end{bmatrix} = \begin{bmatrix} c_{11} \\ c_{21} \\ c_{12} \\ c_{22} \end{bmatrix}$$

推论 9.2.1 设$\boldsymbol{A} \in C^{m\times m}$,$\boldsymbol{B} \in C^{n\times n}$,$\boldsymbol{D} \in C^{m\times n}$,则

(1) $V_{ec}(\boldsymbol{AD}) = (\boldsymbol{E}_n \otimes \boldsymbol{A}) V_{ec}\boldsymbol{D}$ (9.19)

(2) $V_{ec}(\boldsymbol{DB}) = (\boldsymbol{B}^{\mathrm{T}} \otimes \boldsymbol{E}_m) V_{ec}\boldsymbol{D}$ (9.20)

(3) $V_{ec}(\boldsymbol{AD}+\boldsymbol{DB}) = [(\boldsymbol{E}_n \otimes \boldsymbol{A}) + (\boldsymbol{B}^{\mathrm{T}} \otimes \boldsymbol{E}_m)] V_{ec}\boldsymbol{D}$ (9.21)

证明 在(9.18)式中,令$\boldsymbol{B}=\boldsymbol{E}_n$得(1),令$\boldsymbol{A}=\boldsymbol{E}_m$得(2),根据$V_{ec}$的线性性质可得(3)。

9.2.3 K 积 $A \otimes B$ 的特征值

设二元多项式

$$f(x,y) = \sum_{i,j=0}^{l} c_{ij} x^i y^j \tag{9.22}$$

若$\boldsymbol{A} \in C^{m\times m}$,$\boldsymbol{B} \in C^{n\times n}$,那么

$$f(\boldsymbol{A},\boldsymbol{B}) = \sum_{i,j=0}^{l} c_{ij} \boldsymbol{A}^i \otimes \boldsymbol{B}^j \in C^{mn\times mn} \tag{9.23}$$

例如 $f(x,y) = 2x + xy^3 = 2x^1y^0 + x^1y^3$,则

$$f(\boldsymbol{A},\boldsymbol{B}) = 2\boldsymbol{A} \otimes \boldsymbol{E}_n + \boldsymbol{A} \otimes \boldsymbol{B}^3$$

下面定理给出了$\boldsymbol{A},\boldsymbol{B}$的特征值和矩阵$f(\boldsymbol{A},\boldsymbol{B})$的特征值之间的关系。

定理 9.2.2 设$\boldsymbol{A} \in C^{m\times m}$的特征值是$\lambda_1,\lambda_2,\cdots,\lambda_m$,$\boldsymbol{B} \in C^{n\times n}$的特征值是$\mu_1,\mu_2,\cdots,\mu_n$,则$f(\boldsymbol{A},\boldsymbol{B})$的特征值是$f(\lambda_i,\mu_j)$,$i=1,2,\cdots,m$,$j=1,2,\cdots,n$。

证明 设$\boldsymbol{P}^{-1}\boldsymbol{AP}=\boldsymbol{J}_1$,$\boldsymbol{Q}^{-1}\boldsymbol{BQ}=\boldsymbol{J}_2$,$\boldsymbol{J}_1$和$\boldsymbol{J}_2$是 Jordan 标准形。$\boldsymbol{J}_1^i$是以$\lambda_1^i,\lambda_2^i,\cdots,\lambda_m^i$为主

对角元的上三角矩阵，J_2^j 是以 $\mu_1^j,\mu_2^j,\cdots,\mu_n^j$ 为主对角元的上三角矩阵。从而 $J_1^i \otimes J_2^j$ 也是上三角矩阵。容易验证它的主对角元是 $\lambda_l^i \mu_h^j, l=1,2,\cdots,m,h=1,2,\cdots,n$。因此矩阵 $f(J_1,J_2)$ 是上三角矩阵，且有主对角元 $f(\lambda_l,\mu_h)$，从而 $f(\lambda_l,\mu_h)$ 是 $f(J_1;J_2)$ 的特征值，其中 $l=1,2,\cdots,m$；$h=1,2,\cdots,n$。

剩下的要证明 $f(J_1,J_2)$ 和 $f(A,B)$ 有相同特征值，由(9.7)式

$$\begin{aligned} J_1^i \otimes J_2^j &= P^{-1}A^iP \otimes Q^{-1}B^jQ \\ &= (P^{-1} \otimes Q^{-1})(A^i \otimes B^j)(P \otimes Q) \\ &= (P \otimes Q)^{-1}(A^i \otimes B^j)(P \otimes Q) \end{aligned}$$

所以 $f(J_1,J_2)=(P\otimes Q)^{-1}f(A,B)(P\otimes Q)$

这证明了 $f(J_1,J_2)$ 与 $f(A,B)$ 是相似的，故它们有相同的特征值。

推论 9.2.2　设 $\lambda_1,\cdots,\lambda_m$ 是 $A\in C^{m\times m}$ 的特征值 $\chi_1,\cdots,\chi_m$ 是相应的特征向量；$\mu_1,\cdots,\mu_n$ 是 $B\in C^{n\times n}$ 的特征值，$\zeta_1,\cdots,\zeta_n$ 是相应的特征向量。则 $A\otimes B$ 的 mn 个特征值是 $\lambda_l\mu_h$，对应的特征向量是 $\chi_l\otimes\zeta_h, l=1,2,\cdots,m,h=1,2,\cdots,n$。

证明　因为

$$\begin{aligned} (A \otimes B)(\chi_l \otimes \zeta_h) &= A\chi_l \otimes B\zeta_h \\ &= \lambda_l\chi_l \otimes \mu_h\zeta_h \\ &= \lambda_l\mu_h\chi_l \otimes \zeta_h \end{aligned}$$

9.2.4　K 积的行列式与秩及拟交换性

定理 9.2.3　(K 积的行列式) 设 $A\in C^{m\times m}, B\in C^{n\times n}$，则

$$\det(A \otimes B) = (\det A)^n(\det B)^m \tag{9.24}$$

证明　设 $\lambda_1,\cdots,\lambda_m,\mu_1,\cdots,\mu_n$ 分别是 A 和 B 的特征值，则

$$\det A = \lambda_1\cdots\lambda_m \qquad \det B = \mu_1\cdots\mu_n$$

因此

$$\begin{aligned} \det(A \otimes B) &= \prod_{l,h=1}^{m,n}(\lambda_e\mu_h) \\ &= (\lambda_1^n\prod_{h=1}^{n}\mu_h)(\lambda_2^n\prod_{h=1}^{n}\mu_h)\cdots(\lambda_m^n\prod_{h=1}^{n}\mu_h) \\ &= \prod_{l=1}^{m}\lambda_l^n\prod_{h=1}^{n}\mu_h^m \\ &= (\det A)^n(\det B)^m \end{aligned}$$

定理 9.2.4(K 积的秩)　设 $A\in C^{m\times m}, B\in C^{n\times n}$，则

$$\operatorname{rank}(A \otimes B) = \operatorname{rank}(A)\operatorname{rank}(B) \tag{9.25}$$

证明　设 $\operatorname{rank}(A)=s, \operatorname{rank}(B)=t$

故存在可逆阵 P,Q,K,H 使

$A=PA_1Q, B=KB_1H$，其中 A_1,B_1 分别为 A,B 的标准型

所以

$$\begin{aligned} A \otimes B &= (PA_1Q) \otimes (KB_1H) \\ &= (P \otimes K)(A_1 \otimes B_1)(Q \otimes H) \end{aligned}$$

而 $A_1\otimes B_1$ 的对角线上 st 个 1，秩 $=st$

所以 $\operatorname{rank}(\boldsymbol{A}\otimes\boldsymbol{B})=\operatorname{rank}(\boldsymbol{A}_1\otimes\boldsymbol{B}_1)=st$

K 积与普通矩阵乘法一样,没有交换律,但有所谓的"拟交换性"。

定理 9.2.5 (K 积的拟交换性)设 $\boldsymbol{A}\in C^{m\times n}$,$\boldsymbol{B}\in C^{r\times s}$,则存在置换矩阵 $\boldsymbol{U}_1\in C^{mr\times mr}$,$\boldsymbol{U}_2\in C^{ns\times ns}$使得

$$\boldsymbol{A}\otimes\boldsymbol{B}=\boldsymbol{U}_1(\boldsymbol{B}\otimes\boldsymbol{A})\boldsymbol{U}_2^{-1}\tag{9.26}$$

证明 设 $\boldsymbol{X}=(x_{ij})\in C^{m\times n}$,$\boldsymbol{E}_{ij}\in C^{m\times n}$,其中 $\boldsymbol{E}_{ij}$的行 i 行 j 列处元素为 1,其余元素全为 0。于是

$$\boldsymbol{X}=\sum_{i,j}x_{ij}\boldsymbol{E}_{ij}$$

$$\boldsymbol{X}^{\mathrm{T}}=\sum_{i,j}x_{ij}\boldsymbol{E}_{ij}^{\mathrm{T}}$$

$$V_{ec}\boldsymbol{X}^{\mathrm{T}}=\sum_{i,j}x_{ij}V_{ec}\boldsymbol{E}_{ij}^{\mathrm{T}}$$

$$=(V_{ec}\boldsymbol{E}_{11}^{\mathrm{T}},\cdots,V_{ec}\boldsymbol{E}_{m1}^{\mathrm{T}},\cdots,V_{ec}\boldsymbol{E}_{1n}^{\mathrm{T}},\cdots,V_{ec}\boldsymbol{E}_{mn}^{\mathrm{T}})\begin{bmatrix}x_{11}\\ \vdots\\ x_{m1}\\ \vdots\\ x_{1n}\\ \vdots\\ x_{mn}\end{bmatrix}$$

$$=(V_{ec}\boldsymbol{E}_{11}^{\mathrm{T}},\cdots,V_{ec}\boldsymbol{E}_{m1}^{\mathrm{T}},\cdots,V_{ec}\boldsymbol{E}_{1n}^{\mathrm{T}},\cdots,V_{ec}\boldsymbol{E}_{mn}^{\mathrm{T}})V_{ec}\boldsymbol{X}$$

联系 $V_{ec}\boldsymbol{X}^{\mathrm{T}}$ 和 $V_{ec}\boldsymbol{X}$ 之间的置换矩阵

$$\boldsymbol{U}=(V_{ec}\boldsymbol{E}_{11}^{\mathrm{T}},\cdots,V_{ec}\boldsymbol{E}_{m1}^{\mathrm{T}},\cdots,V_{ec}\boldsymbol{E}_{1n}^{\mathrm{T}},\cdots,V_{ec}\boldsymbol{E}_{mn}^{\mathrm{T}})\tag{9.27}$$

即

$$V_{ec}\boldsymbol{X}^{T}=\boldsymbol{U}V_{ec}\boldsymbol{X}$$

现令 $\boldsymbol{AXB}^{\mathrm{T}}=\boldsymbol{Y}$,转置后 $\boldsymbol{BX}^{\mathrm{T}}\boldsymbol{A}^{\mathrm{T}}=\boldsymbol{Y}^{\mathrm{T}}$,从而由定理 9.2.1

$$V_{ec}\boldsymbol{Y}=(\boldsymbol{B}\otimes\boldsymbol{A})V_{ec}X\tag{9.28}$$

$$V_{ec}\boldsymbol{Y}^{\mathrm{T}}=(\boldsymbol{A}\otimes\boldsymbol{B})V_{ec}\boldsymbol{X}^{\mathrm{T}}\tag{9.29}$$

由前一段证明知,存在 mr 的阶置换阵 $\boldsymbol{U}_1$ 及 ns 阶置换阵 $\boldsymbol{U}_2$,使

$$V_{ec}\boldsymbol{Y}^{\mathrm{T}}=\boldsymbol{U}_1V_{ec}\boldsymbol{Y}\tag{9.30}$$

$$V_{ec}\boldsymbol{X}^{\mathrm{T}}=\boldsymbol{U}_2V_{ec}\boldsymbol{X}\tag{9.31}$$

将(9.30)式与(9.31)式代入(9.28)式,(9.29)式,得到

$$\boldsymbol{U}_1(\boldsymbol{B}\otimes\boldsymbol{A})V_{ec}\boldsymbol{X}=(\boldsymbol{A}\otimes\boldsymbol{B})\boldsymbol{U}_2V_{ec}X$$

由于 $\boldsymbol{X}$ 是任意矩阵,所以

$$\boldsymbol{A}\otimes\boldsymbol{B}=\boldsymbol{U}_1(\boldsymbol{B}\otimes\boldsymbol{A})\boldsymbol{U}_2^{-1}$$

必须指出,置换矩阵 $\boldsymbol{U}_1$ 和 $\boldsymbol{U}_2$ 只取决于 $\boldsymbol{A}$ 与 $\boldsymbol{B}$ 的行数和列数,$\boldsymbol{U}_1$ 和 $\boldsymbol{U}_2$ 的阶数分别是 $\boldsymbol{A}\otimes\boldsymbol{B}$的行数($mr$)和列数($ns$)。

例 2 设

$$\boldsymbol{A}=\begin{bmatrix}a_{11}&a_{12}&a_{13}\\a_{21}&a_{22}&a_{23}\end{bmatrix}\qquad\boldsymbol{B}=\begin{bmatrix}b_{11}&b_{12}\\b_{21}&b_{22}\end{bmatrix}$$

求 U_1 和 U_2，使

$$A \otimes B = U_1(B \otimes A)U_2^{-1}$$

解 $A\otimes B$ 是 4×6 型矩阵，故 $U_1 \in C^{4\times 4}$，$U_2 \in C^{6\times 6}$，由(9.27)式，得到

$$U_1 = (V_{ec}E_{11}^{\mathrm{T}} \quad V_{ec}E_{21}^{\mathrm{T}} \quad V_{ec}E_{12}^{\mathrm{T}} \quad V_{ec}E_{22}^{\mathrm{T}}) = \begin{bmatrix} 1 & 0 & 0 & 0 \\ 0 & 0 & 1 & 0 \\ 0 & 1 & 0 & 0 \\ 0 & 0 & 0 & 1 \end{bmatrix}$$

$$U_2 = (V_{ec}E_{11}^{\mathrm{T}} \quad V_{ec}E_{21}^{\mathrm{T}} \quad V_{ec}E_{12}^{\mathrm{T}} \quad V_{ec}E_{22}^{\mathrm{T}} \quad V_{ec}E_{13}^{\mathrm{T}} \quad V_{ec}E_{23}^{\mathrm{T}}) = \begin{bmatrix} 1 & 0 & 0 & 0 & 0 & 0 \\ 0 & 0 & 1 & 0 & 0 & 0 \\ 0 & 0 & 0 & 0 & 1 & 0 \\ 0 & 1 & 0 & 0 & 0 & 0 \\ 0 & 0 & 0 & 1 & 0 & 0 \\ 0 & 0 & 0 & 0 & 0 & 1 \end{bmatrix}$$

9.2.5 Kronecker 和

定义 9.3 设 $A \in C^{m\times m}$，$B \in C^{n\times n}$，A 和 B 的 Kronecker 和定义为

$$A \oplus_{\mathrm{K}} B = A \otimes E_n + E_m \otimes B \tag{9.32}$$

简称为K和。

定理 9.2.6 设 $\lambda_1,\cdots,\lambda_m$ 是 $A \in C^{m\times m}$ 的特征值，$\chi_1,\cdots,\chi_m$ 是对应的特征向量，$\mu_1,\cdots,\mu_n$ 是 $B \in C^{n\times n}$ 的特征值，$\zeta_1,\cdots,\zeta_n$ 是对应的特征向量，则 $\lambda_l+\mu_h$ 是 $A\oplus_{\mathrm{K}}B$ 的特征值，$\chi_l\otimes\zeta_h$ 是对应的特征向量。$l=1,2,\cdots,m$，$h=1,2,\cdots,n$。

证明 事实上

$$\begin{aligned}(A \oplus_{\mathrm{K}} B)(\chi_l \otimes \zeta_h) &= (A \otimes E_n)(\chi_l \otimes \zeta_h) + (E_m \otimes B)(\chi_l \otimes \zeta_h) \\ &= A\chi_l \otimes \zeta_h + \chi_l \otimes B\zeta_h \\ &= \lambda_l\chi_l \otimes \zeta_h + \chi_l \otimes \mu_h\zeta_h \\ &= (\lambda_l + \mu_h)\chi_l \otimes \zeta_h\end{aligned}$$

例 3 设

$$A = \begin{bmatrix} 1 & -1 \\ 0 & 2 \end{bmatrix} \quad B = \begin{bmatrix} 1 & 0 \\ 2 & -1 \end{bmatrix}$$

则 A 的特征值是 $\lambda_1=1$，$\lambda_2=2$，相应特征向量是 $\chi_1=\begin{pmatrix}1\\0\end{pmatrix}$，$\chi_2=\begin{pmatrix}1\\-1\end{pmatrix}$，$B$ 的特征值是 $\mu_1=1$，$\mu_2=-1$，相应的特征向量是 $\zeta_1=(1,1)^{\mathrm{T}}$，$\zeta_2=(0,1)^{\mathrm{T}}$，因此 A 与 B 的K和为

$$A \oplus_{\mathrm{K}} B = \begin{bmatrix} 2 & 0 & -1 & 0 \\ 2 & 0 & 0 & -1 \\ 0 & 0 & 3 & 0 \\ 0 & 0 & 2 & 1 \end{bmatrix}$$

$A \oplus_K B$ 的特征多项式是

$$\det(\omega E - A \oplus_K B) = \omega(\omega - 1)(\omega - 2)(\omega - 3)$$

故 $A \oplus_K B$ 的特征值与特征向量分别是

$$\omega_1 = 0 = \lambda_1 + \mu_2, \chi_1 \otimes \zeta_2 = (0\ 1\ 0\ 0)^T$$

$$\omega_2 = 1 = \lambda_2 + \mu_2, \chi_2 \otimes \zeta_2 = (0\ 1\ 0\ -1)^T$$

$$\omega_3 = 2 = \lambda_1 + \mu_1, \chi_1 \otimes \zeta_1 = (1\ 1\ 0\ 0)^T$$

$$\omega_4 = 3 = \lambda_2 + \mu_1, \chi_2 \otimes \zeta_1 = (1\ 1\ -1\ -1)^T$$

对一般的矩阵和 $A + B$，当 $AB = BA$ 时，有

$$e^{A+B} = e^A e^B = e^B e^A$$

$$\sin(A + B) = \sin A \cos B + \cos A \sin B$$

当 $AB \neq BA$ 时，上面等式不成立。但对 K 和 $A \oplus_K B$ 而言，并不要求 A 与 B 可交换。

定理 9.2.7　对任何矩阵 $A \in C^{m \times m}, B \in C^{n \times n}$，恒有

$$e^{A \oplus_K B} = e^A \otimes e^B = e^B \otimes e^A \tag{9.33}$$

证明　因为

$$(A \otimes E_n)(E_m \otimes B) = A \otimes B = (E_m \otimes B)(A \otimes E_n)$$

故 $A \otimes E_n$ 和 $E_m \otimes B$ 可交换。于是

$$\begin{aligned} e^{A \oplus_K B} &= e^{(A \otimes E_n + E_m \otimes B)} \\ &= e^{A \otimes E_n} e^{E_m \otimes B} \\ &= (e^A \otimes E_n)(E_m \otimes e^B) \\ &= e^A \otimes e^B \end{aligned}$$

请读者证明下式

$$\sin(A \oplus_K B) = \sin A \otimes \cos B + \cos A \otimes \sin B \tag{9.34}$$

9.3　Kronecker 积的应用

K 积已在许多领域中得到了应用，包括统计、经济、系统控制等。本节，我们只作初步介绍。

和矩阵乘积的微分公式

$$\frac{d}{dt}(AB) = \frac{dA}{dt}B + A\frac{dB}{dt}$$

相似，有矩阵的 K 积微分公式

$$\frac{d}{dt}(A \otimes B) = \frac{dA}{dt} \otimes B + A \otimes \frac{dB}{dt}$$

这是因为 $A \otimes B$ 的第 (i,j) 位置上的矩阵子块对 t 求导数 $\frac{d}{dt}(a_{ij}B)) = \frac{da_{ij}}{dt}B + a_{ij}\frac{dB}{dt}$，它正是矩阵 $\frac{dA}{dt} \otimes B + A\frac{dB}{dt}$ 的第 (i,j) 位置上的子块。

9.3.1 利用 K 积解矩阵方程

问题一　设 $A \in C^{m\times m}, B \in C^{n\times n}, D \in C^{m\times n}$，解矩阵方程

$$AX + XB = D \tag{9.35}$$

利用定理 9.2.1 及其推论，方程(9.35)可化为

$$(E_n \otimes A + B^{\mathrm{T}} \otimes E_m) V_{ec}X = V_{ec}D$$

或写为

$$(B^{\mathrm{T}} \oplus_{\mathrm{K}} A) V_{ec}X = V_{ec}D$$

令 $G = B^{\mathrm{T}} \oplus_{\mathrm{K}} A, \zeta = V_{ec}X, \beta = V_{ec}D$，则方程(9.35)可化为如下标准形式

$$G\zeta = \beta \tag{9.36}$$

方程(9.36)或(9.35)有惟一解的充要条件是 G 为非奇异的，即 G 的所有特征值不为零。根据定理 9.2.6，G 的特征值是 $\lambda_l + \mu_h$，其中 λ_l 和 μ_h 分别是 A 和 B 的特征值。因此方程(9.35)有惟一解的充要条件是 $\lambda_l + \mu_h \neq 0$，即 A 和 $(-B)$ 没有公共的特征值。

若 A 和 $(-B)$ 有公共的特征值，那么方程(9.35)有解的充要条件是 $\mathrm{rank}G = \mathrm{rank}(G, \beta)$。

例 1　解矩阵方程 $AX + XB = D$，其中

(1) $A = \begin{bmatrix} 1 & -1 \\ 0 & 2 \end{bmatrix}$　$B = \begin{bmatrix} -3 & 4 \\ 1 & 0 \end{bmatrix}$　$D = \begin{bmatrix} 1 & 3 \\ -2 & 2 \end{bmatrix}$

(2) $A = \begin{bmatrix} 1 & -1 \\ 0 & 2 \end{bmatrix}$　$B = \begin{bmatrix} -3 & 4 \\ 0 & -1 \end{bmatrix}$　$D = \begin{bmatrix} 0 & 5 \\ 2 & -9 \end{bmatrix}$

解　(1)令 $X = \begin{bmatrix} x_1 & x_3 \\ x_2 & x_4 \end{bmatrix}$，将方程化为(9.37)式形式

$$\begin{bmatrix} -2 & -1 & 1 & 0 \\ 0 & -1 & 0 & 1 \\ 4 & 0 & 1 & -1 \\ 0 & 4 & 0 & 2 \end{bmatrix} \begin{bmatrix} x_1 \\ x_2 \\ x_3 \\ x_4 \end{bmatrix} = \begin{bmatrix} 1 \\ -2 \\ 3 \\ 2 \end{bmatrix}$$

A 的特征值为 $\lambda_1 = 1, \lambda_2 = 2$，$(-B)$ 的特征值为 $\mu_1 = 4, \mu_2 = -1$，它们没有公共的特征值，所以方程有惟一解

$$X = \begin{bmatrix} 0 & 2 \\ 1 & -1 \end{bmatrix}$$

(2)这时 A 和 $(-B)$ 有公共的特征值 $\lambda_1 = \mu_1 = 1$，将方程化为如下形式

$$\begin{bmatrix} -2 & -1 & 0 & 0 \\ 0 & -1 & 0 & 0 \\ 4 & 0 & 0 & -1 \\ 0 & 4 & 0 & 1 \end{bmatrix} \begin{bmatrix} x_1 \\ x_2 \\ x_3 \\ x_4 \end{bmatrix} = \begin{bmatrix} 0 \\ 2 \\ 5 \\ -9 \end{bmatrix}$$

因 $\mathrm{rank}G = \mathrm{rank}(G, \beta) = 3$，故方程有解

$$X = \begin{bmatrix} 1 & 0 \\ -2 & -1 \end{bmatrix} + k\begin{bmatrix} 0 & 1 \\ 0 & 0 \end{bmatrix}$$

其中 k 是任意常数。

问题二　设 $\boldsymbol{A}$、$\boldsymbol{X}\in C^{n\times n}$，$\mu$ 是常数，解矩阵方程

$$\boldsymbol{AX}-\boldsymbol{XA}=\mu\boldsymbol{X} \tag{9.37}$$

利用定理 9.2.1 及其推论，方程(9.37)可化为

$$\boldsymbol{H\zeta}=\mu\boldsymbol{\zeta} \tag{9.38}$$

此处 $\boldsymbol{H}=\boldsymbol{E}_n\otimes\boldsymbol{A}-\boldsymbol{A}^{\mathrm{T}}\otimes\boldsymbol{E}_n$，$\boldsymbol{\zeta}=V_{ec}\boldsymbol{X}$。齐次方程(9.38)有非平凡解 $\boldsymbol{\zeta}\neq0$ 的充要条件是 $\det(\mu\boldsymbol{E}-\boldsymbol{H})=0$，即 μ 是 $\boldsymbol{H}$ 的特征值。所以方程(9.37)有非 0 解 $\boldsymbol{X}$ 的充要条件是 $\mu=\lambda_l-\lambda_h$，$1\leqslant l,h\leqslant n$，$\lambda_1,\cdots,\lambda_n$ 是 A 的特征值。

例 2　解矩阵方程

$$\begin{bmatrix}1&0\\2&3\end{bmatrix}\begin{bmatrix}x_1&x_3\\x_2&x_4\end{bmatrix}-\begin{bmatrix}x_1&x_3\\x_2&x_4\end{bmatrix}\begin{bmatrix}1&0\\2&3\end{bmatrix}=-2\begin{bmatrix}x_1&x_3\\x_2&x_4\end{bmatrix}$$

解　方程化为 $\boldsymbol{H\zeta}=\mu\boldsymbol{\zeta}$ 的形式，得

$$\begin{bmatrix}0&0&-2&0\\2&2&0&-2\\0&0&-2&0\\0&0&2&0\end{bmatrix}\begin{bmatrix}x_1\\x_2\\x_3\\x_4\end{bmatrix}=-2\begin{bmatrix}x_1\\x_2\\x_3\\x_4\end{bmatrix}$$

$\boldsymbol{A}$ 的特征值是 $\lambda_1=1,\lambda_2=3$，且因 $\mu=\lambda_1-\lambda_2=-2$，故方程有非零解

$$\boldsymbol{X}=\begin{bmatrix}1&1\\-1&-1\end{bmatrix}$$

问题三　设 $\boldsymbol{A},\boldsymbol{B},\boldsymbol{D},X\in C^{n\times n}$解矩阵方程

$$\boldsymbol{AXB}=\boldsymbol{D} \tag{9.39}$$

利用定理 9.2.1 及其推论，把方程化为

$$\boldsymbol{H\zeta}=\boldsymbol{\beta} \tag{9.40}$$

其中 $\boldsymbol{H}=\boldsymbol{B}^{\mathrm{T}}\otimes\boldsymbol{A}$，$\boldsymbol{\zeta}=V_{ec}\boldsymbol{X}$，$\boldsymbol{\beta}=V_{ec}\boldsymbol{D}$，因此可用解问题一的方法来解此方程。

现应用上述方法解更一般的矩阵方程

$$\boldsymbol{A}_1\boldsymbol{XB}_1+\boldsymbol{A}_2\boldsymbol{XB}_2+\cdots+\boldsymbol{A}_r\boldsymbol{XB}_r=\boldsymbol{D} \tag{9.41}$$

方程两端施以 V_{ec} 运算后化为

$$\boldsymbol{H\zeta}=\boldsymbol{\beta} \tag{9.42}$$

其中 $\boldsymbol{H}=\boldsymbol{B}_1^{\mathrm{T}}\otimes\boldsymbol{A}_1+\boldsymbol{B}_2^{\mathrm{T}}\otimes\boldsymbol{A}_2+\cdots+\boldsymbol{B}_r^{\mathrm{T}}\otimes\boldsymbol{A}_r$，$\boldsymbol{\zeta}=V_{ec}\boldsymbol{X}$，$\boldsymbol{\beta}=V_{ec}\boldsymbol{D}$。

例 3　解矩阵方程

$$\boldsymbol{A}_1\boldsymbol{XB}_1+\boldsymbol{A}_2\boldsymbol{XB}_2=\boldsymbol{D}$$

其中

$$\boldsymbol{A}_1=\begin{bmatrix}2&2\\2&-1\end{bmatrix}\quad \boldsymbol{B}_1=\begin{bmatrix}1&0\\-1&1\end{bmatrix}\quad \boldsymbol{A}_2=\begin{bmatrix}0&1\\-2&-1\end{bmatrix}$$

$$\boldsymbol{B}_2=\begin{bmatrix}0&2\\-1&3\end{bmatrix}\quad \boldsymbol{D}=\begin{bmatrix}4&-6\\0&8\end{bmatrix}\quad X=\begin{bmatrix}x_1&x_3\\x_2&x_4\end{bmatrix}$$

解　$\boldsymbol{H}=\boldsymbol{B}_1^{\mathrm{T}}\otimes\boldsymbol{A}_1+\boldsymbol{B}_2^{\mathrm{T}}\otimes\boldsymbol{A}_2$

$$=\begin{bmatrix} 2 & 2 & -2 & -3 \\ 2 & -1 & 0 & 2 \\ 0 & 2 & 2 & 5 \\ -4 & -2 & -4 & -4 \end{bmatrix}$$

$$\boldsymbol{\zeta}=(x_1\ x_2\ x_3\ x_4)^{\mathrm{T}},\boldsymbol{\beta}=(4\quad 0\quad -6\quad 8)^{\mathrm{T}}$$

解方程 $\boldsymbol{H\zeta}=\boldsymbol{\beta}$ 得到 $\boldsymbol{\zeta}=\boldsymbol{H}^{-1}\boldsymbol{\beta}=(1\quad -1\quad -2\quad 0)^{T}$，故原方程的解

$$\boldsymbol{X}=\begin{bmatrix} 1 & -2 \\ -1 & 0 \end{bmatrix}$$

9.3.2　利用 K 积解矩阵微分方程

问题四　设 $\boldsymbol{A}\in C^{m\times m}$，$\boldsymbol{B}\in C^{n\times n}$，$\boldsymbol{X}=\boldsymbol{X}(t)$，解矩阵微分方程的初值问题

$$\frac{\mathrm{d}}{\mathrm{d}t}\boldsymbol{X}=\boldsymbol{AX}+\boldsymbol{XB} \tag{9.43}$$

$$\boldsymbol{X}(0)=\boldsymbol{X}_0 \tag{9.44}$$

解　方程两边施以 V_{ec} 运算后化为

$$\begin{cases} \dot{\boldsymbol{\zeta}}=\boldsymbol{G\zeta} & (9.45) \\ \boldsymbol{\zeta}(0)=\boldsymbol{\beta} & (9.46) \end{cases}$$

其中 $\boldsymbol{G}=\boldsymbol{E}_n\otimes\boldsymbol{A}+\boldsymbol{B}^{\mathrm{T}}\otimes\boldsymbol{E}_m$，$\boldsymbol{\zeta}=V_{ec}\boldsymbol{X}$，$\boldsymbol{\beta}=V_{ec}\boldsymbol{X}_0$，根据 5.7 节理论，得到方程(9.45)的解为

$$\begin{aligned} V_{ec}\boldsymbol{X} &=\exp\{(\boldsymbol{E}_n\otimes\boldsymbol{A}+\boldsymbol{B}^{\mathrm{T}}\otimes\boldsymbol{E}_m)t\}V_{ec}\boldsymbol{X}_0 \\ &=[\exp(\boldsymbol{E}_n\otimes\boldsymbol{A})t][\exp(\boldsymbol{B}^{T}\otimes\boldsymbol{E}_m)t]V_{ex}X_0 \\ &=[\boldsymbol{E}_n\otimes \mathrm{e}^{\boldsymbol{A}t}][\mathrm{e}^{\boldsymbol{B}^{\mathrm{T}}t}\otimes\boldsymbol{E}_m]V_{ec}\boldsymbol{X}_0 \end{aligned}$$

此处 $\exp(\cdot)=\mathrm{e}^{\{\cdot\}}$，在定理 9.2.1 的推论(2)中，令 $\boldsymbol{X}=\boldsymbol{A}$，得

$$V_{ec}(\boldsymbol{AB})=(\boldsymbol{B}^{\mathrm{T}}\otimes\boldsymbol{E}_m)V_{ec}\boldsymbol{A}$$

又 $[\exp(\boldsymbol{B}^{\mathrm{T}}t)]^{\mathrm{T}}=\exp(\boldsymbol{B}t)$，于是有

$$(\mathrm{e}^{B^{\mathrm{T}}t}\otimes\boldsymbol{E}_m)V_{ec}\boldsymbol{X}_0=V_{ec}(\boldsymbol{X}_0\mathrm{e}^{Bt})$$

因此

$$V_{ec}\boldsymbol{X}=V_{ec}(\mathrm{e}^{\boldsymbol{A}t}\boldsymbol{X}_0\mathrm{e}^{\boldsymbol{B}t})$$

故原初值问题的解为

$$\boldsymbol{X}=\mathrm{e}^{\boldsymbol{A}t}\boldsymbol{X}_0\mathrm{e}^{\boldsymbol{B}t}$$

例 4　解矩阵微分方程的初值问题

$$\begin{cases} \dfrac{\mathrm{d}x}{\mathrm{d}t}=\boldsymbol{AX}+\boldsymbol{XB} \\ \boldsymbol{X}(0)=\boldsymbol{X}_0 \end{cases}$$

其中

$$\boldsymbol{A}=\begin{bmatrix} 1 & -1 \\ 0 & 2 \end{bmatrix}\quad \boldsymbol{B}=\begin{bmatrix} 1 & 0 \\ 0 & -1 \end{bmatrix}$$

$$\boldsymbol{X}=\begin{bmatrix} x_1 & x_3 \\ x_2 & x_4 \end{bmatrix}\quad \boldsymbol{X}_0=\begin{bmatrix} -2 & 0 \\ 1 & 1 \end{bmatrix}$$

解 易求得

$$e^{At}=\begin{bmatrix}e^t & e^t-e^{2t}\\0 & e^{2t}\end{bmatrix}\quad e^{Bt}=\begin{bmatrix}e^t & 0\\0 & e^{-t}\end{bmatrix}$$

故方程组的解是

$$X=e^{At}X_0e^{Bt}=\begin{bmatrix}-e^{2t}-e^{3t} & 1-e^t\\e^{3t} & e^t\end{bmatrix}$$

问题五　在控制理论中,线性系统的动态方程为

$$\frac{d\boldsymbol{\chi}}{dt}=\boldsymbol{A\chi}+\boldsymbol{B\mu}\quad（状态方程）\tag{9.47}$$

$$\boldsymbol{\zeta}=\boldsymbol{C\chi}\quad（输出方程）\tag{9.48}$$

其中$\boldsymbol{A},\boldsymbol{B},\boldsymbol{C}$分别是$n\times n,n\times p,q\times n$型常数矩阵,$\boldsymbol{\mu}$(输入),$\boldsymbol{\chi}$(状态),$\boldsymbol{\zeta}$(输出)分别是$p,n,q$维列向量。设系统的输出反馈为

$$\boldsymbol{\mu}=\boldsymbol{K\zeta}\tag{9.49}$$

其中$\boldsymbol{K}$是待定的常数矩阵(起控制作用)。问题是要确定$\boldsymbol{K}$,使闭环系统具有预先指定的特征值。

解 把(9.49)式代入方程(9.47),得到闭环系统方程

$$\begin{cases}\dfrac{d\boldsymbol{\chi}}{dt}=(\boldsymbol{A}+\boldsymbol{BKC})\boldsymbol{\chi}\\ \boldsymbol{\zeta}=\boldsymbol{C\chi}\end{cases}\tag{9.50}$$

于是,上述问题归结为:给定矩阵$\boldsymbol{A},\boldsymbol{B}$和$\boldsymbol{C}$,要求确定矩阵$\boldsymbol{K}$,使预先指定的数$\lambda_1,\lambda_2,\cdots,\lambda_n$是多项式

$$\det[\lambda\boldsymbol{E}-(\boldsymbol{A}+\boldsymbol{BKC})]=\lambda^n+a_{n-1}\lambda^{n-1}+\cdots+a_1\lambda+a_0\tag{9.51}$$

的根。

令$\boldsymbol{H}=\boldsymbol{A}+\boldsymbol{BKC}$,则$\boldsymbol{BKC}=\boldsymbol{H}-\boldsymbol{A}=\boldsymbol{Q}$,两边施以$V_{ec}$运算后得

$$(\boldsymbol{C}^{\mathrm{T}}\otimes\boldsymbol{B})V_{ec}\boldsymbol{K}=V_{ec}\boldsymbol{Q}$$

简记为

$$\boldsymbol{P\zeta}=\boldsymbol{\beta}\tag{9.52}$$

其中$\boldsymbol{P}=\boldsymbol{C}^{\mathrm{T}}\otimes\boldsymbol{B},\boldsymbol{\zeta}=V_{ec}\boldsymbol{K},\boldsymbol{\beta}=V_{ec}\boldsymbol{Q}$,设$\operatorname{rank}\boldsymbol{P}=r$,则存在可逆阵$\boldsymbol{T}$,使

$$\boldsymbol{TP}=\begin{pmatrix}\boldsymbol{P}_1\\ \boldsymbol{0}\end{pmatrix}$$

其中$\boldsymbol{P}_1$是r行的行满秩矩阵。用$\boldsymbol{T}$左乘以(9.52)式两端,得

$$\boldsymbol{TP\zeta}=\boldsymbol{T\beta}$$

或

$$\begin{pmatrix}\boldsymbol{P}_1\\ \boldsymbol{0}\end{pmatrix}\boldsymbol{\zeta}=\begin{pmatrix}\mu\\ v\end{pmatrix}\tag{9.53}$$

方程(9.53)有解的充要条件是$v=0$,此条件依赖于矩阵$\boldsymbol{H}$。

矩阵$\boldsymbol{H}$一般选取:(1)对角矩阵

(2)上(下)三角矩阵

(3)相伴矩阵

相伴矩阵 $\boldsymbol{H}$ 是指：对多项式

$$H(\lambda) = \lambda^n + a_{n-1}\lambda^{n-1} + \cdots + a_1\lambda + a_0$$

则

$$\boldsymbol{H} = \begin{bmatrix} 0 & 1 & & \\ & 0 & \ddots & \\ & & \ddots & 1 \\ & & & \ddots \\ -a_0 & -a_1 & \cdots & -a_{n-1} \end{bmatrix}$$

称为 $H(\lambda)$ 的相伴矩阵。

例 5　求反馈秩矩阵 $\boldsymbol{K}$，使系统

$$\begin{cases} \dot{\boldsymbol{\chi}} = \begin{bmatrix} 0 & 1 & 0 \\ 3 & 3 & 1 \\ 2 & -3 & 2 \end{bmatrix}\boldsymbol{\chi} + \begin{bmatrix} 0 & 0 \\ 1 & 0 \\ 0 & 1 \end{bmatrix}\boldsymbol{\mu} \\ \boldsymbol{\zeta} = \begin{bmatrix} 1 & 1 & 0 \\ 1 & 1 & 1 \end{bmatrix}\boldsymbol{\chi} \end{cases}$$

的闭环系统有特征值 $\lambda_1 = -1, \lambda_2 = -2, \lambda_3 = -3$。

解　令 $\boldsymbol{H} = \boldsymbol{A} + \boldsymbol{BKC}, \boldsymbol{Q} = \boldsymbol{H} - \boldsymbol{A} = \boldsymbol{BKC}$

因 $\boldsymbol{B}$ 的第一行全为 0，故 $\boldsymbol{Q}$ 的第一行也全为 0，故可选 $\boldsymbol{H}$ 为相伴矩阵。以 $-1, -2, -3$ 作为特征值的闭环系统的特征多项式为

$$(\lambda + 1)(\lambda + 2)(\lambda + 3) = \lambda^3 + 6\lambda^2 + 11\lambda + 6$$

故相应的相伴矩阵是

$$\boldsymbol{H} = \begin{bmatrix} 0 & 1 & 0 \\ 0 & 0 & 1 \\ -6 & -11 & -6 \end{bmatrix}$$

计算后，得

$$\boldsymbol{Q} = \begin{bmatrix} 0 & 0 & 0 \\ -3 & -3 & 0 \\ -8 & -8 & -8 \end{bmatrix}$$

$$\boldsymbol{P} = \boldsymbol{C}^T \otimes \boldsymbol{B} = \begin{bmatrix} 0 & 0 & 0 & 0 \\ 1 & 0 & 1 & 0 \\ 0 & 1 & 0 & 1 \\ 0 & 0 & 0 & 0 \\ 1 & 0 & 1 & 0 \\ 0 & 1 & 0 & 1 \\ 0 & 0 & 0 & 0 \\ 0 & 0 & 1 & 0 \\ 0 & 0 & 0 & 1 \end{bmatrix}$$

现求解方程 $\boldsymbol{P\zeta} = \boldsymbol{\beta}$，其中 $\boldsymbol{\zeta} = V_{ec}\boldsymbol{K}, \boldsymbol{\beta} = V_{ec}\boldsymbol{Q}$。施行行的初等变换，则增广矩阵 $(\boldsymbol{P} \vdots \boldsymbol{\beta})$ 化为

$$
(\boldsymbol{P} \vdots \boldsymbol{\beta}) = \begin{bmatrix} 0 & 0 & 0 & 0 & 0 \\ 1 & 0 & 1 & 0 & -3 \\ 0 & 1 & 0 & 1 & -8 \\ 0 & 0 & 0 & 0 & 0 \\ 1 & 0 & 1 & 0 & -3 \\ 0 & 1 & 0 & 1 & -8 \\ 0 & 0 & 0 & 0 & 0 \\ 0 & 0 & 1 & 0 & 0 \\ 0 & 0 & 0 & 1 & -8 \end{bmatrix} \to \begin{bmatrix} 0 & 0 & 1 & 0 & 0 \\ 0 & 0 & 0 & 1 & -8 \\ 1 & 0 & 1 & 0 & -3 \\ 0 & 1 & 0 & 1 & -8 \\ 0 & 0 & 0 & 0 & 0 \\ 0 & 0 & 0 & 0 & 0 \\ 0 & 0 & 0 & 0 & 0 \\ 0 & 0 & 0 & 0 & 0 \\ 0 & 0 & 0 & 0 & 0 \end{bmatrix}
$$

从而得到

$$
\boldsymbol{P}_1 = \begin{bmatrix} 0 & 0 & 1 & 0 \\ 0 & 0 & 0 & 1 \\ 1 & 0 & 1 & 0 \\ 0 & 1 & 0 & 1 \end{bmatrix} \quad \boldsymbol{P}_1^{-1} = \begin{bmatrix} -1 & 0 & 1 & 0 \\ 0 & -1 & 0 & 1 \\ 1 & 0 & 0 & 0 \\ 0 & 1 & 0 & 0 \end{bmatrix} \quad \boldsymbol{\mu} = \begin{bmatrix} 0 \\ -8 \\ -3 \\ -8 \end{bmatrix}
$$

$$
\boldsymbol{\zeta} = \boldsymbol{P}_1^{-1}\boldsymbol{\mu} = V_{ec}\boldsymbol{K} = (-3 \quad 0 \quad 0 \quad -8)^T
$$

因此所要求的反馈控制矩阵是

$$
\boldsymbol{K} = \begin{bmatrix} -3 & 0 \\ 0 & -8 \end{bmatrix}
$$

现在进一步通过矩阵微分方程来讨论矩阵方程(9.35)的解。

定理 9.3.1　给定矩阵方程

$$
\boldsymbol{AX} + \boldsymbol{XB} = \boldsymbol{D}
$$

其中 $\boldsymbol{A} \in C^{m \times m}$, $\boldsymbol{B} \in C^{n \times n}$, $\boldsymbol{D}$ 和 $\boldsymbol{X} \in C^{m \times n}$。如果 $\boldsymbol{A}$ 和 $\boldsymbol{B}$ 的所有特征值具有负实部(这种矩阵称为稳定矩阵),则方程有惟一解

$$
\boldsymbol{X} = -\int_0^{+\infty} \mathrm{e}^{\boldsymbol{A}t}\boldsymbol{D}\mathrm{e}^{\boldsymbol{B}t}\mathrm{d}t \tag{9.54}
$$

证明　因 $\boldsymbol{A}$ 和 $(-\boldsymbol{B})$ 没有公共特征值,故方程(9.35)有惟一解。考虑矩阵微分方程的初值问题(参看问题四)

$$
\begin{cases} \dfrac{\mathrm{d}}{\mathrm{d}t}\boldsymbol{Z} = \boldsymbol{AZ} + \boldsymbol{ZB} \\ \boldsymbol{Z}(0) = \boldsymbol{D} \end{cases} \tag{9.55}
$$

其解是

$$
\boldsymbol{Z}(t) = \mathrm{e}^{\boldsymbol{A}t}\boldsymbol{D}\mathrm{e}^{\boldsymbol{B}t} \tag{9.56}
$$

将方程(9.55)两边从 0 到 $+\infty$ 积分,得到

$$
\boldsymbol{Z}(+\infty) - \boldsymbol{Z}(0) = \boldsymbol{A}\int_0^{+\infty} \boldsymbol{Z}(t)\,\mathrm{d}t + \left(\int_0^{+\infty} \boldsymbol{Z}(t)\,\mathrm{d}t\right)B
$$

矩阵函数 $\mathrm{e}^{\boldsymbol{A}t}$ 的元是形如 $t^r\mathrm{e}^{\lambda_j t} = t^r\mathrm{e}^{(a_j + \mathrm{i}b_j)t}$ 的项的线性组合,因 $\boldsymbol{A}$ 的所有特征值 $\lambda_j = a_j + \mathrm{i}b_j$ 的实部是负的,故有 $\lim\limits_{t \to +\infty} \mathrm{e}^{\boldsymbol{A}t} = 0$;同理 $\lim\limits_{t \to +\infty} \mathrm{e}^{\boldsymbol{B}t} = 0$。

因此

$$
\lim_{t \to +\infty} \mathrm{e}^{\boldsymbol{A}t}\boldsymbol{D}\mathrm{e}^{\boldsymbol{B}t} = \lim_{t \to +\infty} \boldsymbol{Z}(t) = 0
$$

于是

$$A[-\int_0^{+\infty} Z(t)\mathrm{d}t] + [-\int_0^{+\infty} Z(t)\mathrm{d}t]B = Z(0) = D$$

这说明

$$X = -\int_0^{+\infty} Z(t)\mathrm{d}t = -\int_0^{+\infty} \mathrm{e}^{At}D\mathrm{e}^{Bt}\mathrm{d}t$$

是方程(9.35)的解。

作为上述定理的推广,我们证明在稳定性理论中有重要作用的下述定理。

定理 9.3.2 在矩阵方程

$$A^{\mathrm{H}}X + XA = -D \tag{9.57}$$

中,如果$A \in C^{m\times m}$的所有特征值实部都是负的,D是Hermite半正定(正定)矩阵,则方程有惟一的Hermite半正定(正定)矩阵解

$$X = \int_0^{+\infty} \mathrm{e}^{A^{\mathrm{H}}t}D\mathrm{e}^{At}\mathrm{d}t \tag{9.58}$$

证明 在定理9.3.1中,把A换成A^{H},B换成A,D换成$(-D)$,就得到式(9.58)。剩下只需证明它是Hermite半正定(正定)的。

因D是Hermite半正定(正定的),故$D = D_1^{\mathrm{H}}D_1$,从而矩阵$\mathrm{e}^{A^{\mathrm{H}}t}D\mathrm{e}^{At} = (D_1\mathrm{e}^{At})^{\mathrm{H}}(D_1\mathrm{e}^{At})$是Hermite半正定(正定)的,因此积分$\int_0^{+\infty} \mathrm{e}^{A^{\mathrm{H}}t}D\mathrm{e}^{At}\mathrm{d}t$亦然。

习 题 9

1. 设$\boldsymbol{\alpha} \in C^m$,$\boldsymbol{\beta} \in C^n$,证明:

$$\boldsymbol{\beta}\boldsymbol{\alpha}^{\mathrm{T}} = \boldsymbol{\alpha}^{\mathrm{T}} \otimes \boldsymbol{\beta} = \boldsymbol{\beta} \otimes \boldsymbol{\alpha}^{T}$$

2. 设$A = (A_{C1}, A_{C2}, \cdots, A_{Cm})$,$\{\boldsymbol{\varepsilon}_j\}$是$C^n$的标准基,证明

$$A = \sum_{j=1}^{n}(A_{cj} \otimes \boldsymbol{\varepsilon}_j^{\mathrm{T}}) \qquad A^{\mathrm{T}} = \sum_{j=1}^{n}(A_{ej}^{\mathrm{T}} \otimes \boldsymbol{\varepsilon}_j)$$

3. 已知$\|X\|_2 = 1$,$\|\boldsymbol{\zeta}\|_2 = 1$

证明:$\|X \otimes \boldsymbol{\zeta}\|_2 = 1$。

4. 设$A \in C^{m\times m}$和$B \in C^{n\times n}$是酉矩阵

证明:$A \otimes B$也是酉矩阵。

5. 设$A \in C^{m\times m}$和$B \in C^{n\times n}$是正规矩阵

证明:$A \otimes B$和$B \otimes A$都是正规矩阵;如果有酉矩阵$U_1 \in C^{m\times m}$和$U_2 \in C^{n\times n}$,使

$$U_1^{\mathrm{H}}AU_1 = \Lambda = \mathrm{diag}(\lambda_1, \lambda_2, \cdots, \lambda_m)$$
$$U_2^{\mathrm{H}}BU_2 = M = \mathrm{diag}(\mu_1, \mu_2, \cdots, \mu_n)$$

证明:$A \otimes B$酉相似准对角阵$\mathrm{diag}(\lambda_1 M, \cdots, \lambda_m M)$,$B \otimes A$酉相似准角阵$\mathrm{diag}(\mu_1\Lambda, \mu_2\Lambda, \cdots, \mu_n\Lambda)$。

6. 证明:(1)对角矩阵的K积仍是对角矩阵;(2)上(下)三角矩阵的K积仍是上(下)三角矩阵。

7. 如果A和B是可对角化矩阵,证明:$A \otimes B$也是可对角化矩阵。

8. 设 $\boldsymbol{B}\in C^{n\times n}$的特征值是 $\lambda_1,\lambda_2,\cdots,\lambda_n$(不必不相同),$m\times m$ 阶矩阵

$$\boldsymbol{A}=\begin{bmatrix}1 & 1 & \cdots & 1\\ 1 & 1 & \cdots & 1\\ & \cdots\cdots & & \\ 1 & 1 & \cdots & 1\end{bmatrix}$$

求 $\boldsymbol{A}\otimes\boldsymbol{B}$ 矩阵的特征值。

9. 如果 $\boldsymbol{A}\in R^{m\times m}$和 $\boldsymbol{B}\in R^{n\times n}$是正定矩阵,证明:$\boldsymbol{A}\otimes\boldsymbol{B}$ 也是正定矩阵。

10. 若$\{\boldsymbol{\chi}_1,\boldsymbol{\chi}_2,\cdots,\boldsymbol{\chi}_m\}$ 是 C^m 的基,$\{\boldsymbol{\zeta}_1,\boldsymbol{\zeta}_2,\cdots,\boldsymbol{\zeta}_n\}$ 是 C^n 的基,证明:$\boldsymbol{\zeta}_j^{\mathrm{T}}\otimes\boldsymbol{\chi}_i$,$1\leqslant j\leqslant n$,$1\leqslant i\leqslant m$,构成 $C^{m\times n}$的基。

11. 令$\boldsymbol{\chi},\boldsymbol{\zeta}\in C^m$,$\boldsymbol{\mu},\boldsymbol{v}\in C^n$。证明:由等式$\boldsymbol{\chi}\otimes\boldsymbol{\mu}=\boldsymbol{\zeta}\otimes\boldsymbol{v}$ 推出存在某个数 $\lambda\in\boldsymbol{C}$,使

$$\boldsymbol{\zeta}=\lambda\boldsymbol{\chi},\boldsymbol{\mu}=\lambda\boldsymbol{v}$$

练习答案(仅供参考)

习 题 1

3. (1)是。　　(2)是。

(3)不是。因为若 $\boldsymbol{A},\boldsymbol{B}$ 皆是可逆矩阵,但 $\boldsymbol{A}+\boldsymbol{B}$ 不一定可逆。

(4)不是。因为若 $\boldsymbol{\alpha}\neq 0$,则 $1\cdot\boldsymbol{\alpha}=0\neq\boldsymbol{\alpha}$。

4. (1)中的线性空间维数是 $n(n+1)/2$ 维。

(2)中的线性空间维数是 $n(n-1)/2$ 维。

5. 因为 $\cos 2t=2\cos^2 t-1$

6. $\boldsymbol{\alpha}_1=(6,6,4,0)$,$\boldsymbol{\alpha}_2=(-3,7,0,4)$为解空间的基,维数$=2$。

7. $\boldsymbol{\alpha}$ 对基 $\boldsymbol{\alpha}_1,\boldsymbol{\alpha}_2,\boldsymbol{\alpha}_3$ 的坐标是$(33,-82,154)$。

8. $1+t+t^2$ 对基,$1,t-1,(t-2)(t-1)$的坐标是$(3,4,1)$。

9. 设$(\boldsymbol{\alpha}'_1,\boldsymbol{\alpha}'_2,\boldsymbol{\alpha}'_3)=(\boldsymbol{\alpha}_1,\boldsymbol{\alpha}_2,\boldsymbol{\alpha}_3)\boldsymbol{A}$

任意向量 $\boldsymbol{\alpha}=(\boldsymbol{\alpha}_1,\boldsymbol{\alpha}_2,\boldsymbol{\alpha}_3)\begin{bmatrix}k_1\\k_2\\k_3\end{bmatrix}=(\boldsymbol{\alpha}'_1,\boldsymbol{\alpha}'_2,\boldsymbol{\alpha}'_3)\begin{bmatrix}k'_1\\k'_2\\k'_3\end{bmatrix}$

那么有　$\boldsymbol{\alpha}=(\boldsymbol{\alpha}_1,\boldsymbol{\alpha}_2,\boldsymbol{\alpha}_3)\boldsymbol{A}\begin{bmatrix}k'_1\\k'_2\\k'_3\end{bmatrix}$

所以 $\begin{bmatrix}k_1\\k_2\\k_3\end{bmatrix}=\boldsymbol{A}\begin{bmatrix}k'_1\\k'_2\\k'_3\end{bmatrix}$,其中 $\boldsymbol{A}=\begin{bmatrix}-27&-71&-41\\9&20&9\\4&12&8\end{bmatrix}$

10. (1) $(\boldsymbol{\chi}'_1,\boldsymbol{\chi}'_2,\boldsymbol{\chi}'_3,\boldsymbol{\chi}'_4)=(\boldsymbol{\chi}_1,\boldsymbol{\chi}_2,\boldsymbol{\chi}_3,\boldsymbol{\chi}_4)\begin{bmatrix}2&0&5&6\\1&3&3&6\\-1&1&2&1\\1&0&1&3\end{bmatrix}$

(2) $(1,0,1,0)$ 在 $\boldsymbol{\chi}'_1,\boldsymbol{\chi}'_2,\boldsymbol{\chi}'_3,\boldsymbol{\chi}'_4$ 之下的坐标 $(-5/9,-8/27,1/3,2/27)$。

(3) 对两个基有相同坐标的非零向量为 $(1,1,1,-1)$。

11. 因为 $2\boldsymbol{\alpha}'_1-3\boldsymbol{\alpha}'_2+\boldsymbol{\alpha}'_3=0$，故 $L(\boldsymbol{\alpha}'_1,\boldsymbol{\alpha}'_2,\boldsymbol{\alpha}'_3)$ 的基可选 $\boldsymbol{\alpha}'_1,\boldsymbol{\alpha}'_2$。

12. $\boldsymbol{V}_1\cap\boldsymbol{V}_2$ 的基 $\boldsymbol{\alpha}_1=(-1,0,1,0)\quad\boldsymbol{\alpha}_2=(0,-1,0,1)$。

13. (1) 是一个子空间。

(2) 不是。

14. 即证 $\boldsymbol{\beta}_1,\cdots,\boldsymbol{\beta}_S$ 的极大线性无关组所含向量的个数 $=\text{rank}(\boldsymbol{A})$。设 $\text{rank}(\boldsymbol{A})=r$，不妨设 $\boldsymbol{A}$ 的前 r 列线性无关，那么可以证得 $\boldsymbol{\beta}_1,\cdots,\boldsymbol{\beta}_r$ 线性无关，又证任添一个 $\boldsymbol{\beta}_j(j=r+1,\cdots,s)$，使 $\boldsymbol{\beta}_1,\cdots,\boldsymbol{\beta}_r,\boldsymbol{\beta}_j$ 线性相关，即可证得结论。

习 题 2

4. $\pm\frac{1}{57}(34,-44,6,-11)$

5. 提示：设 $\boldsymbol{\beta}=k_1\boldsymbol{\alpha}_1+\cdots+k_n\boldsymbol{\alpha}_n,(\boldsymbol{\beta},\boldsymbol{\beta})=(k_1\boldsymbol{\alpha}_1+\cdots+k_n\boldsymbol{\alpha}_n,\boldsymbol{\beta})=0$

8. $\boldsymbol{\eta}_1=\frac{\sqrt{2}}{2}(\boldsymbol{\varepsilon}_1+\boldsymbol{\varepsilon}_5)$

$\boldsymbol{\eta}_2=\frac{\sqrt{10}}{10}(\boldsymbol{\varepsilon}_1-2\boldsymbol{\varepsilon}_2+2\boldsymbol{\varepsilon}_4-\boldsymbol{\varepsilon}_5)$

$\boldsymbol{\eta}_3=\frac{1}{2}(\boldsymbol{\varepsilon}_1+\boldsymbol{\varepsilon}_2+\boldsymbol{\varepsilon}_3-\boldsymbol{\varepsilon}_5)$，为 $\boldsymbol{V}$ 的一组标准正交基。

9. $\boldsymbol{\beta}_1^0=\frac{1}{\sqrt{5}}(0,2,1,0)$

$\boldsymbol{\beta}_2^0=\frac{5}{\sqrt{30}}(1,-\frac{1}{5},\frac{2}{5},0)$

$\boldsymbol{\beta}_3^0=\frac{2}{\sqrt{10}}(\frac{1}{2},\frac{1}{2},-1,1)$

$\boldsymbol{\beta}_4^0=\frac{15}{\sqrt{60}}(-\frac{2}{15},-\frac{2}{15},\frac{4}{15},\frac{6}{15})$

10. 提示：
$$(\boldsymbol{\beta}_i,\boldsymbol{\beta}_j)=(\sum_{k=1}^{n}a_{ik}\boldsymbol{\varepsilon}_k,\sum_{t=1}^{n}a_{jt}\boldsymbol{\varepsilon}_t)=\sum_{k=1}^{n}\sum_{t=1}^{n}a_{ik}a_{jt}(\boldsymbol{\varepsilon}_k,\boldsymbol{\varepsilon}_t)=\sum_{k=1}^{n}a_{ik}a_{jk}$$

11. 提示:$\boldsymbol{\alpha}_i = 0 \cdot \boldsymbol{\alpha}_1 + \cdots + 1 \cdot \boldsymbol{\alpha}_i + \cdots + 0 \cdot \boldsymbol{\alpha}_n$

$$x_i = 1 = |\boldsymbol{\alpha}_i|, x_j = |\boldsymbol{\alpha}_i| \cos Q_{ij} = 0$$

12. 提示:选 $\boldsymbol{\beta} = (\delta_1, \cdots, \delta_n), \delta_i = \begin{cases} 1 & a_i \geqslant 0 \\ -1 & a_i < 0 \end{cases}$ 利用 Canchy-Schwarz 不等式。

13. 提示:扩 $\boldsymbol{\alpha}_1, \cdots, \boldsymbol{\alpha}_m$ 为 $\mathbf{V}$ 的标准正交基 $\boldsymbol{\alpha}_1, \cdots, \boldsymbol{\alpha}_m, \boldsymbol{\alpha}_{m+1}, \cdots, \boldsymbol{\alpha}_n$,设 $\boldsymbol{\alpha} = k_1\boldsymbol{\alpha}_1 + \cdots + k_n\boldsymbol{\alpha}_n$

$$\sum_{i=1}^{m} (\boldsymbol{\alpha}, \boldsymbol{\alpha}_i)^2 \leqslant \sum_{i=1}^{n} (\boldsymbol{\alpha}, \boldsymbol{\alpha}_i)^2 = |\boldsymbol{\alpha}|^2$$

习 题 3

1. 1),2),3),7)不是线性变换

4),5),6),8)是线性变换。

3. 1) $\boldsymbol{A} = \begin{bmatrix} 2 & -1 & 0 \\ 0 & 1 & 1 \\ 1 & 0 & 0 \end{bmatrix}$ 4) $\boldsymbol{A} = \begin{bmatrix} -1 & 1 & -2 \\ 2 & 2 & 0 \\ 3 & 0 & 2 \end{bmatrix}$

2) $\boldsymbol{A} = \begin{bmatrix} 0 & 1 & 0 & \cdots & 0 \\ 0 & 0 & 1 & \cdots & 0 \\ \cdots & \cdots & \cdots & \cdots & \cdots \\ 0 & 0 & 0 & \cdots & 1 \\ 0 & 0 & 0 & \cdots & 0 \end{bmatrix}$ 3) $\boldsymbol{A} = \begin{bmatrix} a & b & 1 & 0 & 0 & 0 \\ -b & a & 0 & 1 & 0 & 0 \\ 0 & 0 & a & b & 1 & 0 \\ 0 & 0 & -b & a & 0 & 1 \\ 0 & 0 & 0 & 0 & a & b \\ 0 & 0 & 0 & 0 & -b & a \end{bmatrix}$

4. 1) $\boldsymbol{A} = \dfrac{1}{3}\begin{bmatrix} 6 & -9 & 9 & 6 \\ 2 & -4 & 10 & 10 \\ 8 & -16 & 40 & 40 \\ 0 & 3 & -21 & -24 \end{bmatrix}$

2) $R(\mathscr{A}) = L(\mathscr{A}\boldsymbol{\varepsilon}_1, \cdots, \mathscr{A}\boldsymbol{\varepsilon}_4) = L(\mathscr{A}\boldsymbol{\varepsilon}_1, \mathscr{A}\boldsymbol{\varepsilon}_2)$

$N(\mathscr{A}) = \{\boldsymbol{\alpha} | \mathscr{A}\boldsymbol{\alpha} = 0, \boldsymbol{\alpha} \in \mathbf{V}\}$

$= L(-2\boldsymbol{\varepsilon}_1 - \dfrac{3}{2}\boldsymbol{\varepsilon}_2 + \boldsymbol{\varepsilon}_3, -\boldsymbol{\varepsilon}_1 - 2\boldsymbol{\varepsilon}_2 + \boldsymbol{\varepsilon}_4)$

3)由 $\boldsymbol{\alpha}_1 = -2\boldsymbol{\varepsilon}_1 - \dfrac{3}{2}\boldsymbol{\varepsilon}_2 + \boldsymbol{\varepsilon}_3, \boldsymbol{\alpha}_2 = -\boldsymbol{\varepsilon}_1 - 2\boldsymbol{\varepsilon}_2 + \boldsymbol{\varepsilon}_4$,知 $\boldsymbol{\alpha}_1, \boldsymbol{\alpha}_2, \boldsymbol{\varepsilon}_1, \boldsymbol{\varepsilon}_2$ 是 $\mathbf{V}$ 的一个基,$\mathscr{A}$ 在此基下的矩阵

$$\boldsymbol{B} = \begin{bmatrix} 0 & 0 & 1 & 2 \\ 0 & 0 & 2 & -2 \\ 0 & 0 & 5 & 2 \\ 0 & 0 & 9/2 & 1 \end{bmatrix}$$

4)由 $\mathscr{A}\boldsymbol{\varepsilon}_1 = \boldsymbol{\varepsilon}_1 - \boldsymbol{\varepsilon}_2 + \boldsymbol{\varepsilon}_3 + 2\boldsymbol{\varepsilon}_4, \mathscr{A}\boldsymbol{\varepsilon}_2 = 2\boldsymbol{\varepsilon}_2 + 2\boldsymbol{\varepsilon}_3 - 2\boldsymbol{\varepsilon}_4$,易知 $\mathscr{A}\boldsymbol{\varepsilon}_1, \mathscr{A}\boldsymbol{\varepsilon}_2, \boldsymbol{\varepsilon}_3, \boldsymbol{\varepsilon}_4$ 是 $\mathbf{V}$ 的一个基,$\mathscr{A}$ 在此基下的矩阵为

$$D=\begin{bmatrix}5&2&2&1\\9/2&1&3/2&2\\0&0&0&0\\0&0&0&0\end{bmatrix}$$

5. 1)特征值 $\lambda_1=7,\lambda_2=-2$

对应的线性无关特征向量 $\boldsymbol{\alpha}_1=\boldsymbol{\varepsilon}_1+\boldsymbol{\varepsilon}_2,\boldsymbol{\alpha}_2=4\boldsymbol{\varepsilon}_1-5\boldsymbol{\varepsilon}_2$

2)特征值 $\lambda_1=\lambda_2=1,\lambda_3=-2$

对应的线性无关特征向量 $\boldsymbol{\alpha}_1=3\boldsymbol{\varepsilon}_1-6\boldsymbol{\varepsilon}_2+20\boldsymbol{\varepsilon}_3,\boldsymbol{\alpha}_3=\boldsymbol{\varepsilon}_3$

3)特征值 $\lambda_1=\lambda_2=\lambda_3=2,\lambda_4=-2$

对应的线性无关的特征向量 $\boldsymbol{\alpha}_1=\boldsymbol{\varepsilon}_1+\boldsymbol{\varepsilon}_2,\boldsymbol{\alpha}_2=\boldsymbol{\varepsilon}_1+\boldsymbol{\varepsilon}_3,\boldsymbol{\alpha}_3=\boldsymbol{\varepsilon}_1+\boldsymbol{\varepsilon}_4,\boldsymbol{\alpha}_4=\boldsymbol{\varepsilon}_1-\boldsymbol{\varepsilon}_2-\boldsymbol{\varepsilon}_3-\boldsymbol{\varepsilon}_4$

6. 在上题中,第1,3两个线性变换的矩阵可以在适当的基下变成对角形。

第1)题 $(\boldsymbol{\alpha}_1,\boldsymbol{\alpha}_2)=(\boldsymbol{\varepsilon}_1,\boldsymbol{\varepsilon}_2)\begin{bmatrix}1&4\\1&-5\end{bmatrix}$

第3)题 $(\boldsymbol{\alpha}_1,\boldsymbol{\alpha}_2,\boldsymbol{\alpha}_3,\boldsymbol{\alpha}_4)=(\boldsymbol{\varepsilon}_1,\boldsymbol{\varepsilon}_2,\boldsymbol{\varepsilon}_3,\boldsymbol{\varepsilon}_4)\begin{bmatrix}1&1&1&1\\1&0&0&-1\\0&1&0&-1\\0&0&1&-1\end{bmatrix}$

7. 提示:设 $\boldsymbol{A}$ 是线性变换 $\mathscr{A}$ 在某基下的矩阵表示,若 $\lambda=0$ 是其特征值,则 $|\boldsymbol{A}|=0$。

8. 提示:用反证法,若 $\boldsymbol{\xi}_1+\boldsymbol{\xi}_2$ 是 $\mathscr{A}$ 的特征向量,那么有数 λ,使 $\mathscr{A}(\boldsymbol{\xi}_1+\boldsymbol{\xi}_2)=\lambda(\boldsymbol{\xi}_1+\boldsymbol{\xi}_2)$。

9. 提示:证明集合 $N(\mathscr{A})=\{\boldsymbol{\chi}-\mathscr{A}\boldsymbol{\chi}\mid\boldsymbol{\chi}\in\boldsymbol{V}\}$,再证 $N(\mathscr{A})\cap R(\mathscr{A})=\{0\}$。

10. 提示:对 $\mathscr{A}$ 的 n 个互异特征值 $\lambda_1,\cdots,\lambda_n$ 及对应的特征向量 $\boldsymbol{\xi}_1,\cdots,\boldsymbol{\xi}_n$,有 $L(\boldsymbol{\xi}_i)=V_{\lambda i}$,$i=1,2,\cdots,n$,由于 $\mathscr{A}\mathscr{B}=\mathscr{B}\mathscr{A}$,可得 $\mathscr{A}\mathscr{B}\boldsymbol{\xi}_i=\mathscr{B}\mathscr{A}\boldsymbol{\xi}_i=\lambda_i\mathscr{B}\boldsymbol{\xi}_i$,所以 $\mathscr{B}\boldsymbol{\xi}_i\in L(\boldsymbol{\xi}_i)$,则 $\mathscr{B}\boldsymbol{\xi}_i=k_i\boldsymbol{\xi}_i$,$i=1,\cdots,n$。

11. 1) $\begin{bmatrix}1&&\\&\lambda(\lambda+1)&\\&&\lambda(\lambda+1)^2\end{bmatrix}$

2) $\begin{bmatrix}1&&&\\&\lambda(\lambda-1)&&\\&&\lambda(\lambda-1)&\\&&&\lambda^2(\lambda-1)^2\end{bmatrix}$

3) $\begin{bmatrix}1&&&&\\&1&&&\\&&1&&\\&&&\lambda(\lambda-1)&\\&&&&\lambda^2(\lambda-1)\end{bmatrix}$

4) $\begin{bmatrix}\lambda^k&k\lambda^{k-1}&c_k^2\lambda^{k-2}\\&\lambda^k&k\lambda^{k-1}\\&&\lambda^k\end{bmatrix}^{\mathrm{T}}$

15. $\boldsymbol{A}$ 的若当标准形矩阵 $\boldsymbol{J}_1=\begin{bmatrix}1 & & \\ & \mathrm{i} & \\ & & -\mathrm{i}\end{bmatrix}$

$\boldsymbol{B}$ 的若当标准形矩阵 $\boldsymbol{J}_2=\begin{bmatrix}-1 & & & & & \\ & -1 & & & & \\ & & 2 & & & \\ & & & 1 & & \\ & & & 1 & 1 & \\ & & & & 1 & 1\end{bmatrix}$

$\boldsymbol{C}$ 的若当标准形矩阵 $\boldsymbol{J}_3=\begin{bmatrix}1 & & & & \\ & \omega_1 & & & \\ & & \omega_2 & & \\ & & & \ddots & \\ & & & & \omega_{n-1}\end{bmatrix}$

其中 $\omega_1,\cdots,\omega_{n-1}$是 $x^n-1=0$ 的 $n-1$ 个虚 n 次单位根。

16. $\boldsymbol{J}=\begin{bmatrix}1 & & \\ & 1 & \\ & 1 & 1\end{bmatrix}$, $\quad\boldsymbol{P}=\begin{bmatrix}1 & 1 & 1\\ 1 & 2 & 0\\ 0 & -1 & 0\end{bmatrix}$

17. $\boldsymbol{A}=\dfrac{1}{9}\begin{bmatrix}14 & -2 & -14\\ -2 & -1 & -16\\ -14 & -16 & 5\end{bmatrix}$

18. 由$|\lambda E-\boldsymbol{A}|=\lambda^2-6\lambda+7=\varphi(\lambda)$,所以 $\varphi(\boldsymbol{A})=0$,$f(\lambda)=2\lambda^4-12\lambda^3+19\lambda^2-29\lambda+37=\varphi(\lambda)q(\lambda)+(\lambda+2)$

所以 $\quad[f(\boldsymbol{A})]^{-1}=(\boldsymbol{A}+2\boldsymbol{E})^{-1}=\dfrac{1}{23}\begin{bmatrix}7 & 1\\ -2 & 3\end{bmatrix}=-\dfrac{1}{23}\boldsymbol{A}+\dfrac{8}{23}\boldsymbol{E}$

20. 提示。找 $\boldsymbol{T}$ 在基 $\boldsymbol{\varepsilon}_1=(1,0,0)$,$\boldsymbol{\varepsilon}_2=(0,1,0)$,$\boldsymbol{\varepsilon}_3=(0,0,1)$之下的矩阵表示。

21. 提示:证明 $\boldsymbol{A}$ 的最小多项式无重根。

22. $\boldsymbol{A}$ 的最小多项式 $\lambda^2(\lambda-1)$,则 $\boldsymbol{A}^3=\boldsymbol{A}^2$,所以

$$\boldsymbol{A}^{100}=\boldsymbol{A}^{97}\cdot\boldsymbol{A}^2=\cdots=\boldsymbol{A}^2=\begin{bmatrix}1 & 0 & 0 & 0\\ -1 & 0 & 0 & 0\\ 1 & 0 & 0 & 0\\ 2 & 0 & 0 & 0\end{bmatrix}$$

23. $$\begin{bmatrix}-3 & 48 & -26\\ 0 & 95 & -61\\ 0 & -61 & 34\end{bmatrix}$$

24. $\boldsymbol{A}$ 的特征值 $\lambda_1=2,\lambda_2=4,\lambda_3=6,\lambda_4=8$,它们分别对应的特征向量就是 $\boldsymbol{Q}$ 的列向 $\boldsymbol{\alpha}_1$,$\boldsymbol{\alpha}_2$,$\boldsymbol{\alpha}_3$,$\boldsymbol{\alpha}_4$,其中

$$Q^{-1}AQ = \begin{bmatrix} 2 & & & \\ & 4 & & \\ & & 6 & \\ & & & 8 \end{bmatrix}$$

$\mathscr{A}$ 的特征值与 $\boldsymbol{A}$ 相同,特征向量是

$$\boldsymbol{\xi}_i = (\boldsymbol{\varepsilon}_1, \boldsymbol{\varepsilon}_2, \boldsymbol{\varepsilon}_3, \boldsymbol{\varepsilon}_4)\boldsymbol{\alpha}_i, i = 1,2,3,4$$

25. 对 $\boldsymbol{A}$ 的阶数 n 用数学归纳法。

26. 根据 25 题结论。

习 题 4

1. (1)因为 $\|\boldsymbol{\chi}\|_2^2 = |\xi_1|^2 + \cdots + |\xi_n|^2 \leqslant \|\boldsymbol{\chi}\|_1^2 = (|\xi_1| + \cdots + |\xi_n|)^2$

又因为习题 2 第 12 题结论

$$(|\xi_1| + \cdots + |\xi_n|)^2 \leqslant n(|\xi_1|^2 + \cdots + |\xi_n|^2)$$

(2)因为 $\max\limits_i |\xi_i| \leqslant \sum\limits_{i=1}^n |\xi_i| \leqslant n \max\limits_i |\xi_i|$

(3)因为 $\max\limits_i |\xi_i| \leqslant (\sum\limits_{i=1}^n |\xi_i|^2)^{\frac{1}{2}} \leqslant \sqrt{n} \max\limits_i |\xi_i|$

2. $\boldsymbol{\chi}, \boldsymbol{\zeta}$ 相关$\Leftrightarrow \boldsymbol{\chi} = k\boldsymbol{\zeta}$

$\boldsymbol{\chi}^T\boldsymbol{\zeta} \geqslant 0 \Leftrightarrow k \geqslant 0$。

3. 由范数定义可直接得到。

4. 只证三角不等式

(1)不妨设 $\max(\|\boldsymbol{\chi}+\boldsymbol{\zeta}\|_a, \|\boldsymbol{\chi}+\boldsymbol{\zeta}\|_b) = \|\boldsymbol{\chi}+\boldsymbol{\zeta}\|_a$。

则
$$\begin{aligned}\|\boldsymbol{\chi}+\boldsymbol{\zeta}\|_c &\leqslant \|\boldsymbol{\chi}\|_a + \|\boldsymbol{\zeta}\|_a \\ &\leqslant \max(\|\boldsymbol{\chi}\|_a, \|\boldsymbol{\chi}\|_b) + \max(\|\boldsymbol{\zeta}\|_a, \|\boldsymbol{\zeta}\|_b) \\ &= \|\boldsymbol{\chi}\|_c + \|\boldsymbol{\zeta}\|_c\end{aligned}$$

(2)略

5. 提示:令 $\bar{\boldsymbol{\chi}} = \sqrt{a_1}\xi_1, \cdots, \sqrt{a_n}\xi_n$

只需证明 $\|\boldsymbol{\chi}\| = \|\bar{\boldsymbol{\chi}}\|_2$

6. 提示:只需验证矩阵范数的条件满足,做一点适当变形,对范数 $\|\cdot\|_a$ 而言。

7. 提示:如第 6 题。

8. 因为 $\|\boldsymbol{E}\| = \max\limits_{\|\boldsymbol{\chi}\|=1} \|\boldsymbol{E\chi}\| = \|\boldsymbol{\chi}\| = 1$

9. 因为 $\|\boldsymbol{AU}\|_2^2 = \|(\boldsymbol{AU})^{\mathrm{T}}\|_2^2 = \rho[\boldsymbol{AU}(\boldsymbol{AU})^{\mathrm{T}}] = \rho(\boldsymbol{AA}^{\mathrm{T}}) = \|\boldsymbol{A}\|_2^2$

10. 因为 $\|\boldsymbol{A}\|_F^2 = \mathrm{tr}(\boldsymbol{A}^{\mathrm{H}}\boldsymbol{A}) = \lambda_1 + \lambda_2 + \cdots + \lambda_n$

其中 $\lambda_1, \lambda_2, \cdots, \lambda_n$ 是 $\boldsymbol{A}^{\mathrm{H}}\boldsymbol{A}$ 的特征值,λ_1 为最大,

又 $\|\boldsymbol{A}\|_2^2 = \rho(\boldsymbol{A}^{\mathrm{H}}\boldsymbol{A}) = \lambda_1$

故 $\|\boldsymbol{A}\|_F^2 \leqslant n\|\boldsymbol{A}\|_2^2$

故　$\|A\|_2^2 \leqslant \|A\|_F^2$

11. 因为　$A\chi = \lambda\chi$　χ 是 A 的特征向量

所以

$$\|A\chi\|_2 = |\lambda| \ \|\chi\|_2 \leqslant \|A\|_2 \|\chi\|_2$$

又因　$$A^{-1}\chi = \frac{1}{\lambda}\chi \quad \cdots$$

12. 因为　$K(AB) = \|AB\| \cdot \|(AB)^{-1}\| \leqslant \|A\| \ \|B\| \ \|B^{-1}\| \ \|A^{-1}\|$

13. 注意 9 题结论。

14. (1) $\|A\|_1 = 17$　$\|A\|_\infty = 12$

(2) $\|B\|_2 = \sqrt{\dfrac{3+\sqrt{5}}{2}}$　$\|B\|_\infty = 2$　$\|B^{-1}\|_\infty = 2$

15. $\|A^{-1}\delta\|_\infty = 0.28$　可用定理 4.3.2 估计

$$\frac{\|A^{-1} - (A+\delta)^{-1}\|_\infty}{\|A^{-1}\|_\infty} \leqslant \frac{0.28}{1-0.28}$$

习 题 5

1. 例如　$A_k = \begin{bmatrix} e^{\frac{1}{k}} & 0 \\ 0 & \frac{1}{k} \end{bmatrix}$

2. 若 $\lim\limits_{n\to\infty} A^n = E$　证明　$A = E$

设 $A = PJP^{-1}$　　$A^n = PJ^nP^{-1}$

即证

$$\lim_{n\to\infty} J^n = E \qquad 有 \qquad J = E$$

注意 J_i^n 的构造,J_i 必须是 1 级方阵,且 $\lambda_i^n \to 1$ 只能 $\lambda_i = 1$。

3. 因为当 $|z| < 1$ 时　$\displaystyle\sum_{k=0}^{\infty} z^k = \frac{1}{1-z}$

故当 $\rho(A) < 1$ 时　$\displaystyle\sum_{k=0}^{\infty} A^k = (E-A)^{-1}$

$$\sum_{k=0}^{\infty} \begin{bmatrix} 0.2 & 0.7 \\ 0.3 & 0.6 \end{bmatrix}^k = \begin{bmatrix} 0.8 & -0.7 \\ -0.3 & 0.4 \end{bmatrix}^{-1} = \frac{1}{0.11}\begin{bmatrix} 0.4 & 0.7 \\ 0.3 & 0.8 \end{bmatrix}$$

4. 提示:因为当 $|z| < 1$ 时

$$\sum_{k=0}^{\infty} (k+1) z^k = (1-z)^{-2}$$

故　$$\sum_{k=0}^{\infty} kA^k = A(E-A)^{-2}$$

5. 利用 4 题结论　$A = \dfrac{1}{10}\begin{bmatrix} 1 & 2 \\ 8 & 1 \end{bmatrix}$

6. 略

7. 略

8. 略

9. (1) $\dfrac{\mathrm{d}\,\mathrm{tr}(\boldsymbol{AXB})}{\mathrm{d}\boldsymbol{X}}$ 的第 j 行 i 列处元素是

$$\begin{aligned}\frac{\partial}{\partial x_{ij}}\mathrm{tr}(\boldsymbol{AXB}) &= \mathrm{tr}\,\frac{\partial}{\partial x_{ij}}(\boldsymbol{AXB}) \\ &= \mathrm{tr}\left[\frac{\partial \boldsymbol{A}}{\partial x_{ij}}\boldsymbol{XB} + \boldsymbol{AX}\frac{\partial \boldsymbol{B}}{\partial x_{ij}}\right] \\ &= \mathrm{tr}(\boldsymbol{AE}_{ij}\boldsymbol{B}) + \mathrm{tr}(\boldsymbol{BAE}_{ij}) \\ &= (\boldsymbol{BA})_{ji}\end{aligned}$$

(2)类似(1)。

(3)由例 3 令 $\boldsymbol{A}=\boldsymbol{B}=\boldsymbol{E}$ 即得结果。

(4)由例 4 令 $\boldsymbol{A}=\boldsymbol{E}$ 即得结果。

(5)参考例 3 的证法。

10. $$\begin{aligned}\frac{\mathrm{d}}{\mathrm{d}\boldsymbol{\chi}}(\boldsymbol{\chi}-\boldsymbol{\xi})^{\mathrm{T}}\boldsymbol{\alpha} &= \frac{\mathrm{d}}{\mathrm{d}\boldsymbol{\chi}}(\boldsymbol{\chi}^{\mathrm{T}}-\boldsymbol{\xi}^{\mathrm{T}})\boldsymbol{\xi} \\ &= \frac{\mathrm{d}}{\mathrm{d}\boldsymbol{\chi}}(\boldsymbol{\chi}^{\mathrm{T}}\boldsymbol{\xi}) = \boldsymbol{\xi}^{\mathrm{T}}\end{aligned}$$

11. 由性质 4,性质 5 易得。

12. 因为 $|\lambda\boldsymbol{E}-\boldsymbol{A}| = \lambda^2 + a^2$

故有 $\boldsymbol{A}^2 + a^2\boldsymbol{E} = 0$

由
$$\begin{aligned}\mathrm{e}^{A} &= \boldsymbol{E} + A + \frac{1}{2!}\boldsymbol{A}^2 + \frac{1}{3!}\boldsymbol{A}^3 + \cdots \\ &= \boldsymbol{E} - \frac{a^2}{2!}\boldsymbol{E} + \frac{1}{4!}a^4\boldsymbol{E} + \cdots + (-1)^k\frac{1}{(2k)!}a^{2k}\boldsymbol{E} + \cdots \\ &\quad + \frac{\boldsymbol{A}}{a}\left(a - \frac{a^3}{3!} + \frac{a^5}{5!} + \cdots + (-1)^k\frac{1}{(2k+1)!}a^{2k+1} + \cdots\right. \\ &= \cos a\cdot\boldsymbol{E} + \frac{1}{a}\sin a\cdot\boldsymbol{A} \\ &= \begin{bmatrix}\cos a & \sin a \\ -\sin a & \cos a\end{bmatrix}\end{aligned}$$

13. $\boldsymbol{A} = \sigma\boldsymbol{E} + \widetilde{\boldsymbol{A}} \qquad \widetilde{\boldsymbol{A}} = \begin{bmatrix}0 & \omega \\ -\omega & 0\end{bmatrix}$

$$\mathrm{e}^{\boldsymbol{A}} = \mathrm{e}^{\sigma}\begin{bmatrix}\cos\omega & \sin\omega \\ -\sin\omega & \cos\omega\end{bmatrix}$$

14. $\begin{bmatrix}-184 & 189 \\ -189 & 194\end{bmatrix}$

15. $\boldsymbol{A}^{1\,000} = a_0\boldsymbol{E} + a_1\boldsymbol{A}$

其中 $a_0 = \dfrac{5}{4} - \dfrac{1}{4}5^{1\,000} \qquad a_1 = \dfrac{1}{4}(5^{1\,000}-1)$

16. 因不知若当标准型,故只能用特征多项式得

$$\boldsymbol{A}^4-\pi^2\boldsymbol{A}^2=0$$

$$\begin{aligned}\sin\boldsymbol{A}&=\boldsymbol{A}-\frac{1}{3!}\boldsymbol{A}^3+\frac{1}{5!}\boldsymbol{A}^5-\frac{1}{7!}\boldsymbol{A}^7+\cdots\\&=\boldsymbol{A}-\frac{1}{3!}\boldsymbol{A}^3+\frac{1}{5!}\pi^2A^3-\frac{1}{7!}\pi^4\boldsymbol{A}^3+\cdots\\&=\boldsymbol{A}+\boldsymbol{A}^3\left(-\frac{1}{3!}+\frac{1}{5!}\pi^2-\frac{1}{7!}\pi^4+\cdots\right.\\&=\boldsymbol{A}+\frac{\boldsymbol{A}^3}{\pi^3}\left(-\pi+\pi-\frac{1}{3!}\pi^3+\frac{1}{5!}\pi^5-\frac{1}{7!}\pi^7+\cdots\right)\\&=\boldsymbol{A}+\frac{\boldsymbol{A}^3}{\pi^3}(\sin\pi-\pi)\\&=\boldsymbol{A}-\frac{1}{\pi^3}A^3\end{aligned}$$

$$\cos\boldsymbol{A}=\boldsymbol{E}-\frac{2}{\pi^2}\boldsymbol{A}^2$$

17. (1) $f(\boldsymbol{A})=\boldsymbol{A}^{-1}=\begin{bmatrix}\frac{1}{2}&0&0&0\\-\frac{1}{4}&\frac{1}{2}&0&0\\\frac{1}{8}&-\frac{1}{4}&\frac{1}{2}&0\\-\frac{1}{16}&\frac{1}{8}&-\frac{1}{4}&\frac{1}{2}\end{bmatrix}$

(2) $f(\boldsymbol{A})=\boldsymbol{A}^{-1}=\begin{bmatrix}\frac{1}{2}&0&0&0\\-\frac{1}{4}&\frac{1}{2}&0&0\\0&0&\frac{1}{3}&0\\0&0&0&1\end{bmatrix}$

18. $\sqrt{\boldsymbol{A}}=\begin{bmatrix}1&1&1&1\\0&1&1&1\\0&0&1&1\\0&0&0&1\end{bmatrix}$

19. (1) $e^{Az}=a_0(z)\boldsymbol{E}+a_1(z)\boldsymbol{A}+a_2(z)\boldsymbol{A}^2$

其中 $a_0(z)=3e^{-z}-3e^{-2z}+e^{-3z}$

$a_1(z)=\frac{5}{2}e^{-z}-4e^{-2z}-\frac{3}{2}e^{-3z}$

$a_2(z)=-\frac{1}{2}e^{-z}-e^{-2z}-\frac{1}{2}e^{-3z}$

$$(2)\ e^{Az}=\begin{bmatrix} e^{3z} & 0 & 0 & 0 \\ 0 & e^{-2i} & 0 & 0 \\ 0 & ze^{-2z} & e^{-2z} & 0 \\ 0 & \frac{1}{2!}z^2e^{-2z} & ze^{-2z} & e^{-2z} \end{bmatrix}$$

$$(3)\ e^{At}=\begin{bmatrix} 1 & -1 \\ -1 & 2 \end{bmatrix}\begin{bmatrix} e^{-z} & 0 \\ 0 & e^{-2z} \end{bmatrix}\begin{bmatrix} 2 & 1 \\ 1 & 1 \end{bmatrix}$$

$$=\begin{bmatrix} 2e^{-z}-e^{-2z} & e^{-t}-e^{-2t} \\ -2e^{-t}+2e^{-2t} & -e^{-z}+2e^{-2z} \end{bmatrix}$$

$$20.\ \boldsymbol{\chi}(t)=e^{At}\boldsymbol{\chi}_0=\frac{1}{10}\begin{bmatrix} 17e^{5t}+9e^{-5t}+4e^{-15t} \\ -17e^{5t}-9e^{-5t}+6e^{-15t} \\ 17e^{5t}-9e^{-5t}+2e^{-15t} \end{bmatrix}$$

$$21.\ \boldsymbol{\chi}(t)=e^{At}\boldsymbol{\chi}_0+\int_0^t e^{A(t-\tau)}Bu(\tau)d\tau$$

其中 $\boldsymbol{A}=\begin{bmatrix} -6 & 1 & 0 \\ -11 & 0 & 1 \\ -6 & 0 & 0 \end{bmatrix}$ $\boldsymbol{\beta}=\begin{bmatrix} 2 \\ 6 \\ 2 \end{bmatrix}$

$$\boldsymbol{\chi}(t)=\begin{bmatrix} e^{-t} & e^{-2t} & e^{-3t} \\ 5e^{-t} & 4e^{-2t} & 3e^{-3t} \\ 6e^{-t} & 3e^{-2t} & 2e^{-3t} \end{bmatrix}\begin{bmatrix} \frac{1}{2} & -\frac{1}{2} & \frac{1}{2} \\ -4 & 2 & -1 \\ \frac{9}{2} & -\frac{3}{2} & \frac{1}{2} \end{bmatrix}\begin{bmatrix} X_1(0) \\ X_2(0) \\ X_3(0) \end{bmatrix}$$

$$+\begin{bmatrix} 1 & 1 & 1 \\ 5 & 4 & 3 \\ 6 & 3 & 2 \end{bmatrix}\begin{bmatrix} e^{-t}-1 \\ 1-e^{-2t} \\ \frac{1}{3}(1-e^{-3t}) \end{bmatrix}$$

习 题 6

1. $\boldsymbol{A\chi}=\boldsymbol{\beta}$，当 $\boldsymbol{A}=LU \Leftrightarrow \begin{cases} U\boldsymbol{\chi}=\boldsymbol{\zeta} \\ L\boldsymbol{\zeta}=\boldsymbol{\beta} \end{cases}$

其中 $\boldsymbol{L}=\begin{bmatrix} 1 & 0 & 0 & 0 \\ 3 & 1 & 0 & 0 \\ 2 & -\frac{1}{4} & -\frac{27}{4} & 0 \\ 1 & -\frac{1}{4} & -\frac{3}{4} & -\frac{3}{4} \end{bmatrix}$ $\boldsymbol{U}=\begin{bmatrix} 1 & 1 & 2 & 3 \\ 0 & -4 & -7 & -11 \\ 0 & 0 & 1 & \frac{13}{9} \\ 0 & 0 & 0 & \frac{68}{9} \end{bmatrix}$

$\boldsymbol{\chi}=(-1,-1,0,1)^{T}$ $\boldsymbol{\zeta}=(1,-7,\frac{13}{9},\frac{68}{9})^{T}$

2. $\boldsymbol{A}$ 的特征值 1,1, -1

变换阵 $\boldsymbol{T}=\begin{bmatrix}1&3&3\\5&0&2\\0&5&4\end{bmatrix}$, $\boldsymbol{T}^{-1}\boldsymbol{A}\boldsymbol{T}=\begin{bmatrix}1&0&0\\0&1&0\\0&0&-1\end{bmatrix}$

$$\boldsymbol{S}_1=\frac{1}{5}\begin{bmatrix}1&3\\5&0\\0&5\end{bmatrix}\begin{bmatrix}-10&3&6\\-20&4&13\end{bmatrix}=\begin{bmatrix}-14&3&9\\-10&3&6\\-20&4&13\end{bmatrix}$$

$$\boldsymbol{S}_2=\begin{bmatrix}3\\2\\4\end{bmatrix}(5\quad -1\quad -3)=\begin{bmatrix}15&-3&-9\\10&-2&-6\\20&-4&-12\end{bmatrix}$$

$\boldsymbol{A}=\boldsymbol{S}_1-\boldsymbol{S}_2$

$$3.\ \boldsymbol{A}=\begin{bmatrix}1&2&3\\0&2&1\\-2&3&2\end{bmatrix}\begin{bmatrix}1&0&0&-\frac{5}{3}\\0&1&0&\frac{1}{3}\\0&0&1&\frac{1}{3}\end{bmatrix}$$

$$\boldsymbol{B}=\begin{bmatrix}1&-1\\-1&1\\-1&-1\\1&1\end{bmatrix}\begin{bmatrix}1&0&0&0\\0&1&-1&-1\end{bmatrix}$$

$$4.\ \boldsymbol{B}=\begin{bmatrix}\frac{1}{2}&-\frac{1}{2}\\-\frac{1}{2}&\frac{1}{2}\\-\frac{1}{2}&-\frac{1}{2}\\\frac{1}{2}&\frac{1}{2}\end{bmatrix}\begin{bmatrix}2&0&0&0\\0&2&-2&-2\end{bmatrix}$$

5. $\boldsymbol{B}^{\mathrm{H}}\boldsymbol{B}$ 的特征值 4,12,0,0

对应的单位特征向量阵 $\boldsymbol{U}=\begin{bmatrix}1&0&0&0\\0&-1/\sqrt{3}&1/\sqrt{2}&1/\sqrt{6}\\0&1/\sqrt{3}&1/\sqrt{2}&-1/\sqrt{6}\\0&1/\sqrt{3}&0&2/\sqrt{6}\end{bmatrix}$

$$V_1 = BU_1\Delta_2^{-1} = \begin{bmatrix} \frac{1}{2} & \frac{1}{2} \\ -\frac{1}{2} & -\frac{1}{2} \\ -\frac{1}{2} & \frac{1}{2} \\ \frac{1}{2} & -\frac{1}{2} \end{bmatrix} \text{扩 } V_1 \text{ 为 } V = \begin{bmatrix} \frac{1}{2} & \frac{1}{2} & \frac{1}{\sqrt{2}} & 0 \\ -\frac{1}{2} & -\frac{1}{2} & \frac{1}{\sqrt{2}} & 0 \\ -\frac{1}{2} & \frac{1}{2} & 0 & \frac{1}{\sqrt{2}} \\ \frac{1}{2} & -\frac{1}{2} & 0 & \frac{1}{\sqrt{2}} \end{bmatrix}$$

$$B = V\begin{bmatrix} 2 & 0 & 0 & 0 \\ 0 & 2\sqrt{3} & 0 & 0 \\ 0 & 0 & 0 & 0 \\ 0 & 0 & 0 & 0 \end{bmatrix}U^{H}$$

习 题 7

1. (1)略　　(2)略

(3)因为 $AGA = A$ 中 A 是可逆的,所以

$$GA = E \qquad G = A^{-1}$$

(4)略

2. 因为 A 为 n 阶方阵,故 G 也是 n 阶方阵,所以　令 $G = Q\begin{bmatrix} E_r & 0 \\ 0 & E_{n-r} \end{bmatrix}P$ 便得所求之一

3. 直接验证
4. 直接验证
5. 直接验证
6. 因为 B 是列满秩,故

$$B^{+} = (B^{H}B)^{-1}B^{H}$$

同理

$$C^{+} = C^{H}(CC^{H})^{-1}$$

而

$$A^{+} = C^{H}(CC^{H})^{-1}(B^{H}B)^{-1}B^{H} = C^{+}B^{+}$$

7. (1)

$$\begin{bmatrix} 1 & 0 & 2 & 1 & 0 & 0 & 0 \\ 0 & 1 & 0 & 0 & 1 & 0 & 0 \\ 1 & 0 & 2 & 0 & 0 & 1 & 0 \\ 1 & 0 & 2 & 0 & 0 & 0 & 1 \\ 1 & 0 & 0 \\ 0 & 1 & 0 \\ 0 & 0 & 1 \end{bmatrix} \to \begin{bmatrix} 1 & 0 & 0 & 1 & 0 & 0 & 0 \\ 0 & 1 & 0 & 0 & 1 & 0 & 0 \\ 0 & 0 & 0 & -1 & 0 & 1 & 0 \\ 0 & 0 & 0 & -1 & 0 & 0 & 1 \\ 1 & 0 & -2 \\ 0 & 1 & 0 \\ 0 & 0 & 1 \end{bmatrix}$$

故　$A_1^{(1)} = Q\begin{bmatrix} A_{11}^{-1} & 0 \\ 0 & 0 \end{bmatrix}P$

$$=\begin{bmatrix}1&0&-2\\0&1&0\\0&0&1\end{bmatrix}\begin{bmatrix}1&0&0&0\\0&1&0&0\\0&0&0&0\end{bmatrix}\begin{bmatrix}1&0&0&0\\0&1&0&0\\-1&0&1&0\\-1&0&0&1\end{bmatrix}$$

$$=\begin{bmatrix}1&0&0&0\\0&1&0&0\\0&0&0&0\end{bmatrix}$$

$$\boldsymbol{A}_2^{(2)}=\begin{bmatrix}1&0&-1&-1\\0&1&2&1\\0&0&1&0\\0&0&0&1\end{bmatrix}\begin{bmatrix}1&0&0\\0&1&0\\0&0&0\\0&0&0\end{bmatrix}\begin{bmatrix}0&1&0\\1&-2&0\\0&-1&1\end{bmatrix}=\begin{bmatrix}0&1&0\\1&-2&0\\0&0&0\\0&0&0\end{bmatrix}$$

8. 略

9. 直接验证

10. 由定理 7.2.1 可得

11. 因为 $\operatorname{rank}(\boldsymbol{A}^{\mathrm{H}}\boldsymbol{A})=\operatorname{rank}(\boldsymbol{A})$

故 $\operatorname{rank}(\boldsymbol{A}^{\mathrm{H}}\boldsymbol{A})\leqslant\operatorname{rank}(\boldsymbol{A}^{\mathrm{H}}\boldsymbol{A}\vdots\boldsymbol{A}^{\mathrm{H}}\boldsymbol{\beta})=\operatorname{rank}[\boldsymbol{A}^{\mathrm{H}}(\boldsymbol{A}\vdots\boldsymbol{\beta})]\leqslant\operatorname{rank}(\boldsymbol{A})$

12. (1) $\boldsymbol{A}^{+}=\dfrac{1}{25}\begin{bmatrix}1&0&2\\2&0&4\end{bmatrix}$

(2) $\boldsymbol{A}^{+}=\dfrac{1}{3}\begin{bmatrix}-2\mathrm{i}&1&-\mathrm{i}\\1&-\mathrm{i}&2\end{bmatrix}$

(3) $\boldsymbol{A}^{+}=\dfrac{1}{3}\begin{bmatrix}2&-3\\1&0\\-1&3\end{bmatrix}$

(4) $\boldsymbol{A}^{+}=\dfrac{1}{8}\begin{bmatrix}2&-2&2&2\\-1&3&-1&1\\1&-3&1&-1\end{bmatrix}$

13. $\boldsymbol{A}^{+}\boldsymbol{\beta}=\dfrac{1}{25}\begin{bmatrix}1&0&2\\2&0&4\end{bmatrix}\begin{bmatrix}1\\0\\2\end{bmatrix}=\dfrac{1}{25}\begin{bmatrix}5\\10\end{bmatrix}$是极小范数解

$\boldsymbol{\chi}=\dfrac{1}{5}\begin{bmatrix}1\\2\end{bmatrix}+\dfrac{1}{5}\begin{bmatrix}4&-2\\-2&1\end{bmatrix}\begin{bmatrix}y_1\\y_2\end{bmatrix}$是通解。

14. $\boldsymbol{A}^{+}\boldsymbol{\beta}=\dfrac{1}{25}\begin{bmatrix}1&0&2\\2&0&4\end{bmatrix}\begin{bmatrix}0\\1\\0\end{bmatrix}=\begin{bmatrix}0\\0\end{bmatrix}$

$\boldsymbol{\chi}=\dfrac{1}{5}\begin{bmatrix}4&-2\\-2&1\end{bmatrix}\begin{bmatrix}y_1\\y_2\end{bmatrix}$是通解。

习 题 8

1. 因为 λ 是 $\boldsymbol{A}$ 的特征值的必要充分条件是 $\lambda-\lambda_0$ 是 $\boldsymbol{A}-\lambda_0\boldsymbol{E}$ 的特值。所以

$$a \leqslant \lambda \leqslant b \Leftrightarrow a-\lambda_0 \leqslant \lambda-\lambda_0 \leqslant b-\lambda_0$$

那么当 $\lambda_0<a$ 时 $0<a-\lambda_0$

所以 $0<\lambda-\lambda_0$

则 $\boldsymbol{A}-\lambda_0\boldsymbol{E}$ 为正定矩阵。

同理证明当 $\lambda_0>b$，$\boldsymbol{A}-\lambda_0\boldsymbol{E}$ 是负定矩阵

2. 对任意的 $\lambda_0<a+c$，证明 $\boldsymbol{A}+\boldsymbol{B}-\lambda_0\boldsymbol{E}$ 正定就行。因为对任意的 $\lambda_0<a+c$，可找 a_0，c_0 使

$$\lambda_0=a_0+c_0,\text{且 } a_0<a, c_0<c$$

则 $\boldsymbol{A}-a_0\boldsymbol{E}$，$\boldsymbol{B}-c_0\boldsymbol{E}$ 皆正定

则 $\boldsymbol{A}+\boldsymbol{B}-\lambda_0\boldsymbol{E}$ 正定。

同理可证对任意 $\lambda_0>b+d$，$\boldsymbol{A}+\boldsymbol{B}-\lambda_0\boldsymbol{E}$ 负定

由 1 题结论可得本题结论。

3. 设属于 μ 的特征向量 $\boldsymbol{\chi}=(x_1,\cdots,x_n)^{\mathrm{T}}$

即 $\boldsymbol{PA\chi}=\mu\boldsymbol{\chi}$

$$\boldsymbol{\chi}^{\mathrm{H}}\boldsymbol{A}^{\mathrm{H}}\boldsymbol{A\chi}=\boldsymbol{\chi}^{\mathrm{H}}\boldsymbol{A}^{\mathrm{H}}\boldsymbol{P}^{\mathrm{H}}\boldsymbol{PA\chi}=|\mu|^2\boldsymbol{\chi}^{\mathrm{H}}\boldsymbol{\chi}$$

选择单位长度的特征向量 $\boldsymbol{\chi}$，则

$$\boldsymbol{\chi}^{\mathrm{H}}\boldsymbol{A}^{\mathrm{H}}\boldsymbol{A\chi}=|\mu|^2$$

另一方面

$$\boldsymbol{\chi}^{\mathrm{H}}A^{\mathrm{H}}A\boldsymbol{\chi}=(\bar{x}_1,\cdots,\bar{x}_n)\begin{bmatrix}|a_1|^2 & & & \\ & |a_2|^2 & & \\ & & \ddots & \\ & & & |a_n|^2\end{bmatrix}\begin{bmatrix}x_1\\x_2\\\vdots\\x_n\end{bmatrix}$$

$$=|a_1|^2|x_1|^2+\cdots+|a_n|^2|x_n|^2$$

所以有 $\min\{|a_i|\}\leqslant|\mu|\leqslant\max\{|a_i|\}$

4. 略

5. $D_1:|z-\mathrm{i}|\leqslant 0.43$

$D_2:|z|\leqslant 1.02$

$D_3:|z-2|\leqslant 0.051$

选正数 $b_1=b_2=1$，$b_3=0.1$

$G_1:|z-\mathrm{i}|\leqslant 0.07$

$G_2:|z|\leqslant 0.12$

$G_3:|z-2|\leqslant 0.051$

6. 略

7. 盖尔圆是 $D_1: |z-\frac{1}{4}| \leqslant \frac{3}{4}$

$D_2: |z-\frac{2}{5}| \leqslant \frac{3}{5}$

$D_3: |z-\frac{3}{6}| \leqslant \frac{3}{6}$

$D_4: |z-\frac{3}{7}| \leqslant \frac{3}{7}$

总之 $|z| \leqslant 1$

所以 $\rho(\boldsymbol{A}) \leqslant 1$

选正数 $b_1=b_2=b_3=1, b_4=\frac{1}{1.1}$

则

$$\begin{bmatrix} \frac{1}{4} & \frac{1}{4} & \frac{1}{4} & \frac{1}{4.4} \\ \frac{1}{5} & \frac{2}{5} & \frac{1}{5} & \frac{1}{5.5} \\ \frac{1}{6} & \frac{1}{6} & \frac{3}{6} & \frac{1}{6.6} \\ \frac{1.1}{7} & \frac{1.1}{7} & \frac{1.1}{7} & \frac{3}{7} \end{bmatrix}$$

可得

$$|z| < 1$$

故 $\rho(\boldsymbol{A}) < 1$

8. 因为 $|\boldsymbol{E}-\boldsymbol{A}|=0$

所以 1 是 A 的特征值,又由盖尔圆定理 $\rho(\boldsymbol{A}) \leqslant 1$ 所以 $\rho(\boldsymbol{A})=1$。

9. 因为 $\boldsymbol{A\chi}=\lambda\boldsymbol{\chi}\quad \boldsymbol{\zeta}^{\mathrm{H}}\boldsymbol{A}=\mu\boldsymbol{\zeta}^{\mathrm{H}}$

那么

$$\boldsymbol{\zeta}^{\mathrm{H}}\boldsymbol{A\chi}=\mu\boldsymbol{\zeta}^{\mathrm{H}}\boldsymbol{\chi}$$
$$\lambda\boldsymbol{\zeta}^{\mathrm{H}}\boldsymbol{\chi}=\mu\boldsymbol{\zeta}^{\mathrm{H}}\boldsymbol{\chi}$$
$$(\lambda-\mu)\boldsymbol{\zeta}^{\mathrm{H}}\boldsymbol{\chi}=0$$

由于 $\lambda \neq \mu$,所以 $\boldsymbol{\zeta}^{\mathrm{H}}\boldsymbol{\chi}=0$

习 题 9

1. 略

2. 因为 $\boldsymbol{A}=(A_{c1}, A_{c2}, \cdots, A_{cn})$

   而 $A_{cj}\otimes\boldsymbol{\varepsilon}_j^{\mathrm{T}}=(0,\cdots,0,A_{cj},0,\cdots,0)$

3. 因为 $\|X\|_2=1, \|Y\|_2=1$

   所以它们的特征值有 $\max|\lambda_i|=1, \max|\mu_i|=1$

   $(X\otimes Y)^{\mathrm{T}}(X\otimes Y)=X^{\mathrm{T}}X\otimes Y^{\mathrm{T}}Y$ 的特征值 λ_i, μ_j 也有 $\max|\lambda_i\mu_j|=1$

4. 因为 $(\boldsymbol{A}\otimes\boldsymbol{B})^{\mathrm{H}}(\boldsymbol{A}\otimes\boldsymbol{B})=(\boldsymbol{A}^{\mathrm{H}}\otimes\boldsymbol{B}^{\mathrm{H}})(\boldsymbol{A}\otimes\boldsymbol{B})=\boldsymbol{A}^{\mathrm{H}}\boldsymbol{A}\otimes\boldsymbol{B}^{\mathrm{H}}\boldsymbol{B}$

$$E_m \otimes E_n = E_{mn}$$

5. 因为$(A\otimes B)^{H}(A\otimes B)=A^{H}A\otimes B^{H}B$

$$=AA^{H}\otimes BB^{H}$$
$$=(A\otimes B)(A\otimes B)^{H}$$

因为 $U_1^{H}AU_1=\begin{bmatrix}\lambda_1 & & \\ & \ddots & \\ & & \lambda_m\end{bmatrix}$

$$U_2^{H}BU_2=\begin{bmatrix}\mu_1 & & \\ & \ddots & \\ & & \mu_n\end{bmatrix}=M$$

故 $(U_1\otimes U_2)^{H}(A\otimes B)(U_1\otimes U_2)$

$$=U_1^{H}AU_1\otimes U_2^{H}BU_2$$

$$=\begin{bmatrix}\lambda_1 & & \\ & \ddots & \\ & & \lambda_m\end{bmatrix}\otimes M=\begin{bmatrix}\lambda_1 M & & \\ & \ddots & \\ & & \lambda_m M\end{bmatrix}$$

6. 略

7. 因为 $P^{-1}AP=\Lambda_1,\quad Q^{-1}BQ=\Lambda_2$

$$\Lambda_1\otimes\Lambda_2=P^{-1}AP\Lambda\otimes Q^{-1}BQ\Lambda$$
$$=(P\otimes Q)^{-1}(A\otimes B)(P\otimes Q)$$

8. 因为 $|\lambda E-A|=(\lambda-m)\lambda^{m-1}$

故 A 的特征值 $m,0(m-1$ 重)

则 $A\otimes B$ 的特征值是 $m\lambda_1,m\lambda_2,\cdots,m\lambda_n,0,\cdots,0$

9. 因为 A,B 皆为正定阵,$\lambda_1,\cdots,\lambda_m,\mu_1,\cdots,\mu_n$ 皆大于0。

所以 $A\otimes B$ 的特征值 $\lambda_i\mu_j$ 皆为正,$\begin{matrix}i=1,\cdots,m\\ j=1,\cdots,n\end{matrix}$

10. 注意到 $A\otimes B=0\Leftrightarrow A=0$ 或 $B=0$

那么,$(a_1\zeta_1^{T}+\cdots+a_n\zeta_n^{T})\otimes(b_1\chi_1+\cdots+b_m\chi_m)$

$$=\sum_{j=1}^{m}\sum_{i=1}^{n}a_ib_j\zeta_i^{T}\otimes\chi_j \qquad (*)$$

若$(*)$式右边$=0$,则 $a_1\zeta_1^{T}+\cdots+a_n\zeta_n^{T}=0$

或 $b_1\chi_1+\cdots+b_m\chi_m=0$

由于$\zeta_1,\cdots,\zeta_n$ 线性无关,$\chi_1,\cdots,\chi_m$ 线性无关

那么 $a_ib_j=0\quad i=1,\cdots,n,\quad j=1,\cdots,m$

所以 $\zeta_1^{T}\otimes\chi_1,\cdots,\zeta_1^{T}\otimes\chi_m,$

……………………………

$\zeta_n^{T}\otimes\chi_1,\cdots,\zeta_n^{T}\otimes\chi_m$ 是 $C^{m\times n}$ 的一组基

11. 设$\chi=\begin{pmatrix}x_1\\ \vdots\\ x_m\end{pmatrix}\quad \zeta=\begin{pmatrix}y_1\\ \vdots\\ y_m\end{pmatrix}\quad \mu=\begin{pmatrix}\mu_1\\ \vdots\\ \mu_n\end{pmatrix}\quad v=\begin{pmatrix}v_1\\ \vdots\\ v_n\end{pmatrix}$

则 $\boldsymbol{\chi} \otimes \boldsymbol{\mu} = (x_1\mu_1, \cdots, x_1\mu_n, \cdots, x_m\mu_1, \cdots, x_m\mu_n)^{\mathrm{T}}$

$$\boldsymbol{\zeta} \otimes \boldsymbol{v} = (y_1 v_1, \cdots, y_1 v_n, \cdots, y_m v_1, \cdots, y_m v_n)^{\mathrm{T}}$$

所以 $x_i\mu_j = y_i v_j \qquad \dfrac{x_i}{y_i} = \dfrac{v_j}{\mu_j} = \lambda$